Theory of Statistical Probability Distributions

수정보완판

통계적확률분포

〈연습문제 풀이 포함〉

홍종선 지음

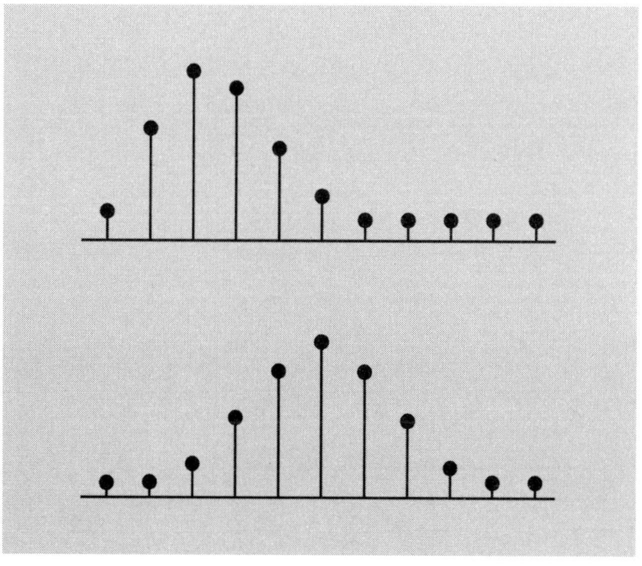

자유아카데미

통계적 확률분포 수정보완판 머리말

통계적 확률분포가 처음으로 출판된 해는 2000년이다. 그 사이 15년 이상이 훌쩍 넘은 장수한 교재라고 자부한다. 본 교재를 집필하기 위하여 10여 년간의 준비과정을 합하면 저자가 본서와 인연을 맺어온 지가 25년 이상이 흘렀다. 초판의 머리말 마지막 부분에 집필에 도움을 준 학생들에게 감사의 표현을 하였는데, 거기서 언급한 박사과정 대학원생들이 지금은 중견 나이의 대표이사 또는 회사 간부급의 박사로 사회에서 큰 활약을 하고 있으며, 편집과 제작에 도움을 준 석사과정 대학원생들의 일부는 지금 한국 및 외국 대학교에서 통계학 교수가 되어 명성을 날리고 있다.

저자가 대학교에서 학부와 대학원생을 대상으로 하는 강의 중에서 가장 애착이 있는 강의는 '수리통계학'과 '통계적추론'이란 과목이다. 수리통계학의 교재는 본서인 '통계적 확률분포'이며 통계적추론 교재는 본인이 저술한 '추정과 가설검정'이다. 특히 '통계적 확률분포'인 본서도 그동안 매년 매학기 강의를 하면서 여러 군데 오자와 탈자를 수정하여 수정판도 나왔지만, 여전히 오자와 탈자가 발견되어 창피한 마음이 있다. 또한 그동안의 강의와 연구를 통하여 독자에게 추가로 전달하고 싶은 내용이 존재하여 이번에는 대대적으로 수정보완판을 준비하였다.

본서에는 저저가 직접 연구하여 통계학회지 게재된 연구업적들 중에 일부의 통계학적 이론이 다수 포함되어 있어 본서에 애착을 느끼고 있으며, 본서에 나오는 정리(theorem)의 증명방법과 예제(example)의 풀이방법을 다양하게 제시하여 독자가 스스로 학습하기 쉽도록 저술하였다는 것을 자랑스럽게 생각한다. 또한 이번의 수정 보완판에는 각 장의 연습문제를 보강하였을 뿐만 아니라 그 문제들의 모든 풀이과정인 해답을 제공하여 수리통계를 공부하는 학생들에게 편리하게 하였다.

특히 저자는 문제풀이를 미리 알려주지 않고 스스로 생각하고 해결하게끔 많은 시간을 소비하거나 기다리거나 하는 방법이 올바른 방법이라고 생각하여, 수리통계학에 관한 연습문제의 해답을 공개하는 것이 교육적이지 않다고 20

여년 이상을 주장했었다. 그러나 매년 매학기 학생들의 똑같은 질문에 유사한 대답을 반복하는 행위를 지속하면서, 문제풀이 공개가 교육적일 수도 있다고 생각한다. 또한 내 생각이 항상 올바르다는 내 자신의 고집을 꺾을 때가 왔다는 생각이 든다. 따라서 해답 공개 불가의 교육적 관점을 수정하여 본서의 수정 보완판에는 모든 연습문제의 문제풀이를 첨부하였다.

지금 저자가 알고 있는 모든 지식을 독자에게 전달하는 마음으로 모든 방법을 본서에 수록하였다. 그러나 본서에 수록한 증명방법과 예제 풀이방법 그리고 연습문제 풀이방법 이외에 더 좋은 방법들이 존재한다고 믿는다. 따라서 더욱 간결하고 참신한 방법이 있으면 저자에게 지체 없이 알려주길 바란다. 독자의 의견을 겸허하게 수렴하는 마음이 간절하다. 그리고 독자 여러분의 조언과 질책을 감사한 마음으로 기다린다.

본서의 수정 보완판을 출판하기 위하여 여러 번 수정하면서 편집에 많은 어려움을 몸소 겪은 자유아카데미사의 출판부에게 큰 감사를 표한다. 그리고 많은 제자들 중에서 풀이 과정을 꼼꼼히 살펴본 조진우 제자에게 고마움을 표현한다.

2015년 8월
북악산 기슭에 위치한
다산경제관 연구실에서

平散 洪 鍾 善
e-mail : cshong@skku.edu
서울. 종로구 명륜동 3-53
성균관대학교 통계학과
교수 홍 종 선

머 리 말

통계학은 매우 어려운 학문중의 하나라고 단언할 수 있다. 통계학의 여러 분야 중 수리통계학은 특히 어렵다. 어렵다는 의미는 여러 각도로 설명될 수 있으나 저자를 비롯하여 많은 사람들은 '수리통계학은 스스로 공부하기가 어려운 학문이다'라고 이구동성으로 말하곤 한다. 일반적으로 숫자나 문자로 표현된 수학을 싫어하기 때문이다라는 사실을 제외한 이유를 나름대로 생각해 보면 다음과 같이 두 가지로 정리할 수 있다.

첫째로 교재로 사용하는 통계학의 이론에 관한 서적이나 참고문헌으로 인용하는 일반 학술논문들의 **일반적인 표현이 독자가 읽고 이해하기가 매우 어렵다는 것이다.** 우리들이 원서로 공부할 때에는 원서가 모국어로 쓰여져 있지 않기 때문만이 아니라는 것을 자신 있게 말할 수 있다. 즉 모국어가 아니라는 점을 감안하고 공부하지만 짧은 문장을 이해하기에는 오랜 시간이 소요된다. 사용하는 단어가 다양하거나 어렵지 않음에도 불구하고 우리들이 우리들의 국어로 쓰여진 교재나 논문을 읽을 때나 선공이 통계학이 아닌 미국인이 통계학교재를 읽을 때도 마찬가지로 짧은 문장을 이해하는데 오랜 시간이 걸린다. 독자가 읽고 이해하기 어렵게 표현하는 주된 원인은 교재의 저자인 일반적인 통계학자들이 어문학적 능력보다 수리적인 능력이 훨씬 뛰어남으로 인하여 수리적인 표현보다 어학적인 표현 능력이 많이 모자라기 때문이 충분한 설명을 하지 못하고 있는 상황이다.

두번째 이유로는 대부분의 교재에 **다양하고 많은 예제를 나열하지 않았다**는 것이다. 통계학 대부분의 내용을 구성하고 있는 정의(definition)와 정리(theorem, lemma, proposition, corollary) 그리고 정리의 증명(proof)은 가능한 만큼 축소시켜 매우 간결하게 쓰여 있다. 심오한 의미가 포함된 간결한 내용을 이해하기 위해서는 많은 예제를 통해서 이루어져야 하는데도 불구하고 충분한 예제가 제공되고 있지 않기 때문에 의미 파악이 어려워진다.

우리들이 잘 알고 있는 수리통계학 이론에 관한 대표적인 교재 두가지에 대하여 언급하면 다음과 같다. 1950년에 초판이 나오고 1974년에 3판이 나온 Mood, Graybill, Boes가 저술한 "Introduction to the Theory of Statistics"는 비교적 통계학 이론에 대한 설명을 독자가 이해하기 쉽게 표현했으며 예제도 적절한 수준으로 통계학 이론에 관한 교재로 많이 애용되었다. 그리고 1958년에 초판이 나오고 지금 현재 5판이 나온 Hogg와 Craig의 "Introduction to Mathematical Statistics"는 비교적 쉽고 다양한 예제를 연습문제로 제시하여 독자들에게 이해의 폭을 넓히게 했다는 점에서 높이 평가된다. 이와 같은 교재가 넓은 독자층을 갖고 있는 사실을 유추해 보면, 저자가 앞에서 '통계학의 이론은 어렵다'에 대하여 언급한 이유를 충분히 동감하리라 생각된다.

저자가 통계학의 이론과목인 '수리통계학'을 학부 시절부터 공부해왔고, 성균관대학교를 비롯하여 여러 대학교 강의실에서 학부생과 석사와 박사 과정의 대학원생을 대상으로 십여년간 강의해본 경험으로 통계학 과목 중에서는 수리통계학 과목이 제일 공부하기도 어려울 뿐만 아니라 강의하기도 어렵다는 것을 느꼈다. 국어로 된 통계학의 이론에 관한 교재는 이미 다양하게 출판되었다. 그들 각자 특색이 있어 강의용으로는 적절한 교재라고 생각하나 저자를 충분히 만족시키지는 못하였다. 이에 저자는 그동안 연구하고 강의한 경험을 바탕으로 학생들이 스스로 공부할 수 있도록 읽고 이해하기 편안한 수리통계학 교재를 만드는 것이 집필하게 된 동기이다.

따라서 **본 서의 특징**은 앞에서 지적한 단점을 지양하면서

1. **정의와 정리 등의 이론에 대하여 충분한 설명을 추가하여 독자가 이해하기 편하도록 집필하였다.**
2. **정리의 증명에 대하여는 간단한 증명 방법뿐만 아니라 존재하는 여러 가지 증명 방법을 제시하여 다양한 증명 방법과 풀이 방법들을 배우고 익히게 집필하였다.**
3. **가능한 많은 예제를 제공하여 이론에 대한 이해력과 문제 풀이력을 증가시킬 수 있게 하였다.**

또다른 본 서의 특징 중의 하나로는 통계학의 이론 중에서 확률분포 이론과 점추정 이론에 관한 저자의 연구 업적을 추가하여 서술하였다는 것이다. 연구에 많이 사용하는 대표적인 이변량 확률분포인 이변량 정규분포 이외에 이변량 라플라스분포(bivariate Laplace distribution)에 관한 연구를 본 서에 추가하였다. 이변량 분포에 관한 연구를 잘 알려진 정규분포 뿐만 아니라 정규분포보다 꼬리 부분이 두터운 이변량 라플라스분포로 확장하여 수준 높은 연구를 많이 기대할 수 있겠다. 그리고 비모수족(non-exponential family)에 속하는 확률밀도함수에서의 모수나 모수의 함수에 대한 균일최소분산불편추정량(UMVUE)을 구하는 일반적인 법칙을 제시한 연구를 추가하였다. 모수족(exponential family)에 포함된 모든 확률밀도함수들의 모수와 모수 함수들의 균일최소분산불편추정량은 이미 잘 알려져 있고 이 내용은 본 서에서도 잘 정리하였다. 그러나 비모수족에 포함된 이산형과 연속형 확률밀도함수(이를 '정의역이 모수에 의존하는 확률밀도함수'라고 함)에 대하여도 모수와 모수 함수의 균일최소분산불편추정량을 구하는 일반적인 공식(정리)을 제시한 점에서 그 의의가 크다고 사료된다. 또한 모수족에서 조건부분포의 3차와 4차 적률(moment)인 왜도(skewness)와 첨도(kurtosis)에 관한 연구 내용도 포함되어 있다.

이와 같은 취지와 욕망으로 집필하여 다른 수리통계학의 이론에 대한 교재보다 분량이 많아졌다. 이것이 단점이 될 수 있기 때문에 '**통계적 확률분포**'과 '**추정과 가설검정**'으로 분권하여 출판하게 되었다. 제1권과 제2권은 각 6장씩 모두 12장으로 구성되어있고, 제1권인 '통계적 확률분포'에서는 확률과 확률변수, 분포함수와 기대값, 그리고 일변량 확률밀도함수들에 대하여 공부하고, 결합과 조건부 분포, 통계적 독립성과 그들의 기대값을 배운다. 나아가 확률변수들의 함수의 분포를 구하는 방법들에 대하여 토론하고 표본 추출과 표본분포에 대하여 공부한다. 제2권인 '추정과 가설검정'에서는 점추정과 구간추정, 가설검정과 분할표검정, 축차가능도비검정을 배우며 결정이론에 대하여도 공부한다. 두 권으로 나누어져 불편한 점도 있지만, 일반적으로 수리통계학이란 과목은 대학교에서나 대학원에서 2학기에 나누어 공부하는 상황으로는 각각의 한학기 강의와 학습하는 분량으로 적절하다고 생각한다.

본 서의 특징이라고 피력한 첫 번째에서 설명이 충분하지 않고 오히려 잘못된 부분이 발생할 수 있으며, 제시한 증명과 풀이의 방법 이외에 참신한 다른 방법이 존재할 수도 있으며, 저자가 아직 파악하지 못한 좋은 예제가 있을 것이다. 이제 독자의 의견을 겸허하게 수렴하고자 하는 본인은 이러한 예리한 질책을 기대하고자 한다. 독자들은 이런 지적을 많이 해주길 절실히 바라는 마음 간절하다. 수리통계학 이론 분야의 학문 발전을 위해서 이런 것들을 감내하여야 한다고 생각하기 때문입니다. 아래의 주소로 조언과 질문 등을 기다립니다.

마지막으로 본 서가 출판되기까지 많은 조언과 도움을 아끼지 않은 사랑하는 제자 林漢永과 李宗哲에게 감사한다. 특히 두 제자는 집필하는데 많은 수고를 하였을 뿐만 아니라 그들과 같이 연구한 연구들이 본 서에 삽입되었기 때문에 두 제자가 박사학위를 취득하고 난 후에는 다시 집필할 것을 다짐한다. 많은 시간을 투자하여 편집과 제작에 수고한 대학원생 구지현 그리고 독자의 입장에서 공부하면서 많은 조언을 준 조미정, 최윤영, 유재근, 김범준과 윤한호에게도 고마움을 표현한다. 무엇보다도 본 서가 세상의 빛을 보게 도와준 '자유아카데미'사에게 감사한다.

2000年 2月 日

平散 洪 鍾 善

e-mail : cshong@skku.ac.kr
서울. 종로구 명륜동 3-53
성균관대학교 통계학전공
교수 홍 종 선

다음은 **"통계학자가 되려는 10가지 이유"**를 나열한 유머이다. 여러분 나름대로 좋은 주석을 달도록 하면서 유머 감각을 증대시키도록 하자. 저자의 주석은 제2권 '추정과 가설검정'의 머리말에 있으니 참조하기 바란다.

Top Ten Reasons To Become a Statistician

1. Deviation is considered normal.
2. Statisticians feel complete and sufficient.
3. Statisticians are "mean" lovers.
4. Statisticians do it discretely and continuously.
5. Statisticians are right 95% of the time.
6. Statisticians can legally comment on someone's posterior distribution.
7. Statisticians may not be normal but we are transformable.
8. Statisticians never have to say we are certain.
9. Statisticians are significantly different.
10. No one wants our jobs.

제 I 권

제 2 권 추정과 가설검정

제1장 확 률

제1장 확률

'실험(experiment)'이라는 용어는 어떤 조건하에서 사건의 어떤 마지막 상황 또는 '결과(outcome)'로 발생하는 무언가를 관찰하거나 그 무언가가 행동하는 것을 정의한다. 그러한 실험은 사회적, 물리적, 화학적, 공업적 또는 의학적일 수도 있다. 그리고 이것은 연구실 또는 주변에 있는 실생활에서 수행될 수 있다. 실험은 수행되어진 특수한 상황에 의하여 동일한 결과가 발생하는 원칙으로 한다. 특수한 실험의 조건이 완벽하게 명시된다면, 실험은 이런 조건하에 동일한 결과가 발생한다고 많은 학자들은 주장할 것이다. 그러나 실제로 가상적인 동일한 조건하에 실험이 수행된다 하더라도 실험은 정확하게 반복될 수가 없다는 사실을 인지한다. 이것은 완벽하게 통제 가능한 공장에서도 실험자도 알 수 없고 통제할 수 없는 결과가 생산되고 있는 것과 마찬가지 이유이다. 이런 결과는 실험이 수행되는 과정에서 고려했던 특정한 상황 조건으로부터 전혀 예측할 수 없다. 혹자는 이런 실험을 '가능성을 내포한 실험(experiment involving chance)' 또는 '가능성의 실험(experiment of chance)'으로 말한다. 실험에서 다양한 가능성 또는 예측 불가능성 때문에 행동 또는 상태에 관한 등식을 포함하는 여러 종류의 수학적 함수모형은 부적절하며, 이러한 현상을 표현할 수 있는 새로운 체계의 수학적 함수모형이 필요하다.

실험의 결과는 발생 가능한 여러 결과들의 하나이기 때문에 결과를 예측할 수 없으므로 실험에 관한 모형은 발생 가능한 실험 결과의 종류를 나열한 목록을 갖고 있어야 한다. 이런 발생 가능한 실험 결과의 집합을 실험의 '표본공간(sample space)'이라고 한다. 가능성의 실험에 대한 수학적 모형에서 두번째로 중요한 요소는 결과의 어떤 특정한 집합이 다른 집합보다 발생 가능성이 많다거나 적다거나 하는 의미를 공식화하는 '확률(probability)'의 개념이다.

1절에서는 표본공간과 표본공간의 부분집합인 사상(event)을 중심으로 집합론(set theory)과 측정 가능한 공간(measurable space), 그리고 borel field를 공부하고 2절에서는 확률공간(probability space)에 대하여 정의한다. 확률공간의 의미와 확률의 정의와 공리(axiom) 그리고 확률에 대한 정리들을 배운다. 3절에서는 조건부 확률과 독립 사상에 대하여 토론한다.

1. 표본공간

하나의 실험에서 모든 발생 가능한 집단을 공간(space, universe, universal set)이라고 하며 Ω로 표시한다. 그리고 공간(확률을 이야기 할 때는 표본공간)에 포함되어 있는 각각의 결과를 원소(element)라고 하며 ω로 표시한다. '공간'이라는 단어는 통상적으로 쓰이는 3-차원 공간의 의미보다는 점 또는 객체들의 집합이라는 수학적 의미로 쓰여진다. 집합은 객체들의 어떤 집단이라고 일컫지만, 여기에서는 공간 Ω에 속한 원소들로 이루어졌다고 정의하며, 집합을 영어의 대문자인 A 또는 B 등으로 표시한다. 가능성의 실험의 표본공간은 단순하게 발생 가능한 실험의 모든 결과들의 집합으로 정의된다. 수학적 개념으로 표본공간의 점들과 집합들은 연관 법칙과 함수 등으로 잘 정의된다. 우선 집합론에서 대하여 토론하여 보자.

1.1 집합론

공간 Ω의 예를 들어보자. Ω={이차원 평면상의 모든 점 ω 의 집단}일때, 원소 ω는 쌍을 이루는 실수 x와 y 즉, $\omega=(x, y)$이다. 그리고 만약 Ω={대한민국 국민}이라면 원소 ω는 '대한민국 국적을 갖고 있는 국민'으로 정의된다. 만약 ω가 공간 Ω의 집합 A에 속하는 원소라면, $\omega \in \Omega$로 쓰며, ω가 집합 A에 속하지 않는 원소라면, $\omega \notin \Omega$로 표기한다.

정 의 1 : 부분집합(subset)

집합 A에 속하는 모든 원소들이 집합 B에도 속한다면, 집합 A는 집합 B의 부분집합이라고 하며 $A \subset B$ 또는 $B \supset A$으로 나타낸다. 그리고 이를 "집합 A는 집합 B에 속한다" 또는 "집합 B는 집합 A를 포함한다"라고 읽는다.

정 의 2 : 동등한 집합(equivalent set)

집합 A와 B가 $A \subset B$ 그리고 $B \subset A$의 조건을 만족한다면, 두 집합은 동등하다 또는 같다고 정의된다. 이것을 $A = B$로 표기한다.

정 의 3 : 공집합(empty set, null set)

어떤 집합 A가 원소를 하나도 포함하고 있지 않다면, 이 집합을 공집합이라고 하며 ϕ로 표기한다.

정 의 4 : 여집합(complement)

공간 Ω에 대하여 집합 A의 여집합은 $\overline{A}$, A^c 또는 $\Omega - A$로 표기하며, 공간 Ω에 속하고 있지만 집합 A에는 속하지 않은 원소들의 집합으로 정의된다.

정 의 5 : 합집합(union)

두 집합 A와 B가 공간 Ω의 부분집합일때, A 또는 B, 또는 두 집합에 모두 속하는 원소들로 구성된 집합을 집합 A와 B의 합집합이라고 하며 $A \cup B$로 표기한다.

정 의 6 : 교집합(intersection)

두 집합 A와 B가 공간 Ω의 부분집합일때, A와 B 집합 모두에 속하는 원소들로 구성된 집합을 집합 A와 B의 교집합이라고 하며 $A \cap B$ 또는 AB로 표기한다.

정 의 7 : 집합차(set difference)

두 집합 A와 B가 공간 Ω의 부분집합일때, 집합 A에는 속하지만 집합 B에는 속하지 않는 원소들로 구성된 집합을 $A-B$로 표기하며 집합차라고 정의한다.

■ 예 제 1 - 공간 $\Omega = \{(x, y) \mid 0 \le x \le 1,\ 0 \le y \le 1\}$는 x와 y가 0부터 1사이의 모든 점 (x, y)의 집단으로 정의된다. 다음의 집합

$$A_1 = \{(x, y) \mid 0 \le x \le 1,\ 0 \le y \le \frac{1}{2}\},$$
$$A_2 = \{(x, y) \mid 0 \le x \le \frac{1}{2},\ 0 \le y < 1\},$$
$$A_3 = \{(x, y) \mid 0 \le x \le y \le 1\},$$
$$A_4 = \{(x, y) \mid 0 \le x \le \frac{1}{2},\ 0 \le y \le \frac{1}{2}\}$$

의 관계는 다음과 같다.

$$A_4 \subset A_1,\ A_4 \subset A_2,\ A_1 \cap A_2 = A_1 A_2 = A_4,$$
$$A_2 \cup A_3 = A_4 \cup A_3,\ \overline{A_1} = \{(x, y) \mid 0 \le x \le 1,\ \frac{1}{2} < y \le 1\},$$
$$A_1 - A_4 = \{(x, y) \mid \frac{1}{2} < x \le 1,\ 0 \le y \le \frac{1}{2}\}.$$

■

■ 예 제 2 - 공간 $\Omega = \{(x,y) \mid |x| + |y| \le 2\}$에서 집합 A_1, A_2와 A_3는

$$A_1 = \{(x,y) \mid x^2 + y^2 \le 2\},$$
$$A_2 = \{(x,y) \mid x^2 + y^2 \le 1\},$$
$$A_3 = \{(x,y) \mid -1 \le x \le 1,\ -1 \le y \le 1\}$$

일때 집합들간의 관계는 다음과 같다.

$$A_1 \supset A_3 \supset A_2,$$
$$A_1 - A_2 = \{(x,y) \mid 1 < x^2 + y^2 \le 2\}.$$

■

여집합, 합집합, 교집합과 같은 집합의 연산법들은 <정의 4>부터 <정의 6>에 정의되었다. 이러한 집합의 연산법들은 다음과 같은 <정리>와 같이 여러 법칙을 만족한다.

— 정 리 1 : 교환법칙(commulative law) —

$A \cup B = B \cup A$ 그리고 $A \cap B = B \cap A$.

— 정 리 2 : 결합법칙(associative law) —

$A \cup (B \cup C) = (A \cup B) \cup C$ 그리고 $A \cap (B \cap C) = (A \cap B) \cap C$.

— 정 리 3 : 분배법칙(distributive law) —

$$A \cup (B \cap C) = (A \cup B) \cap (A \cup C),$$
$$A \cap (B \cup C) = (A \cap B) \cup (A \cap C).$$

— 정 리 4 —

$(A^c)^c = \overline{(\overline{A})} = A$, 즉 집합 A의 여집합의 여집합은 집합 A 그 자체이다.

—— 정 리 5 ——

$A\Omega = A,\ \ A\cup\Omega = \Omega,\ \ A\phi = \phi,\ \ A\cup\phi = A.$

—— 정 리 6 ——

$A\overline{A} = \phi,\ \ A\cup\overline{A} = \Omega,\ \ A\cap A = A,\ \ A\cup A = A.$

—— 정 리 7 ——

$A - B = A\overline{B}.$

—— 정 리 8 : 드 모르강의 법칙(De Morgan's law) ——

$\overline{(A\cup B)} = \overline{A}\cap\overline{B}$ 그리고 $\overline{(A\cap B)} = \overline{A}\cup\overline{B}.$

위에서 열거한 집합에 관한 정리들은 잘 알려진 '벤다이어그램(Venn diagram)'을 이용하면 쉽게 이해 할 수 있다. 본 서에서는 벤다이어그램을 사용하지 않으며, 보다 이론적인 측면에서 다루고자 한다. 집합에서의 '집합 A와 집합 B는 같다 $(A = B)$'의 명제에 대한 증명은 '$A\subset B$와 $B\subset A$'의 분할된 명제가 각각 성립함을 보여주어야 하는 것이 일반적이다. 그리고 '$A\subset B$'를 증명하기 위하여는 '집합 A에 속하는 모든 원소들이 집합 B에 속하는 것'을 보여주어야 한다. <정리 1>부터 <정리 7>까지의 증명은 생략하겠으며, <정리 8>의 첫번째 명제의 증명은 다음과 같다.

(증 명)

(1) $\overline{(A\cup B)} \subset \overline{A}\cap\overline{B}$ 의 증명

$\overline{(A\cup B)}$에 속하는 임의의 원소 ω는

$$\rightarrow\ \omega \notin A\cup B$$

$\rightarrow \omega \notin A$ 또는 B

$\rightarrow \omega \in \overline{A}$ 그리고 $\overline{B}$

$\rightarrow \omega \in \overline{A}\cap\overline{B}$

그러므로 임의의 원소 ω는 $\overline{A}\cap\overline{B}$에 모두 속한다는 것을 알 수 있다.

(2) $\overline{A}\cap\overline{B} \subset \overline{(A\cup B)}$의 증명

$\overline{A}\cap\overline{B}$에 속하는 임의의 원소 ω는

$\rightarrow \omega \in \overline{A}\cap\overline{B}$

$\rightarrow \omega \in \overline{A}$ 그리고 $\overline{B}$

$\rightarrow \omega \notin A$ 또는 B

$\rightarrow \omega \notin A\cup B$

이것은 임의의 원소 ω는 $A\cup B$에 속하지 않는다는 것이다. 따라서 원소 ω가 집합 A와 B 중에서 최소한 하나이상의 집합에 속한다는 사실은 임의의 원소 ω가 $\overline{A}\cap\overline{B}$에 속한다는 사실에 반증된다는 것을 알 수 있다. 그러므로 $A\cup B$에 모두 속하지 않는 모든 원소들은 $\omega \in \overline{(A\cup B)}$을 의미하면서 증명은 완성된다. ■

위의 <정리 8> 드 모르강의 법칙에서 언급된 합집합과 교집합의 의미를 보다 정확하게 숙지하여야 하는데, 두 집합이상으로 확장하여 합집합과 교집합의 의미를 '또는'과 '그리고'의 의미보다 넓게 확장하여 보자.

정 리 9 : 드 모르강의 정리(De Morgan's theorem)

$$\overline{\bigcup_i A_i} = \bigcap_i \overline{A_i},$$

$$\overline{\bigcap_i A_i} = \bigcup_i \overline{A_i}.$$

(증 명)

(1) $\overline{\bigcup_i A_i}$ 에 속하는 임의의 원소 ω는

$\leftrightarrow \omega \notin \bigcup_i A_i$

$\leftrightarrow \omega \notin \{A_i\}$들 중에서 적어도 하나이상의 집합

$\leftrightarrow\ \omega \in$모든 $\{\overline{A_i}\}$들의 집합

$\leftrightarrow\ \omega \in \bigcap_i \overline{A_i}$

그러므로 임의의 원소 ω는 $\bigcap_i \overline{A_i}$에 모두 속한다는 것을 알 수 있다. ■

위 증명을 통하여 합집합과 교집합의 의미를 정확하게 정의하여 보자.

정 의 8 : 합집합과 교집합(union and intersection)

$\bigcup_i A_i$ 에 속하는 임의의 원소 ω는 $\{A_i\}$들 중에서 적어도 하나 이상의 집합에 속한다는 것을 의미하고, $\bigcap_i A_i$에 속하는 임의의 원소 ω는 $\{A_i\}$들의 모든 집합에 속한다는 것을 나타낸다.

정 의 9 : 배반집합과 상호배반집합(disjoint set and mutually exclusive set)

집합 A와 B가 $A \cap B = \phi$를 만족한다면, 배반집합이라 한다. 그리고 집합 $A_1, A_2, \ldots$이 모든 i와 $j\ (i \neq j)$에 대하여 $A_i \cap A_j = \phi$이 성립되면, 상호 배반집합이라고 정의한다.

어떤 집합 A와 A의 여집합인 A^c는 표본공간 Ω를 두개의 배반사상으로 구분하며 두집합의 합집합은 표본공간을 이룬다는 것을 알 수 있다. 즉 $AA^c = \phi$ 그리고 $A \cup A^c = \Omega$. 이와 같이 표본공간(또는 어떤 집합도 가능)을 상호 배반적인 부분집합으로 나눌 수 있고 그것을 '분할(partitionary, partition)'이라고 한다.

정 의 10

집합 $\{A_i\ ;\ i = 1, \ldots, n\}$이 표본공간의 분할이라면 다음을 만족한다.

(i) $\bigcup_{i=1}^{n} A_i = \Omega,$

(ii) $A_i A_j = \phi,\ \ (i \neq j)$

이와 같이 분할 속에 포함된 집합 또는 사상들은 상호 배반사상들이며 이 집합들의 합집합은

표본공간임을 알 수 있다. 또 한 가지 중요한 사실은 Ω의 분할은 Ω의 어떤 부분집합의 분할도 된다는 것이다. 상세하게 설명하면, 만약 $\{A_i\}$들이 Ω의 분할이라면, 어떤 사상 B에 대하여 BA_i와 BA_j $(i \neq j)$는 배반사상이며 $B = \bigcup_{i=1}^{n} BA_i$이다. 또한 $\{BA_i\}$는 B의 분할이 된다.

정 리 10

집합 A와 B가 표본공간 Ω의 부분집합이라면, 다음이 성립한다.

(i) $A = AB \cup A\overline{B}$,

(ii) $AB \cap A\overline{B} = \phi$.

(증 명)

(i) $A = A \cap \Omega = A \cap (B \cup \overline{B}) = AB \cup A\overline{B}$.

(ii) $AB \cap A\overline{B} = AAB\overline{B} = A\phi = \phi$. ■

정 리 11

$A \subset B$의 조건하에는 $AB = A$이며 $A \cup B = B$이다.

(증 명)

<정리 10>에서 $A = AB \cup A\overline{B}$임을 알았다. 그러나 $A \subset B$이므로 $\overline{B} \subset \overline{A}$을 만족하고, $A\overline{B} \subset A\overline{A} = \phi$이다. 따라서 $A\overline{B} = \phi$이므로 $A = AB$이다.

그리고 $A \cup B = A\overline{B} \cup \overline{A}B \cup AB$인데, $A\overline{B} = \phi$이므로 $A \cup B$는 다음과 같다.

$$\overline{A}B \cup AB = (A \cup \overline{A})B = B.$$ ■

1.2 표본공간과 사상공간*

1.1절에서는 집합론에서 정의한 공간을 공부하였으나 여기에서는 확률을 정의하기 위한 전단계로 표본공간과 사상공간을 배우고 나아가 측정 가능한 공간을 토론하고자 한다.

정 의 11 : 표본공간(sample space)

표본공간은 Ω으로 표시하며, 어떤 실험의 발생 가능한 모든 결과들의 집합을 말한다.

표본공간이라는 단어를 살펴봄으로 정의를 이해하도록 하자. 우선 표본공간은 실험의 결과인 객체나 원소의 모든 집합이기 때문에 공간이라는 단어의 사용은 적절하다. 그리고 집합론에서는 공간이 관심의 대상인 모든 객체의 집단으로 정의됨을 기억하여야 한다. 표본의 개념은 이해하기가 조금 어려운 단어인데 그 이유는 실험은 무작위성을 갖고 있으며, 실험을 통하여 얻은 실험결과는 발생 가능한 많은 결과들 중 하나이기 때문에 불확실성을 내포하고 있다는 점에 유의해야 한다.

> 정 의 12 : 사상과 사상공간(event and event space)
>
> *사상은 표본공간의 부분집합이다. 그리고 어떤 실험에서 관련있는 모든 사상들의 집단을 사상공간으로 정의한다.*

위의 정의는 정확한 것은 아니다. 사상은 항상 표본공간의 부분집합이지만, 매우 큰 어떤 표본공간에 대하여 그 표본공간의 모든 부분집합이 사상이 되지는 않는다. 즉 표본공간의 모든 부뷴집합이 사상으로 발생하지 않을 수도 있다. 그러나 표본공간에 원소가 유한의 수인 N개 만큼 존재한다면, 대응하는 사상공간은 표본공간의 모든 부분집합으로 2^N개의 사상들로 구성된다. 공집합 ϕ와 표본공간 Ω도 표본공간의 부분집합이므로 사상공간에 속한다. 그리고 표본공간 Ω를 이루는 원소 ω도 표본공간의 부분집합이기 때문에 사상이라고 불리운다. 특히 원소 ω는 Ω의 한 점이면서 동시에 Ω의 부분집합이라는 사실에 유의하며 이때 Ω의 부분집합이라는 사실을 강조하기 위하여 ω보다는 $\{\omega\}$로 표시한다. 그러한 한 점으로 이루어진 부분집합 또는 사상을 근원사상(elementary event)이라고 정의한다. 일반적으로 사상은 대문자 라틴어인 A, B 또는 E 등으로 쓰이는데 사상 중 공집합 ϕ와 표본공간 Ω는 예외적이다. 그리고 사상공간은 대문자 라틴어의 필기체인 $\mathscr{A}$, $\mathscr{B}$ 그리고 $\mathscr{F}$ 등으로 표시한다.

■ 예 제 3 - 하나의 주사위를 던져 윗면에 나타나는 수를 기록하는 실험을 고려하면 $\Omega = \{1, 2, 3, 4, 5, 6\}$이다. 집합 A={짝수들}이라고 하면 A는 Ω의 부분집합이며 사상이다. 또한 $A_i = \{i\}$, $i = 1, 2, \ldots, 6$이면 각각의 A_i는 근원사상이다. 표본공간이 유한개의 원소로 이루어져 있으므로 사상공간은 Ω의 모든 부분집합이며 $2^6 = 64$개의 사상들로 구성된다. ■

■ 예 제 4 - 3개의 서로 다른 동전을 동시에 던져 위에 나타나는 동전의 면을 기록하는 실험을 고려하면 이 실험의 근원사상은 모두 8개가 다음과 같음을 알 수 있다. $\Omega = \{(HHH), (HHT), (HTH), (HTT), (THH), (THT), (TTH), (TTT)\}$,

집합 $A_i = \{$ 앞면이 i번 나타난 집합 $\}$ 이라면 A_0, A_1, A_2, A_3는 사상이며, 특히 A_0와 A_3는 근원사상이다. ■

■ 예 제 5 - 건전지의 수명시간을 표본공간이라 하면 $\Omega = \{x \mid x \geq 0\}$이다. 이러한 표본공간에서 Ω의 모든 부분집합은 사상이 아니다. 그러나 다음과 같이 실제로 발생되는 부분집합은 사상이다. $A = \{$건전지의 수명이 최소한 k시간 이상이며 m시간 미만이다.$\} = \{x \mid k \leq x < m\}$. ■

아직도 사상공간의 정의를 이해하기에는 충분하지 않다. <예제 5>를 살펴 보더라도 표본공간의 모든 부분집합이 사상이 되는 것은 아니다. 따라서 어떤 부분집합이 사상인지 아닌지를 정확하게 말할 수 없다.

표본공간 Ω의 어떤 부분집합이 사상공간 $\mathcal{A}$를 구성하고 있는지 정확하게 정의하기 위하여 $\mathcal{A}$의 성격을 살펴보자.

(i) $\Omega \in \mathcal{A}$.
(ii) $A \in \mathcal{A}$ 이면, $\overline{A} \in \mathcal{A}$.
(iii) A_1과 $A_2 \in \mathcal{A}$ 이면 $A_1 \cup A_2 \in \mathcal{A}$.

위의 성질을 만족하는 사상의 부분집합의 집단을 field, 사상의 Boolean algebra 또는 algebra라고 한다. 표본공간 Ω의 모든 부분집합의 집단은 위의 성격을 만족한다는 점에 주목하여야 한다. 그리고 위에서 열거한 성격으로부터 다음과 같은 결과를 유도할 수 있다.

—— 정 리 12 ——

$\phi \in \mathcal{A}$.

(증 명)

성격 (i)에 의하여 $\Omega \in \mathcal{A}$이고, 성격 (ii)에 의하여 $\overline{\Omega} = \phi \in \mathcal{A}$. ■

—— 정 리 13 ——

A_1과 $A_2 \in \mathcal{A}$ 이면 $A_1 \cap A_2 \in \mathcal{A}$.

(증 명)

성격 (ii)에 의하여 $\overline{A_1}$과 $\overline{A_2} \in \mathscr{A}$이며, 성격 (iii)에 의하여 $\overline{A_1} \bigcup \overline{A_2} \in \mathscr{A}$, 드 모르강 법칙에 의하여 $\overline{A_1 \bigcap A_2} \in \mathscr{A}$이며 다시 성격 (ii)에 의하면 $A_1 \bigcap A_2 \in \mathscr{A}$이다. ■

—— 정 리 14 ——

$A_1, A_2, \dots, A_n \in \mathscr{A}$ 이면 $\bigcup_{i=1}^{n} A_i$와 $\bigcap_{i=1}^{n} A_i \in \mathscr{A}$.

(증 명)

성격 (iii)과 <정리 13>을 수학적 귀납법을 사용하면 된다. ■

사상들의 집단 $\mathscr{A}$가 field 또는 algebra라고 가정한다면, (i) 표본공간과 (ii) 이미 포함된 사상의 여집합과 (iii) 이미 포함된 유한의 사상들의 합집합과 교집합을 포함하고 있다는 사실을 확인 할 수 있다. 가장 간단한 $\mathscr{A}$의 예는 $\{\phi, \Omega\}$이며, 사상 A가 Ω의 부분집합일때 $\{\phi, A, A^c, \Omega\}$도 $\mathscr{A}$임을 알 수 있다. 그러나 아직 $\mathscr{A}$는 Ω의 모든 부분집합의 집단을 포함하지 않는다고 설명되지 않았는데, 이를 설명하기 위하여 다음을 살펴보자.

표본공간이 이산형이 아닐 때 사상들의 가산(countable) 합집합과 교집합이 역시 사상이 되는지의 여부를 살펴보는 것은 매우 중요하다. field(algebra, Boolean algebra)의 성격에서 (i)과 (ii)는 동일하고 (iii)이 다음과 같이 변경된다면

$$\text{(iii)}' \quad A_1, A_2, \dots \in \mathscr{A}\text{이면 } \bigcup_{i=1} A_i \in \mathscr{A}.$$

$\mathscr{A}$는 사상의 borel field (*σ−field, σ−algebra*)라고 정의된다. 그리고 <정리 14>와 유사하게 $\bigcap_i A_i \in \mathscr{A}$임을 유도할 수 있다. borel field의 한 예는 표본공간이 발생 가능한 모든 부분집합의 집단이다. 표본공간의 원소의 수가 유한개일때는 borel field와 field의 차이가 없지만, 표본공간이 $[0,1]$과 같은 실수의 구간이라면 borel field에는 점과 여러 종류의 구간과 그리고 점과 구간들의 조합과 결합 등으로 나타나는 모든 가능한 부분집합들이 포함되어 있다. 특히 표본공간이 $[0,1]$일때의 borel field는 다음 절에서 논의할 확률의 개념을 설명하는데 매우 중요하다.

■ 예 제 6 - $\Omega = \{x \mid 0 \le x \le 1\}$. 사상의 집단은 다음과 같은 개구간으로 구성된다고 한다

$$\{(a, b)\} = \{x \mid a < x < b\}.$$

이때 이 구간들의 집단은 한 점 또는 겹치지 않은 두 구간의 합집합은 포함하고 있지 않는

다. 그러나 이런 (a, b)와 같은 구간의 집단으로부터 생성되는 borel field는 점들도 포함하고 있고 구간들의 합집합과 교집합도 포함하고 있음을 알 수 있다. 즉 한 점 $\{a\}$는 $\{a\} = \bigcap_{i=1}^{\infty}(a-\frac{1}{n}, a+\frac{1}{n})$이며 폐구간 $[a, b]$는 $[a, b] = (a, b) \cup \{a\} \cup \{b\}$으로 표현될 수 있기 때문이다. 이와 유사하게 $(a, b]$와 $[a, b)$ 와 같은 구간도 borel field에 포함되고 있음을 알 수 있다. ■

<예제 6>에서 (a, b)와 같은 개구간으로 생성되는 borel field는 표본공간 $[0, 1)$의 모든 부분집합을 포함하고 있지 않지만 (Halmos(1950), 참조), 일반적으로 <정의 12>에서 정의된 사상공간은 Ω의 사상들로 생성되는 borel field를 의미한다. 그리고 borel field는 표본공간 Ω의 발생 가능한 모든 부분집합의 집단으로 간주하면 쉽게 이해할 수 있다.

2. 확률공간

2.1 함수의 정의

본 절에서는 확률에 관한 공리적 정의에 대하여 논하고자 한다. 우선 확률은 함수로 정의됨으로 우선 함수에 관한 정의부터 시작하자. 함수 $f(\cdot)$는 정의역(domain)이라는 집단에 속하는 점들의 집합이 치역(counterdomain)이라고 불리우는 집단의 오직 한 점과 연관되어지는 법칙을 말하는데 정의는 다음과 같다.

정 의 13

정의역 A와 치역 B와 함께 함수 $f(\cdot)$는 (a, b)와 같이 쌍을 이루는 점들의 집합이며 다음을 만족한다.

(i) $a \in A$ 그리고 $b \in B$.

(ii) $a \in A$는 쌍으로 이루어진 집단의 첫번째 원소이다. 하지만 대응하는 $b \in B$는 반드시 그 쌍의 두번째 원소만은 아니다.

(iii) 동일한 첫번째 원소를 가진 다른 쌍으로된 점들은 없다.

예를 들어 $A = \{a_i: i=1, \ldots, n\}$, $B = \{b_j: j=1, \ldots, m\}$이라고 할 때 위 <정의 13>의 (ii)는 임의의 첫번째 원소 a_i와 $a_{i'}$의 두번째 원소가 모두 $b_j \in B$일수도 있다는 것을 의미한다. 그리고 <정의 13>의 (iii)는 임의의 첫번째 원소 a_i에 대하여 두번째 원소인 서로 다른 b_j와

b_j가 존재하지 않는다는 것을 설명해 준다.

만약 $(a, b) \in f(\cdot)$이라면, $b = f(a)$라고 쓰며 $f(a)$는 a에서 $f(\cdot)$의 값이라 부른다. 어떤 $a \in A$에 대하여 $f(a)$는 B의 원소이다. $f(\cdot)$의 모든 값들의 집합을 $f(\cdot)$의 범위(range)라 부르는데 $f(\cdot)$의 범위는 $\{ b \in B \mid a \in A$에 대하여 $b = f(a) \}$이며 치역 B의 부분집합이며 반드시 치역과 동일할 필요는 없다.

■ 예 제 7 - 정의역과 치역이 실수를 갖는 두 함수 $f_1(\cdot)$와 $f_2(\cdot)$는 다음과 같다.

$$f_1(\cdot) = \{ (x, y) \mid y = x^3, -\infty < x < \infty \},$$
$$f_2(\cdot) = \{ (x, y) \mid y = x^2, -\infty < x < \infty \}.$$

$f_1(\cdot)$의 범위는 치역과 동일하나 $f_2(\cdot)$의 범위는 비음수의 실수이므로 치역과 동일하지 않다. ■

다음으로 자주 쓰이고, 통계학에서 중요하게 사용되는 지시함수(indicator function)를 공부하자.

정 의 14 : 지시함수(indicator function)

표본공간 Ω의 부분집합을 A라하고 원소를 ω라 하자. A의 지시함수를 $I_A(\cdot)$라 표시하며, 정의역이 Ω이며, 0과 1만의 값으로 이루어진 치역을 갖고 있는 함수로 정의된다. 즉,

$$I_A(\omega) := \begin{cases} 1 & , \omega \in A\text{에 대하여} \\ 0 & , \omega \notin A\text{에 대하여}. \end{cases}$$

—— <지시함수의 성격> ——

표본공간 Ω의 발생 가능한 모든 부분집합의 집단은 $\mathscr{A}$라 하자.

(i) $A \in \mathscr{A}$에 대하여 $I_A(\omega) = 1 - I_{\overline{A}}(\omega)$.

(ii) $A_1, \ldots, A_n \in \mathscr{A}$에 대하여 $I_{\bigcap_{i=1}^n A_i}(\omega) = \prod_{i=1}^n I_{A_i}(\omega)$.

(iii) $A_1, \ldots, A_n \in \mathscr{A}$에 대하여 $I_{\bigcup_{i=1}^n A_i}(\omega) = \max\{ I_{A_1}(\omega), \ldots, I_{A_n}(\omega) \}$.

(iv) $A \in \mathscr{A}$에 대하여 $I_A^2(\omega) = I_A(\omega)$.

(증 명)

(i)과 (iv)의 증명은 간단하며, (ii)와 (iii)의 증명은 드 모르강의 정리에서 토론한 바와 유사하게 합집합과 교집합의 정의를 사용하면 된다. ■

또한 지시함수는 다음의 예제와 같이 표기상 효율적으로 사용된다.

■ 예 제 8 - 다음과 같은 함수를 고려하자.

$$f(x) = \begin{cases} 0 & , \ x \le 0 \\ x & , \ 0 < x \le 1 \\ 2-x & , \ 1 \le x \le 2 \\ 0 & , \ 2 < x \end{cases}$$

지시함수를 사용하여 이 함수를 다시 작성하면 다음과 같이 간편하게 쓰인다.

$$\begin{aligned} f(x) &= xI_{(0,1]}(x) + (2-x)I_{(1,2]}(x) \\ &= (1 - |1-x|)I_{(0,2]}(x). \end{aligned}$$ ■

자주 등장하는 다른 종류의 함수는 집합함수(set function)로 집합들의 집단으로 정의역이 구성되고 실수로 치역이 구성되는 함수로 정의된다. 집합함수의 예는 다음과 같다.

■ 예 제 9 - 2개의 주사위를 던지는 실험에 대응하는 표본공간은 Ω이며 이것의 부분집합의 모든 집단인 borel field를 $\mathscr{A}$라고 하자. 임의의 집합 $A \in \mathscr{A}$에 대하여 $N(A)$는 집합 A에 속하고 있는 결과의 수라고 한다면, $N(\phi) = 0$, $N(\Omega) = 36$이며 만약 A가 두 주사위 합이 7이라는 결과를 포함하는 집합이라면 $N(A) = 6$임을 알 수 있다. ■

■ 예 제 10 - Ω는 이차원 공간인 평면이고 $\mathscr{A}$는 Ω의 borel field라고 할 때, $\mathscr{A}$에 속하는 A에 대하여 $Q(A)$는 A의 면적이라고 정의하여 보자. 이때

$A = \{ (x,y) \mid 0 \le x \le 1 , 0 \le y \le 1 \}$ 에 대하여 $Q(A) = 1$.

$A = \{ (x,y) \mid x^2 + y^2 \le r^2 \}$에 대하여는 $Q(A) = \pi r^2$.

$A = \{ (0,0), (1,1) \}$에 대하여는 $Q(A) = 0$. ■

2.2 확률함수의 정의

<예제 10>과 같은 집합함수는 일반적으로 집합크기의 함수(size-of-set function)라고 확대하여 정의되기도 한다. 그리고 확률함수(probability function)는 특별한 집합함수로 정의된다.

정 의 15 : 확률함수(probability function)

Ω를 표본공간으로, $\mathscr{A}$는 어떤 실험에 대하여 고려하는 사상의 borel field로 정의된다고 하자. 이때 확률함수 $P(\cdot)$는 정의역이 $\mathscr{A}$이며 치역이 $[0,1]$의 구간인 집합함수로 정의되며 다음의 공리를 만족한다.

(i) $A \in \mathscr{A}$에 대하여 $P(A) \geq 0$.

(ii) $P(\Omega) = 1$.

(iii) $A_1, A_2, \ldots$ 는 $\mathscr{A}$에 속하며 상호배반사상일때

$$P(\bigcup_{i=1}^{\infty} A_i) = \sum_{i=1}^{\infty} P(A_i).$$

위에서 언급함 (i)부터 (iii)까지의 조건을 '확률의 공리'라고 하며 고전적이며 전통적인 확률의 정의에 의하여 유발되었다. 여기서 언급한 확률의 정의는 수리적 정의이며 이러한 집합함수가 확률함수임을 설명한다. $P(A)$는 '사상 A의 확률' 또는 '사상 A가 발생할 확률'로 읽으며 사상 A에 속한 결과가 발생할 확률이라는 의미를 갖고 있다.

■ 예 제 11 - 두개의 서로 다른 동전을 던지는 실험을 고려하자.

$\Omega = \{(H,H),(H,T),(T,H),(T,T)\}$이며, Ω에 속하는 4개의 원소들은 발생 가능성이 모두 동일하다고 가정하는 확률실험이라고 하자. 즉,

$$P(\{(H,H)\}) = P(\{(H,T)\}) = P(\{(T,H)\}) = P(\{(T,T)\}) = \frac{1}{4}.$$

이때 $P(\cdot)$는 위의 <정의 15>에서정의된 확률함수인가? 또는 세 가지 확률의 공리를 만족하는가? 우리는 이 질문에 "예"라고 대답할 수 있으며 따라서 확률함수임에 틀림이 없다. ■

정 의 16 : 확률공간(probability measure space, probability space)

표본공간 Ω와 Ω의 부분집합인 사상들의 집단인 borel field $\mathscr{A}$와 확률함수 $P(\cdot)$로 구성된 $(\Omega, \mathscr{A}, P(\cdot))$를 확률(측정)공간이라고 한다.

3가지 구성원은 모두 밀접한 관계를 갖고 있는데 borel field $\mathscr{A}$는 Ω의 부분집합의 집단(사상공간)이며 확률함수 $P(\cdot)$는 정의역으로 $\mathscr{A}$를 갖고 있는 함수이다. 그러므로 이 정의는 표본공간, 사상공간과 확률의 정의를 모두 포함하여 하나로 묶는 중요한 정의이다.

<정의 13>에서 함수 $f(\cdot)$를

$$f : \mathscr{A} \to \mathcal{B}$$

로 정의된다면 <정의 15>의 확률함수 $P(\cdot)$는 다음과 같이 정의된다.

$$P : \mathscr{A} \to \mathcal{B}\,[0,1].$$

여기서 $\mathcal{B}[0, 1]$은 구간 $[0, 1]$의 부분집합의 집단인 borel field이다.

확률의 정의와 공리로부터 확률함수 $P(\cdot)$의 여러 정리들을 아래와 같이 유도할 수 있다. 정리와 정리의 증명에서 $\mathscr{A}$는 $P(\cdot)$의 정의역이며 사상의 borel field이라고 하자. 그리고 모든 사상들은 $\mathscr{A}$에 속한다고 하자.

—— 정 리 15 ——

$P(\phi) = 0.$

(증 명)

공리 (ii)에 의하여 $1 = P(\Omega) = P(\Omega \bigcup \phi)$ 이다. $\Omega \bigcap \phi = \phi$ 이므로 공리(iii)에 의하여 $1 = P(\Omega) + P(\phi) = 1 + P(\phi)$. 그러므로 $P(\phi) = 0$ 이다. ■

—— 정 리 16 ——

$P(A) \le 1.$

(증 명 1)

공리 (ii)에 의하여 $1 = P(\Omega) = P(A \bigcup \overline{A}) = P(A) + P(\overline{A}).$

공리 (i)에 의하여 $P(\overline{A}) \ge 0$이므로 $P(A) \le 1.$ ■

(증 명 2)

$\phi \subset A \subset \Omega$이므로 뒤의 <정리 21>에 의하여 $0 = P(\phi) \le P(A) \le P(\Omega) = 1$이다. ■

—— 정 리 17 ——

$A_1, \ldots, A_n$는 상호 배반사상들이라면 $P(\bigcup_{i=1}^{n} A_i) = \sum_{i=1}^{n} P(A_i)$.

(증 명)

$A_{n+1} = \phi, A_{n+2} = \phi, \ldots$라고 하자. 그러면 $\bigcup_{i=1}^{n} A_i = \bigcup_{i=1}^{\infty} A_i \in \mathcal{A}$이며,

$P(\bigcup_{i=1}^{n} A_i) = P(\bigcup_{i=1}^{\infty} A_i) = \sum_{i=1}^{\infty} P(A_i) = \sum_{i=1}^{n} P(A_i)$이다. ■

—— 정 리 18 ——

$P(\overline{A}) = 1 - P(A)$.

(증 명)

공리 (ii)에 의하여 $1 = P(\Omega) = P(A \cup \overline{A}) = P(A) + P(\overline{A})$.

그러므로 $P(\overline{A}) = 1 - P(A)$이다. ■

—— 정 리 19 ——

$P(A) = P(AB) + P(A\overline{B})$이며 $P(A - B) = P(A\overline{B}) = P(A) - P(AB)$.

(증 명)

$A = AB \cup A\overline{B}$이며 $AB \cap A\overline{B} = \phi$이므로 공리 (iii)에 의하여

$P(A) = P(AB) + P(A\overline{B})$.이는 $P(A\overline{B}) = P(A) - P(AB)$. ■

—— 정 리 20 ——

$P(A \cup B) = P(A) + P(B) - P(AB)$. 이를 일반화시키면 다음과 같다.

$$P(\bigcup_{i=1}^{n} A_i) = \sum_{i=1}^{n} P(A_i) - \sum\sum_{i<j} P(A_iA_j) + \sum\sum_{i<j<k}\sum P(A_iA_jA_k) + \cdots$$
$$+ (-1)^{n+1} P(A_1 \cdots A_n).$$

(증 명)

$A \cup B = B \cup A\overline{B}$이며 $B \cap A\overline{B} = \phi$. <정리 19>에 의하여

$$P(A \cup B) = P(B) + P(A\overline{B}) = P(B) + P(A) - P(AB).$$

일반화시킨 등식은 수학적 귀납법을 사용하여

$$P(\bigcup_{i=1}^{n-1} A_i) = \sum_{i=1}^{n-1} P(A_i) - \sum\sum_{i<j} P(A_iA_j) + \cdots + (-1)^n P(A_1 \cdots A_{n-1})$$

이 성립될 때

$$\begin{aligned} P(\bigcup_{i=1}^{n} A_i) &= P(\bigcup_{i=1}^{n-1} A_i \cup A_n) \\ &= \sum_{i=1}^{n} P(A_i) - \sum\sum_{i<j} P(A_iA_j) + \cdots \\ &\quad + (-1)^n P(A_1 \cdots A_{n-1}) + (-1)^{n+1} P(A_1 \cdots A_n) \end{aligned}$$

이 성립한다. ■

정 리 21

$A \subset B$이면 $P(A) \leq P(B)$이다.

(증 명)

$B = BA \cup B\overline{A}$이며 $A \subset B$이므로 $AB = A$이다.

공리(iii)에 의하여 $P(B) = P(A) + P(B\overline{A})$이며,

공리(i)에 의하여 $P(B\overline{A}) \geq 0$이므로 $P(B) \geq P(A)$. ■

정 리 22 : Boole의 부등식

$$P(\bigcup_{i=1}^{n} A_i) \leq \sum_{i=1}^{n} P(A_i).$$

(증 명)

수학적 귀납법을 사용하자. $n = 1$일때 $P(A_1) = P(A_1)$이므로 위 부등식은 성립한다.

$n=2$일 때

$$P(A_1 \cup A_2) = P(A_1) + P(A_2) - P(A_1 A_2) \le P(A_1) + P(A_2)$$

이므로 위 등식은 성립한다. $n-1$일때 성립한다는 가정하에 n일때는

$$\begin{aligned} P(\bigcup_{i=1}^{n} A_i) &= P(\bigcup_{i=1}^{n-1} A_i \cup A_n) \le P(\bigcup_{i=1}^{n-1} A_i) + P(A_n) \\ &\le \sum_{i=1}^{n-1} P(A_i) + P(A_n) = \sum_{i=1}^{n} P(A_i) \end{aligned}$$

이므로 위 부등식은 성립한다. ∎

—— 정 리 23 : Bonferonni의 부등식 ——

$$P(\bigcap_{i=1}^{n} A_i) \ge \sum_{i=1}^{n} P(A_i) - (n-1).$$

(증 명)

수학적 귀납법을 사용한다. ∎

—— 정 리 24 ——

$\{A_i\ ;\ i=1,2,\ldots\}$는 *증가(또는 감소)하는 집합의 집단일때*

$$P(\lim_{n\to\infty} A_n) = \lim_{n\to\infty} P(A_n).$$

(증 명)

(경우 1) - $\{A_i\}$ 증가사상이라고 하자. 즉 $A_i \subset A_{i+1}$. $\lim_{n\to\infty} A_n = \bigcup_{n=1}^{\infty} A_n = \bigcup_{n=1}^{\infty} B_n$. 여기서 배반사상인 $B_n = A_n - A_{n-1}$, $(A_0 = \phi)$으로 정의할 수 있으며 보다 일반적으로는 $B_n = A_n \cap (\bigcup_{i=1}^{n-1} A_i)^c$으로 정의된다.

$$\begin{aligned} P(\lim_{n\to\infty} A_n) &= P(\bigcup_{i=1}^{\infty} A_i) = P(\bigcup_{i=1}^{\infty} B_i) = \sum_{i=1}^{\infty} P(B_i) \\ &= \lim_{n\to\infty} \sum_{i=1}^{n} P(B_i) = \lim_{n\to\infty} P(\bigcup_{i=1}^{n} B_i) \end{aligned}$$

$$= \lim_{n\to\infty} P(\bigcup_{i=1}^{n} A_i) = \lim_{n\to\infty} P(A_n). \qquad \blacksquare$$

(경우 2) $\{A_i\}$ 감소사상이라고 한다. 즉 $A_i \supset A_{i+1}$, $\lim_{n\to\infty} A_n = \bigcap_{n=1}^{\infty} A_n$.
여기에서는 드 모르강법칙을 이용하여 $1 - P(\lim_{n\to\infty} A_n) = P(\bigcup_{i=1}^{\infty} A_i^c)$를 고려하자. 이때 $\{A_i^c\}$는 증가사상이 되며 배반사상 $B_n = A_{n+1}^c - A_n^c$ 또는 $B_n = A_n^c - A_{n-1}^c$으로 위와 일치함으로 동일한 방법으로 증명된다. $\blacksquare$

2.3 유한 표본공간

앞에서 정의한 확률의 정의는 우리의 목표인 사상 A의 확률값을 구하는 것을 가능하게 해주지는 않는다. 실험에 대한 적절한 모형을 세워야 하는데 여기에서는 표본공간이 유한일 때 즉, 유한개의 원소를 포함하고 있는 표본공간에서 모형을 어떻게 세우고 그 모형을 기반으로한 후에 어떤 특정한 집합에 대한 확률을 구하는 방법을 논하고자 한다.

집합 A의 크기를 나타내는 함수 $N(A)$는 집합 A에 포함되어 있는 원소의 수를 정의한다고 할 때 $N(\Omega) = N$인 유한개의 원소로 이루어진 표본공간을 고려하자. 이런 종류의 실험에서는 표본공간에 포함되어 있는 원소들은 동일한 발생 가능성을 갖고 있다고 가정하는 모형을 설정할 수 있다. 즉, N개의 원소로 구성된 표본공간 $\Omega = \{\omega_1, \ldots, \omega_N\}$을 갖고 있는 어떤 실험에서 각각의 결과가 발생할 확률이 $\frac{1}{N}$이라고 실질적인 가정을 할 수 있다. 이러한 실험은 전통적인 확률의 정의는 적절하며 확률의 공리도 잘 만족한다. 여기서 정의된 확률함수 $P(\cdot)$는 다음을 만족한다고 가정하자.

(i) $P(\{\omega_1\}) = P(\{\omega_2\}) = \cdots = P(\{\omega_N\}) = \frac{1}{N}$.

(ii) Ω의 부분집합 A가 $N(A)$개의 원소를 갖고 있다면 $P(A) = \frac{N(A)}{N}$.

이 확률함수 $P(\cdot)$는 세 가지 확률의 공리를 만족함을 알 수 있다.

정 의 17 : 발생 가능성이 동일한 확률함수(equally likely probability function)

위의 조건 (i)과 (ii)를 만족하는 확률함수 $P(\cdot)$는 발생 가능성이 동일한 확률함수라고 정의한다.

어떤 실험이 동일한 발생 가능성을 가진 표본점들로 이루어졌다고 가정하는 모형으로 설정된다면 사상 A의 확률값을 구하기 위하여는 $N(\Omega) = N$과 $N(A)$의 값을 구하는 것만 남았다. 즉, Ω와 A에 포함된 원소의 수를 각각 구하는 일만 남았다고 할 수 있다.

■ 예 제 12 - 두개의 주사위를 던지는 실험을 고려하자.
표본공간 $\Omega = \{(i,j) \mid i,j = 1,2,\ldots,6\}$. 이 표본공간에는 $6 \cdot 6 = 36$개의 표본점이 있으며 각각의 표본점에는 $\frac{1}{36}$의 확률값이 부여된다. 집합 A_7을 두 주사위 합이 7인 사상이라면 $A_7 = \{(1,6), (2,5), (3,4), (4,3), (5,2), (6,1)\}$이다. $N(A_7) = 6$이며 $P(A) = N(A_7)/N(\Omega) = \frac{6}{36} = \frac{1}{6}$이다. 집합 A_i를 합이 $i(i = 2, \ldots, 12)$인 사상이라고 할 때 $P(A_i)$의 값도 유사하게 구할 수 있다. ■

유한개의 실험결과가 동일한 발생 가능성을 갖고 있는 실험에서 $N(\Omega) = N(A)$가 매우 커서 계산하는데 어려운 경우가 있다. 이때에는 경우의 수를 계산하는 공식들을 사용하면 계산이 용이해 진다.

크기가 n개인 표본을 추출히는 실험을 고려하자. <예제 12>에서는 쌍으로 기록되어 원소로 나타났지만 이런 실험의 결과를 기록하기 위하여는 n개로 확장하여 $(z_1, \ldots, z_n)$로 기록한다. 일반적으로 공이나 구슬이 담겨져 있는 큰 주머니에서 꺼내는(표본추출하는) 실험으로 표현된다. 주머니에 M개의 공이 들어 있으며 공은 1번부터 M번까지 번호가 매겨있다고 하자. 그리고 이 주머니에서 한 번에 한 개씩의 공을 꺼내는데 모두 n개의 공을 꺼내는 실험을 가정하자. 그러면 모두 n개의 크기를 갖고 있는 표본을 이룬다. 이 실험에서 주머니 안에 있는 공들은 모두 선택될 확률이 동일하다는 가정하에 공들을 추출하였는데 우리는 이것을 무작위로 추출하였다고 한다. 표본을 추출하는 두 가지 방법에 있는데 복원추출(sampling with replacement)과 비복원추출(sampling without replacement)이다. 복원추출이라 함은 공을 꺼낸 다음에 선정된 공을 다시 주머니에 넣는 것을 말하고, 선정된 공을 주머니에 되돌려 주지 않을 경우를 비복원추출이라고 한다. 비복원추출에서는 표본크기 n은 주머니에 원래 들어있던 공의 개수 M보다 작거나 같아야 하며 반면에 복원추출에서는 표본크기 n은 어떤 양의 정수이어도 가능하다.

■ 예 제 13 - 1번부터 M까지의 번호가 부여된 공을 갖고 있는 주머니에서 n개의 공을 추출하는 실험을 고려하자. 실험결과는 $(z_1, \ldots, z_n)$으로 표현되는데 이때 z_i는 i번째 추출에서 얻은 공의 번호이다. 복원추출을 한다면 추출하는 경우의 수는 M^n개이며 비복원추출하는 경우에는 $M(M-1)\cdots(M-n+1) \equiv (M)_n$개의 경우가 발생한다. ■

■ 예 제 14 - 위와 같이 주머니에 M개의 공을 갖고 있는데 이중 K개의 공은 불량품이고 $M-K$개의 공은 정상적인 공이라고 하자. 이 실험에서 n개의 공을 추출한다고 할 때, A_k를 n개의 공 중에 k개의 불량품이 있을 사상이라고 하자. (i) 복원추출과 (ii) 비복원추출의 경우를 고려할 때 각각의 경우에 $P(A_k) = N(A_k)/N(\Omega)$를 구하여 보자. (i) 복원추출의 경우, $N(\Omega) = M^n$임을 <예제 13>을 통하여 알 수 있다. 그리고 n개의 공 중에서 k개의 불량품과 $(n-k)$개의 양품이 있으므로 $K^k(M-K)^{n-k}$의 경우의 수가 있으며 1번부터 k번까지의 번호를 갖고 있는 불량품이 위치한 k개의 위치(선택된 순서)와 서로 다른 양품의 위치와는 관계없으므로 이런 종류는 모두 $\binom{n}{k}$의 경우의 수가 있다. 따라서

$$P(A_k) = \frac{\binom{n}{k} K^k (M-K)^{n-k}}{M^n}$$

이며 (ii) 비복원추출인 경우에는 $N(\Omega) = (M)_n$이며, 사상 A_k는 $\binom{n}{k}(K)_k(M-K)_{n-k}$의 경우의 수를 갖고 있다. 그러므로

$$\begin{aligned} P(A_k) &= \frac{\binom{n}{k}(K)_k(M-K)_{n-k}}{(M)_n} \\ &= \frac{\binom{K}{k}\binom{M-K}{n-k}}{\binom{M}{n}}. \end{aligned}$$

위의 비복원추출에서 마지막 식은 다른 방법으로 해석될 수 있다. 새로운 표본공간 Ω'를 표본크기 n인 부분집합으로 정의할 수 있는데 M개의 공에서 n개의 공을 추출하는(하나씩 추출하는 것보다 n개의 공을 한꺼번에 추출한다고 하자.) 경우의 수는 $\binom{M}{n}$개 있으므로 $N(\Omega') = \binom{M}{n}$이다. 그리고 $N(A_k')$는 선택된 n개의 공 중에서 K개의 불량공에서 k개의 공은 불량이며 나머지는 정상적인 공일때의 경우의 수인데 $N(A_k') = \binom{K}{k}\binom{M-K}{n-k}$임을 알 수 있다. 그러므로

$$P(A_k') = N(A_k')/N(\Omega') = \frac{\binom{K}{k}\binom{M-K}{n-k}}{\binom{M}{n}}.$$

이와 같이 비복원추출로 k개의 불량품을 추출하는 경우의 확률은 두 가지 서로 다른 표본공간으로 유도할 수 있다. ■

■ 예 제 15 - 비복원추출에서의 확률값을 구하는 공식은 4종류의 무늬와 각 무늬에 13종류의 번호를 갖고 있는 카드게임에서 어떤 확률을 구하는 경우에 유용하게 사용된다. 예를 들어 13장의 카드를 손에 쥐고 있을 때 그 중 6장의 카드 무늬가 스페이드인 경우의 확률을 구해보자. 이때는 모든 카드의 수는 $M = 52$장이며 잘 섞인 52장의 카드로부터 비복원추출로 13장의 카드를 뽑아 손에 쥐고 있는 경우이다. 그리고 집합 A_6를 총 13장의 스페이드로부터 6장의 스페이드를 손에 쥐고 있는 사상이라면, A_6의 확률은 다음과 같다.

$$P(A_6) = \binom{13}{6}\binom{52-13}{13-6} \Big/ \binom{52}{13}.$$ ■

■ 예 제 16 - 일반적인 포커게임을 고려하자. 52장의 카드에서 5장을 선택할 때

(1) 원페어(one pair)가 나올 확률은

$$P(\text{ one} - \text{pair}) = \binom{13}{1}\binom{4}{2}\binom{12}{3}\binom{4}{1}^3 \Big/ \binom{52}{5} = .423\text{이며}$$

(2) 투페어(two-pairs)가 발생할 확률

$$P(\text{ two} - \text{pair}) = \binom{13}{2}\binom{4}{2}^2\binom{11}{1}\binom{4}{1} \Big/ \binom{52}{5} = .048.$$

(3) 트리플(triple)이 발생할 확률

$$P(\text{ triple}) = \binom{13}{1}\binom{4}{3}\binom{12}{2}\binom{4}{1}^2 \Big/ \binom{52}{5}.$$

(4) 스트레이트(straight)가 발생할 확률

$$P(\text{ straight}) = \left[10\binom{4}{1}^5 - 10\binom{4}{1}\right] \Big/ \binom{52}{5},$$

여기서 분자의 두 번째는 (8)번의 스트레이트 흘러쉬인 경우이다.

(5) 흘러쉬(flush)가 발생할 확률

$$P(\text{flush}) = \left[\binom{4}{1}\binom{13}{5} - 10\binom{4}{1}\right] \Big/ \binom{52}{5}.$$

(6) 훌하우스(full house)가 발생할 확률

$$P(\text{ full} - \text{house}) = 2\binom{13}{2}\binom{4}{3}\binom{4}{2} \Big/ \binom{52}{5}.$$

(7) 훠카드(four cards)가 발생할 확률

$$P(\text{ four cards}) = \binom{13}{1}\binom{4}{4}\binom{48}{1} \Big/ \binom{52}{5}.$$

(8) 스트레이트 플러쉬(straight flush)가 발생할 확률

$$P(\text{ straight flush}) = 10\binom{4}{1}\Big/\binom{52}{5},$$

여기서 로얄스트레이트 플러쉬(Royal straight flush)는 모두 같은 무늬의 (10, J, Q, K, A)인 4가지 경우도 포함된다. ■

발생 가능성이 동일하지 않는 유한 표본공간을 고려하여 보자. 이 경우는 단순하지 않으며 N개의 원소에서 각각의 원소에 대한 확률을 명확하게 정의하여야 한다. $\Omega = \{\omega_1, \dots, \omega_N\}$이며 $P_i = P(\{\omega_i\})$라고 정의하자($i = 1, \dots, N$). 여기에서

$$1 = P(\Omega) = P(\bigcup_{i=1}^{N}\{\omega_i\}) = \sum_{i=1}^{N} P(\{\omega_i\}) = \sum_{i=1}^{N} P_i$$

이다. 그러므로 사상 A에 대하여 $P(A) = \sum_{\{i:\omega_i \in A\}} P(\{\omega_i\})$로 정의된다. 이 경우에도 $P(\cdot)$는 세 가지 확률의 공리를 만족하므로 확률함수라고 정의함을 보일 수 있다.

■ 예 제 17 - 표본공간이 $\Omega = \{\omega_1, \dots, \omega_N\}$인 실험에서 결과 ω_{i+1}이 발생할 확률은 결과 ω_i가 발생할 확률의 두 배라고 하자. 즉 $P_{i+1} = 2P_i, (i = 1, \dots, N-1)$: 사상 $A_k = \{\omega_1, \dots, \omega_k\}$가 발생할 확률 $P(A_k)$를 구하여 보자.

$$\sum_{i=1}^{N} P_i = P_1(1+2+2^2+\cdots+2^{N-1}) = P_1\left(\sum_{i=1}^{N} 2^{i-1}\right) = P_1(2^N - 1) = 1$$

이므로 $P_1 = \dfrac{1}{2^N - 1}$이며 $P_i = 2^{i-1}/(2^N-1)$이다. 그러므로

$$P(A_k) = \sum_{i=1}^{k} P_i = \sum_{i=1}^{k} 2^{i-1}\Big/(2^N-1) = \frac{2^k-1}{2^N-1}.$$ ■

3. 조건부확률과 독립

3.1 조건부확률

확률의 이론을 실제적인 문제로 적용할 때, "저렇고, 이런 사상이 발생했다. 그리고 그 외의 어떤 사상이 발생할 확률은 무엇인가?"와 같은 경우의 실험은 자주 발생된다. 예를 들어 전구

의 수명을 기록하는 실험에서 이 전구는 이미 두 달이 지났음에도 아무런 이상이 없다는 상황하에 100시간을 더 지탱할 수 있을 확률에 관심이 있을 수 있다. 또는 상자 안에 100개의 바둑알이 들어있고 그 중 다섯 개만이 검은색일때 비복원표본추출하는 실험을 고려하자. 여기서 처음 추출한 두개의 바둑알이 검은색이라고 할 때 세번째로 추출한 바둑알도 검은색일 확률은 무엇인가? 이런 종류의 확률문제는 '조건부 확률'의 구조에서 고려하여야 한다.

확률공간을 $(\Omega, \mathscr{A}, P(\cdot))$으로 가정하자. 즉, 표본공간은 Ω이고, 모든 발생 가능한 사상의 집합을 $\mathscr{A}$, 그리고 확률함수를 $P(\cdot)$로 정의하자. 주어진 두개의 사상 A와 $B \in \mathscr{A}$에 대하여 사상 B가 발생했을 때의 조건하에 사상 A가 발생할 확률을 정의하여 보자.

정 의 18 : 조건부확률(conditional probability)

주어진 확률공간 $(\Omega, \mathscr{A}, P(\cdot))$에서의 $\mathscr{A}$에 속한 사상을 A와 B라 하자. 사상 B가 주어졌을 때 사상 A의 조건부확률은 $P(A \mid B)$로 표시되며

$$P(A \mid B) = \frac{P(AB)}{P(B)} \quad \text{단 } P(B) > 0$$

으로 정의된다.

조건부확률의 정의식으로부터 $P(A)$와 $P(B)$가 모두 0의 값을 갖고 있지 않다면

$$\begin{aligned} P(AB) &= P(A \mid B)P(B) \\ &= P(B \mid A)P(A) \end{aligned}$$

임을 알 수 있다.

확률공간 $(\Omega, \mathscr{A}, P(\cdot))$에서 $P(\cdot)$는 발생 가능성이 동일한 확률함수일때 확률을 유한 표본공간에서 사상에 포함된 표본수를 의미하는 함수 $N(\cdot)$를 이용하여 $P(A) = N(A)/N(\Omega)$를 정의하였듯이 조건부 확률도 빈도수의 개념을 이용하여

$$P(A \mid B) = \frac{N(A \cap B)}{N(B)}$$

이며 $N(\Omega) = N$을 이용하면 위 식은

$$\frac{N(A \cap B)/N}{N(B)/N} = \frac{P(AB)}{P(B)}$$

이 되어 <정의 18>과 일치한다.

확률 $P(A)$는 $P(A \mid \Omega)$의 의미를 갖고 있고 전체를 기준으로 사상 A의 발생 빈도의 비율을 의미하며 $P(A \mid B)$는 사상 B가 발생한 빈도를 기준으로 사상 A와 B가 동시에 발생한 빈도의 비율을 나타내는데, $P(A \mid B)$에서 조건부 사상 B는 축소되어 새로운 의미를 갖고 있는 표본공간으로 간주된다고 본다.

■ 예 제 18 - 2개의 동전을 던지는 실험을 고려하자. 표본공간은 $\Omega = \{(H,H),(H,T),(T,H),(T,T)\}$이며 각 원소의 발생 가능성은 모두 동일하다고 가정할 때 (i) 첫번째 동전이 앞면이 나왔을 때 두개의 동전이 모두 앞면이 나올 확률 (ii) 적어도 하나의 동전이 앞면이 나왔을 조건에 두개의 동전이 모두 앞면이 나올 확률을 구해보자. 집합 $A_1 = \{$처음 동전이 앞면$\}$ 그리고 집합 $A_2 = \{$두번째 동전이 앞면$\}$으로 하자. 첫번째 동전이 앞면이 나왔을 때 두개의 동전이 모두 앞면이 나올 확률은

$$P(A_1A_2 \mid A_1) = \frac{P(A_1A_2)}{P(A)} = \frac{1/4}{1/2} = \frac{1}{2}$$

이며, 적어도 하나의 동전이 앞면이 나왔을 조건에 두개의 동전이 모두 앞면이 나올 확률은

$$P(A_1A_2 \mid A_1 \cup A_2) = \frac{P(A_1A_2 \cap (A_1 \cup A_2))}{P(A_1 \cup A_2)} = \frac{P(A_1A_2)}{P(A_1 \cup A_2)} = \frac{1/4}{3/4} = \frac{1}{3}.$$ ■

사상 B를 조건으로 하는 조건부 확률은 B에 속하는 원소들로 결과가 발생하는 실험을 고려하기 때문에 사상 B가 새로운 표본공간이 됨을 파악하였다.

여기에서 다음과 같은 질문을 할 수 있다. " $P(B) > 0$인 사상 B에서 $P(\cdot \mid B)$는 $P(\cdot)$와 마찬가지로 정의역으로 $\mathcal{A}$를 갖고 있는 확률함수인가?". 다시 말하면 " $P(\cdot \mid B)$도 확률의 공리 세 가지를 모두 만족하는가?" 또는 "조건부확률도 확률인가?". 이 질문에 답하기 위하여는 다음과 같은 세 가지를 만족하여야 한다.

(i) 임의의 $A \in \mathcal{A}$에 대하여 $P(A \mid B) \geq 0$

(ii) $P(\Omega \mid B) = 1$.

(iii) $A_1, \ldots \in \mathcal{A}$이며, 상호배반사상일 때 $P(\bigcup_{i=1}^{\infty} A_i \mid B) = \sum_{i=1}^{\infty} P(A_i \mid B)$.

(증 명)

(i) $P(A \mid B) = P(AB)/P(B) \geq 0$. 왜냐하면 확률공리 (i)에 의하여 $P(AB) \geq 0$.

(ii) $P(\Omega \mid B) = P(\Omega B)/P(B) = P(B)/P(B) = 1$.

(iii) $$P(\bigcup_{i=1}^{\infty} A_i \mid B) = \frac{P((\bigcup_{i=1}^{\infty} A_i) \cap B)}{P(B)} = \frac{P(\bigcup_{i=1}^{\infty}(A_i B))}{P(B)}$$

$$= \frac{\sum_{i=1}^{\infty} P(A_i B)}{P(B)} = \sum_{i=1}^{\infty} P(A_i \mid B),$$

여기서 $A_i B$와 $A_j B$는 배반사상이다.

따라서 $P(B) > 0$을 만족하는 사상 B에 대하여 $P(\cdot \mid B)$는 확률함수이며 이를 조건부확률이라고 부른다. 조건부확률 $P(\cdot \mid B)$도 확률에 관한 정리와 유사한 성격들을 갖고 있다. ■

확률공간 $(\Omega, \mathcal{A}, P(\cdot))$이 주어졌으며 $P(B) > 0$을 만족하는 사상 $B \in \mathcal{A}$와 A와 $\{A_i\} \in \mathcal{A}$에 대하여 다음의 정리를 배워보자.

정 리 25

$P(\phi \mid B) = 0.$

정 리 26

$A_1, \ldots, A_n \in \mathcal{A}$들이 상호 배반사상이라면

$$P(\bigcup_{i=1}^{n} A_i \mid B) = \sum_{i=1}^{n} P(A_i \mid B).$$

정 리 27

$P(\overline{A} \mid B) = 1 - P(A \mid B).$

—— 정 리 28 ——

$P(A_1 \mid B) = P(A_1A_2 \mid B) + P(A_1\overline{A_2} \mid B).$

—— 정 리 29 ——

$P(A_1 \cup A_2 \mid B) = P(A_1 \mid B) + P(A_2 \mid B) - P(A_1A_2 \mid B).$

—— 정 리 30 ——

$A_1 \subset A_2$이면 $P(A_1 \mid B) \leq P(A_2 \mid B).$

—— 정 리 31 ——

$P(\bigcup_{i=1}^{n} A_i \mid B) \leq \sum_{i=1}^{n} P(A_i \mid B).$

(증 명)

위에서 언급한 정리들의 증명은 2.2절에서 나온 정리들의 증명방법을 사용하면 쉽게 얻을 수 있다. ■

—— 정 리 32 : 전확률(全確率)정리 ——

확률공간 $(\Omega, \mathscr{A}, P(\cdot))$*에 대하여* $\{B_i\,;\, i=1,\ldots,n\}$*은* $\mathscr{A}$*에 속하며 배반사상이다. 그리고* $\bigcup_{i=1}^{n} B_i = \Omega$*이며* $P(B_i) > 0$*을 가정하자. 이때 사상* $A \in \mathscr{A}$*에 대하여*

$$P(A) = \sum_{i=1}^{n} P(A \mid B_i)P(B_i).$$

(증 명)

$\{B_i\}$들이 위의 조건을 만족하는 배반사상들이므로 $\{AB_i\}$들도 배반사상이다. 따라서 $A = \bigcup_{i=1}^{n} AB_i$이다. 그러므로 $P(A) = P(\bigcup_{i=1}^{n} AB_i) = \sum_{i=1}^{n} P(AB_i) = \sum_{i=1}^{n} P(A \mid B_i)P(B_i).$ ■

—— 보조정리

위 정리의 조건하에서 $P(A) = P(A \mid B)P(B) + P(A \mid \overline{B})P(\overline{B})$.

<정리 32>에서 간단한 배반사상의 예제인 $\{B, \overline{B}\}$의 경우가 <보조정리>로 설명되며 $n = \infty$인 경우도 <정리 32>은 성립한다. 이 정리는 과정이라는 단계를 갖고 있는 실험에서 매우 유용하게 사용된다. 첫번째 단계에서 어떤 사상이 발생하고 두번째 단계에서 다른 종류의 사상이 발생되는 실험을 예로 들 수 있다. <예제 18>가 이런 종류의 예제이며, 이런 실험에서 첫번째 단계에서 얻은 결과를 조건으로 하는 상황은 자연스러운 현상이다.

—— 정 리 33 : 베이즈 공식(Bayes' formula)

확률공간 $(\Omega, \mathscr{A}, P(\cdot))$*에서* $\{B_i ; i=1,\ldots, n\}$*은* Ω*의 분할이며* $P(B_i) > 0$*이다.* $P(A) > 0$*을 만족하는 사상* $A \in \mathscr{A}$*에 대하여*

$$P(B_k \mid A) = \frac{P(A \mid B_k)P(B_k)}{\sum_{i=1}^{n} P(A \mid B_i)P(B_i)}.$$

(증 명)

$P(B_k \mid A) = \dfrac{P(B_k \cap A)}{P(A)}$에서 조건부 확률의 정의와 <정리 32>을 이용하면 얻을 수 있다. ■

—— 보조정리

확률공간 $(\Omega, \mathscr{A}, P(\cdot))$*에서* $P(A) > 0$*와* $0 < P(B) < 1$*를 만족하는 사상* A*와* $B \in \mathscr{A}$*에 대하여*

$$P(B \mid A) = \frac{P(A \mid B)P(B)}{P(A \mid B)P(B) + P(A \mid \overline{B})P(\overline{B})}.$$

■ 예 제 19 - 어떤 질병은 1000명 중 한 명 꼴로 감염된다. 그리고 이 질병의 감염여부를 측정하는 검사방법에 의하면, 질병에 이미 감염된 환자를 검사했을 때 감염됐다는 양성반응을 나타낼 확률은 99%이며, 건강한 사람을 검사했을 때 감염됐다는 양성반응을 나타낼 확률은

5%라고 가정하자. 이때 양성반응이 나타난 환자가 실제로 질병에 감염될 확률을 구하여 보자. 여기에서 사전에 가정된 내용으로 $P(감염)=.001$, $P(+\mid 감염)=.99$, $P(+\mid 건강)=.05$임을 알 수 있고, 양성반응이 나타난 환자가 실제로 질병에 감염될 확률은 <보조정리>를 이용하여

$$\begin{aligned} P(감염\mid +) &= \frac{P(+\mid 감염)P(감염)}{P(+\mid 감염)P(감염)+P(+\mid 건강)P(건강)} \\ &= \frac{.99\times.001}{.99\times.001+.05\times.999} \\ &= .0194. \end{aligned}$$

이 값은 50명 중의 한 명 꼴로 양성반응이 나타난 환자가 실제로 질병에 감염된다는 사실로 인지할 수 있다. 검사했을 때 감염됐다는 환자가 양성반응을 나타낼 확률은 $P(+\mid 감염)=.99$로 높은 값을 갖고 있는데도 불구하고 $P(감염\mid +)=.02$로 매우 작은 값은 이상하게 느껴진다. 그러나 양성반응이 나타난 경우에 살펴보면 감염된 환자의 비율보다 검사방법의 오류가 훨씬 크기 때문에 작은 확률값이 나타났다. 즉, 질병에 감염될 확률은 1000명에 한 명 꼴이지만 건강한 사람이 이 검사방법에 의하여 양성반응이 나타날 확률은 100명에 다섯 명 꼴이기 때문이다. ■

<정리 33>는 <정리 32>과 마찬가지로 단계를 갖고 있는 과정실험에서 유용하다. B_i는 첫번째 단계에서 발생한 사상이고 A는 두번째 단계를 포함하는 전체에서 발생한 사상이라고 한다면, $P(A\mid B_i)$는 첫번째 단계에서 B_i사상이 발생했을 때 두번째 단계에서 사상 A가 발생할 확률을 정의한다면, <정리 32>에서 $P(A)$는 $P(B_i)$와 $P(A\mid B_i)$의 곱의 형태로 평가된다는 것을 알 수 있다. 그리고 <정리 33>에서 $P(B_k\mid A)$는 역방향으로 두번째 단계에서 나타난 사상 A의 상황하에 첫번째 단계에서 발생했던 사상의 확률을 의미한다. 여기에서 베이즈 공식은 역방향의 확률 $P(B_k\mid A)$를 $P(B_i)$와 자연스런 상황인 조건부 확률 $P(A\mid B_i)$의 곱의 형태로 표현된다는 것을 파악한다.

정 리 34 : 승가법칙(multiplication rule)

확률공간 $(\Omega, \mathscr{A}, P(\cdot))$에서 $A_1, \ldots, A_n$은 $\mathscr{A}$에 속하며 $P(A_1\cdots A_{n-1})>0$이라고 가정한다면 다음이 성립한다.

$$P(A_1\cdots A_n)=P(A_1)P(A_2\mid A_1)P(A_3\mid A_1A_2)\cdots P(A_n\mid A_1\cdots A_{n-1}).$$

(증 명)

수학적 귀납법으로 쉽게 구할 수 있다. <정리 32>과 <정리 33>와 마찬가지로 <정리 34>도 단계를 가진 실험에서 유용한데, 여기에서는 n번의 단계를 갖고 있으며, i번째 실험의 단계에서 발생한 사상을 A_i라고 한다면, $P(A_i \mid A_1 \cdots A_{i-1})$은 처음부터 $i-1$번째 단계에서 발생한 사상을 조건으로 하였을 때 i번째 단계에서 발생한 사상 A_i의 조건부확률을 의미한다. ■

■ 예 제 20 - 1번부터 5번까지 번호가 부여된 주머니가 있고 각각의 주머니에는 10개씩의 공이 들어 있다. 그리고 i번째 주머니에는 i개의 불량품과 $(10-i)$개의 양품이 있다고 하자. 여기에서 하나의 주머니를 무작위로 선정하고 선정된 주머니에서 하나의 공을 추출하는 실험을 가정하자. 이때 다음의 두 가지 질문의 답을 구하라.

(i) 불량공이 추출될 확률.

(ii) 불량공이 추출되었는데 이 공이 다섯번째 주머니에서 나왔을 확률.

(답) A를 불량공이 추출된 사상이라고 하고, B_i는 i번째 주머니에서 선정된 사상이라고 하자. 그러면 $P(B_i) = \frac{1}{5}$이며 $P(A \mid B_i) = \frac{i}{10}$, $(i=1, \ldots, 5)$임을 쉽게 알 수 있다. 여기에서 (i)의 답은 $P(A)$이며 전확률 정리를 이용하여

$$P(A) = \sum_{i=1}^{5} P(A \mid B_i) P(B_i) = \sum_{i=1}^{5} \frac{i}{10} \frac{1}{5} = \frac{15}{50} = \frac{3}{10}$$

이며, $P(A)$는 전체 공의 수는 50개이며 불량품 전체는 15개이라는 사실로부터 얻은 결과와 일치한다. (ii)는 $P(B_i \mid A)$를 구하는 것이며, 5번째 주머니는 4번째 주머니보다 불량품이 많이 들어 있으므로 $P(B_5 \mid A) > P(B_4 \mid A) > \cdots > P(B_1 \mid A)$으로 예측된다. 여기에 베이즈 공식을 이용하여

$$P(B_5 \mid A) = \frac{P(A \mid B_5) P(B_5)}{\sum_{i=1}^{5} P(A \mid B_i) P(B_i)}$$

$$= \frac{\frac{5}{10} \cdot \frac{1}{5}}{\frac{1}{5}\left(\frac{1}{10} + \frac{2}{10} + \frac{3}{10} + \frac{4}{10} + \frac{5}{10}\right)} = \frac{1}{3}.$$

이와 유사하게 $P(B_i \mid A) = \frac{\frac{i}{10}\frac{1}{5}}{3/10} = \frac{i}{15}$, $i = 1, \ldots, 5$이며 우리의 예측을 입증할 수 있다. ■

■ 예 제 21 - 5개의 답 중에서 하나를 선택하는 5지 선다형 문제를 고려하자. 이 문제의 정확한 답을 알고 있어서 문제의 답을 맞추는 학생과 정답을 모르기 때문에 정답으로 기대하며 추측하는 두 가지 경우를 고려한다. 어떤 학생이 문제의 답을 맞출 때 학생이 정답을 알고 있을 확률을 구해 보자. p를 학생이 정답을 알고 있을 확률이며 $1-p$를 정답을 추측할 확률이라고 하자. 그리고 추측했을 때 문제의 답을 맞출 확률은 $\frac{1}{5}$이라고 가정하자. A를 학생이 문제의 답을 맞출 사상이고 B를 학생이 문제의 정답을 알고 있다는 사상이라고 한다면 우리의 관심은 $P(B \mid A)$를 구하는 것이다. 베이즈 공식을 이용하여

$$P(B \mid A) = \frac{P(A \mid B)P(B)}{P(A \mid B)P(B) + P(A \mid \overline{B})P(\overline{B})} = \frac{1 \cdot p}{1 \cdot p + \frac{1}{5}(1-p)}$$

이며 이 확률은 학생이 정답을 알고 있어서 답을 맞출 확률 p보다 적지 않다는 것을 알 수 있다. 이 **확률값의** 의미가 무엇인지는 각자 토론해 보자. ■

■ 예 제 22 - 검은색의 공 3개와 하얀색의 공 7개를 갖고 있는 주머니에서 다음과 같은 실험을 해보자. 각각의 시행에서 하나의 공을 무작위로 추출한다. 그 공의 색을 살펴보고 다시 주머니에 넣는데 이때 그 색과 같은 색의 공을 추가로 두개 더 집어 넣는다. 처음부터 세번째까지의 시행에서 검은색의 공이 추출되었다면 그 확률을 구해 보자. 우선 B_i를 i번째 시행에서 검은색의 공이 추출될 사상이라면 우리가 원하는 사상은 $P(B_1B_2B_3)$이며 증가법칙에 의하여 다음과 같다.

$$P(B_1B_2B_3) = P(B_1)P(B_2 \mid B_1)P(B_3 \mid B_1B_2) = \frac{3}{10}\frac{5}{12}\frac{7}{14} = \frac{1}{16}.$$ ■

■ 예 제 23 - 검은공 K개와 하얀공 $M-K$개가 들어 있는 주머니에서 n개의 공을 추출하는 실험을 고려하자. 추출된 표본에서 k개의 검은공이 있다는 조건하에 j번째 추출된 공이 검은색일 확률을 구해 보자. 직관적으로 이 확률은 $\frac{k}{n}$인데 (i) 복원추출인 경우와 (ii) 비복원추출인 경우를 각각 고려하여 구하여 보자.

(답) A_k는 표본에 k개의 검은공을 포함하는 사상이며 B_j는 j번째 추출에서 검은공이 나올 사상이라고 하자. 여기에서 $P(B_j \mid A_k)$를 구하여야 하는데 우선 (i)의 경우에는

$$P(A_k) = \binom{n}{k} \frac{K^k (M-K)^{n-k}}{M^n}$$

이며 <예제 14>의 복원추출인 경우의 식에 의하여

$$P(A_k \mid B_j) = \binom{n-1}{k-1} \frac{K^{k-1}(M-K)^{n-k}}{M^{n-1}},$$

그리고 복원추출이므로 모든 j에서 $P(B_j) = \dfrac{K}{M}$ 이다. 그러므로

$$\begin{aligned} P(B_j \mid A_k) &= \frac{P(A_k \mid B_j)P(B_j)}{P(A_k)} \\ &= \frac{\binom{n-1}{k-1}\frac{K^{k-1}(M-K)^{n-k}}{M^{n-1}}\frac{K}{M}}{\binom{n}{k}\frac{K^k(M-K)^{n-k}}{M^n}} = \frac{k}{n}. \end{aligned}$$

(ii)의 경우에서는

$$P(A_k) = \frac{\binom{K}{k}\binom{M-K}{n-k}}{\binom{M}{n}}$$

이며 <예제 14>의 비복원추출인 경우의 식에 의하여 다음과 같다.

$$P(A_k \mid B_j) = \frac{\binom{K-1}{k-1}\binom{M-K}{n-k}}{\binom{M-1}{n-1}}.$$

C_i를 처음부터 $j-1$번째의 추출에서 i개의 검은공이 추출될 사상이라면,

$$P(C_i) = \frac{\binom{K}{i}\binom{M-K}{j-1-i}}{\binom{M}{j-1}},$$

$$P(B_j \mid C_i) = \frac{K-i}{M-j+1}$$

임을 안다. 그리고

$$\begin{aligned} P(B_j) &= \sum_{i=0}^{j-1} P(B_j \mid C_i)P(C_i) \\ &= \sum_{i=0}^{j-1} \frac{K-i}{M-j+1} \frac{\binom{K}{i}\binom{M-K}{j-1-i}}{\binom{M}{j-1}} = \sum_{i=0}^{j-1} \frac{K}{M} \frac{\binom{K-1}{i}\binom{M-K}{j-1-i}}{\binom{M-1}{j-1}} \\ &= \frac{K}{M} \end{aligned}$$

이다(3장의 1.4절 초기하분포를 참조바람). 그러므로

$$P(B_j \mid A_k) = \frac{P(A_k \mid B_j)P(B_j)}{P(A_k)} = \frac{k}{n}.$$

이와 같이 두 가지 표본추출방법에 의하여도 모두 같은 값을 얻음을 알 수 있다. ■

3.2 사상의 독립

조건부확률 $P(A \mid B)$가 사상 B에 의존하지 않는다면, 즉 $P(A \mid B) = P(A)$, 사상 A는 사상 B에 독립이라고 자연스럽게 말할 수 있다. 다음의 정의를 살펴보자.

정 의 19 : 독립사상(independent event)

확률공간 $(\Omega, \mathscr{A}, P(\cdot))$에서 A와 B를 $\mathscr{A}$에 속한 사상이라고 하자. 다음의 조건 중의 하나를 만족한다면 사상 A와 B는 독립이라고 정의한다.

(i) $P(AB) = P(A)P(B)$.

(ii) $P(A \mid B) = P(A)$, $(P(B) > 0)$.

(iii) $P(B \mid A) = P(B)$, $(P(A) > 0)$.

여기에서 '독립'이라는 말 대신 '통계적으로 독립(statistically independence, stochastically independence)'이라고 쓰이기도 한다. 그리고 위의 세 조건이 동일하다는 것을 보이기 위하여 (i)은 (ii)를 포함하고, (ii)는 (iii)을 포함하고, 그리고 (iii)은 (i)을 포함한다는 것을 보이고자 한다.

(i)은 (ii)를 포함한다 : $P(AB) = P(A)P(B)$이므로

$$P(A \mid B) = \frac{P(AB)}{P(B)} = \frac{P(A)P(B)}{P(B)} = P(A), \text{ (단 } P(B) > 0\text{)}.$$

(ii)는 (iii)을 포함한다 : $P(A \mid B) = P(A)$이므로

$$P(B \mid A) = \frac{P(AB)}{P(A)} = \frac{P(A \mid B)P(B)}{P(A)} = \frac{P(A)P(B)}{P(A)} = P(B), \text{ (단 } P(A) > 0, P(B) > 0)\text{)}.$$

(iii)은 (i)을 포함한다 : $P(B \mid A) = P(B)$이므로

$$P(AB) = P(B \mid A)P(A) = P(B)P(A), \text{ (단 } P(A) > 0).$$

그리고 $P(A) = P(B) = 0$이라면 $P(AB) = P(A)P(B)$는 명백하다.

■ 예 제 24 - 두개의 주사위를 던지는 실험을 고려하자. A는 합이 홀수인 사상을 B는 첫 번째 주사위가 1이 나오는 사상 그리고 C는 합이 7일 사상이라고 하자. 다음의 질문에 답해 보라.

(1) 사상 A와 B는 독립인가?

(2) 사상 A와 C는 독립인가?

(1) 사상 B와 C는 독립인가?

$P(A) = \frac{1}{2}$, $P(B) = \frac{1}{6}$, $P(C) = \frac{1}{6}$이며,

$P(A \mid B) = \frac{1}{2} = P(A)$이므로 사상 A와 B는 독립이다.

$P(A \mid C) = 1 \neq P(A)$이므로 사상 A와 C는 독립이 아니다.

$P(C \mid B) = \frac{1}{6} = P(C)$이므로 사상 B와 C는 독립이다. ■

사상 A와 B가 독립이라는 의미와 사상 A와 B가 배반사상이라는 의미는 서로 다른 성격을 갖고 있다. 예를 들어 배반사상인 A와 B가 독립이라는 필요충분조건은 $P(A)P(B) = 0$이며 이것은 사상 A 또는 B가 0의 확률을 갖고 있다는 조건이다. $P(A) \neq 0$ 그리고 $P(B) \neq 0$이라면 독립인 사상 A와 B는 서로 배반사상이 아니라는 것을 의미한다. 그리고 배반사상인 A와 B는 독립이 아니라는 것을 의미한다.

정 리 35

확률공간 $(\Omega, \mathscr{A}, P(\cdot))$에서 사상 A와 B가 독립이라면 A와 $\overline{B}$도 독립이고, $\overline{A}$와 B도 독립이며 그리고 $\overline{A}$와 $\overline{B}$도 독립이다.

(증 명)

$\overline{A}$와 $\overline{B}$가 독립이라면 $P(\overline{A}\,\overline{B}) = P(\overline{A})P(\overline{B})$를 만족하여야 한다. A와 B가 독립이므로 $P(AB) = P(A)P(B)$이다.

$$\begin{aligned} P(\overline{A}\,\overline{B}) &= P(\overline{A \cup B}) = 1 - P(A \cup B) \\ &= 1 - P(A) - P(B) + P(AB) \\ &= 1 - P(A) - P(B) + P(A)P(B) \\ &= (1 - P(A))(1 - P(B)) = P(\overline{A})P(\overline{B}). \end{aligned}$$

나머지도 유사하게 증명된다. ■

정 의 20 : (상호)독립사상들(mutually independent events)

확률공간 $(\Omega, \mathscr{A}, P(\cdot))$에서 n개의 사상 $A_1, \ldots, A_n$은 $\mathscr{A}$에 속할 때 사상 $A_1, A_2, \ldots, A_n$이 독립일 필요충분조건은 다음과 같다.

$$P(A_iA_j) = P(A_i)P(A_j),\ (i \neq j).$$
$$P(A_iA_jA_k) = P(A_i)P(A_j)P(A_k),\ (i \neq j \neq k).$$
$$\vdots$$
$$P(\bigcap_{i=1}^{n} A_i) = \prod_{i=1}^{n} P(A_i).$$

예를 들어 $P(A_1A_2A_3) = P(A_1)P(A_2)P(A_3)$일때 그 전단계의 조건인

$$P(A_1A_2) = P(A_1)P(A_2)$$

이 반드시 성립한다면, <정의 20>의 필요충분조건식을 간단히 요약할 수 있다. 그러나 분명하게 이 조건은 성립하지 않는다. 한 예를 살펴보자. 만약 $P(A_3) = 0$이라면

$$P(A_1A_2A_3) = P(A_1)P(A_2)P(A_3)$$

이므로 독립이 아닌 사상 A_1과 A_2에 대하여

$$P(A_1A_2) \neq P(A_1)P(A_2)$$

이 성립한다.

—— 정 리 36 ——

확률공간 $(\Omega, \mathscr{A}, P(\cdot))$에서 $A_1, A_2, \dots, A_n \in \mathscr{A}$이 독립이라면 다음을 만족한다.

$$P(\bigcup_{i=1}^{n} A_i) = 1 - \prod_{i=1}^{n}[1 - P(A_i)] = \sum_{i=1}^{n} P(A_i)\prod_{j=1}^{i-1}[1 - P(A_j)].$$

(증 명)

드 모르강 법칙에 의하여 $1 - P(\bigcup A_i) = P(\bigcap A_i^c) = \prod_{i=1}^{n}[1 - P(A_i)]$이므로 첫번째 등식은 성립한다. 그리고 <정리 24>에서 배반사상 $B_i = A_i \cap (\bigcup_{j=1}^{i-1} A_j)^c$는 $\bigcup_{i=1}^{n} A_i = \bigcup_{i=1}^{n} B_i$를 만족한다고 배웠다. 따라서 $P(\bigcup A_i) = \sum_{i=1}^{n} P(A_i)P(\bigcap_{j=1}^{i-1} A_j^c) = \sum_{i=1}^{n} P(A_i)\prod_{j=1}^{i-1} P(A_j^c)$이다. 그러므로 두번째 등식도 성립한다. ■

쌍별로 독립성(pairwise independence)이 (상호)독립성을 의미하는가에 관한 예제를 고려해 보자.

■ 예 제 25 - 쌍별로 독립성이 상호독립성을 의미하지 않는다.

두개의 주사위를 던지는 실험에서 A_1을 첫번째 주사위에서 홀수가 나오는 사상이고, A_2는 두번째 주사위에서 홀수가 나오는 사상이고, A_3는 두 주사위의 합이 홀수인 사상이라고 한다. $P(A_1) = P(A_2) = P(A_3) = \frac{1}{2}$이며 $P(A_1A_2) = \frac{1}{4}$, $P(A_2A_3) = \frac{1}{4}$, $P(A_1A_3) = P(A_1)P(A_3 \mid A_1) = \frac{1}{4}$이다. 따라서 A_1, A_2, A_3는 모두 쌍별로 독립이다. 그러나 $P(A_1A_2A_3) = 0$이며 $P(A_1)P(A_2)P(A_3) = \frac{1}{8}$이므로 A_1, A_2, A_3는 (상호)독립은 아니다. ■

확률 $P(AB)$를 구하기 위하여는 독립성과 조건부확률 모두를 사용한다. 독립인 경우에서 $P(AB) = P(A)P(B)$이며 독립이 아닌 경우에는 $P(AB) = P(A \mid B)P(B)$를 이용하여 구한다. 그러므로 이 두 가지 경우의 식은 직접 구하기 어려운 $P(AB)$의 계산을 용이하게 해준다.

■ 예 제 26 - K개의 검은공과 $M-K$의 하얀공이 담겨있는 주머니로부터 복원추출하는 실험을 고려하자. 복원추출이므로 두번째 추출 결과는 첫번째 결과와 독립임을 가정할 수 있다. 그러면 처음 두번의 추출에서 두개의 검은공이 나올 확률을 구하여 보자.

$$\begin{aligned} &P(\text{처음 두번의 추출에서 두개의 검은공}) \\ &\quad = P(\text{처음추출에서 검은공})P(\text{두번째 추출에서 검은공}) \\ &\quad = \left(\frac{K}{M}\right)^2. \end{aligned}$$ ■

확률에서도 조건부확률이 있듯이 독립성에도 조건부독립이 있다.

정 의 21 : 조건부독립

확률공간 $(\Omega, \mathscr{A}, P(\cdot))$에서 사상 $B \in \mathscr{A}$는 $P(B) > 0$의 성격을 갖고 있다. 사상 $A_1, A_2 \in \mathscr{A}$가 조건부독립이라면 다음을 만족한다.

$$P(A_1A_2 \mid B) = P(A_1 \mid B)P(A_2 \mid B).$$

독립사상은 조건부독립을 만족하지 않는 예제로 연습문제 19를 살펴보자.

연습문제

1. 다음과 같은 일련의 집합 $\{A_n; n=1,2,\ldots\}$에 대하여 $\lim_{n\to\infty} A_n$을 구하시오.

 (a) $A_n = \{x \mid \frac{1}{n} \le x \le 3-\frac{1}{n}\}$.

 (b) $A_n = \{x \mid 2-\frac{1}{n} < x \le 2\}$.

 (c) $A_n = \{x \mid 2 < x \le 2+\frac{1}{n}\}$.

 (d) $A_n = \{(x,y) \mid \frac{1}{n} \le x^2+y^2 \le 4-\frac{1}{n}\}$.

 (e) $A_n = \{(x,y) \mid 0 \le x^2+y^2 \le \frac{1}{n}\}$.

2. 모든 정수의 집합을 표본공간으로 하고 Ω에 속하는 임의의 부분집합 A에 대하여 집합함수 $Q(A) = \sum_{x\in A}\left(\frac{3}{4}\right)\left(\frac{1}{4}\right)^x$를 정의하자.

 $A_1 = \{x = 0,1,2,3\}$과 $A_2 = \{x = 0,1,2,\ldots\}$일때 $Q(A_1)$과 $Q(A_2)$를 구하라.

3. $\Omega = [0,1]$에 속하는 임의의 부분집합 A에 대하여 집합함수 $Q(A) = \int_A 6x(1-x)dx$를 정의하자.

 $A_1 = \{x \mid \frac{1}{4} < x < \frac{3}{4}\}$, $A_2 = \{\frac{1}{2}\}$일때 $Q(A_1)$과 $Q(A_2)$을 구하라.

4. $\Omega = \{(x,y) \mid 0 < x < 1,\ 0 < y < 1\}$에 속하는 임의의 부분집합 A에 대하여 집합함수 $Q(A) = \int\int_A dxdy$를 정의하자.

 $A_1 = \{(x,y) \mid 0 < x < y < 1\}$, $A_2 = \{(x,y) \mid 0 < x = y < 1\}$,

 $A_3 = \{(x,y) \mid 0 < \frac{x}{2} \le y < \frac{3}{2}x < 1\}$일때 $Q(A)$를 구하라.

5. 하나의 검은공과 황색공이 담겨져 있는 주머니와 하나의 하얀공과 황색공이 들어 있는 다른 주머니가 있다. 각각의 주머니로부터 한 개씩의 공을 추출하는 실험을 고려하자.

 (a) 표본공간을 설명하라.

(b) 사상공간을 설명하라.

(c) 두개의 공이 같은 색일 확률을 구하라.

6. 첫번째 주머니는 3개의 빨간공, 2개의 하얀공, 한 개의 검은공 그리고 두번째 주머니는 두 개의 빨간공, 2개의 하얀공, 3개의 검은공을 갖고 있다.

(a) 각각의 주머니에서 한 개씩의 공을 추출할 때

(i) 표본공간을 설명하여라.

(ii) 2개의 공이 같은 색일 확률을 구하라.

(iii) 2개의 공이 하얀색일 확률과 2개의 공이 빨간색일 확률을 구한 뒤 비교하여라.

(b) 2개의 주머니를 한 개의 주머니로 합친 후, 잘 섞은 후 3개의 공을 추출한다. 이때 복원추출과 비복원추출방법을 사용하여 3가지의 색이 나올 확률을 구하라.

7. 52장으로 구성된 카드게임에서 집합 A_1은 13장의 하트무늬를 갖고 있는 사상이고, 집합 A_2는 4장의 에이스카드를 갖고 있는 사상일때 $P(A_1)$, $P(A_2)$, $P(A_1 \cup A_2)$, $P(A_1 \cap A_2)$를 구하라.

8. 각 무늬별로 13장인 트럼프에서 5장의 카드를 뽑을 때, 다음을 구하시오.

(a) 2장의 스페이드, 2장의 하트, 그리고 1장의 다이아몬드가 뽑힐 확률

(b) 5장의 카드가 같은 무늬일 확률.

9. 6개의 빨간공과 7개의 하얀공 그리고 3개의 검은공을 합쳐 모두 16개의 공이 있는 주머니에서 비복원추출로 4개의 공을 무작위로 추출할 때 다음의 확률을 구하라.

(a) 4개의 공이 모두 빨간색.

(b) 빨간공이 없는 경우.

(c) 세 가지 색이 다 있는 경우.

10. 주머니에 있는 5개의 하얀공과 3개의 검은공은 각각 번호가 부여되었다. 비복원추출방법으로 2개의 공을 무작위로 추출할 때, 2개의 공이 같은 번호를 갖거나 또는 같은 색일 확률을 구하라.

11. 3개의 하얀공과 5개의 검은공이 들어 있는 주머니에서 비복원추출방법으로 4개의 공을 하나씩 추출하는 실험을 고려하자.

(a) 공의 색이 연속적으로 나오지 않고 교대로 나올 확률을 구하시오.

(b) 세번째 공이 처음으로 검은색일 확률을 구하시오.

12. 3개의 빨간공과 7개의 검은공이 들어있는 첫번째 주머니와 6개의 빨간공과 4개의 검은공이 있는 두번째 주머니에서 한개의 주머니만 무작위로 선택된 후 그 주머니에서 한개의 공을 추출하는 실험을 고려하자.
(a) 그 공이 빨간색일 확률을 구하라.
(b) 그 공이 빨간색인 경우를 조건으로 했을 때 두번째 주머니로부터 나왔을 확률을 구하라.

13. 25명이 모여있는 단체에서 모든 25명의 생일이 서로 다를 확률을 구하시오.
(1년은 365일이며 모두 동일한 출생률을 갖고 있다고 가정하자.)

14. 확률공간 $(\Omega, \mathcal{A}, P(\cdot))$에서 집합 A_1과 A_2가 $\mathcal{A}$에 속할 때 다음을 증명하여라.

$$P(A_1 \cap A_2) \le P(A_1) \le P(A_1 \cup A_2) \le P(A_1) + P(A_2).$$

15. 확률공간 $(\Omega, \mathcal{A}, P(\cdot))$에서 집합 A_1과 A_2가 $\mathcal{A}$에 속하며 $A_1 \subset A_2$일때 다음을 증명하여라.

$$P(A_2 - A_1) = P(A_2) - P(A_1).$$

16. 확률공간 $(\Omega, \mathcal{A}, P(\cdot))$에서 $\mathcal{A}$에 속하는 집합 A와 B를 분할한 집합 $\{B_i; i=1,\dots, n\}$에 대하여 $P(B_i) > 0$과 $P(A \mid B_i) = p$를 가정할 때, $P(A \mid B) = p$임을 증명하여라.

17. 상자 A_1에는 7개의 V사 디스켓 그리고 3개의 C사 디스켓이 들어 있고 상자 A_2에는 2개의 V사 디스켓 그리고 8개의 C사 디스켓이 들어 있다. 필요한 디스켓을 사용하고자 A_1 상자를 열 확률은 $\frac{3}{4}$이고, A_2 상자를 열 확률은 $\frac{1}{4}$이다. 즉,

$$P(A_1) = 3/4, \text{ 그리고 } P(A_2) = 1/4.$$

C사 디스켓에서 오류가 발생하는 사건을 A라고 할 때, 사용한 디스켓이 C사 디스켓이며, 이 디스켓에서 오류가 발생했을 때 디스켓은 A_1 상자에서 꺼낸 확률 $P(A_1 \mid A)$와 $P(A_2 \mid A)$를 구하시오.
(단 10개의 디스켓에서 오류가 발생할 확률은 모두 동일하다.)

18. $P(\overline{A}) = \alpha$와 $P(\overline{B}) = \beta$일때 $P(AB) \ge 1 - \alpha - \beta$를 보여라.

19. 모든 집합은 Ω에 대한 borel field에 속하는 집합일 때 다음의 명제가 맞으면 증명하고 틀리면 반례를 들어라.
   (a) $P(A) = P(B) = p$이면 $P(AB) \le p^2$.
   (b) $P(A) = P(\overline{B})$이면 $\overline{A} = B$.
   (c) $P(A) = 0$이면 $A \ne \phi$.
   (d) $P(A) = 0$이면 $P(AB) = 0$.
   (e) $P(A \mid B) > P(A)$이면 $P(B \mid A) > P(B)$.
   (f) $P(A) > P(B)$이면 $P(A \mid C) > P(B > C)$, $(P(C) > 0)$.
   (g) A와 B가 독립사상이면 $P(AB \mid C) = P(A \mid C)P(B \mid C)$.
   (h) $P(A \mid B) = P(B)$이면 A와 B는 독립사상이다.
   (i) $P(A \mid B) \ge P(A)$이면 $P(B \mid A) \ge P(B)$.
   (j) $P(B \mid \overline{A}) = P(B \mid A)$이면 A와 B는 독립사상이다.
   (k) $P(A) = a$, $P(B) = b$이면 $P(AB) \ge (a+b-1)/b$.
   (l) $P(A) = P(B)$이면 $P(A \mid B) = P(B \mid A)$, $(P(A) > 0,\ P(B) > 0)$.
   (m) $P(A \mid B) = P(B \mid A)$이면 $P(A) = P(B)$, $(P(A) > 0, P(B) > 0)$.
   (n) $P(A) = P(B \mid A) = \frac{1}{2}$이며 A와 B는 독립사상이다.

20. $P(A) = .5$, $P(A \cup B) = .6$이며 조건이 다음과 같을 때 $P(B)$를 구하여라.
   (a) A와 B는 배반사상이다.
   (b) A와 B는 독립사상이다.
   (c) $P(A \mid B) = .4$.

21. A와 B는 독립사상이며 $P(A) = P(B) = \frac{1}{2}$일 때 $P(A\overline{B} \cup \overline{A}B)$을 구하라.

22. A와 B는 독립사상이며 $P(A) = P(B \mid A) = \frac{1}{2}$일 때 $P(A \cup B)$을 구하라.

23. $P(B) = P(A \mid B) = P(C \mid AB) = \frac{1}{2}$일 때 $P(ABC)$를 구하라.

24. B_1, B_2, B_3가 배반사상이고 $P(B_i) = \frac{1}{3}$, $P(A \mid B_i) = \frac{i}{6}$일 때 $P(A)$를 구하라.

25. $P(B) = .05,\ P(A \mid B) = P(\overline{A} \mid \overline{B}) = .95$일때

(a) $P(B \mid A)$를 구하라.

(b) $P(B \mid A) = .9$이기 위해서 $P(A \mid B) = P(\overline{A} \mid \overline{B}) = p$의 크기를 구하라.

HOW COME YOU'RE SO FOND OF ALL THESE PROBABILITY PEOPLE?
THEY ARE NEVER NEGATIVE

제2장 확률변수, 분포함수, 기대값

제2장 확률변수, 분포함수, 기대값

여기에서는 확률변수, 분포함수, 밀도함수, 그리고 기대값의 개념을 정의하고 예제를 통하여 정의를 이해하면서 공부한다. 매우 중요한 부등식으로 체비세프와 젠센의 부등식도 배우고, 특정한 함수의 기대값인 적률과 적률모함수도 마지막에서 공부한다.

1. 확률변수와 누적분포함수

1장에서 배운 확률공간 $(\Omega, \mathcal{A}, P(\cdot))$를 다시 한 번 상기하여 보자. 우선 Ω는 표본공간으로 실험의 모든 결과를 함께 모아놓은 집단이며, 사상공간 $\mathcal{A}$는 표본공간의 발생 가능한 부분집합들을 모두 모은 집단을 말한다. 확률함수 $P(\cdot)$는 정의역이 $\mathcal{A}$이며 치역이 구간 $[0,1]$인 집합함수로 정의된다. 어떤 사상의 확률값을 구할 수 있도록 확률실험의 모형을 설정하고자 한다. 여기에서 정의될 확률변수는 이것을 표현하기 위하여 사용되며, 누적분포함수는 확률변수로 정의된 어떤 사상의 확률값을 구하기 위하여 사용될 것이다. 따라서 이 두 가지 개념은 우리의 목표인 사상의 확률을 정의하는 데 중요한 역할을 한다. 누적분포함수가 확률함수의 동반자로서 누적분포가 갖고 있는 장점은 정의역으로 실수와 치역으로 구간 $[0,1]$을 갖고 있는 함수라는 점이다. 그러므로 이 함수를 그래프로 그릴 수 있으며 이는 확률실험을 모형화하는 데 편리한 도구로 사용될 수 있다. 실제로 확률공간을 묘사하는 것은 완벽하게 무시하면서 확률변수와 누적분포함수에 관한 어떤 것을 가정함으로 확률실험을 모형화할 수도 있음을 의미한다. 우선 확률변수(random variable)를 정의하여 보자.

정 의 1 : 확률변수(random variable)

어떤 확률공간 $(\Omega, \mathcal{A}, P(\cdot))$에서 확률변수는 정의역이 사상공간 $\mathcal{A}$이고 지역이 실수 $R=(-\infty,\infty)$에 대한 사상공간 $\mathcal{B}$인 함수이며 X 또는 $X(\cdot)$로 표시한다. 함수 $X(\cdot)$는 임의의 실수 r에 대하여 다음과 같이 정의된 집합 $A_r = \{\omega \mid X(\omega) \le r\}$은 반드시 $\mathcal{A}$에 속한다는 것을 의미한다. 확률변수를 요약하여 정의하면 다음과 같다.

$$X : \mathcal{A} \rightarrow \mathcal{B}.$$

확률실험에서 설명한다면, 사상공간 $\mathcal{A}$는 Ω의 발생 가능한 모든 부분집합들의 집단으로 확률변수 $X(\cdot)$는 $\mathcal{A}$를 구성하고 있는 원소인 실험의 각 결과에 대응하는 실수를 만든다. $\mathcal{A}$가 정의역인 함수 즉 이것은 정의의 중요한 부분인데 임의의 실수 r에 대하여 집합 $\{\omega \mid X(\omega) \le r\}$이 $\mathcal{A}$에 속하는 사상이 되어야 한다는 사실을 간과해서는 안된다. 왜냐하면 확률변수의 표기는 이런 사상을 묘사하는데 사용되고 있기 때문이다. 우리는 확률변수 그 자체에는 관심이 없으며 확률변수를 통하여 정의되는 사상에 관심이 있다. 확률공간 $(\Omega, \mathcal{A}, P(\cdot))$에서 $P(\cdot)$이 확률변수의 정의에 사용되지 않았음을 주의해서 보아야 할 것이다.

확률변수는 영어로는 random variable인데 여기서 무작위란 뜻을 갖고 있는 "random"과 "variable"은 위의 정의를 살펴보았듯이 단어의 의미로는 설득력 있게 정당화시킬 수 없다. 따라서 "random variable"이란 단어는 너무 많이 사용되어 다른 이름으로 변경하기 어렵게 되어 버린 잘못된 단어이다. 그러므로 한국의 통계학자는 이 단어를 확률변수로 이름 지었다.

확률변수는 함수라는 것을 강조하고자 $X(\cdot)$로 복잡하게 표현하는데 일반적으로는 X로 간단하게 사용한다. 그리고 $X=x$라는 표현에서 영어 대문자 X는 확률변수를 정의하며 대응하는 영어 소문자는 확률변수의 값으로 정의된다.

■ 예 제 1 - 하나의 동전을 던지는 실험에서 확률변수 X는 앞면이 나온 횟수로 정의하자. $\Omega = \{$앞면, 뒷면$\}$이며 $\omega =$ 앞면이면 $X(\omega)=1$이며 $\omega =$ 뒷면이면 $X(\omega)=0$이다. 여기에서 확률변수는 실험의 각 결과를 실수로 대응시켜줌을 알 수 있다. 수리적으로 확률변수 X는 정의를 만족함을 보여주어야 한다. 즉 상수 r에 대하여 집합 $A_r = \{\omega \mid X(\omega) \le r\}$이 $\mathcal{A}$에 속하는 것을 보여주자. $\mathcal{A} = \{\phi, \Omega, \{\text{앞면}\}, \{\text{뒷면}\}\}$이고,

$$\{\omega \mid X(\omega) \le r\} = \begin{cases} \phi & , \quad r < 0 \\ \{\text{뒷면}\} & , \quad 0 \le r < 1 \\ \Omega = \{\text{앞면, 뒷면}\} & , \quad r \ge 1 \end{cases}$$

그러므로 집합 A_r은 $\mathcal{A}$에 속하며, $X(\cdot)$는 확률변수의 정의를 만족한다. ■

■ 예 제 2 - 두 개의 주사위를 던지는 실험을 고려하자. $\Omega = \{(i,j) \mid i,j = 1,2,\ldots,6\}$으로 36개의 원소로 이루어져 있다. 여러 종류의 확률변수를 정의할 수 있는데 X를 두 숫자의 합을 나타내는 확률변수라 정하며 $X(i,j) = i+j$으로 나타내고 Y를 두 숫자의 차를 나타내는 확률변수라 정하며 $Y(i,j) = |i-j|$으로 하자. 여기서도 X와 Y는 확률변수임을 보일 수 있으며 X는 $2, 3, \ldots, 12$의 값을 가지며 Y는 $0, 1, \ldots, 5$의 값을 갖는다. ■

위의 두 예제에서는 실험을 통하여 확률변수를 설명하였으며 특정한 함수 형태로는 정의하지 않았다. 다음의 정의를 살펴보자. 우선 $\mathcal{A}$를 Ω의 borel field라면 $\mathcal{B}$는 실수 R의 borel field라

고 하자. 즉 $\mathcal{B}$는 $R=(-\infty,\infty)$의 어떠한 종류의 부분집합들을 모두 모은 집단이라고 하자.

정 의 2 : 누적분포함수(cumulative distribution function)

확률변수 X의 누적분포함수는 $F_X(\cdot)$로 표시하는데, 정의역이 R의 borel field인 $\mathcal{B}$이고 치역이 구간 $[0,1]$인 함수로 정의되며 임의의 실수 x에 대하여 다음을 만족한다. 즉,

$$F_X(x) = P(X \leq x) = P(\{\omega \mid X(\omega) \leq x\}).$$
$$F : \mathcal{B} \to [0,1]$$

로 요약되어 표현된다.

누적분포함수는 하나의 확률변수에 대하여 유일하게 정의된다. 누적분포함수를 알고 있다면 대응하는 확률변수로 정의된 사상의 확률을 구하는데 사용된다. 그리고 서로 다른 확률변수도 동일한 누적분포함수를 갖고 있음을 <예제 4>를 통하여 알 수 있다.

■ 예 제 3 - 정상적인 동전 하나를 던지는 실험에서 확률변수 X를 앞면이 나올 수로 정의하자. 그러면

$$F_X(x) = \begin{cases} 0, & x<0 \\ \frac{1}{2}, & 0 \leq x < 1 \\ 1, & x \geq 1 \end{cases}$$

이며 지시함수를 사용하면 $F_X(x) = \frac{1}{2} I_{[0,1)}(x) + I_{[1,\infty)}(x)$로 표현된다. 여기에서

$$\begin{aligned} F_X(0) &= P(\{\omega \mid X(\omega) \leq 0\}) \\ &= P(\{\text{뒷면}\}) \\ &= \frac{1}{2} \end{aligned}$$

임을 <예제 1>과 연결지어 구하였다. ■

■ 예 제 4 - <예제 2>의 실험에서 차이의 절대값을 나타내는 확률변수 Y의 누적분포함수는 다음과 같이 구할 수 있다.

$$F_Y(y) = \begin{cases} 0 , & y<0 \\ \frac{6}{36} , & 0\le y<1 \\ \frac{16}{36} , & 1\le y<2 \\ \frac{24}{36} , & 2\le y<3 \\ \frac{30}{36} , & 3\le y<4 \\ \frac{34}{36} , & 4\le y<5 \\ 1 , & y\ge 5 \end{cases}$$

이 값들을 구하기 위하여는 정의에서 논의한 집합 A_r에 속하는 Ω의 원소 ω를 독자는 반드시 구하여 보아야 한다. 그리고 확률변수 X_1과 X_2를 첫번째와 두번째 주사위가 나타낸 수로 정의된다면 그들의 누적분포함수는

$$F_{X_1}(x) = F_{X_2}(x) = \sum_{i=1}^{5}\frac{i}{6}I_{[i,i+1)}(x) + I_{[6,\infty)}(x)$$

이며 모두 동일함을 파악할 수 있다. ■

누적분포함수 $F_X(\cdot)$의 성질을 공부하고 위의 예제들을 통하여 살펴보자.

—— 누적분포함수의 성질 ——

(i) $F_X(-\infty) = \lim_{x\to-\infty} F(x) = 0.$

(ii) $F_X(\infty) = \lim_{x\to\infty} F(x) = 1.$

(iii) $F_X(\cdot)$는 *단조 비감소함수이다. 즉, 실수* a, b $(a<b)$*에 대하여*

$$F(a) \le F(b).$$

(iv) $F_X(\cdot)$는 *오른쪽으로부터 연속함수이다. 즉,*

$$\lim_{0<h\to 0} F(x+h) = F(x).$$

(증 명)

(i) $\lim_{x\to-\infty} F(x) = \lim_{x\to-\infty} P(\{\omega \mid X(\omega)\le x\}) = P(\{\omega \mid X(\omega)< -\infty\}) = P(\phi) = 0.$

(ii) $\lim_{x\to\infty} F(x) = \lim_{x\to\infty} P(\{\omega \mid X(\omega)\le x\}) = P(\{\omega \mid X(\omega)<\infty\}) = P(\Omega) = 1.$

(iii) 실수 a와 b에 대하여

$\{\omega \mid X(\omega) \leq b\} = \{\omega \mid X(\omega) \leq a\} \bigcup \{\omega \mid a < X(\omega) \leq b\}$이며 $\{\omega \mid X(\omega) \leq a\}$와 $\{\omega \mid a < X(\omega) \leq b\}$는 배반사상이다. 따라서

$$\begin{aligned} F_X(b) &= P(\{\omega \mid X(\omega) \leq b\}) \\ &= P(\{\omega \mid X(\omega) \leq a\}) + P(\{\omega \mid a < X(\omega) \leq b\}) \\ &\geq P(\{\omega \mid X(\omega) \leq a\}) = F_X(a). \end{aligned}$$

(iv) 오른쪽으로부터 연속성은 누적분포함수의 정의 $F_X(x) = P(X \leq x)$로부터 나온 결과이다. ■

정 의 3 : 누적분포함수(cumulative distribution function)

정의역이 실수의 borel field인 B이며 치역이 $[0,1]$에 대한 사상공간 $\mathcal{B}[0,1]$인 함수이며 위의 성질 4가지를 모두 만족하는 함수를 누적분포함수라고 정의한다.

확률공간 $(\Omega, \mathcal{A}, P(\cdot))$에서 정의된 확률변수 X는 다음과 같이 함축적으로 정의된다.

$$X : (\Omega, \mathcal{A}, P(\cdot)) \to (R, \mathcal{B}, F_X(\cdot)),$$

여기서 사상공간 $\mathcal{A}$와 $\mathcal{B}$는 각각 Ω와 R의 borel field이며 확률함수 $P(\cdot)$와 누적분포함수 $F_X(\cdot)$는 다음과 같이 표현된다.

$$\begin{aligned} P &: \mathcal{A} \to \mathcal{B}[0,1]. \\ F &: \mathcal{B} \to \mathcal{B}[0,1]. \end{aligned}$$

세 가지로 분해되는 누적분포함수의 또 다른 성격은 확률변수의 종류를 다음 절에서 공부한 뒤에 설명하기로 한다. 그리고 여기서는 모두 일변량인 경우에만 배우기로 하고 이변량과 3변량 이상 다변량인 경우에는 4장에서 공부하기로 한다.

2. 밀도함수

누적분포함수는 확률변수의 값의 분포로 표현된다. 값의 분포는 밀도함수(density function)를 이용하여 그리고 두 종류의 확률변수에 대하여 보다 간편하게 표현될 수 있다. 두 종류는 이산형(discrete)과 연속형(continuous)이란 단어로 구분된다.

2.1 이산형 확률변수

정 의 4 : 이산형 확률변수(discrete random variables)

확률변수 X의 범위가 가산형(countable)이라면 X는 이산형 확률변수라고 한다. 확률변수 X가 이산형이라면 대응하는 누적분포함수 $F_X(\cdot)$도 이산형이다.

확률변수 X의 범위가 이산형이라는 것은 X가 취할 수 있는 값들이 $\{x_1, \ldots, x_n\}$과 같이 유한하거나 $\{x_1, x_2, \ldots, x_n, \ldots\}$과 같이 무한한 실수의 집합이라는 것을 의미한다. X가 이산형이며 $x_1, x_2, \ldots, x_n, \ldots$의 값들을 갖고 있다면,

$$\Omega = \bigcup_n \{\omega \mid X(\omega) = x_n\} = \bigcup_n \{X = x_n\}$$

$$\{X = x_i\} \cap \{X = x_j\} = \phi, \ (i \neq j)$$

이다. 따라서 확률의 세번째 공리에 의하여

$$1 = P(\Omega) = \sum_n P(X = x_n).$$

정 의 5 : 이산형 밀도함수(discrete density function)

확률변수 X가 $x_1, x_2, \ldots, x_n, \ldots$의 값들을 갖는 X의 이산형 밀도함수 $f_X(\cdot)$는 다음을 만족한다.

$$f_X(x) = \begin{cases} P(X = x_i), & x = x_i \ ; \ i = 1, 2, \ldots, n, \ldots \\ 0, & x \neq x_i \ . \end{cases}$$

이를 지시함수로 나타내면 다음과 같다.

$$f_X(x) = \sum_{n=1}^{\infty} P(X = x_n) I_{\{x_n\}}(x).$$

$f_X(x_i)$는 x_i점과 연계되는 질량(mass)을 나타내므로 이산형 밀도함수를 확률질량함수(probability mass function), 확률빈도함수(probability frequency function) 또는 확률함수(probability function)이라고도 부른다. 그리고 이산형 밀도함수는 $f_X(\cdot)$ 대신에 $P_X(\cdot)$로 사용되기도 한다. 이산형 밀도함수는 정의역이 R의 borel field인 $\mathcal{B}$이며 치역이 구간 $\mathcal{B}[0,1]$인 함수이며

$$f_X : \mathcal{B} \rightarrow \mathcal{B}[0,1]$$

로 나타낸다.

---- 정 리 1 ----

확률변수 X가 이산형일 때 $F_X(\cdot)$는 $f_X(\cdot)$로부터 구할 수 있으며, 역으로 $f_X(\cdot)$는 $F_X(\cdot)$로부터 구할 수 있다.

(증 명)

$f_X(\cdot)$가 주어졌다면, $F_X(x) = \sum_{\{i;\, x_i \le x\}} f_X(x_i)$이며 역으로 $F_X(\cdot)$가 주어졌다면 $f_X(x_i) = F_X(x_i) - \lim_{0<h\to 0} F_X(x_i - h) = F_X(x_i) - F_X(x_i^-)$. 여기서 $f_X(x_i)$는 각각의 점 x_i에 대하여만 구할 수 있으며, $x \neq x_i$일 때는 $f_X(x) = 0$이므로 $f_X(x)$는 모든 실수에서 정의된다. ■

■ 예 제 5 - 하나의 주사위를 던지는 실험에서 확률변수 X를 주사위에 나타난 숫자라 하자. $f_X(x) = \frac{1}{6} I_{\{1,2,\ldots,6\}}(x)$, $F_X(x) = \sum_{i=1}^{5} \frac{i}{6} I_{[i,\, i+1)}(x) + I_{[6,\,\infty)}(x)$를 쉽게 구할 수 있다. <정리 1>을 이용하여 $f_X(\cdot)$가 주어졌을 때 $F_X(2.5)$를 구하여 보자.

$$F_X(2.5) = \sum_{\{i;\, x_i \le 2.5\}} f_X(x_i) = f_X(1) + f_X(2) = \frac{2}{6}.$$

그리고 $F_X(\cdot)$가 주어졌을 때 $f_X(3)$을 구해 보자.

$$f_X(3) = F_X(3) - F_X(5) = \frac{3}{6} - \frac{2}{6} = \frac{1}{6}.$$ ■

누적분포함수는 확률변수가 취할 수 있는 값 x_i에 계단을 갖고 있는 함수 모양이며, 각 x_i점에서 계단 높이는 $f_X(x_i)$이다. 그리고 각 점들의 사이에서는 $F_X(\cdot)$는 평평하다.

■ 예 제 6 - 두 개의 주사위를 던지는 실험에서 확률변수 X와 Y는 두 숫자의 합과 차이로 각각 정의하자.

$$f_X(x) = \begin{cases} \frac{1}{36}, & x = 2, 12 \\ \frac{2}{36}, & x = 3, 11 \\ \frac{3}{36}, & x = 4, 10 \\ \frac{4}{36}, & x = 5, 9 \\ \frac{5}{36}, & x = 6, 8 \\ \frac{6}{36}, & x = 7 \end{cases} \quad \text{와} \quad f_Y(y) = \begin{cases} \frac{2}{36}, & y = 5 \\ \frac{4}{36}, & y = 4 \\ \frac{6}{36}, & y = 0, 3 \\ \frac{8}{36}, & y = 2 \\ \frac{10}{36}, & y = 1. \end{cases}$$

■

이산형 밀도함수는 이산형 확률변수의 값이 얼마나 자주 발생하는가의 정도를 의미하며, 이산형 확률변수 X로 표현되는 사상이 발생할 확률을 계산할 수 있게 한다. 예를 들어 상수 a와 b에 대하여 확률 $P(a < X \leq b)$는 $\sum_{\{j;\, a < x_j \leq b\}} f_X(x_j)$으로 구할 수 있다.

> 정 의 6 : 이산형 밀도함수(discrete density function)
>
> *정의역이 실수의 borel field인 $\mathcal{B}$이며 치역이 $\mathcal{B}[0,1]$인 함수 $f(\cdot)$가 다음을 만족한다면 이산형 밀도함수라고 정의한다.*
>
> *(i)* $f(x) > 0, \quad x = x_j; j = 1, 2, \ldots.$
>
> *(ii)* $f(x) = 0, \quad x \neq x_j; j = 1, 2, \ldots.$
>
> *(iii)* $\sum_j f(x_j) = 1.$

위의 정의는 확률변수를 언급하지 않으면서 이산형 밀도함수를 정의하였다는 점이 특이하다.

2.2 연속형 확률변수

> 정 의 7 : 연속형 확률변수(continuous random variable)
>
> *임의의 실수 x에 대하여 X의 누적분포함수가 $F_X(x) = \int_{-\infty}^{x} f_X(u)\,du$를 만족하는 X의 함수 $f_X(\cdot)$가 존재한다면, 이때의 X를 연속형 확률변수라고 한다.*

연속형 확률변수 X의 누적분포함수를 절대적인 연속형(absolutely continuous)이라고 부른다.

정 의 8 : 확률밀도함수(probability density function)

확률변수 X가 연속형인 경우 $F_X(x) = \int_{-\infty}^{x} f_X(u)\,du$를 만족하는 $f_X(\cdot)$를 X의 확률밀도함수라고 정의한다.

확률밀도함수 이외의 다른 이름으로 밀도함수(density function), 연속형 밀도함수(continuous density function)가 있다. 위의 정의에서 살펴보듯이 정의에서 요구하는 것은 $f_X(\cdot)$를 $(-\infty, x]$까지 적분함으로 $F_X(x)$를 얻는다는 것이다. 따라서 하나이상의 $f_X(\cdot)$가 이 조건을 만족할 수 있다. 정확하게 이야기하면, 확률변수 X의 확률밀도함수 $f_X(\cdot)$는 유일하게 정의되지 않는다. 예를들어 $F_X(x) = xI_{[0,1)}(x) + I_{[1,\infty)}(x)$라고 가정하자. 그러면

$$f_X^1(u) = I_{(0,1)}(u) \text{과 } f_X^2(u) = I_{(0,\frac{1}{2})}(u) + 3I_{(\frac{1}{2})}(u) + I_{(\frac{1}{2},1)}(u)$$

는 모두 동일한 누적분포함수

$$F_X(x) = \int_{-\infty}^{x} f_X^1(u)\,du = \int_{-\infty}^{x} f_X^2(u)\,du$$

를 갖는다. 그러므로 $f_X^1(\cdot)$와 $f_X^2(\cdot)$ 모두 확률밀도함수라고 할 수 있다. 그러나 실제적으로 사용될 때는 $f_X(\cdot)$가 연속형일 때만 유일하다고 한다.

연속형 확률변수의 단어에서 "연속형"의 단어는 현실 세계에서는 사용되지 않으며, 확률변수는 함수이므로 연속형 확률변수를 연속형 함수로 해석한다고 해도 수리적 의미로도 명확하게 이해하기 어렵다. 그럼에도 불구하고 연속형을 사용하는 두가지 이유가 있는데, 첫번째로는 이산형 확률변수는 가산(countable)의 값들을 갖고 있지만 연속형 확률변수는 불가산(uncountable)의 값들을 갖고 있기 때문이다. 불가산의 형태와 연속과의 관계는 가깝기 때문에 연속형의 단어를 사용하고 있다. 우리들이 자주 접하는 모든 연속형 확률변수는 연속한 값들을 갖고 있다는 것을 알고 있다. 두번째 이유로는 <정의 7>에서 배웠듯이 연속형 확률변수의 누적분포함수를 절대적인 연속형(absolutely continuous)이라고 하기 때문이다. 그리고 이를 간단하게 줄여서 연속형이라고 자주 쓰인다.

—— 정 리 2 ——

확률변수 X가 연속형인 경우 $F_X(\cdot)$는 $f_X(\cdot)$로부터 얻을 수 있으며 $f_X(\cdot)$도 $F_X(\cdot)$로부터 얻을 수 있다.

(증 명)

연속형 확률변수 X의 $f_X(\cdot)$가 주어졌을 때 $f_X(\cdot)$는 $(-\infty, x]$의 구간에 대하여 적분하면 $F_X(x)$를 얻을 수 있다. 즉

$$F_X(x) = \int_{-\infty}^{x} f_X(u)\,du$$

반면에 $F_X(\cdot)$가 주어졌다면 $f_X(x)$는 $F_X(x)$를 x에 대하여 미분함으로 구한다. 즉

$$f_X(x) = \frac{d}{dx} F_X(x),$$

여기서 $F_X(x)$는 x에 대하며 미분 가능함수이어야 한다. ■

이산형 밀도함수와 확률밀도함수는 모두 $f_X(\cdot)$로 동일하게 표시하지만 해석상으로는 커다란 차이가 있다. 이산형인 경우에는

$$f_X(x) = P(X=x)$$

이고 연속형인 경우에는

$$f_X(x) = \frac{d}{dx} F_X(x) = \lim_{\Delta x \to 0} \frac{F_X(x+\Delta x) - F_X(x-\Delta x)}{2\Delta x}$$

이며 이 식은 다음과 같이 표현된다.

$$f_X(x)\,2\Delta x = F_X(x+\Delta x) - F_X(x-\Delta x) = P(x-\Delta x < X \leq x+\Delta x).$$

즉, 확률함수 X가 x를 포함하는 좁은 구간에 포함될 확률은 $f_X(x)$와 그 구간폭 $(2\Delta x)$을 곱한 값과 근사하다는 것을 의미한다. 그리고 이산형인 경우에는 $f_X(\cdot)$는 정의역이 $\mathcal{B}$이고 치역

이 $\mathcal{B}[0,1]$인 반면에 연속형에서는 $f_X(\cdot)$의 정의역은 동일한 $\mathcal{B}$이지만 치역은 $\mathcal{B}[0,\infty)$인 함수이다. 많은 교재에서는 연속형과 이산형 구분 없이 모두 밀도함수로 통합하여 사용하기도 하는데 독자는 이러한 차이를 분명하게 숙지하여야 한다.

■ 예 제 7 - 전화 통화시간(단위: 분)을 나타내는 확률변수 X의 분포를 다음과 같이 가정하는 실험을 고려하자. $F_X(x) = (1 - e^{-\lambda x}) I_{[0,\infty)}(x)$, 여기서 $\lambda > 0$. 대응하는 확률밀도함수는 $f_X(x) = \lambda e^{-\lambda x} I_{[0,\infty)}(x)$ 이다. $\lambda = \dfrac{1}{5}$ 일 때 통화시간이 5분 이상 10분 이하일 확률은 다음과 같이 두 종류로 계산할 수 있다.

$$P(5 < x \le 10) = \int_5^{10} \lambda e^{-\lambda x} dx = e^{-5\lambda} - e^{-10\lambda} = e^{-1} - e^{-2} \doteq .23,$$

$$P(5 < x \le 10) = P(X \le 10) - P(X \le 5) = (1 - e^{-10\lambda}) - (1 - e^{-5\lambda}) = e^{-1} - e^{-2} \doteq .23$$ ■

확률밀도함수는 연속형 확률변수 X를 통하여 묘사되는 사상의 확률을 구하기 위하여 사용된다. 위의 <예제 7>과 같이 $P(a < x \le b) = \int_a^b f(x)\,dx$, $(a < b)$. 여기에서 주의할 점은 $P(X = a) = \int_a^a f(x)\,dx = 0$으로, 한 점으로 구성된 사상의 확률은 0이다.

정 의 9

정의역이 실수의 Borel field인 $\mathcal{B}$이며 치역은 $[0,\infty)$에 대한 사상공간 $\mathcal{B}[0,\infty]$인 함수인 확률밀도함수의 필요충분조건은

(i) $f_X(x) \ge 0$, 모든 $x \in R$.

(ii) $\int_{-\infty}^{\infty} f(x)\,dx = 1$.

이 정의에서도 <정의 7>과 같이 확률변수의 언급 없이 확률밀도함수를 정의한 점에 유의하자. 그리고 <정의 8>의 확률밀도함수가 <정의 9>에서의 두 가지 성격을 갖고 있다는 것을 설명한다.

이산형과 연속형 분포의 관계는 다음과 같은 표로 요약할 수 있다.

<표 1> 이산형과 연속형 분포의 관계

이 산 형	연 속 형
$f_X(x) = P(X=x)$	$f_X(x)2dx \doteq P(x-dx < X \leq x+dx)$
$F_X(x) = \sum_{\{i;\, x_i \leq x\}} f(x_i)$	$F_X(x) = \int_{-\infty}^{x} f(u)du$
$P(A) = \sum_{\{i;\, x_i \in A\}} f(x_i)$	$P(A) = \int_A f(u)du$
$\sum_i f(x_i) = 1$	$\int_{-\infty}^{\infty} f(x_i)\, dx = 1$
$f(x_i) = F(x_i) - F(x_i^-)$	$f(x) = \frac{d}{dx}F(x)$

2.3 누적분포함수의 분해

모든 확률변수는 연속형이거나 이산형으로 구분되지 않을 수도 있다. 또는 누적분포함수도 이산형이거나 절대적 연속형이지 않을 수도 있다. 다음의 예제를 살펴보자.

■ 예 제 8 - 승용차가 신호등을 지나갈 때 기다리면서 대기하는 시간을 확률변수 X로 하자. 빨간불이 켜져있다면 기다려야 하고 파란불인 경우에는 기다림없이 그냥 통과한다 ($X=0$). 이 실험은 X의 누적분포함수 $F_X(x) = (1-pe^{-\lambda x})I_{[0,\infty)}(x)$, $(\lambda > 0)$을 가정한다. 즉, $X=0$일때 $F_X(x)$는 $(1-p)$만큼의 계단 높이를 형성하고(이산형) $X > 0$ 일때는 연속형이다. 이 함수를 그려보아라. ■

누적분포함수는 이산형과 연속형으로 나누며 또한 연속형 누적분포함수는 절대적인 연속형(absolutely continuous)과 특이한 연속형(singular continuous)으로 구분되어지는데, 특이한 연속형 누적분포함수는 모든 점에서 미분값이 0이라(이산형과 유사함) <정의 9>의 성격을 모두 만족하는 연속형으로 정의된다. 자세한 설명은 본서의 수준을 넘으므로 생략한다. 따라서 다음의 결과 후부터는 이 함수를 언급하지 않겠다.

—— 누적분포함수의 분해 ——

어떠한 누적분포함수도 다음과 같은 형태의 조합으로 분해된다.

$$F_X(x) = p_1 F_X^d(x) + p_2 F_X^{ac}(x) + p_3 F_X^{sc}(x),$$

여기서 $p_i \ge 0,\ (i=1,2,3),\ \sum_1^3 p_i = 1$*이며* $F_X^d(\cdot)$*는 이산형* $F_X^{ac}(\cdot)$*는 절대적 연속형,* $F^{sc}(\cdot)$*는 특이한 연속형 누적분포함수이다.*

본서에서는 $p_3 = 0$으로 간주하며 누적분포함수는 이산형과 절대적 연속형으로만 구분하고 최대한 두 형태로 분해된다고 한다.

■ 예 제 9 - 앞의 <예제 8>의 누적분포함수를 분해하여 보자.

$$F(x) = (1-p)F^d(x) + pF^{ac}(x),$$

여기서 $F^d(x) = I_{[0,\infty)}(x)$, $F^{ac}(x) = (1 - e^{-\lambda x})I_{[0,\infty)}(x)$.

그러므로 $F(x) = (1-p)I_{[0,\infty)}(x) + p(1-e^{-\lambda x})I_{[0,\infty)}(x)$으로 분해된다. ■

$F(x) = (1-p)F^d(x) + pF^{ac}(x)$, $(0 < p < 1)$로 분해되는 누적분포함수에 대응하는 밀도함수 $f(x)$는 $f(x) = (1-p)f^d(x) + pf^{ac}(x)$로 분해되며 여기서 $f^d(\cdot)$는 $F^d(\cdot)$에 대응하는 이산형 밀도함수이며 $f^{ac}(\cdot)$는 $F^{ac}(\cdot)$에 대응하는 확률밀도함수이다. 이러한 밀도함수는 해석하는데 매우 주의를 기울여야 하기 때문에 밀도함수로 표현하고 설명하는 것보다 누적분포함수를 사용하여 토론하는 것이 용이하다.

3. 기대값과 적률

지금까지 누적분포함수와 밀도함수에 대하여 공부하였다. 앞으로는 확률변수의 누적분포함수나 밀도함수를 언급하고자 할 때 두 종류를 구분하지 않고 '확률변수는 어떤 분포를 따른다'고 설명하고자 한다. 본절에서는 확률변수와 분포를 포함하는 문제에서 가장 중요한 개념으로 기대값(expectation)을 공부하여 보자.

3.1 평 균

정 의 10 : 평균

확률변수 X의 평균은 μ_X 또는 $E(X)$로 표시하는데 다음과 같이 정의한다.

(i) X가 이산형인 경우

$$E(X) = \sum_i x_i f_X(x_i).$$

(ii) X가 연속형인 경우

$$E(X) = \int_{-\infty}^{\infty} x f_X(x) dx.$$

(iii) 일반적인 확률변수 X인 경우

$$E(X) = \int_0^{\infty} (1 - F_X(x)) dx - \int_{-\infty}^{0} F_X(x)\, dx.$$

평균 $E(X)$가 존재하기 위하여 (i)에서 정의한 급수가 수렴(absolutely convergent)하여야 하며 (ii)에서는 적분값이 존재하여야 하고 (iii)에서는 두 개의 적분 모두 유한한 값을 가져야 한다. <정의 10>에서 이산형인 경우의 평균을 살펴보면 확률변수가 취할 수 있는 값들의 평균으로 해석된다. 여기서 값들은 그 값이 발생할 확률을 가중값으로 갖고 있다. 따라서 자주 발생하는 값은 더욱 많은 가중값을 갖는다. 이러한 설명은 연속형인 경우에도 유사하다. <정의 10>의 (iii)에서는 이산형과 연속형의 모든 확률변수인 경우에 유용하다. 즉, 이산형인 경우에 (iii)은 (i)과 동일하며 연속형인 경우에는 (ii)와 동일하다. 여기에서는 연속형인 경우에만 (ii)와 (iii)은 동일하다는 것을 보이고자 한다.

$$\begin{aligned} E(X) &= \int_0^{\infty} x f(x) dx + \int_{-\infty}^{0} x f(x) dx \\ &= \int_0^{\infty} \int_0^{x} f(x) du dx - \int_{-\infty}^{0} \int_x^{0} f(x) du dx \\ &= \int_0^{\infty} \int_u^{\infty} f(x) dx du - \int_{-\infty}^{0} \int_{-\infty}^{u} f(x) dx du \\ &= \int_0^{\infty} (1 - F(u)) du - \int_{-\infty}^{0} F(u) du \quad , \end{aligned}$$

여기서 첫 번째 항에서는 $0 < u < x < \infty$의 관계와 두 번째 항에서는 $-\infty < x < u < 0$의 관계를 유지하고 있다. <예제 11>과 <예제 12>를 통해 이해하여라.

■ 예 제 10 - 두 개의 주사위를 던지는 실험에서 확률변수 X와 Y는 주사위 면의 합과 차이의 절대값이라고 하자. <예제 6>에서 X와 Y의 이산형 밀도함수를 구하였다. 이때 X와 Y의 평균은

$$E(X) = \sum_{i=2}^{12} i f_X(i) = 7,$$

$$E(Y) = \sum_{i=0}^{5} i f_Y(i) = 70/36.$$

이며, 여기에서 Y의 평균 $E(Y)$는 Y의 가능한 값들이 아님을 알 수 있다. ■

■ 예 제 11 - 연속형확률변수 X의 확률밀도함수는 $f_X(x) = \lambda e^{-\lambda x} I_{[0,\infty)}(x)$이며 누적분포함수는 $F_X(x) = (1 - e^{-\lambda x}) I_{[0,\infty)}(x)$일 때 X의 평균은 다음과 같다.

$$E(X) = \int_0^\infty x\lambda e^{-\lambda x} dx = [1 - xe^{-\lambda x}]_0^\infty + \int_0^\infty e^{-\lambda x} dx = \left[-\frac{1}{\lambda} e^{-\lambda x}\right]_0^\infty = \frac{1}{\lambda}.$$

이 적분을 구하기 위하여 부분적분(partial integration)을 사용하였다. 그러나 <정의 10>의 (iii)식을 이용하면 $E(X) = \int_0^\infty [1 - F(x)] dx = \int_0^\infty e^{-\lambda x} dx = \frac{1}{\lambda}$으로 보다 쉽게 구할 수 있다. ■

■ 예 제 12 - 확률변수 X의 누적분포함수를 $F_X(x) = (1 - pe^{-\lambda x}) I_{[0,\infty)}(x)$라고 하자. 이때 $E(X) = \int_0^\infty (1 - F(x)) dx - \int_{-\infty}^0 F(x) dx = \int_0^\infty pe^{-\lambda x} dx = \frac{p}{\lambda}$. 부분적 이산형이며 동시에 부분적으로 연속형인 확률변수의 평균을 쉽게 구할 수 있었다. ■

■ 예 제 13 - 확률변수 X의 확률밀도함수는 $f_X(x) = x^{-2} I_{[1,\infty)}(x)$라고 하자. 이때 평균 $E(X) = \int_1^\infty x \frac{1}{x^2} dx = \lim_{n\to\infty} \ln n = \infty$이므로 $E(X)$는 존재하지 않는다고 한다. ■

확률변수의 평균을 정의한 <정의 10>에서 살펴보았듯이 평균을 확률변수의 평균 또는 누적분포함수의 평균 그리고 밀도함수의 평균이라고도 부른다.

3.2 분 산

확률변수 X의 평균은 X의 밀도로부터 중심의 위치를 측정한다고 한다면, 확률변수 X의 분산은 밀도로부터 퍼져 있거나 흩어져 있는 산포도의 정도를 측정해 준다.

정 의 11 : 분산(variance)

확률변수 X의 평균을 μ_X, 분산을 σ_X^2 또는 $var(X)$라고 할 때 다음과 같이 정의한다.

(i) 이산형인 경우 $var(X) = \sum_i (x_i - \mu_X)^2 f_X(x_i) = \sum_i x_i^2 f_X(x_i) - \mu_X^2.$

(ii) 연속형인 경우 $var(X) = \int_{-\infty}^{\infty} (x-\mu_X)^2 f_X(x)dx = \int_{-\infty}^{\infty} x^2 f_X(x)\,dx - \mu_X^2.$

(iii) 일반적인 경우 $var(X) = \int_0^{\infty} 2x[1 - F_X(x) + F_X(-x)]\,dx - \mu_X^2.$

평균에서도 마찬가지로 위의 정의에서 급수가 수렴하거나 적분값이 존재하는 경우에만 분산도 정의가 된다. 또한 확률변수의 분산도 확률함수의 밀도함수 또는 누적분포함수의 분산으로도 정의된다.

분산은 퍼져 있는 상태 즉, 산포도를 측정하는 도구이다. 왜냐하면 확률변수 X의 값이 중심에서부터 멀리 떨어지면 질수록 분산은 점점 커지며, 특히 중심에 가까운 값을 갖고 있는 다른 확률변수의 분산보다 크다. 그리고 위 정의로부터 분산은 0보다 크거나 같은 값을 갖는다는 사실을 주목하자.

<정의 11>에서 연속형인 경우 (ii)와 (iii)이 동일함을 증명하기 위하여 다음을 보이자.

$$\int_{-\infty}^{\infty} x^2 f(x)dx = \int_0^{\infty} 2x[1 - F(x) + F(-x)]dx.$$

(증 명)

$$\begin{aligned}\int_{-\infty}^{\infty} x^2 f(x)dx &= \int_0^{\infty} x^2 f(x)dx + \int_{-\infty}^{0} x^2 f(x)dx \\ &= \int_0^{\infty}\int_0^{x} 2u f(x)\,du dx - \int_{-\infty}^{0}\int_x^{0} 2u f(x)\,du dx \\ &= \int_0^{\infty} 2u \int_u^{\infty} f(x)\,dx du - \int_{-\infty}^{0} 2u \int_{-\infty}^{u} f(x)\,dx du\end{aligned}$$

$$= \int_0^\infty 2u(1-F(u))du - \int_{-\infty}^0 2uF(u)du$$

$$= \int_0^\infty 2u(1-F(u))du + \int_0^\infty 2uF(u)du.$$

마지막 등식에서 첫번째 적분항에 있는 u의 값은 양수에서 정의되지만 두번째 적분항에서의 u이 값은 음수이기 때문이다. ■

■ 예 제 14 - 두 개의 주사위를 던지는 실험에서 두 숫자의 합을 확률변수 X라고 한다면

$$var(X) = \sum_i (x_i - \mu_X)^2 f_X(x_i) = (2-7)^2\frac{1}{36} + \cdots + (12-7)^2\frac{1}{36} = \frac{210}{36}.$$ ■

■ 예 제 15 - 확률변수 X의 확률밀도함수 $f(x) = \lambda e^{-\lambda x} I_{[0,\infty)}(x)$일때

$$var(X) = \int_0^\infty (x-\mu_X)^2 f(x)dx = \int_0^\infty (x-\frac{1}{\lambda})^2 \lambda e^{-\lambda x}dx = \frac{1}{\lambda^2}$$

으로 두 번의 부분적분을 통하여 구했으며, 다른 방법으로는 다음과 같이 쉽게 구할 수 있다.

$$var(X) = \int_0^\infty 2x[1-F(x)+F(-x)]dx - \mu_X^2 = \int_0^\infty 2x[e^{-\lambda x}]dx - \frac{1}{\lambda^2} = \frac{1}{\lambda^2}.$$ ■

■ 예 제 16 - 확률변수 X의 누적분포함수는 $F_X(x) = (1-pe^{-\lambda x})I_{[0,\infty)}(x)$일때

$$\begin{aligned} var(X) &= \int_0^\infty 2x[1-F_X(x)+F_X(-x)]dx - \mu_X^2 \\ &= \int_0^\infty 2xpe^{-\lambda x}dx - \left(\frac{p}{\lambda}\right)^2 \\ &= 2\frac{p}{\lambda^2} - \left(\frac{p}{\lambda}\right)^2 \\ &= \frac{p(2-p)}{\lambda}. \end{aligned}$$ ■

정 의 12 : 표준편차(standard deviation)

확률변수 X의 표준편차는 $\sqrt{var(X)}$로 정의되며 σ_X로 표기한다.

분산과 유사하게 표준편차도 산포도를 측정해 준다. 산포도를 측정해 주는 도구로 분산보다 선호하는 학자들이 많은데 그 이유는 확률변수와 마찬가지로 측정단위가 동일하기 때문이다.

3.3 확률변수의 함수의 기대값

확률변수의 기대값으로 평균을 정의했다. 여기에서는 확률변수의 함수의 기대값에 대하여 배워보자.

정 의 13 : 기대값(expectation)

X는 확률변수이고 $g(\cdot)$는 정의역과 치역이 실수인 함수라고 하자. 확률변수 X의 함수 $g(\cdot)$의 기대값은 $E[g(X)]$으로 표기하며 다음과 같이 정의한다.

(i) 이산형인 경우 $E[g(X)] = \sum_i g(x_i) f_X(x_i)$, $(<\infty)$.

(ii) 연속형인 경우 $E[g(X)] = \int_{-\infty}^{\infty} g(x) f_X(x)\, dx$, $(<\infty)$.

기대값은 우리들이 희망하고 기대하는 값을 일컫는 것이 아니다. 예를 들어 이산형 확률변수의 기대값은 확률변수가 취할 수 있는 값이 아닐 수가 있기 때문에 기대하는 값이 아니다. 그러므로 기대값은 '평균값으로 기대되는 값'으로 해석하고 이해하여야 한다.

$g(x) = x$이면 $E[g(X)] = E(X)$으로 X의 평균이고,
$g(x) = (x-\mu_X)^2$이면 $E[g(X)] = E[(X-\mu_X)^2]$으로 X의 분산이다.

정 리 3

상수 c, c_1, c_2 그리고 $g(\cdot), g_1(\cdot), g_2(\cdot)$에 대하여

(i) $E(c) = c$.

(ii) $E[cg(X)] = cE[g(X)]$.

(iii) $E[c_1 g_1(X) + c_2 g_2(X)] = c_1[Eg_1(X)] + c_2 E[g_2(X)]$.

(iv) 모든 x에 대하여 $g_1(x) \le g_2(x)$*이면,* $E[g_1(X)] \le E[g_2(X)]$.

(증 명)

확률변수 X를 연속형으로 가정하자.

$$\text{(i)}\quad E(c) = \int cf(x)dx = c\int f(x)dx = c.$$

$$\text{(ii)}\quad E[cg(X)] = \int cg(x)f(x)dx = c\int g(x)f(x)dx = cE[g(X)].$$

$$\text{(iii)}\quad E[c_1g_1(X) + c_2g_2(X)] = \int[c_1g_1(x)dx + c_2g_2(x)]f(x)dx$$
$$= c_1\int g_1(x)f(x)dx + c_2\int g_2(x)f(x)dx = c_1[Eg_1(X)] + c_2E[g_2(X)].$$

(iv) $g_2(x) - g_1(x) \geq 0$이므로 $0 \leq E[g_2(X) - g_1(X)] = E[g_2(X)] - E[g_1(X)]$.

여기서 확률변수를 이산형으로 가정하여도 유사한 증명을 얻을 수 있다. ■

—— 정 리 4 ——

확률변수 X의 분산이 존재한다면, $var(X) = E(X^2) - E(X)^2$.

(증 명)

$$var(X) = E[X - E(X)]^2 = E[X^2 - 2XE(X) + E(X)^2]$$
$$= E(X^2) - 2E(X)^2 + E(X)^2 = E(X^2) - E(X)^2.$$ ■

3.4 기대값과 관련된 부등식

—— 정 리 5 ——

확률변수 X와 실수에서 정의되는 비음의 함수(nonnegative function) $g(\cdot)$에 대하여

$$P(g(X) \geq k) \leq \frac{E[g(X)]}{k},$$

여기서 k는 임의의 양의 실수 $(k > 0)$.

(증 명)

확률변수 X는 연속형이며 그의 확률밀도함수 $f_X(\cdot)$를 가정하자.

$$\begin{aligned} E[g(X)] &= \int_{\{x \mid g(x) \geq k\} \cup \{x \mid g(x) < k\}} g(x) f(x) dx \\ &\geq \int_{\{x \mid g(x) \geq k\}} g(x) f(x) dx \\ &\geq k \int_{\{x \mid g(x) \geq k\}} f(x) dx \\ &= kP(g(X) \geq k). \end{aligned}$$

양변을 k로 나누면 증명은 완성된다. 이산형 확률변수도 유사하게 증명할 수 있다. ■

— 보조정리 : 체비세프 부등식(chebyshev inequality) —

확률변수 X의 분산이 존재한다면, 임의의 상수 $r>0$에 대하여 다음 부등식이 만족한다.

$$P(|X-\mu_X| \geq r\sigma_X) = P[(X-\mu_X)^2 \geq r^2\sigma_X^2] \leq \frac{1}{r^2}.$$

(증 명)

위의 <정리 5>에서 $g(x) = (x-\mu_X)^2$, $k = r^2\sigma_X^2$이라면 <보조정리>를 얻는다. ■

위 부등식을 다시 쓰면 다음과 같다.

$$P(|X-\mu_X| < r\sigma_X) \geq 1 - \frac{1}{r^2}.$$

체비세프 부등식은 자료분석을 수행할 때 실제로 많이 쓰이며 특히 통계학자들은 이 부등식을 자주 사용하는데 그 이유를 설명하여 보자. 위 체비세프의 부등식에서 $r=2$ 또는 3일 때

$$P(\mu - 2\sigma_X < X < \mu + 2\sigma_X) \geq 0.75, \quad P(\mu - 3\sigma_X < X < \mu + 3\sigma_X) \geq 0.89$$

이며, 확률변수 X가 구간 $(\mu-2\sigma_X, \mu+2\sigma_X)$와 $(\mu-3\sigma_X, \mu+3\sigma_X)$에 존재할 확률은 75%와 89% 이상이라는 사실을 유도하였다. 확률변수 X가 정규분포를 따른다면(통계학개론 서적과 본서의 3장 참조), 각각 96%와 99%의 확률을 갖고 있지만 여기서는 어떤 특정한 분포도

명시됨이 없었고 심지어 이산형 또는 연속형이라는 언급도 없었다. 어떠한 확률변수라 하더라도 체비세프 부등식은 언제나 성립한다. 그러므로 이 체비세프이 부등식을 통하여 어떠한 종류의 확률변수인 경우이나 또는 어떠한 종류의 분포형태에서도 확률변수의 평균과 분산만을 갖고서 그 분포의 대략적인 윤곽을 마음속으로 상상할 수 있다.

정 의 14 : 볼록함수(convex function)

정의역과 치역이 실수이며 연속적인 함수 $g(\cdot)$가 볼록함수가 되기 위한 필요충분조건은 다음 조건들의 어떤 하나를 만족하면 된다.

(i) 어떤 x_0점에 대하여 $(x_0,\ g(x_0))$를 지나며 기울기가 $g'(x_0)$인 직선은 함수 $g(\cdot)$의 그래프 아래를 지나간다.

(ii) $x_1 < x_2$에 대하여 그리고 임의의 상수 $\lambda(0 < \lambda < 1)$에 대하여

$$g(\lambda x_1 + (1-\lambda)x_2) \le \lambda g(x_1) + (1-\lambda)g(x_2).$$

(iii) $x_1 < x_2$에 대하여 $g'(x_1) \le g'(x_2)$.

정 리 6 : 젠센의 부등식(Jensen inequality)

확률변수 X의 평균은 $E(X)$이며 $g(\cdot)$는 연속인 볼록함수라고 하면, 다음을 만족한다.

$$E[g(X)] \ge g(E(X)).$$

(증 명)

$g(x)$은 볼록함수이므로 $g(x)$보다 작거나 같은 $l(x) = a + bx$가 존재한다 ($l(x) \le g(x)$). 그리고 ($E(X)$, $g(E(X))$)에서는 $l(E(X)) = g(E(X))$를 만족한다고 하자. $E[l(X)] = E[a + bX] = a + bE(X) = l(E(X))$이기 때문에 <정리 3>의 (iv)에 의하여 $g(E(X)) = lE[(X)] = E(l(X)) \le E(g(X))$을 얻을 수 있다. ■

체비세프 부등식은 6장에서 공부할 대수의 법칙에서 다시 한번 사용되며 젠센의 부등식은 제 2권의 1장에서 배울 Rao-Blackwell 정리에서 이용된다. 또한 제일 간단한 볼록함수인 $g(x) = x^2$을 젠센의 부등식에 적용시켜 보면 $E(X^2) \ge E(X)^2$을 유도하며 이것은 $var(X) = E(X^2) - E(X)^2 \ge 0$으로 분산은 0보다 크거나 같음을 인지할 수 있다.

3.5 적률과 적률모함수

정 의 15 : 적률(moment)

확률변수 X의 r차 적률은 μ_r'으로 표기하며, $\mu_r' = E[X^r](<\infty)$로 정의한다.

정 의 16 : 중심적률(central moment)

a에 대한 확률변수 X의 r차 중심적률을 $E[(X-a)^r]$으로 정의하며, 특히 $a = \mu_X$일때 μ_X에 대한 X의 r차 중심적률은 μ_r로 표기하며

$$\mu_r = E[(X-\mu_X)^r]$$

로 정의한다.

$\mu_1' = E(X) = \mu_X$이며 $\mu_1 = E(X-\mu_X) = 0$ 그리고 $\mu_2 = E(X-\mu_X)^2 = \sigma_X^2$으로 확률변수 X의 평균과 분산은 1차 적률과 2차 중심적률로 정의된다. 또한 X의 밀도함수가 μ_X를 중심으로 대칭이라면 홀수차 중심적률은 모두 0이다. 확률변수의 1차부터 4차 적률이 분포의 여러 가지 특징을 측정하는 도구로 어떻게 사용되는 것을 공부하기에 앞서 분위수(quantitle)로 정의되는 다른 측정도구를 먼저 설명하자.

정 의 17 : 분위수(quantile or fractile)와 백분위수(percentile)

확률변수 X 또는 분포함수의 q분위수 또는 $(100\,q)$ 백분위수는 ξ_q로 표기되고 $F_X(\xi) \geq q$를 만족하는 가장 작은 ξ으로 정의된다.

확률변수 X가 연속형이면 $F_X(\cdot)$는 절대적으로 연속형이며 비감소함수이다. 이때 p분위수 ξ_p는 $F_X(\xi_p) = p$를 만족하기 때문에 $\xi_p = F_X^{-1}(p)$이다.

정 의 18 : 중앙값(median)

확률변수 X의 중앙값은 0.5분위수이며 $med(X)$로 표기한다.

다른 책에서는 중앙값은 다음 중의 하나로 정의하기도 한다.

(i) $P(X \geq med(X)) \geq \frac{1}{2}$ 그리고 $P(X \leq med(X)) \geq \frac{1}{2}$.

(ii) $P(X \geq med(X)) \geq \frac{1}{2}$ 그리고 $P(X < med(X)) \leq \frac{1}{2}$.

확률변수 X가 연속형이라면 X의 중앙값은 다음을 만족한다.

$$\int_{-\infty}^{med(X)} f_X(x)dx = \int_{med(X)}^{\infty} f_X(x)dx = \frac{1}{2}.$$

이것은 중앙값 오른쪽과 왼쪽에 각각 전체 크기의 반씩 있다는 것으로 '중앙'이란 단어가 적절하다는 것을 느낄 수 있다.

일차 적률인 평균은 분포 '중심'의 위치를 의미하고 중앙값은 분포의 '중앙'의 위치를 의미한다. 분포의 위치에 대한 세번째 추정도구로 최빈수가 있는데 이는 $f_X(\cdot)$가 최고값을 갖을 때의 x값으로 정의한다. 평균, 중앙값, 최빈수는 모두 자주 쓰이는 대표값들이다.

평균에 대한 2차 적률인 분포의 분산은 분포의 산포도를 측정해 준다고 배웠다. 이 값이 크면 클수록 X의 분포가 평균을 중심으로 흩어지고 퍼져있다는 것을 의미한다. 산포도를 측정하는 다른 도구로 분위수 중 사분위간 범위(interquartile range)는 0.75분위수와 0.25분위수의 차이 $\xi_{.75} - \xi_{.25}$로 정의된다.

평균에 대한 3차 적률 μ_3는 불균형을 측정해 주는 측도인 왜도(skewness)로 정의된다. 대칭인 분포는 왜도 값이 $\mu_3 = 0$이며 <그림 1>의 $f_1(x)$와 같이 왼쪽으로 치우친(skewed to the

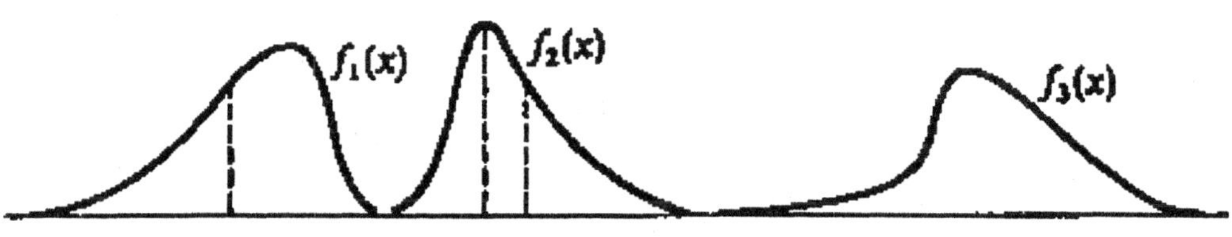

<그림 1>

left) 분포는 $\mu_3 < 0$이며, $f_2(x)$와 같이 오른쪽으로 치우친(skewed to the right) 분포는 $\mu_3 > 0$이다. <그림 1>에서 $f_3(x)$의 왜도 값도 0이기 때문에 3차 적률이 분포 모양을 결정하는 결정적인 단서는 될 수 없으나 일반적으로 분포의 대칭을 설명하는데 많이 쓰이고 있다. 측정하는 단위를 없애기 위하여 $\frac{\mu_3}{\sigma^3}$의 비율을 사용하며 이를 왜도계수라고 정의한다.

평균에 대한 4차 적률은 뾰족한 정도를 측정하는데 사용되는데 중심 근처에서 분포가 얼마나 평평한가 또는 얼마나 뾰족한가의 정도를 측정해 준다. 이러한 첨도계수는 $\frac{\mu_4}{\sigma^4}-3$으로 정의된다. 이 값이 양수이면, 정규분포와 비교하여 중심 근처가 뾰족한 분포를 일컬으며, 음의 값은 정규분포와 비교하여 중심 근처가 비교적 평평한 분포인 경우를 나타낸다.

확률변수 X의 밀도함수가 $f_X(x) = \frac{1}{c^2}(c-|x|)I_{[-c,\,c]}(x)$일때 첨도계수를 구하여 보자. 양의 실수 c값에 상관없이 첨도계수는 항상 -0.6이며 특히 $c=1$ 또는 2일때는 중심 높이가 정규분포보다 높음을 알 수 있다. 그리고 자유도가 6과 10일때의 t분포에서의 첨도계수 값은 각각 3과 1이며 이때 중심에서의 높이는 정규분포보다 낮다. 그리고 구간 $(-1, 1)$에서의 균일분포의 첨도계수는 -1.2로 음의 값이다. 그러므로 왜도와 유사하게 첨도도 반드시 자체 의미를 설명하고 있지 않기 때문에 평균과 분산에 비교하여 왜도와 첨도는 자주 사용하지 않는다.

정 의 19 : 계승적률(factorial moment)

확률변수 X의 r차 계승적률은 다음과 같이 정의한다.

$$E[X(X-1)\cdots(X-r+1)].$$

적률은 계승적률로부터 구할 수 있고 계승적률은 적률로부터 얻을 수 있지만 보통 이산형 확률변수에서는 계승적률이 적률보다 계산하기가 쉽다.

모든 적률을 알고 있으면, 밀도함수는 파악되기 쉽기 때문에 분포함수의 적률은 매우 중요한 역할을 수행한다. 적률모함수는 모든 적률을 나타내 주는 함수로 매우 유용한 함수이다.

정 의 20 : 적률모함수(moment generating function)

확률변수 X와 밀도함수 $f_X(\cdot)$에 대하여 X의 적률모함수는 t의 적절한 구간에 대하여 e^{tX}의 기대값으로 다음과 같이 정의된다.

(i) 연속형인 경우 $\quad M(t) = E[e^{tX}] = \int_{-\infty}^{\infty} e^{tx} f_X(x)\,dx.$

(ii) 이산형인 경우 $\quad M(t) = E[e^{tX}] = \sum_i e^{tx_i} f_X(x_i).$

적률모함수가 존재한다면, $t=0$에서 $M(0)=1$이므로 $M(t)$는 0을 포함하는 적절한 구간

에서 연속적으로 미분가능하다. 적률모함수를 t에 대하여 r번 미분하면

$$\frac{d^r}{dt^r}M(t) = \int_{-\infty}^{\infty} x^r e^{tx} f_X(x)dx$$

이며 t를 0으로 보내면 $(t \to 0)$ 다음과 같이 r차 적률을 얻을 수 있다.

$$\frac{d^r}{dt^r}M(0) = E(X^r) = \mu_r{}'.$$

적률모함수라는 이름답게 적률모함수를 미분함으로 분포의 여러 적률을 구할 수 있다.

<정의 20>에서 기대값 안의 e^{tX}를 급수 전개하면, 적률로 구성된 $M(t)$의 급수 전개를 다음과 같이 얻을 수 있다.

$$\begin{aligned} M(t) &= E[1 + Xt + \frac{1}{2!}(Xt)^2 + \frac{1}{3!}(Xt)^3 + \cdots] \\ &= 1 + \mu_1{}'t + \frac{1}{2!}\mu_2{}'t^2 + \frac{1}{3!}\mu_3{}'t^3 + \cdots \\ &= \sum_{i=0}^{\infty} \frac{1}{i!}\mu_i{}'t^i, \end{aligned}$$

여기에서 $\frac{1}{i!}t^i$의 계수가 i차 적률 $\mu_i{}'$이다.

■ 예 제 17 - 확률변수 X의 확률밀도함수는 $f_X(x) = \lambda e^{-\lambda x} I_{[0,\infty]}(x)$ 이다.

$$M_X(t) = E[e^{tX}] = \int_0^{\infty} e^{tx}\lambda e^{-\lambda x}dx = \frac{\lambda}{\lambda - t} \quad (t < \lambda).$$

$M'(t) = \lambda/(\lambda - t)^2$ 이므로 $M'(0) = E(X) = \frac{1}{\lambda}$,

$M''(t) = 2\lambda/(\lambda - t)^3$ 이므로 $M''(0) = E(X^2) = \frac{2}{\lambda^2}$.

그러므로 확률변수 X의 평균과 분산을 각각 $\frac{1}{\lambda}$과 $\frac{1}{\lambda^2}$이다. ■

<예제 11>과 <예제 15>에서는 평균과 분산은 적분 그리고 부분적분법을 이용하여 구한 반면에 여기에서는 적분보다 비교적 쉬운 미분을 이용하여 평균과 분산을 얻었다. 독자는 어떤 두 방법의 장단점을 토론하여 보자.

위 예제에서 0을 포함하는 t의 구간은 $\{t < \lambda\}$임을 주의하자. 많은 교재에서 적률모함수의 구간을 $\{t \mid -h < t < h\,;\ h > 0\}$으로 설명하고 있는데, 이것으로 충분하게 설명하지 못하는 것이 있음을 <예제 17>은 보여주고 있다. 그러므로 t의 구간은 "0을 포함하는 적절한 구간"이라고 하는 표현이 가장 정확한 표현이라고 할 수 있다.

■ 예 제 18 - 확률변수 X의 확률밀도함수는 $f_X(x) = x^{-2}I_{[1,\infty)}(x)$라고 하자(<예제 13> 참조). 위 분포에서 $E[e^{tX}]$의 값은 존재하지 않으므로 이 확률변수 X의 적률모함수는 존재하지 않는다. ■

—— 정 리 7 ——

확률변수 X와 Y의 밀도함수는 각각 $f_X(\cdot)$와 $f_Y(\cdot)$이다. 적절한 구간의 적률모함수 $M_X(t)$와 $M_Y(t)$가 존재하며 t에 대하여 동일하다고 가정한다면, 누적분포함수 $F_X(\cdot)$와 $F_Y(\cdot)$는 동일하다.

위 정리의 증명은 본 서의 수준을 넘으므로 생략한다. 그러나 이 정리가 포함하고 있는 중요한 설명은 다음과 같다. 확률변수의 적률모함수를 구한다면, 적률모함수와 분포함수 사이에는 일대일 대응관계를 갖고 있기 때문에 분포함수를 구할 수 있다.

■ 예 제 19 - 확률변수 X의 적률모함수가 $M(t) = \dfrac{1}{1-t}$ $(t < 1)$이면, 그의 밀도함수는 $f_X(x) = e^{-x}I_{[0,\infty)}(x)$이다. 왜냐하면 <예제 17>을 통하여 $f(x) = \lambda e^{-\lambda x}I_{[0,\infty)}(x)$의 적률모함수는 $M(t) = \dfrac{\lambda}{\lambda - t}$임을 알았기 때문이다. ■

정 의 21 : 계승적률모함수(factorial moment generating function)

확률변수 X의 계승적률모함수는 $E[t^X] = E[e^{X\ln t}] = M_X(\ln t)$으로 정의된다.

적률모함수를 미분함으로 적률을 구하는 방법과 유사하게 계승적률모함수도 계승적률을 구하는데 사용된다. 여기에서는 t를 0대신에 1로 보내야 하는데 즉,

$$\lim_{t\to 1}\frac{d^r}{dt^r}E[t^X] = E[X(X-1)\cdots(X-r+1)].$$

■ 예 제 20 - 이산형 확률변수 X의 밀도함수가 $f_X(x) = \dfrac{e^{-\lambda}\lambda^x}{x!}\,(x = 0, 1, 2, \cdots)$ 일 때,

$$E[t^X] = \sum_{x=0}^{\infty} \frac{t^x e^{-\lambda}\lambda^x}{x!} = e^{-\lambda}e^{\lambda t} = e^{\lambda(t-1)}.$$

$$\frac{d}{dt}E[t^X] = \frac{d}{dt}e^{\lambda(t-1)} = \lambda e^{\lambda(t-1)}.$$

따라서 $\lim_{t\to 1}\dfrac{d}{dt}E[t^X] = E(X) = \lambda$. ■

> 정 의 22 : 누적과 누적모함수(cumulant and cumulant generating function)
>
> *확률변수 X의 적률모함수에 로그를 취한 것을 누적모함수 $\psi(t) = \ln M(t)$라고 정의한다. 그리고 누적모함수를 테일러 급수 전개하여 $t^r/r!$의 계수를 X의 누적(cumulant)이라고 정의하며 K_r이라고 표기한다.*

누적 K_r과 적률 $\mu_r{}'$과의 관계는 다음과 같다.

$$M_X(t) = 1 + \mu_1{}'t + \mu_2{}'\frac{t^2}{2!} + \mu_3{}'\frac{t^3}{3!} + \cdots + \mu_r{}'\frac{t^r}{r!} + \cdots$$

$$= \exp\{K_1 t + K_2\frac{t^2}{2!} + K_3\frac{t^3}{3!} + \cdots + K_r\frac{t^r}{r!} + \cdots\}.$$

따라서 r차 적률 $\mu_r{}'$은 적률모함수 $M_X(t)$에서 $\dfrac{t^r}{r!}$의 계수이며, r차 누적 K_r은 누적모함수 $\ln M_X(t)$에서 $\dfrac{t^r}{r!}$의 계수이다. 위의 관계식을 정리하여 누적을 적률로 표시하여 정리하면 다음과 같다.

$$K_1 = \mu_1{}' = E(X) = \mu_X.$$

$$K_2 = \mu'_2 - \mu_1{}'^2 = E(X^2) - E(X)^2 = \sigma_X^2.$$

$$K_3 = \mu_3{}' - 3\mu_2{}'\mu_1 + 2\mu'^3_1 = E(X - \mu_X)^3.$$

$$K_4 = \mu_4{}' - 4\mu_3{}'\mu_1{}' - 3\mu_2{}'^2 + 12\mu_2{}'\mu_1{}'^2 - 6\mu_1{}'^4 = E(X - \mu_X)^4 - 3K_2^2.$$

그러므로 누적모함수를 통하여 구한 누적에서 1차 누적 K_1은 확률변수 X의 평균 μ_X이고, 2차 누적 K_2는 X의 분산 σ_X^2을 나타내어 준다. 그리고 $\dfrac{K_3}{(K_2)^{3/2}}$은 왜도계수이며, $\dfrac{K_4}{(K_2)^2}$은

3.5절에서 정의한 첨도계수이다. 누적모함수를 1차 및 2차 미분하여 t의 값을 0으로 보내면 ($t \to 0$) 각각 확률변수 X의 평균과 분산을 얻을 수 있다. 즉,

$$\lim_{t\to 0}\frac{d}{dt}\ln M_X(t) = \lim_{t\to 0}\frac{M_X'(t)}{M_X(t)} = \frac{M_X'(0)}{M_X(0)} = E(X) = \mu_X,$$

$$\begin{aligned}\lim_{t\to 0}\frac{d^2}{dt^2}\ln M_X(t) &= \lim_{t\to 0}\frac{M_X''(t)M(t)-(M'(t))^2}{M_X(t)^2}\\ &= M_X''(0)-(M'(0))^2\\ &= E(X^2)-E(X)^2=\sigma_X^2.\end{aligned}$$

<정리 7>을 통하여 적률모함수가 존재한다면, 대응하는 분포함수를 유일하게 결정할 수 있다는 것을 알았다. 그러나 적률모함수가 존재한다면 $\mu_1', \mu_2', \mu_3', \ldots$의 집합을 알 수 있다. 이런 무한한 적률의 집합으로 유도되는 밀도함수는 무엇인가 그리고 이런 밀도함수는 유일하게 존재하는가에 대해 충분히 설명하기는 어렵다. 적률모함수를 이용할 때에는 모든 차수의 적률이 유한한 값을 갖고 있고 존재하는 분포들에 대하여만 제한이 되어 있으며, <정리 7>은 적률모함수가 존재하는 것을 전제로 한 매우 제한된 이론이다. 이런 제한에 구애됨이 없는 함수로 특성함수(characteristic function)를 공부해 보자.

정 의 23 : 특성함수(characteristic function)

확률변수 X의 함수의 기대값으로 다음을 고려하자.

$$\phi_X(t) = E[e^{itX}] = M_X(it).$$

여기서 i는 $i^2=-1$을 만족하는 허수이다. 이 기대값을 특성함수라고 정의한다.

$e^{itX} = \cos(tX) + i\sin(tX)$이므로

$$\phi_X(t) = E[\cos(tX)] + iE[\sin(tX)]$$

로 표현된다. 또한

$$|\phi_X(t)| = \left|\int e^{itx}f(x)dx\right| \le \int |e^{itx}|f(x)dx$$

이며

$$|e^{itX}| = |\cos(tX) + i\sin(tX)| = \sqrt{\cos^2(tX) + \sin^2(tX)} = 1$$

이므로 $|\phi(t)| \le \int_{-\infty}^{\infty} f(x)dx = 1$이다. 그러므로 모든 t에 대하여 기대값 $\phi_X(t)$는 항상 존재한다는 사실을 얻었다.

■ 예 제 21 - 확률변수 X의 확률밀도함수는 $f_X(x) = e^{-x}I_{(0,\infty)}(x)$일때 특성함수를 적분표를 참조하여 구해 보자.

$$\begin{aligned}\phi_X(t) &= \int_0^{\infty} e^{-x}\cos(tx)dx + i\int_0^{\infty} e^{-x}\sin(tx)dx \\ &= \frac{1}{1+t^2} + i\frac{t}{1+t^2} = \frac{1}{1-it}\end{aligned}$$

또는

$$\begin{aligned}\phi_X(t) &= \int_0^{\infty} e^{itx}e^{-x}dx = \int_0^{\infty} e^{-(1-it)x}dx \\ &= \frac{-1}{1-it}e^{-(1-it)x}\Big|_0^{\infty} = \frac{1}{1-it}\ .\end{aligned}$$ ■

위 예제에서 확률변수 X의 적률모함수가 존재한다면 특성함수는 $\phi_X(t) = M_X(it)$의 사실을 이용하여 구할 수 있음을 알았다. 다시 말하여 적률모함수를 계산하여 구한 다음 t대신 it를 대체시키면 특성함수 $\phi_X(t)$를 구할 수 있다. 특성함수의 유용함은 다음의 정리들로 입증되는데 증명은 생략한다.

—— 정 리 8 ——

$x-h$와 $x+h$는 누적분포함수 $F_X(\cdot)$의 연속적인 점일 때, 구간 $(x-h, x+h)$에 $F_X(\cdot)$의 증가는 다음과 같이 특성함수로 표현된다.

$$F_X(x+h) - F_X(x-h) = \lim_{T\to\infty}\frac{1}{\pi}\int_{-T}^{T}\frac{\sin(ht)}{t}e^{-itx}\phi_X(t)\,dt.$$

—— 정 리 9 ——

어떤 특성함수 $\phi_X(\cdot)$를 갖고 있는 분포함수는 유일하게 존재한다.

<정리 9>는 <정리 8>로부터 유도된다. 즉, $F_X(\cdot)$의 연속적인 점에서 <정리 8>의 이론으로 유일한 $F_X(\cdot)$를 정의하는데, 이 유일성은 누적분포함수가 오른쪽으로부터 연속성을 만족하는 성격에 의한 결과이다. 연속형 확률변수 X의 특성함수로부터 확률밀도함수를 구하여 보자.

$$
\begin{aligned}
f_X(x) &= \lim_{h\to 0}\frac{F(x+h)-F(x-h)}{2h} \\
&= \lim_{h\to 0}\lim_{T\to\infty}\frac{1}{2\pi}\int_{-T}^{T}\frac{\sin(ht)}{ht}e^{-itx}\phi_X(t)\,dt \\
&= \lim_{T\to\infty}\frac{1}{2\pi}\int_{-T}^{T}e^{-itx}\phi_X(t)\,dt.
\end{aligned}
$$

특성함수 $\phi_X(\cdot)$는 확률밀도함수 $f_X(\cdot)$의 Fourier 변환(Fourier transform)이라고 하며, 위 식으로부터 $\phi_X(\cdot)$의 Fourier 변환의 역함수(inverse Fourier transform)로 $f_X(\cdot)$를 얻을 수 있다.

■ 예 제 22 - 확률변수 X의 확률밀도함수는 $f_X(x) = [\pi(1+x^2)]^{-1}$, $-\infty < x < \infty$이며 적률은 존재하지 않는다. 확률변수의 특성함수는 다음과 같이 구할 수 있다(적분표 참조).

$$
\phi_X(t) = \frac{1}{\pi}\int\frac{\cos(tx)}{1+x^2}dx + \frac{i}{\pi}\int\frac{\sin(tx)}{1+x^2}dx = e^{-|t|}. \qquad ■
$$

이 함수는 $t=0$에서 미분가능하지 않기 때문에 적률이 존재하지 않는다는 사실을 유도할 수 있다. 그리고 역으로 특성함수를 이용하여 확률밀도함수를 구하여 확인해 보자.

$$
\begin{aligned}
f_X(x) &= \lim_{T\to\infty}\frac{1}{2\pi}\int_{-T}^{T}\exp\{-|t|-itx\}dx \\
&= \lim_{T\to\infty}\frac{1}{\pi}\int_{0}^{T}e^{-t}\cos(tx)dx = \frac{1}{\pi(1+x^2)}.
\end{aligned}
$$

적률모함수 $M_X(\cdot)$를 이용하여 적률을 구하는 방법과 유사하게, 적률모함수가 존재하지 않는다 하더라도 특성함수 $\phi_X(\cdot)$를 통하여도 적률을 얻을 수 있다. k차 적률 $E(X^k)$이 존재할 때 k차보다 작은 $i(j \leq k)$차 적률은 다음과 같이 구할 수 있다.

$$E(X^j) = i^{-j}\phi_X^{(j)}(0).$$

연습문제

1. 다음 분포의 확률밀도함수와 평균, 분산을 구하라.

$$F(x) = \begin{cases} 0, & x < 0 \\ \dfrac{x}{8}, & 0 \le x < 2 \\ \dfrac{x^2}{16}, & 2 \le x < 4 \\ 1, & x \ge 4 . \end{cases}$$

2. 다음 분포가 확률밀도함수임을 보여라.

$$f_1(x) = e^{-x} I_{(0,\infty)}(x).$$

$$f_2(x) = 2e^{-2x} I_{(0,\infty)}(x).$$

$$f_3(x) = (p+1)f_1(x) - pf_2(x), \quad (0 < p < 1).$$

3. $f_X(x) = \dfrac{1}{2}\{pI_{(0,1)}(x) + I_{[1,2]}(x) + (1-p)I_{(2,3)}(x)\}(0 < p < 1)$일 때,

(a) 확률변수 X의 누적분포함수를 구하라.

(b) 확률변수 X의 평균, 중앙값, 분산을 구하라.

4. 확률변수 X의 누적분포함수는

$F_X(x) = p\{xI_{[0,1]}(x) + I_{(1,\infty)}(x)\} + (1-p)\{\dfrac{1}{2}xI_{[0,2]}(x) + I_{(2,\infty)}(x)\}(0 < p < 1)$일 때,

(a) X의 확률밀도함수 또는 이산형 밀도함수를 구하라.

(b) $P(X \le \frac{1}{2} \mid X \le 1)$을 구하라.

5. 확률변수 X의 누적분포함수가 다음과 같을 때,

$$F(x) = \begin{cases} 0 & , x < 0 \\ x^2 + 0.2 & , 0 \le x < 0.5 \\ x & , 0.5 \le x < 1 \\ 1 & , x \ge 1 . \end{cases}$$

(a) 연속형과 이산형 누적분포함수로 분해하여라.

(b) $P(0.25 < X < 0.75)$를 구하라.

(c) $P(0.25 < X < 0.5)$를 구하라.

6. 확률변수 X의 확률밀도함수는 $f_X(x) = Ke^{-ax}(1-e^{-ax})I_{(0,\infty)}(x)$일 때,

   (a) K를 구하라.

   (b) X의 누적분포함수를 구하라.

   (c) $P(X>1)$을 구하라.

7. 확률변수 X의 평균과 분산은 μ, σ^2이라고 할 때 $E[(X-b)^2]$가 최소값을 가질 때 $b=\mu$ 임을 보여라.

8. 연속형 확률변수 X의 중앙값을 m이라 한다면

$$E[|X-b|]=E[|X-m|]+2\int_b^m (x-b)f(x)dx$$

   임을 증명하고 $b=m$일 때 최소값을 갖는다는 것을 보여라.

9. 확률변수 X가 $P(X\le 0)=0$그리고 $E(X)=\mu<\infty$이라면 $P(X\le \mu t)\ge 1-\frac{1}{t}, (t>1)$ 임을 증명하여라.

10. 비감소함수 $h(\cdot)$는 구간 $[0,\infty)$에서 정의되는 연속형일 때 다음을 증명하여라.

$$E[h(X)] = h(0) + \int_0^\infty h'(x)[1-F(x)]dx.$$

11. 누적모함수를 3차부터 4차까지 미분한 후 t를 0으로 보내어 구한 후 적률과 비교하여라.

12. 확률변수 X의 적률모함수 $M(t)$에 대하여 다음을 증명하여라.

$$P(X\ge a)\le e^{-at}M(t), \quad (t>0).$$
$$P(X\le a)\le e^{-at}M(t), \quad (t<0).$$

13. (a) $e^{\frac{t^2}{2}}$을 테일러 급수 전개하여라.

   (b) 위 식을 $M(t)$로 간주하고 $E(X^{2k}) = \frac{(2k)!}{2^k k!}$ 임을 보여라.

14. 확률변수 X는 양의 정수값만을 취할 때 다음을 증명하여라.

$$E(X) = \sum_{i=1}^{\infty} P(X \geq i).$$

15. 확률변수 X는 음의 정수가 아닌 정수값만을 취할 때 $E[t^x] = \sum_{j=0}^{\infty} t^j P(X = j)$는 확률모함수(probability generating function)라고 정의한다. $f(x) = \left(\frac{1}{2}\right)^{x+1}$, $(x = 0, 1, 2, \ldots)$일 때 확률모함수를 구하라.

16. $\{X_1, \ldots, X_n\}$은 독립이며 동일한 분포를 따르는 확률변수일 때 다음을 보여라.

$$P(\overline{X} \geq a) \leq \exp(-at)\left[M\left(\frac{t}{n}\right)\right]^n, \ (t > 0,\ a > 0).$$

17. 확률변수 X에 대하여 다음을 증명하여라.

$$\sum_{n=1}^{\infty} P(|X| \geq n) \leq E|X| \leq 1 + \sum_{n=1}^{\infty} P(|X| \geq n).$$

18. 확률변수 X의 누적분포함수를 $F_X(\cdot)$라고 할 때 임의의 상수 a에 대하여 다음을 증명하여라.

$$\int_{-\infty}^{\infty} [F_X(x+a) - F_X(x)]dx = a.$$

19. $E(X)$의 값이 존재한다면 $E|X| < \infty$임을 보여라.

20. 이산형 확률변수 X에 대하여 $E(X-a)^2 = 0$를 만족하는 분포의 예를 찾아라. 이런 분포를 퇴화분포(degenerate distribution)라고 한다.

21. j차 적률이 존재한다면 $(E(X^j) < \infty)$, $i(i < j)$차 적률도 존재함을 증명하여라.

22. 확률변수 X의 분포가 확률밀도함수이기 위한 조건을 만족하는 상수 c를 구하라.

(a) $f(x) = c\left(\frac{2}{3}\right)^x$, $x = 1,2,3,\ldots.$

(b) $f(x) = cx$, $x = 1,2,3,4,5,6.$

23. 주사위의 눈이 처음으로 6이 나타날 때까지 주사위를 독립적으로 던진다.

(a) 확률변수 X의 p.d.f., $f(x)$를 정의하여라.

(b) $\sum_{x=1}^{\infty} f(x) = 1$을 증명하여라.

(c) $\Pr(X = 1,3,5,7,\ldots)$ 구하라.

(d) $F(x) = \Pr(X \leq x)$ 구하라.

24. 누적적률함수(cumulant genetrating function) $\psi(t) = \ln M(t)$를 다음과 같이 정의할 때, $\psi'(0) = \mu$과 $\psi''(0) = \sigma^2$임을 보여라. 여기서 $M(t)$는 적률모함수이다.

25. 다음 분포를 따르는 확률변수의 평균과 분산을 구하라.

(a)

$$F(x) = \begin{cases} 0, & x<0, \\ \dfrac{x}{6}, & 0 \leq x < 2, \\ \dfrac{4}{15}x, & 2 \leq x < 3, \\ 1, & 3 \leq x. \end{cases}$$

(b)

$$F(x) = \begin{cases} 0, & x<0, \\ \dfrac{x+1}{3}, & 0 \leq x < 1, \\ 1, & 1 \leq x. \end{cases}$$

26. 확률변수 X의 확률밀도함수가 다음과 같을 때, $\Pr(X=1$ 또는 $4)$와 $\Pr(1 \leq X \leq 4)$를 구하라.

$$f(x) = \begin{cases} x/15, & x = 1,2,3,4,5 \\ 0, & \text{그 외} \end{cases}$$

27. 확률변수 X의 확률밀도함수가 다음과 같을 때,

$$f(x) = \frac{x}{55}, \quad x = 1,2,3,\ldots,10.$$

(a) $\Pr(X \leq 5)$.

(b) 확률변수 X의 c.d.f.는 $F(x) = \dfrac{[x]([x]+1)}{110}$, $1 \leq x \leq 10$임을 보여라.

여기서 $[x]$는 x의 정수 함수(integer function)이다.

28. 확률변수 X의 누적분포함수가 다음과 같을 때,

$$F(x) = \begin{cases} 0, & x < -1, \\ \dfrac{x+2}{4}, & -1 \leq x < 1, \\ 1, & 1 \leq x. \end{cases}$$

(a) $\Pr(-\frac{1}{2} < X \le \frac{1}{2})$를 구하라.

(b) $\Pr(-1 \le X < 1)$를 구하라.

(c) $\Pr(X = 1)$를 구하라.

29. 확률변수 X의 확률밀도함수가 다음과 같을 때, $E[X]$, $E[(1-X)]$, $E[X(1-X)]$를 구하라.

$$f(x) = \begin{cases} 3x^2, & 0 < x < 1, \\ 0, & \text{그 외}, \end{cases}.$$

30. 다음 분포의 평균과 분산을 구하라.

(a) $f(x) = \frac{3!}{x!(3-x)!}\left(\frac{1}{2}\right)^3$. $\quad x = 0, 1, 2, 3.$

(b) $f(x) = 6x(1-x)$, $0 < x < 1$.

31. 확률변수 X의 p.d.f.는 다음과 같을 때,

$$f(x) = \frac{1}{3}\left(\frac{2}{3}\right)^x, \quad x = 0, 1, 2, \ldots.$$

X의 평균과 분산을 구하라.

32. 확률변수 X의 c.d.f.는 $F(x) = (1 - pe^{-\lambda x})I_{[0,\infty)}(x)$이다.

(a) 이 분포를 연속형과 이산형의 c.d.f.로 분해하여라.

(b) $E[X] = \int_0^\infty [1 - F(x)]dx$를 증명하고, 식을 이용하여 위 분포의 평균을 구하라.

(c) $E[X^2] = \int_0^\infty 2x[1 - F(x)]dx$를 증명하고, 식을 이용하여 분산을 구하라.

33. 확률변수 X의 c.d.f.는 다음과 같이 정의하자.

$$F(x) = pH(x) + (1-p)G(x), \quad 0 < p < 1,$$

여기서 $H(x) = xI_{(0,1]}(x) + I_{(1,\infty)}(x)$, $G(x) = \frac{1}{2}xI_{(0,2]}(x) + I_{(2,\infty)}(x)$.

(a) $p = 0.5$일때 그림을 그려보아라.

(b) 확률변수 X의 p.d.f.를 구하라.

(c) $P[X \le 0.5 \mid X \le 1]$을 구하라.

제3장 확률분포

제3장 확률분포

이 장에서는 일변량 확률밀도함수에 대해 공부하고자 한다. 확률밀도함수의 모수족(parametric family)은 모수에 의해 값이 결정되는 확률분포들을 가리킨다. 예를 들어 함수 $f_X(\cdot)$가 다음과 같다고 하자.

$$f_X(x;\lambda) = \lambda e^{-\lambda x} I_{(0,\infty)}(x),$$

여기서 $\lambda > 0$. 그러면 각각의 λ에 대해 $f_X(\cdot;\lambda)$는 확률밀도함수이다. λ는 모수이고 λ가 양의 값을 갖는 한 집합 $\{f_X(\cdot;\lambda): \lambda > 0\}$은 밀도함수의 모수족이 된다.

이산형과 연속형 밀도함수의 모수족을 1절과 2절에서 공부하며, 3절에서는 두 집단에 속하는 밀도함수의 연관성에 대하여 배우겠다. 다루는 모든 분포에 대하여 평균, 분산, 적률모함수들을 정리하며 특히 이들을 구하기 위한 다양한 여러 종류의 방법들을 소개하고자 한다.

1. 이산형 분포

여기에서는 일변량 이산형 분포의 모수집단에 대해서 살펴보기로 한다. 또한 각 분포의 모양과 평균, 분산 등을 유도하고 실제 현상을 예제로 살펴보자.

1.1 이산형 균일분포

정 의 1 : 이산형 균일분포(discrete uniform distribution)

이산형 확률변수 X의 밀도함수가 다음과 같다면 이를 이산형 균일분포라 한다.

$$f_X(x;N) = \frac{1}{N} I_{\{1,2,\ldots,N\}}(x),$$

여기서 N은 양의 정수이다.

—— 정 리 1 ——

확률변수 X가 이산형 균일확률변수라면 평균과 분산은 다음과 같다.

평균	$E(X) = \frac{N+1}{2}.$
분산	$var(X) = \frac{N^2-1}{12}.$
적률모함수	$M_X(t) = \sum_{j=1}^{N} e^{jt}\frac{1}{N}.$

(증 명)

(방법 1) - 밀도함수를 이용하여 직접 평균, 분산 그리고 적률모함수를 구하면 다음과 같다.

$$E(X) = \sum_{j=1}^{N} j\frac{1}{N} = \frac{N(N+1)}{2N} = \frac{N+1}{2}.$$

$$var(X) = E(X^2) - [E(X)]^2 = \sum_{j=1}^{N} j^2\frac{1}{N} - \left(\frac{N+1}{2}\right)^2$$

$$= \frac{N(N+1)(2N+1)}{6N} - \frac{(N+1)^2}{4} = \frac{(N+1)(N-1)}{12}.$$

$$M_X(t) = E(e^{tX}) = \sum_{j=1}^{N} e^{jt}\frac{1}{N}.$$

(방법 2) - 방법 1에서 구한 적률모함수 $M_X(t)$를 1차, 2차 미분을 통해 평균과 분산을 구하도록 하자. 먼저 t에 대해 1차, 2차 미분을 하면

$$M_X{}'(t) = \sum_{j=1}^{N} j\, e^{jt}\frac{1}{N}$$

$$M_X{}''(t) = \sum_{j=1}^{N} j^2\, e^{jt}\frac{1}{N}$$

이므로 $t=0$으로 놓으면

$$E(X) = M_X{}'(0) = \sum_{j=1}^{N} j\frac{1}{N}$$

$$E(X^2) = M_X{}''(0) = \sum_{j=1}^{N} j^2\frac{1}{N}$$

으로 방법 1의 직접 밀도함수를 이용한 방법과 동일한 결과를 얻을 수 있다. ■

N이 음이 아닌 정수일 때, 이산형 균일분포는 다음과 같은 형태로 정의되어지기도 한다.

$$f_X(x\,;N) = \frac{1}{N+1} I_{\{0,1,\dots,N\}}(x).$$

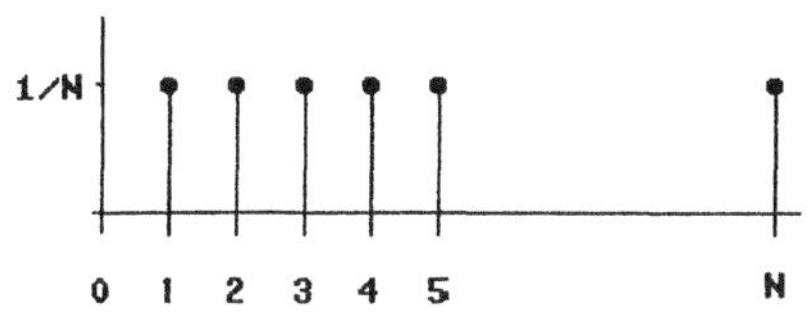

<그림 1> 이산형 균일분포

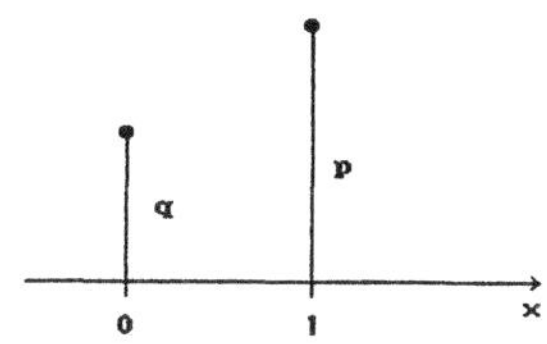

<그림 2> 베르누이분포

1.2 베르누이분포

정 의 2 : 베르누이분포(Bernoulli distribution)

이산형 확률변수 X가 다음과 같은 밀도함수를 갖는다면 X는 베르누이분포를 갖는다고 한다.

$$f_X(x;p) = p^x(1-p)^{1-x} I_{\{0,1\}}(x),$$

여기서 $0 \le p \le 1$.

정 리 2

확률변수 X가 베르누이분포를 따른다면, 평균, 분산과 적률모함수는 다음과 같다.

평균	$E(X) = p.$
분산	$var(X) = p(1-p).$
적률모함수	$M_X(t) = pe^t + (1-p).$

(증 명)

(방법 1) - 직접 확률밀도함수를 이용하여 평균과 분산, 적률모함수를 구하면 다음과 같이 구할 수 있다.

$$E(X) = 0 \cdot (1-p) + 1 \cdot p = p.$$
$$var(X) = E(X^2) - [E(X)]^2 = 0^2 \cdot (1-p) + 1^2 \cdot p - p^2 = p(1-p).$$
$$M_X(t) = E(e^{tX}) = e^0 \cdot (1-p) + e^t \cdot p = (1-p) + pe^t.$$

(방법 2) - 적률모함수를 이용하여 평균과 분산을 구하면 다음과 같다. 우선 1차 및 2차 미분하면

$$M_X'(t) = pe^t$$
$$M_X''(t) = pe^t$$

이므로 t를 0으로 놓으면

$$M_X'(0) = p = E(X),$$
$$M_X''(0) = p = E(X^2)$$

이므로 방법 1에서와 동일하게 평균과 분산을 유도할 수 있다. ■

■ 예 제 1 - 결과가 '성공'과 '실패'의 두 가지로 나타나는 확률실험을 베르누이시행이라 한다. 베르누이 시행의 결과에서 성공(기호로 s)이면 확률변수 X를 '1'로, 실패(기호로 f)면 '0'으로 정의한다면 X는 모수 $p=P(\{성공\})$를 갖는 베르누이 분포를 갖는다고 한다. ■

■ 예 제 2 - 임의의 확률공간 $(\Omega, \mathcal{A}, P(\cdot))$에서 $\mathcal{A}$에 속하는 사상 A에 대해 확률변수 X가 사상 A의 지시함수의 형태, 즉 $X(w) = I_A(w)$ 이면 X는 모수가 $p = P(X=1) = P(A)$인 베르누이분포를 갖는다. ■

1.3 이항분포

정 의 3 : 이항분포(binomial distribution)

이산형 확률변수 X의 밀도함수가 다음과 같다면 이항분포를 갖는다고 한다.

$$f_X(x; n, p) = \binom{n}{x} p^x (1-p)^{n-x} I_{\{0,1,\dots,n\}}(x),$$

여기서 n은 양의 정수이고 $0 \le p \le 1$.

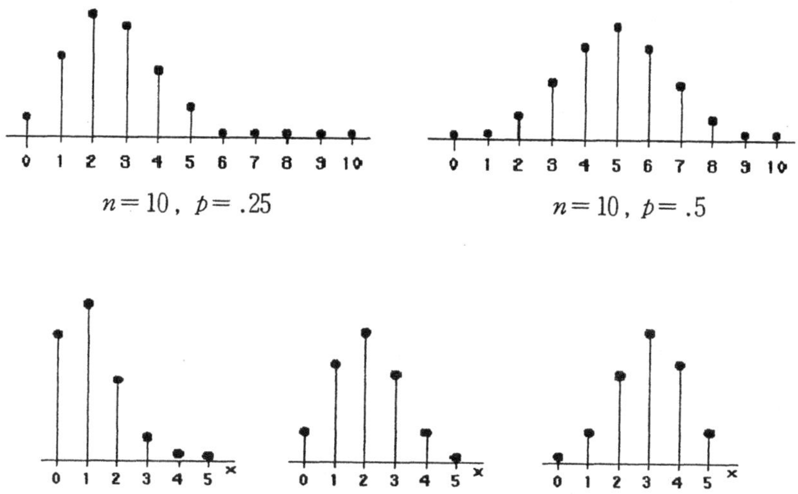

$n=10,\ p=.25$ $n=10,\ p=.5$

$n=5,\ p=.2$ $n=5,\ p=.4$ $n=5,\ p=.6$

<그림 3> 이항분포

정 리 3

확률변수 X가 이항분포를 따른다면 다음과 같은 성질을 갖는다.

평균	$E(X) = np.$
분산	$var(X) = np(1-p).$
적률모함수	$M_X(t) = ((1-p)+pe^t)^n.$
계승적률모함수	$E(t^X) = ((1-p)+pt)^n.$

(증 명)

우선 가장 일반적인 방법인 적률모함수를 계산한 후 평균과 분산을 구하기로 한다. $q=1-p$라 하면 적률모함수는 다음과 같다.

$$M_X(t) = E(e^{tX}) = \sum_{x=0}^{n} e^{tx}\binom{n}{x}p^x q^{n-x} = \sum_{x=0}^{n}\binom{n}{x}(pe^t)^x q^{n-x}\ ^{1)}$$
$$= (pe^t+q)^n.$$

이를 t에 대해 1차 및 2차 미분하면

1) 이항정리 : $(a+b)^n = \sum_{x=0}^{n}\binom{n}{x}a^x b^{n-x}$, 여기서 n은 양의 정수.

$$M_X'(t) = npe^t(pe^t+q)^{n-1}.$$
$$M_X''(t) = n(n-1)(pe^t)^2(pe^t+q)^{n-2} + npe^t(pe^t+q)^{n-1}.$$

그러므로 평균과 분산은 다음과 같이 얻는다.

$$E(X) = M_X'(0) = np.$$
$$\begin{aligned} var(X) &= E(X^2) - [E(X)]^2 = M_X''(0) - (np)^2 \\ &= n(n-1)p^2 + np - (np)^2 = np(1-p). \end{aligned}$$

이제 $E(X)$와 $E[X(X-1)]$을 이항정리를 이용하여 평균과 분산을 직접 구하여 보자.

$$\begin{aligned} E(X) &= \sum_{x=0}^{n} \binom{n}{x} x p^x (1-p)^{n-x} \\ &= \sum_{x=0}^{n} \frac{n!}{(x-1)!(n-x)!} p^x (1-p)^{n-x} \\ &= n \sum_{x=1}^{n} \frac{(n-1)!}{(x-1)!(n-x)!} p^x (1-p)^{n-x} \qquad (y=x-1\text{로 치환}) \\ &= n \sum_{y=0}^{n-1} \frac{(n-1)!}{y!(n-1-y)!} p^{y+1} (1-p)^{n-1-y} \\ &= np \sum_{y=0}^{n-1} \frac{(n-1)!}{y!(n-1-y)!} p^{y} (1-p)^{n-1-y} = np. \end{aligned}$$

2차계승적률을 구하면

$$\begin{aligned} E(X(X-1)) &= \sum_{x=0}^{n} \binom{n}{x} p^x (1-p)^{n-x} x(x-1) \\ &= \sum_{x=0}^{n} \frac{n!}{x!(n-x)!} x(x-1) p^x (1-p)^{n-x} \\ &= n(n-1) \sum_{x=2}^{n} \frac{(n-2)!}{(x-2)!(n-x)!} p^x (1-p)^{n-x} \quad (y=x-2\text{로 치환}) \\ &= n(n-1) \sum_{y=0}^{n-2} \frac{(n-2)!}{y!(n-2-y)!} p^{y+2} (1-p)^{n-2-y} \\ &= n(n-1)p^2 \sum_{y=0}^{n-2} \frac{(n-2)!}{y!(n-2-y)!} p^{y} (1-p)^{n-2-y} \\ &= n(n-1)p^2. \end{aligned}$$

따라서 분산은

$$\begin{aligned} var(X) &= E(X(X-1)) + E(X) - [E(X)]^2 = n(n-1)p^2 + np - (np)^2 \\ &= np(1-p). \end{aligned}$$

또한 계승적률모함수는 다음과 같이 구하여진다.

$$E(t^X) = \sum_{x=0}^{n} t^x \binom{n}{x} p^x (1-p)^{n-x} = \sum_{x=0}^{n} \binom{n}{x} (tp)^x (1-p)^{n-x} = ((1-p)+tp)^n. \quad ■$$

특히 $n=1$인 이항분포는 베르누이분포와 동일하다. 확률변수 X가 이항분포를 따른다는 것을 기호로 $X \sim bin(n, p)$로 나타낸다.

■ 예 제 3 - 독립적인 각 시행에서 모수가 성공(s)할 확률 p인 베르누이시행을 n번 독립적으로 시행하는 확률실험을 가정하자. 여기서 독립이라는 표현은 각 시행마다 성공할 확률이 동일하다는 것을 의미한다. 그런 확률실험에서 표본공간은 다음과 같이 표현된다.

$$\Omega = \{(z_1, z_2, \dots, z_n) : z_i = s \text{ 또는 } f\},$$

여기서 z_i는 i번째 시행의 결과를 나타낸다. 각 시행이 독립이므로 임의의 특정한 결과, 예를 들어 $\{(f, f, s, f, s, \dots, f, s)\}$의 확률은 $qqpqp \cdots qp$ 이다. 확률변수 X가 독립적인 베르누이 시행을 n번 반복 중 성공 횟수라고 하자. 정확히 x번 성공하는 경우는 총 $\binom{n}{x}$번 발생하고 각 경우는 $p^x q^{n-x}$의 확률을 갖기 때문에 X는 이항분포를 따른다.

$$\begin{aligned} P(X=x) &= P(n\text{번의 시행 중 } x\text{번 성공하고 } (n-x)\text{번 실패}) \\ &= \binom{n}{x} p^x q^{n-x} . \end{aligned} \quad ■$$

확률변수 $Y_1, \dots, Y_n$은 성공률이 p인 베르누이 시행을 따르며, 각각의 시행에서 0과 1의 값을 갖고 있는 독립적인 확률변수들의 합 $X = Y_1 + \cdots + Y_n$은 n번 시행 중 성공한 횟수로 정의된다. 그러므로 X의 가능한 값($0, 1, \dots, n$)들에 대한 확률은 앞의 예제에서 구한 방법과 동일하게 구한다. 그리고 이산확률변수 X의 평균과 분산은 다음과 같음을 파악할 수 있다.

$$\begin{aligned} E(X) &= E(Y_1) + \cdots + E(Y_n) = p + \cdots + p = np, \\ var(X) &= var(Y_1) + \cdots + var(Y_n) = p(1-p) + \cdots + p(1-p) = np(1-p). \end{aligned}$$

■ 예 제 4 - M개 중 K개가 불량인 공을 항아리에 넣고 복원추출방법으로 n개의 공을 추출한다고 가정하자. 이때 확률변수 X를 표본크기 n개 중 불량공의 개수라고 한다면 개별적인 공을 꺼내는 사건은 베르누이 시행이 된다. 이 경우 불량공을 꺼내면 성공, 아니면 실패

에 해당한다. n개의 표본을 복원추출로 꺼내는 이 실험은 n개의 반복적이고 독립적인 모수 $p = P(\{\text{성공}\})$인 베르누이 시행으로 구성되어진다. 따라서 확률변수 X는 이항분포가 된다. 즉 분포의 형태는 다음과 같다.

$$f_X(x;p) = \binom{n}{x}\left[\frac{K}{M}\right]^x\left[1-\frac{K}{M}\right]^{n-x}.$$ ■

■ 예 제 5 - 확률변수 Y가 $bin(n, \frac{1}{3})$을 따른다면

$$P(Y \geq 1) = 1 - P(Y \leq 0) = 1 - \left(\frac{2}{3}\right)^n.$$

$P(Y \geq 1) > 0.80$을 만족하는 최소의 n을 찾고자 한다. 즉

$$1 - \left(\frac{2}{3}\right)^n > 0.80 \text{ 혹은 } \left(\frac{2}{3}\right)^n < 0.20.$$

양변에 로그를 취하면

$$n(\ln 2 - \ln 3) < \ln 0.20$$

$$n > \frac{\ln 0.20}{\ln 2 - \ln 3} \approx 3.96.$$

그러므로 최소의 n은 4이다. 따라서 성공확률 $p = \frac{1}{3}$인 확률실험을 $n = 4$번 독립적으로 반복할 때 최소한 한 번 성공할 확률은 0.8보다 크다. ■

<그림 3>을 살펴보면 이항분포는 단조증가한 후에 단조감소하는 것을 알 수 있다. 다음 정리가 이를 보여준다.

정 리 4

확률변수 X가 이항분포 $f_X(x;n,p)$를 따른다고 하자.

만일 $x < (n+1)p$ 이면 $f_X(x-1;n,p) < f_X(x;n,p)$,
만일 $x > (n+1)p$ 이면 $f_X(x-1;n,p) > f_X(x;n,p)$,
만일 $x = (n+1)p$이고 $(n+1)p$가 정수이면 $f_X(x-1;n,p) = f_X(x;n,p)$.

(증 명)

$$\frac{f_X(x;n,p)}{f_X(x-1;n,p)} = \frac{n-x+1}{x} \cdot \frac{p}{1-p} = 1+\frac{(n+1)p-x}{x(1-p)} \equiv g(x)$$

이므로

$x<(n+1)p$ 이면 $g(x)>1$, 즉 단조증가하고,

$x=(n+1)p$이면 $g(x)=1$,

$x>(n+1)p$이면 $g(x)<1$, 즉 단조감소한다.

따라서 단조증가 후 단조감소하는 성질을 갖는다. ■

1.4 초기하분포

정 의 4 : 초기하분포(hyper-geometric distribution)

이산형 확률변수 X가 다음과 같은 이산형 밀도함수를 갖는다면 초기하분포를 갖는다고 한다.

$$f_X(x;M,K,n) = \frac{\binom{K}{x}\binom{M-K}{n-x}}{\binom{M}{n}} I_{\{0,1,\ldots,\min(n,K)\}}(x)$$

여기서 M은 양의 정수, $K(\le M)$은 음이 아닌 정수, $n(\le M)$은 양의 정수.

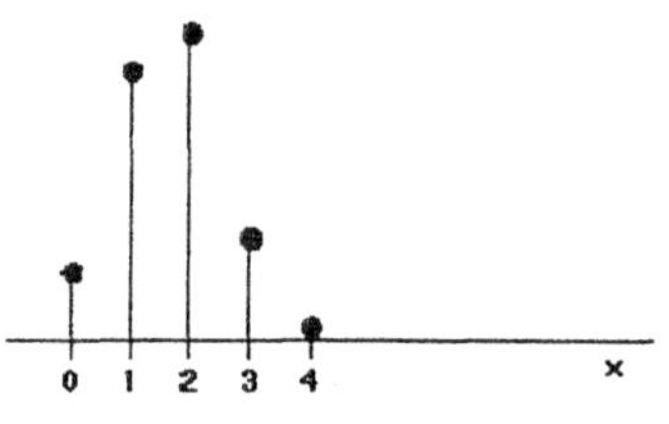

$M=10$, $K=4$, $n=4$

<그림 4> 초기하분포

정 리 5

확률변수 X가 초기하분포를 따른다면 평균과 분산은 다음과 같다.

$$E[X] = n \cdot \frac{K}{M}, \quad var[X] = n \cdot \frac{K}{M} \cdot \frac{M-K}{M} \cdot \frac{M-n}{M-1}.$$

(증 명)

평균을 구하면 다음과 같다.

$$\begin{aligned} E(X) &= \sum_{x=0}^{n} x \frac{\binom{K}{x}\binom{M-K}{n-x}}{\binom{M}{n}} = n \cdot \frac{K}{M} \sum_{x=1}^{n} \frac{\binom{K-1}{x-1}\binom{M-K}{n-x}}{\binom{M-1}{n-1}} \\ &= n \cdot \frac{K}{M} \sum_{y=0}^{n-1} \frac{\binom{K-1}{y}\binom{M-1-K+1}{n-1-y}}{\binom{M-1}{n-1}} \\ &= n \cdot \frac{K}{M}. \text{ 2)} \end{aligned}$$

계승적률을 이용하여 분산을 계산할 수 있다.

$$\begin{aligned} E(X(X-1)) &= \sum_{x=0}^{n} x(x-1) \frac{\binom{K}{x}\binom{M-K}{n-x}}{\binom{M}{n}} \\ &= n(n-1)\frac{K(K-1)}{M(M-1)} \sum_{x=2}^{n} \frac{\binom{K-2}{x-2}\binom{M-K}{n-x}}{\binom{M-2}{n-2}} \\ &= n(n-1)\frac{K(K-1)}{M(M-1)} \sum_{y=0}^{n-2} \frac{\binom{K-2}{y}\binom{M-2-K+2}{n-2-y}}{\binom{M-2}{n-2}} \\ &= n(n-1)\frac{K(K-1)}{M(M-1)}. \end{aligned}$$

그러므로 분산은

---

2) $\binom{a+b}{n} = \sum_{x=0}^{n}\binom{a}{x}\binom{b}{n-x}$을 이용.

$$\begin{aligned} var(X) &= E(X^2) - [E(X)]^2 = E[X(X-1)] + E(X) - [E(X)]^2 \\ &= n(n-1)\frac{K(K-1)}{M(M-1)} + n\frac{K}{M} - n^2\frac{K^2}{M^2} \\ &= n\frac{K}{M}\left[(n-1)\frac{K-1}{M-1} + 1 - n\frac{K}{M}\right] \\ &= \frac{nK}{M}\left[\frac{(M-K)(M-n)}{M(M-1)}\right]. \end{aligned}$$

만일 $K/M = p$ 라면 초기하분포의 평균은 이항분포의 평균과 일치하고 분산은 이항분포 분산의 $(M-n)/(M-1)$배와 같다. ∎

■ 예 제 6 - M개 중 K개가 불량인 공이 담긴 바구니에서 비복원추출로 크기 n인 표본을 추출할 때 불량공의 개수를 X라 하면 이 확률변수 X는 초기하분포를 따른다. ∎

초기하분포의 적률모함수는 존재하지 않으나 일반적인 r차 계승적률을 구할 수 있다.

$$E[X(X-1)\cdots(X-r+1)] = r!\frac{\binom{K}{r}\binom{n}{r}}{\binom{M}{r}}.$$

(증 명)

$$\begin{aligned} E[X(X-1)\cdots(X-r+1)] &= \sum_{x=0}^{n} x(x-1)\cdots(x-r+1)\frac{\binom{K}{x}\binom{M-K}{n-x}}{\binom{M}{n}} \\ &= n(n-1)\cdots(n-r+1)\times\frac{K(K-1)\cdots(K-r+1)}{M(M-1)\cdots(M-r+1)}\sum_{x=r}^{n}\frac{\binom{K-r}{x-r}\binom{M-K}{n-x}}{\binom{M-r}{n-r}} \\ &= \frac{\binom{n}{r}\binom{K}{r}}{\binom{M}{r}}r!. \end{aligned}$$

∎

정 리 6

확률변수 X가 모수 p인 초기하분포를 따른다고 할 때 M이 크고 K/M이 상수이면 다음의 관계를 갖는다.

$$\frac{\binom{K}{x}\binom{M-K}{n-x}}{\binom{M}{n}} \xrightarrow{M\to\infty,\, K/M=p} \binom{n}{x} p^x(1-p)^{n-x}.$$

(증 명)

$$\frac{\binom{K}{x}\binom{M-K}{n-x}}{\binom{M}{n}} = \frac{K!}{x!(K-x)!}\cdot\frac{(M-K)!}{(n-x)!(M-K-n+x)!} \Big/ \frac{M!}{n!(M-n)!}$$

$$=\frac{n!}{x!(n-x)!}\cdot\frac{K!(M-K)!(M-n)!}{M!(K-x)!(M-K-n+x)!}$$

$$=\binom{n}{x}\cdot\frac{K!}{(K-x)!}\cdot\frac{(M-n)!}{M!}\cdot\frac{(M-K)!}{(M-K-n+x)!}$$

$$=\binom{n}{x}\cdot\frac{K(K-1)\cdots(K-x+1)(K-x)!}{(K-x)!}\cdot\frac{(M-n)!}{M(M-1)\cdots(M-n+1)(M-n)!}$$

$$\cdot\frac{(M-K)(M-K-1)\cdots(M-K-n+x+1)(M-K-n+x)!}{(M-K-n+x)!}$$

$$=\binom{n}{x}\cdot\frac{\{K(K-1)\cdots(K-x+1)\}\{(M-K)(M-K-1)\cdots(M-K-n+x+1)\}}{M(M-1)\cdots(M-n+1)}\times\frac{\frac{1}{M^n}}{\frac{1}{M^n}}$$

$$=\binom{n}{x}\cdot\frac{\left\{\frac{K}{M}\cdot\left(\frac{K}{M}-\frac{1}{M}\right)\cdots\left(\frac{K}{M}-\frac{x-1}{M}\right)\right\}\left\{\left(1-\frac{K}{M}\right)\left(1-\frac{K}{M}-\frac{1}{M}\right)\cdots\left(1-\frac{K}{M}-\frac{n-x-1}{M}\right)\right\}}{1\cdot\left(1-\frac{1}{M}\right)\cdots\left(1-\frac{n-1}{M}\right)}$$

$M\to\infty$, $\frac{K}{M}\to p$를 취하면

$$=\binom{n}{x}\cdot p^x(1-p)^{n-x}.$$

1.5 포아송분포

정 의 5 : 포아송분포(poisson distribution)

다음과 같은 밀도함수를 포아송분포라 한다.

$$f_X(x;\lambda) = \frac{e^{-\lambda}\lambda^x}{x!} I_{\{0,1,\ldots\}}(x),$$

여기서 $\lambda > 0$.

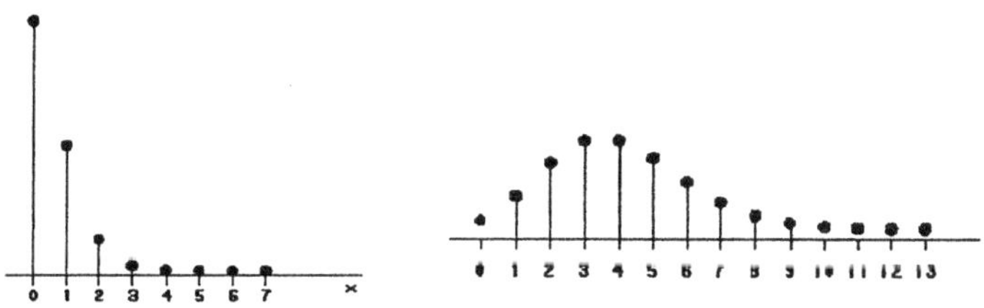

$\lambda=1$ $\lambda=4$

<그림 5> 포아송분포

정 리 7

포아송 확률변수 X의 평균, 분산과 적률모함수는 다음과 같다.

평균	$E(X) = \lambda.$
분산	$var(X) = \lambda.$
적률모함수	$M_X(t) = \exp[\lambda(e^t - 1)].$
계승적률모함수	$E(t^X) = \exp[\lambda(t-1)].$

(증 명)

(방법 1) - 우선 적률모함수를 구한 후 평균과 분산을 구하기로 한다.

$$M_X(t) = E[e^{tX}] = \sum_{x=0}^{\infty} \frac{e^{tx}e^{-\lambda}\lambda^x}{x!} = e^{-\lambda}\sum_{x=0}^{\infty}\frac{(\lambda e^t)^x}{x!} = e^{-\lambda}e^{\lambda e^t} = e^{-\lambda(1-e^t)},$$ [3]

3) $e^{\lambda} = 1 + \lambda + \frac{\lambda^2}{2!} + \frac{\lambda^3}{3!} + \cdots = \sum_{x=0}^{\infty}\frac{\lambda^x}{x!}$

위에서 구한 적률모함수를 t에 대해 1차, 2차 미분하면

$$M_X'(t) = \lambda e^{-\lambda} e^t e^{\lambda e^t},$$
$$M_X''(t) = \lambda e^{-\lambda} e^t e^{\lambda e^t}[\lambda e^t + 1].$$

그러므로 평균과 분산은

$$E(X) = M_X'(0) = \lambda,$$
$$var(X) = E(X^2) - [E(X)]^2 = M_X''(0) - \lambda^2 = \lambda(\lambda+1) - \lambda^2 = \lambda.$$

이제 계승적률모함수를 구하면 다음과 같다.

$$E(t^X) = \sum_{x=0}^{\infty} t^x \frac{e^{-\lambda}\lambda^x}{x!} = e^{-\lambda} \sum_{x=0}^{\infty} \frac{(\lambda t)^x}{x!} = e^{-\lambda} e^{\lambda t} = \exp[\lambda(t-1)].$$

(방법 2) - 계승적률을 이용하여 구해보자.

$$E(X) = \sum_{x=0}^{\infty} x \cdot \frac{e^{-\lambda}\lambda^x}{x!} = \sum_{x=0}^{\infty} \frac{e^{-\lambda}\lambda^x}{(x-1)!} = \sum_{y=0}^{\infty} \frac{e^{-\lambda}\lambda^{y+1}}{y!} = \lambda \sum_{y=0}^{\infty} \frac{e^{-\lambda}\lambda^y}{y!}$$
$$= \lambda.$$

$$E(X(X-1)) = \sum_{x=0}^{\infty} x(x-1) \frac{e^{-\lambda}\lambda^x}{x!}$$
$$= \sum_{x=2}^{\infty} \frac{e^{-\lambda}\lambda^x}{(x-2)!} = \sum_{y=0}^{\infty} \frac{e^{-\lambda}\lambda^{y+2}}{y!} = \lambda^2 \sum_{y=0}^{\infty} \frac{e^{-\lambda}\lambda^y}{y!}$$
$$= \lambda^2$$

이므로 분산은

$$var(X) = E(X(X-1)) + E(X) - E(X)^2 = \lambda^2 + \lambda - \lambda^2 = \lambda.$$ ■

포아송분포는 많은 실제 현상을 모형화한다. 포아송 확률변수의 값이 음이 아닌 정수이므로 관심있는 종류의 수에 대한 확률적 현상을 포아송 분포를 가정하여 모형화하는데 사용할 수 있다. 예로 특정도시의 1주일동안 교통사고로 인한 사망자수, 한 시간동안 방출되는 방사능 입자

의 수, 대기업의 교환대에서 한 시간동안 걸려오는 전화의 수, 시험발사된 인공위성이 한번의 궤도를 운행 중에 부딪치는 운석의 수, 제조품 중 불량품의 수 등이 이에 해당된다. 물론 모든 실제 현상을 포아송분포를 이용하여 모형화할 수 있는 것은 아니다. 어떤 조건이 만족되어질 때 포아송분포가 적절한 모형이 될 수 있다.

시간, 공간, 지역, 길이등 어떤 현상의 발생한 수를 관찰하고 기록한다고 하자. 그 현상으로는 교통사고, 방사능 누출, 전화벨 울림, 운석과 충돌, 자재불량 등이 있다. 이러한 현상들은 시간에 따라 일어난다. 예를들어 <그림 6>에 시간에 따라 이러한 사건을 표시하였다. 'x'표시는 나타난 현상을 기록한 것이다. 이 그림에서는 0시간과 t_1시간 사이에 7개의 사건들이 나타나있다. 다음과 같은 성질을 가진 양의 값인 ν 를 가정하자.

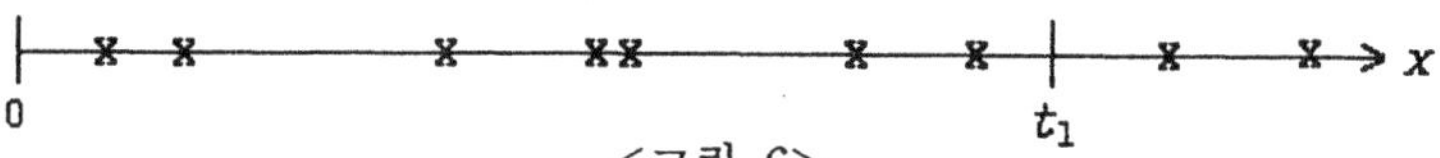

<그림 6>

포아송 가정 :

(i) 길이가 짧은 h인 시간동안 정확하게 하나의 사건이 일어날 확률은 근사적으로 νh 이다. 즉,

P[길이가 h인 시간동안 하나의 사건이 일어남] $= \nu h + o(h)$.

(ii) 길이가 짧은 h인 시간동안 둘 이상의 사건이 일어날 확률은 동일한 시간동안 정확히 하나의 사건이 일어날 확률과 비교할 때 무시한다. 즉,

P[길이가 h인 시간동안 두 번 이상의 사건이 일어남] $= o(h)$.

(iii) 중복되지 않은 구간들간에 사건의 수는 서로 독립적이다.

여기서 h보다 작은 차수의 함수를 의미하는 $o(h)$는 다음 조건을 만족하는 함수이다.

$$\lim_{h\to 0}\frac{o(h)}{h} = 0.$$

함수 $o(h)$의 예를들어 보면, h^2, $\cos h - 1$이며 참고로 h는 $o(1)$의 한 예가 된다. 또한 h가 0에 접근할 때가 아닌 n이 무한대로 접근할 때

$$\lim_{n\to\infty} o(g_n) / g_n = 0$$

으로 정의되기도 하는데 이때 $o(1)$의 예는 $1/n$이며 $o(n)$의 예는 $1/n^2$이다. 따라서 어디로 접

근하는 극한값의 상황인가에 따라 함수가 갖고 있는 의미가 다르나 'h(또는 g_n)보다 작은 차수'의 의미는 동일하다.

그리고 위에서 언급한 포아송가정에서 ν는 단위시간동안 일어난 사건의 평균횟수로 해석할 수 있으므로 결과적으로 평균발생횟수로 언급한다.

—— 정 리 8 ——

위의 3개의 가정이 만족한다면 t시간동안 일어나는 사건의 수는 모수가 $\lambda = \nu t$인 포아송분포를 따른다. 또는 확률변수 $Z(t)$가 길이가 t인 시간동안 일어날 사건의 수라면,

$$P[Z(t) = z] = e^{-\nu t}(\nu t)^z / z!,$$

여기서 $z = 0, 1, 2, \ldots$.

(증 명)

(방법 1) - 간단히 하기 위해, t를 시간 0부터의 시간이라고 하자. 따라서 시간간격 $(o, t]$는 길이가 t가 된다. 또한 구간 $(t, t+h]$는 길이가 h가 된다. 그리고

$$P_n(s) = P(Z(s) = n) = P[\text{구간의 길이가 } s\text{일때 정확히 } n\text{개의 사건이 일어남}]$$

라고 한다면, 가정 (iii)을 이용하여 다음 결과를 얻을 수 있다.

"$(0, t+h]$ 구간에서 사건이 일어나지 않는다"는 것은 "$(0, t]$ 구간에서 사건이 일어나지 않고 $(t, t+h]$구간에서도 사건이 일어나지 않는다"는 것을 의미한다.

따라서

$$\begin{aligned} & P_0(t+h) \\ &= P[(0, t+h]\text{구간에서 사건이 일어나지 않음}] \\ &= P[(0, t]\text{구간에서 사건이 일어나지 않음}] \\ &\qquad\qquad \times P[(t, t+h]\text{구간에서 사건이 일어나지 않음}] \\ &= P_0(t)P_0(h), \end{aligned}$$

여기서

$$\begin{aligned} P_0(h) &= P[\,(t, t+h]\text{구간에서 사건이 일어나지 않음}] \\ &= 1 - P[\,(t, t+h]\text{구간에서 하나이상의 사건이 일어남}] \\ &= 1 - \nu h - o(h) - o(h) \end{aligned}$$

이므로 $P_0(t+h) = P_0(t)[1-\nu h - o(h) - o(h)]$을 얻을 수 있다. 이 식을 변환시키면 다음과 같다.

$$\frac{P_0(t+h) - P_0(t)}{h} = -\nu P_0(t) - P_0(t)\frac{o(h)+o(h)}{h}.$$

위 식에 극한을 취하면 다음과 같은 미분방정식을 얻게 된다.

$$P_0{}'(t) = -\nu P_0(t).$$

$P_0(0) = 1$의 조건을 이용하여 이 식의 해로서

$$P_0(t) = e^{-\nu t}$$

를 구할 수 있다. 유사하게

$$\begin{aligned} P_1(t+h) &= P_1(t)P_0(h) + P_0(t)P_1(h) \\ &= P_1(t)[1-\nu h - o(h)] + P_0(t)[\nu h + o(h)] \end{aligned}$$

을 얻었다. 이 식은 다음과 같은 미분방정식 $P_1{}'(t) = -\nu P_1(t) + \nu P_0(t)$ 과 그에 대한 해

$$P_1(t) = \nu t e^{-\nu t}$$

를 준다. 물론 여기서도 $P_1(0) = 0$ 이라는 조건을 이용하였다. 이상의 과정을 반복하여 다음과 같은 일반적인 미분방정식의 형태를 얻을 수 있다.

$$P_n{}'(t) = -\nu P_n(t) + \nu P_{n-1}(t),$$

여기서 $n = 2, 3, \ldots$. 이와 같은 결과로

$$P_n(t) = (\nu t)^n e^{-\nu t}/n!$$

임을 얻을 수 있다. ■

(방법 2) - 다른 증명의 방법으로 구하여 보자. 구간 $(0, t)$를 n개의 구간으로 동일하게 나누어준다. 구간 $(0, t)$에서 k개 사건이 일어날 확률은 구간 $(0, t)$을 n개로 나눈 각 구간들 중에서 k개 구간에서만 정확히 하나의 사건이 일어날 확률과 근사적으로 일치한다. 나뉘어진 작은 구간에서 사건이 일어날 확률은 νh이다. 각각의 작은 하나의 구간에서는 사건이 일어나거나 일어나지 않는 베르누이 시행이 일어난다. 또한 가정에서 보듯이 각각의 베르누이시행은 서로 독립적이고 반복적이다. 그러므로 n번의 시행 중 정확히 k번 성공할 확률은 다음과 같다.

$$\binom{n}{k}(\nu h)^k(1-\nu h)^{n-k} = \binom{n}{k}\left[\frac{\nu h}{n}\right]^k\left[1-\frac{\nu h}{n}\right]^{n-k}.$$

이 확률은 근사적으로 구간 $(0, t)$에서 k개 사건이 일어날 확률과 일치한다. 작은 구간의 갯수를 무한히 크게 함으로써 정확한 표현은 이루어진다. 즉 n에 대해 극한을 취하면 다음이 성립한다.

$$\lim_{n\to\infty}\binom{n}{k}\left[\frac{\nu h}{n}\right]^k\left[1-\frac{\nu h}{n}\right]^{n-k} = \lim_{n\to\infty}\frac{1}{k!}(\nu t)^k\left[1-\frac{\nu t}{n}\right]^{n-k}\frac{(n)_k}{n^k} = \frac{(\nu t)^k e^{-\nu t}}{k!},$$

여기서

$$\lim_{n\to\infty}\left[1-\frac{\nu t}{n}\right]^n = e^{-\nu t}, \quad \lim_{n\to\infty}\left[1-\frac{\nu t}{n}\right]^{-k} = 1, \quad \lim_{n\to\infty}(n)_k/n^k = 1.$$ ■

<정리 8>은 시간에 따라 발생하는 사건의 수와 관련된 확률실험은 포아송분포를 가정함으로써 실제적으로 모형화할 수 있다는 조건을 제시하여준다. 포아송분포에서 모수 ν는 일반적으로 알려져 있지 않다. 이 모수를 추정하는 방법은 제 2권에서 공부하기로 한다.

■ 예 제 7 - 어떤 회사의 교환대에 한 시간동안 30건의 전화가 걸려온다고 가정하자. 1) 3분동안 1건의 전화도 오지 않을 확률은? 2) 5분동안 6건 이상의 전화가 걸려올 확률은 얼마인가? 우선 임의 시간동안 전화가 걸려오는 수가 포아송분포를 따른다고 하자. 그리고 시간을 분단위로 가정하면 시간당 30건은 분당 0.5건으로 해석할 수 있다. 따라서 평균발생건수는 0.5가 된다. 그러므로

$$P[\text{3분동안 통화 없음}] = e^{-vt} = e^{-(0.5)(3)} \approx 0.223,$$

$$P[\text{5분동안 6번이상의 통화}] = \sum_{x=6}^{\infty} \frac{e^{-vt}(vt)^x}{x!} = \sum_{x=6}^{\infty} \frac{e^{-(0.5)(5)}(0.5)^x}{x!} \approx 0.042. \quad ■$$

■ 예 제 8 - 합판에 평균 50제곱피트당 한 번의 금이 나있다고 가정하자. 4×8 제곱피트 넓이에서 금이 하나도 나지 않을 확률은 얼마인가? 단위넓이당 금이 간 수가 포아송분포를 따른다고 하자.

$$P(\text{금이 나지 않음}) = e^{-\frac{1}{50}32} = e^{-0.64} \approx 0.527,$$

$$P(\text{최고 한 번 금이 남}) = e^{-0.64} + 0.64 e^{-0.64} \approx 0.865. \quad ■$$

—— 정 리 9 ——

포아송 분포를 고려하면 다음이 성립한다.

$\lambda > k$이면, $$\frac{e^{-\lambda}\lambda^{k-1}}{(k-1)!} < \frac{e^{-\lambda}\lambda^k}{k!}.$$

$\lambda < k$이면, $$\frac{e^{-\lambda}\lambda^{k-1}}{(k-1)!} > \frac{e^{-\lambda}\lambda^k}{k!}.$$

λ가 정수이고 $\lambda = k$이면, $$\frac{e^{-\lambda}\lambda^{k-1}}{(k-1)!} = \frac{e^{-\lambda}\lambda^k}{k!}.$$

(증 명)

포아송밀도함수에서

$$\frac{P(X=k-1)}{P(X=k)} = \frac{e^{-\lambda}\lambda^{k-1}/(k-1)!}{e^{-\lambda}\lambda^k/k!} = \frac{k}{\lambda}.$$

따라서 $k<\lambda$이면 1보다 작고 $k>\lambda$이면 1보다 크고 $k=\lambda$이면 1임을 알 수 있다. ■

1.6 기하분포

정 의 6 : 기하분포(geometric distribution)

확률변수 X가 다음과 같은 밀도함수를 따를 때 기하분포를 갖는다고 한다.

$$f_X(x;p)=p(1-p)^x I_{\{0,1,\ldots\}}(x),$$

여기서 모수 p는 $0<p\leq 1$.

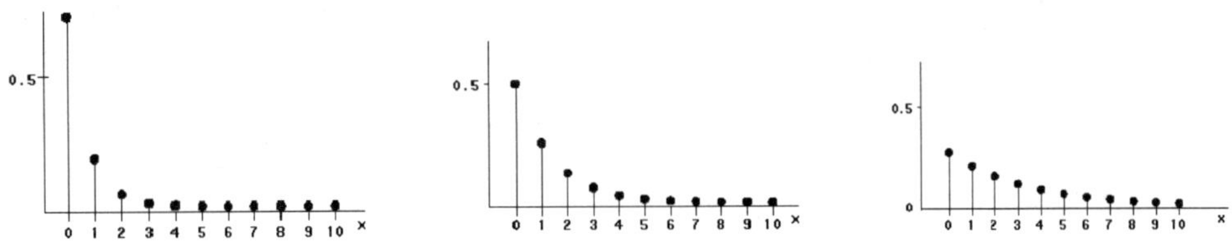

$p=\frac{3}{4}$ $p=\frac{1}{2}$ $p=\frac{1}{4}$

<그림 7> 기하분포

정 리 9

확률변수 X가 기하분포를 따르고 $q=1-p$라면

평균	$E(X)=\frac{q}{p},$
분산	$var(X)=\frac{q}{p^2},$
적률모함수	$M_X(t)=\frac{p}{1-qe^t},\ t<-\ln q,$
계승적률모함수	$E(t^X)=\frac{p}{1-qt},\ \lvert t\rvert<\frac{1}{q}.$

(증 명)

(방법 1) - 적률모함수를 이용하여 평균과 분산을 구해보자.

$$M_X(t)=E(e^{tX})=\sum_{x=0}^{\infty}e^{tx}pq^x=\sum_{x=0}^{\infty}p(qe^t)^x=\frac{p}{1-qe^t}.$$ (주 4)의 사실에 의하여)

적률모함수를 t에 대해 1차, 2차 미분하면

$$M_X'(t) = pqe^t(1-qe^t)^{-2},$$
$$M_X''(t) = pqe^t(1-qe^t)^{-2} + 2pq^2e^{2t}(1-qe^t)^{-3}.$$

따라서 평균과 분산은

$$E(X) = M_X'(0) = pq(1-q)^{-2} = \frac{q}{p},$$
$$\begin{aligned} var(X) = E(X^2) - E(X)^2 &= M_X''(0) - \left(\frac{q}{p}\right)^2 \\ &= \frac{pq}{(1-q)^2} + \frac{2pq^2}{(1-q)^3} - \left(\frac{q}{p}\right)^2 = \frac{q}{p} + \frac{2q^2}{p^2} - \frac{q^2}{p^2} \\ &= \frac{pq + 2q^2 - q^2}{p^2} \\ &= \frac{q}{p^2}. \end{aligned}$$

마찬가지로 $E(t^X)$를 구하면

$$E(t^X) = \sum_{x=0}^{\infty} t^x pq^x = p\sum_{x=0}^{\infty}(qt)^x = p\frac{1}{1-qt}.$$

(방법 2-1) 평균에 대한 방법 - 또 다른 방법은 등비수열의 합에 대한 성질[4)]을 이용하여 평균을 구하는 방법을 살펴보자.

$$\begin{aligned} E(X) &= \sum_{x=0}^{\infty} xpq^x = pq\sum_{x=0}^{\infty} xq^{x-1} \\ &= pq\sum_{x=0}^{\infty}\left(\frac{\partial}{\partial q}q^x\right) = pq \cdot \frac{\partial}{\partial q}\left(\sum_{x=0}^{\infty} q^x\right) \\ &= pq \cdot \frac{\partial}{\partial q}\left(\frac{1}{1-q}\right) \qquad \text{(주 4)의 사실에 의하여)} \\ &= pq \cdot \frac{1}{(1-q)^2} = \frac{pq}{p^2} = \frac{q}{p}. \end{aligned}$$

---

4) 사실 1 - 1이 아닌 임의의 a에 대해 $\sum_{i=0}^{n} a^i = 1 + a + a^2 + \cdots + a^n = \frac{1-a^{n+1}}{1-a}$.

사실 2 - $0 < a < 1$을 만족하는 a에 대해 $\sum_{i=0}^{\infty} a^i = \frac{1}{1-a}$.

사실 3 - $0 < a < 1$을 만족하는 a에 대해 $\sum_{i=n}^{\infty}(1-a)a^i = a^n$.

(방법 2-2) 평균에 대한 방법 - 각 항을 하나씩 나누어 등비수열에 대한 성질을 이용하여 구해보자.

$$\begin{aligned}
E(X) &= \sum_{x=0}^{\infty} xpq^x \\
&= 1 \cdot pq + 2 \cdot pq^2 + 3 \cdot pq^3 + 4pq^4 + \cdots \\
&= pq + pq^2 + pq^3 + pq^4 + \cdots \\
&\qquad + pq^2 + pq^3 + pq^4 + \cdots \\
&\qquad\qquad + pq^3 + pq^4 + \cdots \\
&\qquad\qquad\qquad + pq^4 + \cdots \\
&= \sum_{i=1}^{\infty} pq^i + \sum_{i=2}^{\infty} pq^i + \sum_{i=3}^{\infty} pq^i + \sum_{i=4}^{\infty} pq^i + \cdots \\
&= q + q^2 + q^3 + q^4 + \cdots && \text{(주 4)의 사실 3에 의하여)} \\
&= q(1 + q + q^2 + q^3 + \cdots) = q\left(\sum_{i=0}^{\infty} q^i\right) \\
&= \frac{q}{1-q} = \frac{q}{p}. && \text{(주 4)의 사실 2에 의하여)}
\end{aligned}$$

이제 분산을 구하여 보자.

$$var(X) = E(X^2) - [E(X)]^2.$$

(방법 3-1) 분산에 대한 방법 - 분산을 구하기 위해 우선 2차 적률을 다음과 같이 고려하기로 한다.

$$E(X^2) = E[X(X-1)] + E(X).$$

먼저 계승적률을 계산하면

$$\begin{aligned}
E[X(X-1)] &= \sum_{x=0}^{\infty} x(x-1)pq^x = pq^2 \sum_{x=0}^{\infty} x(x-1)q^{x-2} \\
&= pq^2 \sum_{x=0}^{\infty}\left(\frac{\partial^2}{\partial q^2} q^x\right) = pq^2 \cdot \frac{\partial^2}{\partial q^2}\left(\sum_{x=0}^{\infty} q^x\right) \\
&= pq^2 \cdot \frac{\partial^2}{\partial q^2}\left(\frac{1}{1-q}\right) = pq^2 \cdot \frac{2}{(1-q)^3} \\
&= \frac{2pq^2}{p^3} = 2\frac{q^2}{p^2}.
\end{aligned}$$

따라서 분산은 다음과 같다.

$$var(X) = 2 \cdot \frac{q^2}{p^2} + \frac{q}{p} - \frac{q^2}{p^2} = \frac{q}{p^2}.$$

(방법 3-2) 분산에 대한 방법

$$var(X) = E[X(X+1)] - E(X) - [E(X)]^2$$

을 이용하면 다음과 같이 전개할 수 있다.

$$\begin{aligned}
E[X(X+1)] &= \sum_{x=0}^{\infty} x(x+1)pq^x = 2 \cdot \sum_{x=0}^{\infty} \frac{x(x+1)}{2} pq^x \\
&= 2 \cdot \sum_{x=0}^{\infty} (1+2+\cdots+x)pq^x \\
&= 2[1 \cdot pq + (1+2)pq^2 + (1+2+3)pq^3 + \cdots] \\
&= 2[1 \cdot pq + 1 \cdot pq^2 + 1 \cdot pq^3 + \cdots \\
&\qquad + 2 \cdot pq^2 + 2 \cdot pq^3 + \cdots \\
&\qquad\qquad + 3 \cdot pq^3 + \cdots] \\
&= 2\left[\sum_{i=1}^{\infty} ipq^i + \sum_{i=1}^{\infty} ipq^{i+1} + \sum_{i=1}^{\infty} ipq^{i+2} + \cdots\right] \\
&= 2[E(X) + qE(X) + q^2E(X) + \cdots] \\
&= 2E(X)[1 + q + q^2 + \cdots] \\
&= 2E(X) \cdot \frac{1}{1-q} \\
&= 2 \cdot \frac{q}{p} \cdot \frac{1}{1-q} \\
&= 2 \cdot \frac{q}{p^2}.
\end{aligned}$$

따라서 분산은

$$var(X) = 2 \cdot \frac{q}{p^2} - \frac{q}{p} - \frac{q^2}{p^2} = \frac{q}{p^2}.$$ ■

기하분포라는 이름은 기하분포의 값이 기하적 수열을 가짐에서 유래되었다. 또한 기하분포의 최빈값은 0이 된다. 기하분포는 재미있는 다음과 같은 성질을 가지고 있다.

—— 정 리 11 : 비기억성의 성질 ——

확률변수 X가 모수 p인 기하분포를 따른다면 다음이 성립한다.

$$P[X \geq i+j \mid X \geq i] = P[X \geq j],$$

여기서 $i, j = 0, 1, 2, \ldots.$

(증 명)

$$\begin{aligned} P[X \geq i+j \mid X \geq i] &= \frac{P[X \geq i+j]}{P[X \geq i]} \\ &= \frac{\sum_{x=i+j}^{\infty} pq^x}{\sum_{x=i}^{\infty} pq^x} = \frac{q^{i+j}}{q^i} \\ &= q^j = P[X \geq j] \end{aligned}$$

■

<정리10>의 평균에 관한 증명에서 논의한 (방법 2-2)에서 기하분포의 비기억성의 성질을 이용하면 다음과 같이 표현할 수 있다.

$$\begin{aligned} &\sum_{i=1}^{\infty} pq^i + \sum_{i=2}^{\infty} pq^i + \sum_{i=3}^{\infty} pq^i + \sum_{i=4}^{\infty} pq^i + \cdots \\ &= q^1 + q^2 + q^3 + q^4 + \cdots \\ &= P[X \geq 1] + P[X \geq 2] + P[X \geq 3] + P[X \geq 4] + \cdots \\ &= P[X \geq 1 \mid X \geq 0] + P[X \geq 2+1 \mid X \geq 1] + P[X \geq 3+2 \mid X \geq 2] + \cdots \\ &= \sum_{i=0}^{\infty} P[X \geq (i+1)+i \mid X \geq i]. \end{aligned}$$

<정리 11>은 다음의 사실을 설명해준다. 확률변수가 i보다 크거나 같은 경우를 조건으로 할 때 $i+j$보다 크거나 같을 확률은 j보다 크거나 같을 확률과 동일하다는 것을 의미한다. 다음의 예제를 통하여 살펴보자.

■ 예 제 9 - 각 시행은 성공할 확률이 p인 베르누이 시행을 독립적으로 반복시행한다고 가정하자. 이때 처음으로 성공할 때까지 총 시행횟수를 확률변수 X라 한다면 이 확률변수가 따르는 분포는 어떠한가?

$(x+1)$번째에 처음 성공이고 앞의 x번이 모두 실패라면 총시행횟수는 $(x+1)$번이 된다.

x번 연속적으로 실패하고 $(x+1)$번째에 처음으로 성공할 확률은 서로 독립인 시행이므로 각 시행의 확률들의 곱인 $(1-p)^x p$이다. 따라서 확률변수 X는 <정의 6>의 모수가 p인 기하분포를 따른다. ■

이 예제를 이용하여 앞의 <정리 11>을 다시 설명하면 다음과 같다. i번 실패한 후 j번 추가 시행한 후에 성공할 확률은 j번만에 처음으로 성공할 확률과 동일하다는 것을 보여준다. 즉 연속적으로 i번째 실패했다는 관찰기록과 같이 이미 시행한 결과는 앞으로 일어날 결과의 분포에 전혀 영향을 주지 않는다.

기하분포를 따르는 확률변수 X를 기다리는 시간의 이산형 확률변수로 언급한다. 즉 처음 성공할 때까지 얼마나(실패를 몇번 하는가) 기다리는가로 표현하기도 한다. 많은 사람들은 기하분포를

$$f_X(x;p) = p(1-p)^{x-1} I_{\{1,2,\dots\}}(x)$$

으로 정의하며 확률변수의 최소값을 0 대신에 1로 정의한다. 여기서의 확률변수 X는 '처음 성공할 때까지의 실패횟수' 대신에 '처음 성공할 때까지의 총 횟수'의 의미를 가진다. 그리고 이때의 평균은 $1/p$이고 분산은 q/p^2 그리고 적률모함수는 $pe^t/(1-qe^t)$이다.

■ 예 제 10 - 농구선수가 자유투 중 20%를 넣지 못한다고 가정하자. 이는 실패할 확률이 0.2라는 것으로 해석할 수 있다. 만일 계속해서 자유투를 독립적으로 던진다고 할 때, 자유투를 넣지 못할 때까지 성공하는 총수는 모수 $p=0.2$인 기하분포를 따른다. 평균적으로 실투하는 경우는 $q/p+1 = 1/p = 5$번째이다. ■

1.7 음이항분포

1.6절에서 공부한 기하분포와 1.7절에서 배울 음이항분포는 통계학에서 매우 중요한 역할을 한다. 기하분포는 음이항분포의 특별한 형태이며 서로 독립이고 동일한 분포를 갖는 기하확률변수의 합은 음이항분포를 따르는 성질을 가지고 있다. 이런 기하분포와 음이항분포의 관계는 뒤에서 설명할 연속형 확률변수 중 지수확률변수와 감마확률변수의 관계와 유사함을 알 수 있다.

정 의 7 : 음이항분포(negative binomial distribution)

확률변수 X가 다음과 같은 밀도함수를 갖는다면 음이항확률변수라 하고 그 분포를 음이항분포라 한다.

$$\begin{aligned} f_X(x;r,p) &= \binom{-r}{x} p^r(-q)^x \\ &= \binom{r+x-1}{x} p^r q^x, \end{aligned}$$

여기서 $x=0,1,2\ldots,\ r=1,2,\ldots,0<p\le 1,\ q=1-p$

음이항분포에서 $\binom{-r}{x}$[5]는 $-r$ 개 중 x개를 추출하는 경우의 수를 일컫기 때문에 분포의 이름에 음이항이란 단어가 유래된다. 특히 $r=1$인 음이항분포는 기하분포와 동일하다.

정 리 12

확률변수 X가 음이항분포를 따른다면,

평균	$E(X)=\dfrac{rq}{p}$,
분산	$var(X)=\dfrac{rq}{p^2}$,
적률모함수	$M_X(t)=\left[\dfrac{p}{1-qe^t}\right]^r,\ t<-\ln q,$
계승적률모함수	$E(t^X)=\left(\dfrac{p}{1-qt}\right)^r,\ \ \lvert t\rvert<\dfrac{1}{q}.$

(증 명)

(방법 1) - 적률모함수를 이용한 방법을 살펴보자.

$$\begin{aligned} M_X(t)=E(e^{tX}) &= \sum_{x=0}^{\infty} e^{tx}\binom{-r}{x} p^r(-q)^x \\ &= \sum_{x=0}^{\infty}\binom{-r}{x} p^r(-qe^t)^x = \left(\frac{p}{1-qe^t}\right)^r. \end{aligned}$$[6]

5) $\binom{-r}{x} = \dfrac{(-r)(-r-1)\cdots(-r-x+1)}{x!} = (-1)^x\dfrac{r(r+1)\cdots(r+x-1)}{x!} = (-1)^x\binom{r+x-1}{x}.$

6) $(1-a)^{-r}=\sum_{x=0}^{\infty}\binom{-r}{x}(-a)^x=\sum_{x=0}^{\infty}\binom{r+x-1}{x}a^x$

따라서 적률모함수를 t에 대해 1차, 2차 미분하면

$$M_X'(t) = p^r(-r)(1-qe^t)^{-r-1}(-qe^t)$$
$$M_X''(t) = rqp^r[q(r+1)e^{2t}(1-qe^t)^{-r-2} + e^t(1-qe^t)^{-r-1}]$$

이므로 평균은

$$E(X) = M_X'(0) = \frac{rq}{p}$$

이고 분산은

$$var(X) = M_X''(0) - [E(X)]^2 = rqp^r[qp^{-r-2}(r+1) + p^{-r-1}] - \left(\frac{rq}{p}\right)^2$$
$$= \frac{rq^2}{p^2} + \frac{rq}{p} = \frac{rq}{p^2}.$$

또한 계승적률모함수는

$$E(t^X) = \sum_x^{\infty} t^x \binom{-r}{x} p^r(-q)^x = \sum_{x=0}^{\infty} \binom{-r}{x} p^r(-qt)^x = p^r(1-qt)^{-r}.$$

(방법 2) - 다음으로 직접 평균과 분산을 구하는 방법을 살펴보자.
평균은

$$E(X) = \sum_{x=0}^{\infty} x\binom{-r}{x} p^r(-q)^x$$
$$= \sum_{x=1}^{\infty} x \frac{-r}{x} \binom{-r-1}{x-1} p^r(-q)^x$$
$$= (-r)\frac{-q}{p} \sum_{y=0}^{\infty} \binom{-r-1}{y} p^{r+1}(-q)^y = \frac{rq}{p}.$$

2차 계승적률을 이용하면

$$E(X(X-1)) = \sum_{x=0}^{\infty} x(x-1)\binom{-r}{x} p^r(-q)^x$$
$$= \sum_{x=2}^{\infty} x(x-1)\frac{(-r)(-r-1)}{x(x-1)} \binom{-r-2}{x-2} p^r(-q)^x$$
$$= (-r)(-r-1)\frac{(-q)^2}{p^2} \sum_{y=0}^{\infty} \binom{-r-2}{y} p^{r+2}(-q)^y$$
$$= r(r+1)\frac{q^2}{p^2}.$$

이므로 분산은

$$var(X) = E(X(X-1)) + E(X) - E(X)^2$$
$$= \frac{r(r+1)q^2}{p^2} + \frac{rq}{p} - \left(\frac{rq}{p}\right)^2 = \frac{rq}{p^2}.$$ ∎

포아송분포와 마찬가지로 음이항분포를 따르는 확률변수의 각 값은 음이 아닌 정수를 갖는다. 그러므로 어떤 종류의 갯수를 세는 것이 관심의 대상이 되는 확률실험에 대한 모형이 된다. 그러나 평균과 분산의 값이 동일한 포아송분포와는 달리 분산이 평균보다 큰 성질을 갖는다.

■ 예 제 11 - 모수가 p인 베르누이 시행을 서로 독립적으로 반복한다고 하자. 확률변수 X를 r번째 성공하기 전에 실패한 총 횟수라 한다면 X는 음이항분포를 따른다. 마지막 시행은 반드시 성공할 확률 p로 성공을 해야 한다. 그리고 처음 $(x+r-1)$ 시행 중 $(r-1)$ 번 성공하고 x번 실패해야 한다. 이를 확률로 표현하면 다음과 같다.

$$\binom{x+r-1}{r-1} p^{r-1} q^x = \binom{r+x-1}{x} p^{r-1} q^x.$$

이 확률에 대한 마지막 시행에서 성공한 확률 p를 곱하면 우리가 원하는 확률이 된다. ∎

음이항분포를 따르는 확률변수 X는 기다리는 시간의 이산형 확률변수라고 언급한다. 즉, r번째 성공할 때까지 얼마나(실패를 몇번하는가) 기다리는가로 표현된다.

■ 예 제 12 - 음이항분포는 역이항표본추출(inverse binomial sampling)에 중요한 역할을 한다. 모집단에서 비율 p만큼의 대상이 어떤 성질을 가지고 있다. 만일 그 성질을 갖는 대상을 r단위 얻을 때까지 표본추출을 한다면 추출된 총 표본의 수는 음이항분포를 따르게 된다. ∎

1.8 기타 분포

앞에서 소개한 분포이외 다른 종류의 이산형 분포에 대해 설명하고자 한다. 사실상 새로운 분포를 소개된 분포로부터 다양한 방법에 의해 만들 수 있다. 그러한 방법 중 하나가 절단(truncation)이라는 방법이다. 사건의 수 $x=0$에서 포아송 분포를 절단하는 과정을 살펴보자. 몇몇 실생활의 경우에서 보듯이 사건 수 $x=0$ 이라는 것은 관찰할 수 없다고 가정하자. 이러한 포아송분포가 타당한 모형처럼 보일 수도 있다. 그러므로 $x=0$일때의 확률값을 비례적으로 다른 값의 확률에 할당한다면 다음과 같은 분포를 생각할 수 있다.

$$f_X(x) = \frac{e^{-\lambda}\lambda^x}{x!(1-e^{-\lambda})},$$

여기서 $x=1,2,\ldots$. 이러한 확률변수를 가리켜 0에서 절단된 포아송확률변수(Poisson random variable truncated at 0)라 한다.

새로운 분포를 만드는 다른 방법 역시 포아송분포를 이용하여 설명하여 보자. 확률변수 X가 포아송 분포를 따른다고 가정하자. 만일 실험자가 3보다 작은 값만을 센다면 관찰할 수 있는 경우에 확률변수는 다음과 같은 밀도함수를 갖는다.

x	0	1	2
$f_X(x)$	$e^{-\lambda}$	$\lambda e^{-\lambda}$	$1-e^{-\lambda}-\lambda e^{-\lambda}$

위 밀도함수로부터 실험하는 확률변수의 값으로 0과 1은 정확히 셀 수 있지만 2보다 큰 수는 2로 간주하였다는 것을 파악할 수 있다. 이런 확률변수를 삭제된(censored) 확률변수라 한다.

앞에서 우리는 두 가지 예를 통해서 이미 알려진 분포로부터 새로운 분포를 어떻게 만들 수 있는지 살펴보았다. 그밖에 잘 알려져 있지는 않은 두 가지 분포를 추가적으로 소개하고자 한다.

1. 베타-이항분포

정 의 8 : 베타-이항분포(beta-binomial distribution)

다음과 같은 밀도함수를 가리켜 베타-이항분포라 한다.

$$f_X(x;n,\alpha,\beta) = \binom{n}{x}\frac{\Gamma(\alpha+\beta)}{\Gamma(\alpha)\Gamma(\beta)}\frac{\Gamma(x+\alpha)\Gamma(n+\beta-x)}{\Gamma(n+\alpha+\beta)}I_{\{0,1,2,\ldots,n\}}(x),$$

여기서 n은 음이 아닌 정수, $\alpha>0$, $\beta>0$. *또한* $\Gamma(m) = \int_0^\infty x^{m-1}e^{-x}dx$.

베타-이항확률변수의 평균과 분산은 다음과 같다.

평균 $$E(X) = \frac{n\alpha}{\alpha+\beta},$$

분산 $$var(X) = \frac{n\alpha\beta(n+\alpha+\beta)}{(\alpha+\beta)^2(\alpha+\beta+1)}.$$

이 분포는 이항분포와 동일한 확률변수 값을 갖는다. $\alpha=\beta=1$ 이면 베타-이항분포는 이산형 균일분포가 된다. 이때 x값은 $0, 1, \ldots, n$이다.

2. 로가리즘 분포

정 의 9 : 로가리즘 분포(logarithmic distribution)

다음과 같은 분포를 로가리즘 분포라 한다.

$$f_X(x;p) = \frac{q^x}{-x\ln_e p} I_{\{1,2,\ldots\}}(x),$$

여기서 모수 p*는* $0<p<1$, $q=1-p$.

$\ln_e(1-q)$의 급수전개[7]를 통하여 이 분포함수를 유도할 수 있으며, 이 분포의 평균과 분산은 다음과 같다.

평균 $E(X) = \dfrac{q}{-p\ln_e p}$,

분산 $var(X) = \dfrac{q(q+\ln_e p)}{-(p\ln_e p)^2}$.

이 로가리즘 분포는 음이항분포에 대해 임의의 양의 값인 r을 0에 대해 절단한 형태의 극한분포($r\to 0$)로 유도되어진다.

2. 연속형 분포

2.1 연속형 균일분포

연속형 확률변수의 가장 간단한 분포가 균일분포이다. 특히 수리적으로 다루기 쉬우므로 이론적인 통계학에서 유용한 분포이다.

---

7) $\log(1-q)$를 $q=0$에서 급수전개하면 $\log(1-q) = q+\frac{q^2}{2}+\frac{q^3}{3}+\cdots+\frac{q^x}{x}+\cdots$.

정 의 10 : 균일분포(uniform distribution)

모수 a, $b(-\infty < a < b < \infty)$에 대하여 확률변수 X의 확률밀도함수가 다음과 같다면,

$$f_X(x; a, b) = \frac{1}{b-a} I_{[a,b]}(x).$$

확률변수 X는 구간 $[a,b]$에서 균일분포를 따른다고 정의하고 이 $f_X(x)$를 균일 확률분포라 한다.

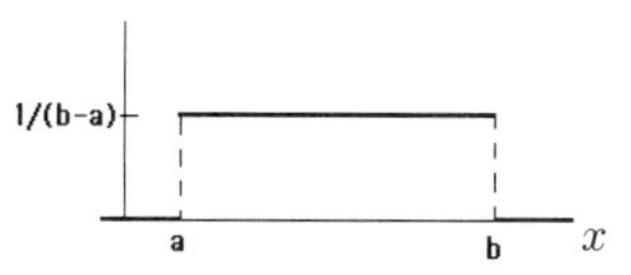

<그림 8> 균일분포

구간 $[a, b]$에서 밀도가 균일하다(uniform)는 사실에서부터 비롯되어 균일분포(일상분포, 일양분포, 균등분포)라고 이름지어졌다. 밀도의 모양이 사각형을 이루므로 사각형 분포(rectangle distribution)라고도 한다. 균일확률변수 X의 누적분포함수는 다음과 같다.

$$F_X(x) = \left(\frac{x-a}{b-a}\right) I_{[a,b]}(x) + I_{(b,\infty)}(x).$$

이 누적분포함수는 여러 확률현상에서 유용한 모형이 된다. 예를 들어 임의의 확률변수 X의 값이 구간 $[a, b]$에서만 나타나고 $[a, b]$의 부분구간으로 동일 길이를 갖는 두 개의 작은 구간에서 X를 포함할 확률이 동일하다면, X는 구간 $[a, b]$에서 균일분포를 갖는다고 한다. 또한 $[0, 1]$의 구간의 확률난수(random number)는 구간 $[a, b]$의 균일분포를 따르는 확률변수의 값으로 생각한다.

정 리 13

평균	$E(X) = \dfrac{a+b}{2}.$
분산	$var(X) = \dfrac{(b-a)^2}{12}.$
적률모함수	$M_X(t) = \dfrac{e^{bt} - e^{at}}{(b-a)t}, \ t \neq 0.$

(증 명)

확률밀도함수를 이용하여 평균과 분산을 구하면 다음과 같다.

$$E(X) = \int_a^b x \cdot \frac{1}{b-a}\, dx = \frac{b^2-a^2}{2(b-a)} = \frac{a+b}{2}.$$

$$var(X) = E(X^2) - [E(X)]^2 = \int_a^b x^2 \frac{1}{b-a}\, dx - \left(\frac{a+b}{2}\right)^2 = \frac{b^3-a^3}{3(b-a)} - \frac{(a+b)^2}{4}$$

$$= \frac{(b-a)^2}{12}.$$

$$M_X(t) = E[e^{tX}] = \int_a^b e^{tx} \frac{1}{b-a}\, dx = \frac{e^{bt}-e^{at}}{(b-a)t}.$$

■

본 서에서는 균일분포의 구간을 $[a, b]$인 폐구간으로 정의하였다. 그러나 개구간인 (a, b) 또는 $[a, b)$, $(a, b]$로 정의할 수 있으며, 이런 4종류의 확률밀도함수는 모두 동일한 누적분포함수를 갖고 있다는 것을 유의하여야 한다. 따라서 누적분포함수는 유일하게 정의되지만 확률밀도함수는 유일하게 정의되지 않는다는 것은 이미 2장에서 배웠다.

2.2 정규분포

응용통계학 분야에서 사용되는 방법 중 가장 많이 이용되는 분포는 정규분포이며 본서에서도 가장 많이 등장한다.

정 의 11 : 정규분포(Normal distribution)

모수 μ와 $\sigma(-\infty < \mu < \infty,\ \sigma > 0)$에 대해 확률변수 X의 확률밀도함수가 다음과 같다면,

$$f_X(x; \mu, \sigma) = \frac{1}{\sqrt{2\pi}\sigma} \exp\left[-\frac{(x-\mu)^2}{2\sigma^2}\right].$$

확률변수 X는 정규분포를 따른다고 정의한다. 여기서 두개의 모수 μ와 σ^2는 분포의 평균과 분산을 나타낸다.

위의 함수를 2차 미분까지하고 미분값을 0으로 놓음으로 인하여 우리는 정규밀도함수의 최빈값은 $x=\mu$이고 변곡점은 $\mu-\sigma$와 $\mu+\sigma$임을 유도할 수 있다(<그림 9> 참조). 정규분포는 $x=\mu$에서 좌우대칭이며 종모양(bell-shape)을 이룬다. 분산 σ^2의 값이 클수록 분포는 μ를 중심으로 퍼진다. 그리고 x가 극한값으로 접근할 때 밀도함수는 0값으로 근사한다는 일반적인 정규분포의 성격을 파악할 수 있다.

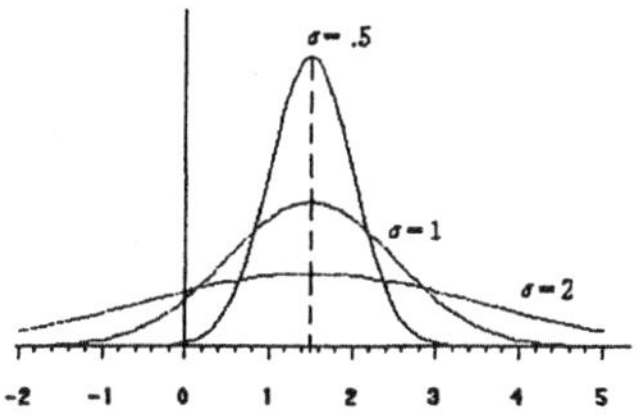

<그림 9> 정규분포

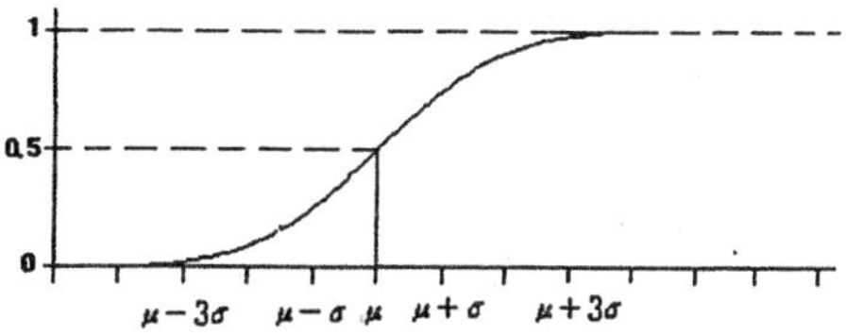

<그림 10> 누적정규분포

평균이 μ이고 분산이 σ^2인 정규확률변수는 기호로 다음과 같이 표시한다.

$$X \sim N(\mu, \sigma^2).$$

그리고 정규확률밀도함수를 간단히 $\phi_{\mu,\sigma^2}(x)$로, 정규누적분포함수를 $\Phi_{\mu,\sigma^2}(x)$로 표기한다. 만일 확률변수 X가 평균이 $\mu=0$이고 분산이 $\sigma^2=1$인 정규분포라면, X를 표준정규확률변수 (standard Normal random variable)라 일컫는다. 표준정규확률변수의 밀도함수와 누적분포함수는 첨자를 생략하여 다음과 같이 표현한다.

$$\text{밀도함수} \quad \phi(x) = \frac{1}{\sqrt{2\pi}} e^{-\frac{1}{2}x^2}.$$

$$\text{누적분포함수} \quad \Phi(x) = \int_{-\infty}^{x} \phi(u)\, du.$$

$\phi_{\mu,\sigma^2}(x)$가 밀도함수이므로 다음이 성립함을 보이자.

$$\int_{-\infty}^{\infty} \phi_{\mu,\sigma^2}(x)\, dx = 1.$$

그러나 위 적분식을 직접 구하기 어려우므로 다음과 같은 방법을 이용한다. 우선 밀도함수의 적분결과를 A라고 가정하자. 즉

$$A = \frac{1}{\sqrt{2\pi}\sigma} \int_{-\infty}^{\infty} \exp\left[-\frac{1}{2}\left(\frac{x-\mu}{\sigma}\right)^2\right] dx.$$

이때 $y=(x-\mu)/\sigma$로 치환하면

$$A = \frac{1}{\sqrt{2\pi}} \int_{-\infty}^{\infty} \exp\left[-\frac{1}{2}y^2\right] dy.$$

$A^2 = 1$ 임을 보임으로써 밀도함수 $\phi_{\mu,\sigma^2}(x)$가 양수이므로 $A=1$ 임을 증명할 수 있다.

$$\begin{aligned} A^2 &= \frac{1}{\sqrt{2\pi}} \int_{-\infty}^{\infty} \exp\left[-\frac{1}{2}y^2\right] dy \cdot \frac{1}{\sqrt{2\pi}} \int_{-\infty}^{\infty} \exp\left[-\frac{1}{2}z^2\right] dz \\ &= \frac{1}{2\pi}\int_{-\infty}^{\infty}\int_{-\infty}^{\infty} \exp\left[-\frac{1}{2}(y^2+z^2)\right] dy\, dz. \end{aligned}$$

위 중적분식에서 변수 Y와 Z을 다음과 같이 극좌표로 변환하면

$$y = r\sin\theta,$$
$$z = r\cos\theta.$$

이 중적분식은 다음과 같이 1의 값을 갖는다.

$$A^2 = \frac{1}{2\pi}\int_0^{\infty}\int_0^{2\pi} re^{-\frac{1}{2}r^2} d\theta dr = \int_0^{\infty} re^{-\frac{1}{2}r^2} dr = 1.$$

정 리 14

확률변수 X가 정규분포를 따른다면,

평균	$E(X) = \mu,$
분산	$var(X) = \sigma^2,$
적률모함수	$M_X(t) = \exp(\mu t + \sigma^2 t^2/2).$

(증 명)

(방법 1) - 적률모함수를 이용하여 평균과 분산을 구하여 보자.

$$\begin{aligned} M_X(t) &= E[e^{tX}] = e^{t\mu}E[e^{t(X-\mu)}] \\ &= e^{t\mu}\int_{-\infty}^{\infty}\frac{1}{\sqrt{2\pi}\sigma}e^{t(x-\mu)}e^{-(1/2\sigma^2)(x-\mu)^2}dx \\ &= e^{t\mu}\frac{1}{\sqrt{2\pi}\sigma}\int_{-\infty}^{\infty}\exp\left(\frac{-1}{2\sigma^2}[(x-\mu)^2 - 2\sigma^2 t(x-\mu)]\right)dx \end{aligned}$$

위 적분식 중에 있는 [ ]안을 다시 쓰면

$$(x-\mu)^2 - 2\sigma^2 t(x-\mu) = (x-\mu)^2 - 2\sigma^2 t(x-\mu) + \sigma^4 t^2 - \sigma^4 t^2$$
$$= (x-\mu-\sigma^2 t)^2 - \sigma^4 t^2$$

이 된다. 따라서

$$M_X(t) = e^{t\mu} e^{\sigma^2 t^2/2} \frac{1}{\sqrt{2\pi}\sigma} \int_{-\infty}^{\infty} \exp\left[-\frac{1}{2\sigma^2}(x-\mu-\sigma^2 t)^2\right] dx,$$

여기서

$$\frac{1}{\sqrt{2\pi}\sigma} \exp\left[-\frac{1}{2\sigma^2}(x-\mu-\sigma^2 t)^2\right]$$

은 평균이 $\mu+\sigma^2 t$ 이고 분산이 σ^2인 정규확률밀도함수를 나타내므로

$$\frac{1}{\sqrt{2\pi}\sigma} \int_{-\infty}^{\infty} \exp\left[-\frac{1}{2\sigma^2}(x-\mu-\sigma^2 t)^2\right] dx = 1.$$

그러므로

$$M_X(t) = \exp[\mu t + \sigma^2 t^2/2].$$

적률모함수 $M_X(t)$의 1차와 2차 미분한 결과를 $t=0$으로 치환하면 평균과 분산은 각각 다음과 같이 유도된다.

$$E(X) = M_X'(0) = \mu.$$
$$var(X) = E(X^2) - [E(X)]^2 = M_X''(0) - M_X'(0)^2 = \sigma^2.$$

(방법 2) - 직접 확률밀도함수를 이용하여 평균과 분산을 구하여 보자.

$$E(X) = \int_{-\infty}^{\infty} x \frac{1}{\sqrt{2\pi}\sigma} \exp\left(-\frac{1}{2\sigma^2}(x-\mu)^2\right) dx.$$

이때 x를 $x=\mu+\sigma y$ 로 치환하여 위 식을 다시 쓰면

$$E(X) = \int_{-\infty}^{\infty} (\mu+\sigma y) \frac{1}{\sqrt{2\pi}} \exp\left(-\frac{1}{2}y^2\right) dy$$
$$= \frac{\mu}{\sqrt{2\pi}} \int_{-\infty}^{\infty} \exp\left(-\frac{1}{2}y^2\right) dy + \frac{\sigma}{\sqrt{2\pi}} \int_{-\infty}^{\infty} y \exp\left(-\frac{1}{2}y^2\right) dy$$
$$= \frac{\mu}{\sqrt{2\pi}} \cdot \sqrt{2\pi} + \frac{\sigma}{\sqrt{2\pi}} \cdot 0 = \mu.$$

2차 적률은 다음과 같다.

$$E(X^2) = \int_{-\infty}^{\infty} x^2 \frac{1}{\sqrt{2\pi}\sigma} \exp\left(-\frac{1}{2\sigma^2}(x-\mu)^2\right)dx.$$

이때 x를 $x=\mu+\sigma y$ 로 치환하여 위 식을 다시 쓰면

$$\begin{aligned}E(X^2) &= \int_{-\infty}^{\infty}(\mu+\sigma y)^2 \frac{1}{\sqrt{2\pi}} \exp\left(-\frac{1}{2}y^2\right)dy \\ &= \int_{-\infty}^{\infty}\left(\frac{\mu^2}{\sqrt{2\pi}} e^{-y^2/2} + \frac{2\mu\sigma}{\sqrt{2\pi}} y e^{-y^2/2} + \frac{\sigma^2}{\sqrt{2\pi}} y^2 e^{-y^2/2}\right) dy \\ &= \frac{\mu^2}{\sqrt{2\pi}} \int_{-\infty}^{\infty} e^{-y^2/2}dy + \frac{2\mu\sigma}{\sqrt{2\pi}} \int_{-\infty}^{\infty} y e^{-y^2/2}dy + \frac{\sigma^2}{\sqrt{2\pi}} \int_{-\infty}^{\infty} y^2 e^{-y^2/2}dy \\ &= \mu^2 + \frac{2\mu\sigma}{\sqrt{2\pi}} \cdot 0 + \frac{\sigma^2}{\sqrt{2\pi}} \cdot \sqrt{2\pi} \;\; = \mu^2+\sigma^2,\end{aligned}$$

여기서 $\int_{-\infty}^{\infty} y^2 e^{-y^2/2}dy = 2\int_0^{\infty}\sqrt{2}\, t^{\frac{1}{2}} e^{-t}dt = 2\sqrt{2}\,\Gamma\left(\frac{3}{2}\right) = \sqrt{2\pi}$. 그러므로 분산은

$$var(X) = E(X^2) - E(X)^2 = (\mu^2+\sigma^2) - \mu^2 = \sigma^2.$$ ■

다음 정리는 평균이 μ이고 분산이 σ^2인 정규확률변수가 임의의 구간에 포함될 확률이 표준정규누적분포로 표현됨을 보여준다.

정 리 15

만일 확률변수 X가 $X \sim N(\mu, \sigma^2)$ 이면,

$$P[a < X < b] = \Phi\left(\frac{b-\mu}{\sigma}\right) - \Phi\left(\frac{a-\mu}{\sigma}\right).$$

(증 명)

$$\begin{aligned}P[a<X<b] &= \int_a^b \frac{1}{\sqrt{2\pi}\sigma} \exp\left\{-\frac{1}{2}[(x-\mu)/\sigma]^2\right\}dx \\ &= \int_{(a-\mu)/\sigma}^{(b-\mu)/\sigma} \frac{1}{\sqrt{2\pi}} e^{-\frac{1}{2}z^2} dz \\ &= \Phi\left(\frac{b-\mu}{\sigma}\right) - \Phi\left(\frac{a-\mu}{\sigma}\right).\end{aligned}$$

그러므로 평균이 μ이고 분산이 σ^2인 정규분포를 따르는 확률변수가 임의의 구간에 속할 확률은 <부록Ⅱ>에 있는 <표준정규분포표>를 이용하여 구할 수 있다. ■

또한 표준정규누적분포함수는 다음과 같은 성질을 갖는다.

—— 보조정리 ——

$$\phi(x) = \phi(-x).$$
$$\Phi(x) = 1 - \Phi(-x).$$

(증 명)

$\phi(x) = \phi(-x)$는 간단하기 때문에 증명은 생략하고 단지 0에 대하여 좌우대칭인 성질을 갖고 있다는 사실을 주목한다. 그리고

$$1 = \int_{-\infty}^{x} \phi(x)dx + \int_{x}^{\infty} \phi(x)dx = \int_{-\infty}^{x} \phi(x)dx + \int_{-\infty}^{-x} \phi(x)dx$$
$$= \Phi(x) + \Phi(-x).$$ ■

정규분포는 어떤 확률현상은 적절하게 설명해주는 모형이 된다. 또한 많은 확률분포의 극한 형태로 표현된다(자세한 것은 6장에서 설명). 정규분포는 중심극한정리에서 사용되는 극한분포로 매우 유용한 분포이다.

■ 예 제 13 - 어느 학급의 수학 시험성적이 정규분포를 따른다고 가정하자. 만일 교사가 $\mu+\sigma$ 를 넘는 성적의 학생에게는 "A"등급을, μ와 $\mu+\sigma$ 사이 성적의 학생에게는 "B"등급을, $\mu-\sigma$와 μ사이 성적의 학생에게는 "C"등급을, $\mu-2\sigma$와 $\mu-\sigma$ 사이 성적의 학생에게는 "D"등급을, 그리고 $\mu-2\sigma$ 이하의 학생에게는 "F"등급으로 정한다고 하면 이중 "A"등급을 받을 학생의 비율은 얼마나 되겠는가? (<부록Ⅱ>에 있는 <표준정규누적분포표>를 이용)

$$P[A\text{등급을 받는 학생}]$$
$$= P[X > \mu+\sigma] = 1 - P[X \le \mu+\sigma] = 1 - \Phi\left(\frac{\mu+\sigma-\mu}{\sigma}\right) = 1 - \Phi(1) \approx 0.1587$$

이므로 "A"등급을 받을 수 있는 학생은 전체의 15.87 %이다. ■

■ 예 제 14 - 어느 기계에서 제조된 축의 지름은 평균이 10cm이고 표준편차가 0.1cm인 정규확률변수라고 가정하자. 만일 축의 지름이 9.9cm에서 10.2cm사이로 제조되어져야 한다면 이 기계로 제조된 축이 이 조건을 만족할 확률은 다음과 같다.

$$P[9.9 < X < 10.2] = \Phi\left(\frac{10.2-10}{0.1}\right) - \Phi\left(\frac{9.9-10}{0.1}\right)$$
$$= \Phi(2) - \Phi(-1) \approx 0.9772 - 0.1582 = 0.8185. \quad \blacksquare$$

2.3 지수분포

앞에서 공부한 연속형 분포함수에 의해 통계학에서 중요한 역할을 하는 두 가지 분포족이 있다. 하나는 지수분포이고 다른 하나는 감마분포이다. 우선 지수분포에 대해 살펴보자.

정 의 12 : 지수분포(exponential distribution)

다음의 밀도함수를 갖는 확률변수 X는 지수분포를 따른다고 정의한다.

$$f_X(x;\lambda) = \lambda e^{-\lambda x} I_{[0,\infty)}(x),$$

여기서 $\lambda > 0$.

정 리 16

평균	$E(X) = \dfrac{1}{\lambda}$.
분산	$var(X) = \dfrac{1}{\lambda^2}$.
적률모함수	$M_X(t) = \dfrac{\lambda}{\lambda - t}, \quad t < \lambda.$

(증 명)

다음에서 다루는 감마분포의 결과를 참고로 할 수 있고 또한 다음의 두 가지 방법에 의해 평균과 분산을 구하여 보자. 또한 지수분포를 따르는 확률변수의 평균은 모수의 역수라는 것을 유의하자.

(방법 1) - 먼저 적률모함수를 구하면 다음과 같다.

$$M_X(t) = \int_0^\infty e^{tx}\lambda e^{-\lambda x}dx = \lambda\int_0^\infty e^{-(\lambda-t)x}dx$$

$$= \lambda \cdot \frac{1}{\lambda - t}, \qquad t < \lambda.$$

적률모함수를 t에 대해 1차, 2차 미분을 하면

$$M_X'(t) = \lambda(\lambda - t)^{-2},$$
$$M_X''(t) = 2\lambda(\lambda - t)^{-3}.$$

따라서 평균은

$$E(X) = M_X'(0) = \frac{1}{\lambda}$$

이고 분산은

$$var(X) = E(X^2) - E(X)^2 = \frac{2}{\lambda^2} - \left(\frac{1}{\lambda}\right)^2 = \frac{1}{\lambda^2}.$$

(방법 2) - 밀도함수를 직접 이용하여 구하여 보자. 먼저 평균은

$$E(X) = \int_0^\infty x\lambda e^{-\lambda x} dx.$$

$\lambda x = u$ 라 치환하면

$$E(X) = \int_0^\infty u e^{-u} \frac{1}{\lambda} du = \frac{1}{\lambda}\Gamma(2) = \frac{1}{\lambda}.$$

다음으로 2차 적률을 구하면

$$E(X^2) = \int_0^\infty x^2 \lambda e^{-\lambda x} dx.$$

$\lambda x = u$ 라 치환하면

$$E(X^2) = \int_0^\infty \frac{u^2}{\lambda} e^{-u} \frac{1}{\lambda} du = \frac{1}{\lambda^2}\int_0^\infty u^2 e^{-u} du = \frac{\Gamma(3)}{\lambda^2} = \frac{2}{\lambda^2}.$$

따라서 분산은

$$var(X) = E(X^2) - E(X)^2 = \frac{2}{\lambda^2} - \left(\frac{1}{\lambda}\right)^2 = \frac{1}{\lambda^2}.$$

■

2.4 감마분포

정 의 13 : 감마분포(gamma distribution)

다음 밀도함수를 갖는 확률변수 X를 감마분포를 따른다고 정의한다.

$$f_X(x\,;r,\lambda)=\frac{\lambda}{\Gamma(r)}(\lambda x)^{r-1}e^{-\lambda x}I_{[0,\infty)}(x),$$

여기서 $\lambda>0, r>0$이고 $\Gamma(\cdot)$는 감마함수이다.

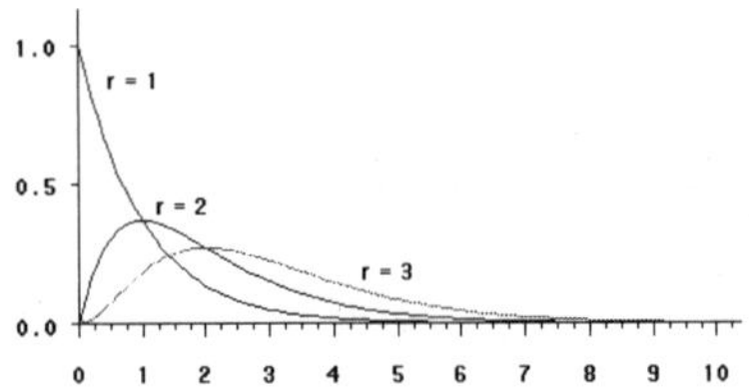

<그림 11> 감마분포($r=1,2,3.\ \lambda=1$)

지수분포함수는 감마분포함수의 특별한 경우로 모수 $r=1$인 경우에 해당한다.[8)]

정 리 17

평균 $E(X)=\dfrac{r}{\lambda}$.

분산 $var(X)=\dfrac{r}{\lambda^2}$.

적률모함수 $M_X(t)=\left(\dfrac{\lambda}{\lambda-t}\right)^r,\quad t<\lambda.$

(증 명)

(방법 1) - 우선 적률모함수를 이용하여 평균과 분산을 구하여 보자.

8) $\Gamma(r)=\int_0^{\infty}u^{r-1}e^{-u}du$.

$\Gamma(r)=(r-1)\Gamma(r-1)$, r이 양의 정수이면 $\Gamma(r)=(r-1)!$

$$M_X(t) = E[e^{tX}] = \int_0^\infty \frac{\lambda^r}{\Gamma(r)} e^{tx} x^{r-1} e^{-\lambda x} dx$$
$$= \left(\frac{\lambda}{\lambda - t}\right)^r \int_0^\infty \frac{(\lambda - t)^r}{\Gamma(r)} x^{r-1} e^{-(\lambda - t)x} dx$$
$$= \left(\frac{\lambda}{\lambda - t}\right)^r, \quad t < \lambda.$$

위 적률모함수를 1차 및 2차 미분하면 다음과 같다.

$$M_X'(t) = r\lambda^r(\lambda - t)^{-r-1},$$
$$M_X''(t) = r(r+1)\lambda^r(\lambda - t)^{-r-2}.$$

이 결과를 $t=0$으로 놓으면 평균과 분산은

$$E(X) = M_X'(0) = \frac{r}{\lambda},$$
$$var(X) = E(X^2) - [E(X)]^2$$
$$= M_X''(0) - \left(\frac{r}{\lambda}\right)^2 = \frac{r(r+1)}{\lambda^2} - \left(\frac{r}{\lambda}\right)^2 = \frac{r}{\lambda^2}.$$

(방법 2) - 또 다른 방법으로 밀도함수를 직접 이용하여 평균과 분산을 구하여 보자.

$$E(X) = \int_0^\infty x \frac{\lambda^r}{\Gamma(r)} x^{r-1} e^{-\lambda x} dx$$
$$= \frac{r}{\lambda} \int_0^\infty \frac{\lambda^{r+1}}{\Gamma(r+1)} x^r e^{-\lambda x} dx = \frac{r}{\lambda}.$$

다음으로 2차 적률을 구하면

$$E(X^2) = \int_0^\infty x^2 \frac{\lambda^r}{\Gamma(r)} x^{r-1} e^{-\lambda x} dx$$
$$= \int_0^\infty \frac{\lambda^r}{\Gamma(r)} x^{r+1} e^{-\lambda x} dx = \frac{\Gamma(r+2)}{\Gamma(r)\lambda^2} \int_0^\infty \frac{\lambda^{r+2}}{\Gamma(r+2)} x^{r+1} e^{-\lambda x} dx$$
$$= \frac{\Gamma(r+2)}{\Gamma(r)} \frac{1}{\lambda^2} = \frac{r(r+1)}{\lambda^2}.$$

따라서 분산은

$$var(X) = E(X^2) - E(X)^2 = \frac{r(r+1)}{\lambda^2} - \left(\frac{r}{\lambda}\right)^2 = \frac{r}{\lambda^2}.$$ ■

지수분포는 다양한 형태의 수명시간에 대한 모형에 주로 사용된다. 예를 들어 포아송분포를 설명할 때는 주어진 시간에 발생한 사건의 수에 대해 언급하였다. 고정된 시간의 구간에서 일어나는 사건의 수가 포아송분포를 따른다고 가정하면, 연속적인 사건사이의 간격을 나타내는 시간의 길이는 지수분포를 따른다. 또한 초기시간에서 r번째 사건이 발생할 때까지의 시간사이의 길이는 감마분포를 따르게 된다. 따라서 감마확률변수는 r번째 사건이 발생할 때까지 연속적인 기다리는 시간에 대한 확률변수라고 생각할 수 있다. 반면에 기하확률변수와 음이항확률변수는 기다리는 시간에 대한 이산적인 확률변수라고 할 수 있다. 첫번째 사건과 r번째 사건과의 관계를 갖고 있는 기하분포와 음이항분포는 지수분포와 감마분포와 유사한 의미를 갖고 있다.

—— 정 리 18 ——

확률변수 X가 모수 r과 λ인 감마분포를 따른다면 다음이 성립한다.

$$F_X(x) = 1 - \sum_{j=0}^{r-1} \frac{e^{-\lambda x}(\lambda x)^j}{j!},$$

여기서 r은 자연수.

특히, $\lambda = 1$인 경우 $F_X(x)$를 불완전한 감마함수(incomplete gamma distribution)라고 한다.

(증 명)

확률변수 X가 r번째 사건이 일어날 때까지의 시간을 나타낸다고 하면

$$P(X \le x) = 1 - P(X > x).$$

그러나 사상 $\{X > x\}$는 x시간동안 r보다 적은 사건이 발생하였음을 의미한다. 이때 확률변수 Y를 x시간동안 발생한 사건의 수라고 하면

$$\begin{aligned} P(X > x) &= \sum_{y=0}^{r-1} P(Y = y) = \sum_{y=0}^{r-1} \frac{(\lambda x)^y e^{-\lambda x}}{y!} \\ &= 1 - F_X(x). \end{aligned}$$

또한 이 식에 대한 등식이 성립함은 연속적인 부분적분으로 가능하다. ■

—— 정 리 19 - 비기억성의 성질 ——

만일 확률변수 X가 모수가 λ인 지수분포라면

$$P[X > a+b | X > a] = P[X > b],$$

여기서 $a>0$ *이고* $b>0$.

(증 명)

$$P(X > a+b | X > a) = \frac{P(X > a+b)}{P(X > a)} = \frac{e^{-\lambda(a+b)}}{e^{-\lambda a}} = e^{-\lambda b} = P(X > b). \quad ■$$

확률변수 X가 어떤 제품의 수명시간을 의미할 때 <정리 19>은 다음을 설명해준다. X가 a시간보다 큰 조건하에 $a+b$ 시간이상 작동할 확률은 수명시간이 b 시간이상일 확률과 동일하다. 즉, 오래되지 않은 어떤 제품은 구형과 신형의 성능차이는 없다고 판단하는 경우를 일컫는다.

2.5 베타분포

구간 (0,1)에서만 값을 갖는 확률변수의 확률밀도함수족은 베타분포족이다. 이 베타분포의 형태는 다음과 같다.

---- 정 의 14 : 베타분포(beta distribution) ----

확률변수 X가 다음의 밀도함수를 가질 때 베타분포를 따른다고 한다.

$$f_X(x\,;a,b) = \frac{1}{B(a,b)} x^{a-1}(1-x)^{b-1}\; I_{(0,1)}(x),$$

여기서 $a>0,\ b>0$ *이고* $B(a,b) = \int_0^1 x^{a-1}(1-x)^{b-1}dx = \dfrac{\Gamma(a)\Gamma(b)}{\Gamma(a+b)}$.

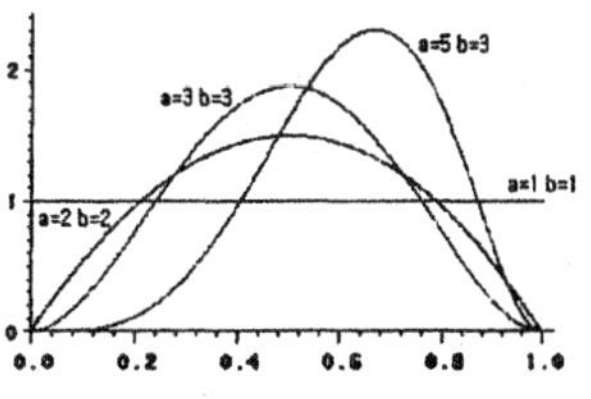

<그림 12> 베타분포

특히 $a=b=1$ 인 경우, 베타분포는 구간 (0,1)의 균일분포의 형태를 갖는다. 또한 다음과 같은 베타확률변수의 누적분포함수를 불완전한 베타분포(incomplete beta distribution)라고 부른다.

$$F_X(x\,;a,b)=I_{(0,1)}(x)\int_0^x \frac{1}{B(a,b)}u^{a-1}(1-u)^{b-1}du+I_{[1,\infty)}(x)\,.$$

베타분포의 적률모함수가 간단한 형태를 갖고 있지 않으나 적률을 구할 수 있다면 적률을 이용하여 평균과 분산의 형태를 쉽게 찾을 수 있다.

---- 정 리 20 ----

평균 $\quad E(X)=\dfrac{a}{a+b}.$

분산 $\quad var(X)=\dfrac{ab}{(a+b+1)(a+b)^2}.$

(증 명)

k차 적률, 즉 $E(X^k)$을 이용하여 평균과 분산의 형태를 찾으면 다음과 같다.

$$\begin{aligned}E(X^k)&=\frac{1}{B(a,b)}\int_0^1 x^{k+a-1}(1-x)^{b-1}dx\\&=\frac{B(k+a,b)}{B(a,b)}=\frac{\Gamma(k+a)\Gamma(b)}{\Gamma(k+a+b)}\cdot\frac{\Gamma(a+b)}{\Gamma(a)\Gamma(b)}\\&=\frac{\Gamma(k+a)\Gamma(a+b)}{\Gamma(a)\Gamma(k+a+b)}.\end{aligned}$$

1차 적률과 2차 적률을 이용하면 평균과 분산은 다음과 같이 구할 수 있다.

$$\begin{aligned}E(X)&=\frac{\Gamma(a+1)\Gamma(a+b)}{\Gamma(a)\Gamma(a+b+1)}=\frac{a}{a+b},\\E(X^2)&=\frac{\Gamma(a+2)\Gamma(a+b)}{\Gamma(a)\Gamma(a+b+2)}=\frac{(a+1)a}{(a+b+1)(a+b)},\\var(X)&=E(X^2)-[E(X)]^2=\frac{(a+1)a}{(a+b+1)(a+b)}-\left(\frac{a}{a+b}\right)^2\\&=\frac{ab}{(a+b+1)(a+b)^2}.\end{aligned}$$ ■

베타분포족은 두개의 모수를 갖는 분포족이고 구간 (0,1)에서 다양한 형태의 모양을 가정할 수 있으므로 어떤 실험을 그 중 적절한 모양의 베타분포에 적합시켜 모형화할 수 있다.

—— 정 리 21 ——

X는 모수가 n, p인 이항분포를 따르고 Y는 모수가 k, $n-k+1$인 베타분포를 따른다고 할 때 다음의 관계를 갖는다.

$$F_Y(p) = 1 - F_X(k-1).$$

즉,

$$P(X \geq k) = \sum_{j=k}^{n} \binom{n}{j} p^j q^{n-j} = \frac{1}{B(k, n-k+1)} \int_0^p u^{k-1} (1-u)^{n-k}\, du.$$

2.6 기타 연속형 분포

앞에서 언급한 분포이외에 몇 가지 분포를 소개하고자 한다.

1) 코쉬분포(cauchy distribution)

$$f_X(x\,;\alpha, \beta) = \frac{1}{\pi\beta\{1 + [(x-\alpha)/\beta]^2\}},$$

여기서 $-\infty < \alpha < \infty, \beta > 0$.

코쉬분포는 모수 α에 대해 좌우대칭이고 평균과 적률이 존재하지 않는 특성을 갖는다. 그리고 누적분포함수는 다음과 같다.

$$\begin{aligned} F_X(x) &= \frac{1}{\pi} \int_{-\infty}^{x} \frac{1}{\beta\{1 + [(u-\alpha)/\beta]^2\}} du \\ &= \frac{1}{2} + \frac{1}{\pi} \arctan\left(\frac{x-\alpha}{\beta}\right). \end{aligned}$$

2) 로그정규분포(lognormal distribution)

확률변수 $Y = \ln X$ 가 정규분포를 따른다면 확률변수 X는 로그정규분포를 따른다고 한다. 로그정규분포의 밀도함수는 다음과 같다.

$$f_X(x\,;\mu,\sigma^2)=\frac{1}{x\sqrt{2\pi}\,\sigma}\exp\left[-\frac{1}{2\sigma^2}(\ln_e x-\mu)^2\right]I_{(0,\infty)}(x),$$

여기서 $-\infty<\mu<\infty$ 이고 $\sigma>0$.

로그정규분포를 따르는 확률변수 X의 평균과 분산은

$$E(X)=e^{\mu+\frac{1}{2}\sigma^2},$$
$$var(X)=e^{2\mu+2\sigma^2}-e^{2\mu+\sigma^2}.$$

또한 확률변수 X가 로그정규분포를 따른다면 $Y=\ln_e X$의 평균과 분산은 다음과 같다.

$$E(\ln_e X)=\mu,$$
$$var(\ln_e X)=\sigma^2.$$

3) 이중지수(라플라스)분포(double exponential distribution ; laplace distribution)

확률변수 X의 밀도함수가 다음과 같을 때 이중지수분포 또는 라플라스분포를 따른다고 한다.

$$f_X(x;\alpha,\beta)=\frac{1}{2\beta}\exp\left(-\frac{|x-a|}{\beta}\right),$$

여기서 $-\infty<\alpha<\infty$, $\beta>0$. 확률변수 X가 라플라스분포를 따른다면

$$E(X)=\alpha,$$
$$var(X)=2\beta^2.$$

4) 와이블분포(weibul distribution)

확률변수 X의 밀도함수가 다음과 같을 때 와이블분포를 따른다고 한다.

$$f_X(x\,;a,b)=abx^{b-1}e^{-ax^b}\,I_{(0,\infty)}(x),$$

여기서 $a>0, b>0$. 이 와이블분포는 신뢰성(reliability)이론에서 주로 사용되어진다. $b=1$인 경우 와이블분포는 지수분포와 동일하다. 이 분포의 평균과 분산은 다음과 같다.

$$E(X)=(1/a)^{1/b}\Gamma(1+b^{-1}),$$
$$var(X)=(1/a)^{2/b}[\Gamma(1+2b^{-1})-\Gamma^2(1+b^{-1})].$$

5) 로지스틱분포(logistic distribution)

로지스틱분포함수는 밀도함수가 아닌 다음과 같은 누적분포함수로 표현한다.

$$F(x\,;\alpha,\beta)=\frac{1}{1+e^{-(x-\alpha)/\beta}},$$

여기서 $-\infty<\alpha<\infty,\beta>0.$

이 분포의 평균은 α이고 분산은 $\beta^2\pi^2/3$ 이다. 또한 $F(\alpha-d\,;\alpha,\beta)=1-F(\alpha+d\,;\alpha,\beta)$ 이므로 로지스틱분포를 평균 α에 대해 좌우대칭인 모양을 갖는다.

6) 파레토분포(pareto distribution)

파레토분포의 확률밀도함수는 다음과 같다.

$$f_X(x\,;x_0,\theta)=\frac{\theta}{x_0}\left(\frac{x_0}{x}\right)^{\theta+1}I_{(x_0,\infty)}(x),$$

여기서 $\theta>0$이고 $x_0>0$이다. 평균과 분산은 다음과 같다.

$$E(X)=\frac{\theta x_0}{\theta-1}\ (\text{단 }\theta>1).$$

$$var(X)=\frac{\theta\, x_0^2}{\theta-2}-\left(\frac{\theta x_0}{\theta-1}\right)^2\ (\text{단 }\theta>2).$$

이 분포는 수입이 임의의 한계(예를 들어 최저임금) x_0를 넘을 때 수입의 분포를 모형화하는데 적용할 수 있다.

7) 검벨분포(gumbel distribution)

다음과 같은 누적분포함수를 갖는 분포를 검벨분포라 한다.

$$F_X(x;\alpha,\beta)=\exp[-e^{-(x-\alpha)/\beta}],$$

여기서 $-\infty<\alpha<\infty$, $\beta>0$. 이 분포는 극한값 통계량의 이론(theory of extreme-value statistics)에서 극한 분포로 나타난다.

3. 확률분포들간의 관계

3.1 이항분포와 포아송분포의 관계

이항분포의 확률밀도함수는 모수 n과 p에 의해 영향을 받는다. 확률밀도함수를 다시 쓰면

$$\binom{n}{x} p^x (1-p)^{n-x} I_{\{0,1,2,\dots,n\}}(x).$$

만일 $np=\lambda$를 만족하면서 모수 n이 극한값을 갖고 p가 0에 접근하면 즉 $n\to\infty$, $p\to 0$ 이면

$$\binom{n}{x} p^x (1-p)^{n-x} \xrightarrow{n\to\infty,\, p\to 0} \frac{e^{-\lambda}\lambda^x}{x!}.$$

이러한 관계를 다시 살펴보면

$$\frac{(n)_x}{n^x} \xrightarrow{n\to\infty} 1, \quad \left(1-\frac{\lambda}{n}\right)^{-x} \xrightarrow{n\to\infty} 1, \quad \left(1-\frac{\lambda}{n}\right)^{n} \xrightarrow{n\to\infty} e^{-\lambda}$$

이므로

$$\begin{aligned}\binom{n}{x} p^x (1-p)^{n-x} &= \frac{(n)_x}{x!}\left(\frac{\lambda}{n}\right)^x\left(1-\frac{\lambda}{n}\right)^{n-x}\\ &= \frac{\lambda^x}{x!}\frac{(n)_x}{n^x}\left(1-\frac{\lambda}{n}\right)^{n}\left(1-\frac{\lambda}{n}\right)^{-x} \xrightarrow[p\to 0]{n\to\infty} \frac{e^{-\lambda}\lambda^x}{x!}.\end{aligned}$$

따라서 n이 크고 p가 작으면 이항분포는 포아송분포로 근사할 수 있다.

3.2 이항분포의 정규근사

확률변수 X가 모수가 n, p인 이항분포를 따른다고 할 때 $a, b(a<b)$에 대해 n이 극한값을 가지면 다음과 같이 정규분포로 근사시킬 수 있다.

$$P\left(a \le \frac{X-np}{\sqrt{npq}} \le b\right) = P(np+a\sqrt{npq} \le X \le np+b\sqrt{npq}) \xrightarrow{n\to\infty} \Phi(b)-\Phi(a).$$

■ 예 제 15 - 주사위 두개를 600번 던졌다고 가정하자. 이 때 확률변수 X를 두 주사위의 합이 7인 횟수라 하면 X는 $n=600$, $p=1/6$인 이항분포를 따른다. 따라서 평균횟수는 $E(X)=100$이다. 확률 $P(90 \le X \le 110)$의 정확한 값을 구하기 위해서는 이항분포를 이용하여 구하지만 지루하기 때문에, 이항분포의 정규근사를 이용하여 다음과 같이 근사확률을 얻

을 수 있다.

$$P(90 \le X \le 110) \approx \Phi\left(\frac{110-100}{\sqrt{500/6}}\right) - \Phi\left(\frac{90-100}{\sqrt{500/6}}\right) = \Phi(\sqrt{6/5}) - \Phi(-\sqrt{6/5})$$
$$\approx \Phi(1.095) - \Phi(-1.095) \approx 0.726.$$

■

3.3 포아송분포의 정규근사

확률변수 X가 모수가 λ인 포아송분포를 따른다고 할 때 $a,\ b(\ a<b)$에 대해 λ가 극한값을 가지면 다음과 같이 정규분포로 근사시킬 수 있다.

$$P\left(a < \frac{X-\lambda}{\sqrt{\lambda}} < b\right) = P(\ \lambda + a\sqrt{\lambda} < X < \lambda + b\sqrt{\lambda}\ ) \xrightarrow{\lambda \to \infty} \Phi(b) - \Phi(a).$$

3.4 연속성 수정

앞에서 설명한 것과 같이 이산형 확률분포를 연속형 분포로 근사시켜 확률을 구하는데 있어서 다음과 같은 방법으로 구하면 계산이 용이하고 보다 정확한 값을 구할 수 있다. 예를 들어 이산형 확률변수 X의 다음 확률을 계산하는데 연속성 수정을 이용하여 정규근사할 수 있다. 이때 X의 평균과 분산은 μ와 σ^2이다.

(1) $X \ge c$ 인 경우

$$P(X \ge c) = P(X > c-1) = P(X \ge c - \tfrac{1}{2}) = P\left(Z \ge \frac{c-\frac{1}{2}-\mu}{\sigma}\right)$$
$$= 1 - \Phi\left(\frac{c-\frac{1}{2}-\mu}{\sigma}\right).$$

(2) $X > c$ 인 경우

$$P(X > c) = P(X \ge c+1) = P(X \ge c + \tfrac{1}{2}) = P\left(Z \ge \frac{c+\frac{1}{2}-\mu}{\sigma}\right)$$
$$= 1 - \Phi\left(\frac{c+\frac{1}{2}-\mu}{\sigma}\right).$$

(3) $X \le c$ 인 경우

$$P(X \le c) = P(X < c+1) = P(X \le c + \tfrac{1}{2}) = P\left(Z \le \frac{c+\frac{1}{2}-\mu}{\sigma}\right)$$
$$= \Phi\left(\frac{c+\frac{1}{2}-\mu}{\sigma}\right).$$

(4) $X < c$ 인 경우

$$P(X < c) = P(X \le c-1) = P(X \le c - \tfrac{1}{2}) = P\left(Z \le \frac{c - \frac{1}{2} - \mu}{\sigma}\right)$$
$$= \Phi\left(\frac{c - \frac{1}{2} - \mu}{\sigma}\right).$$

(5) $X = c$ 인 경우

$$P(X = c) = P(c-1 < X < c+1) = P(c - \tfrac{1}{2} \le X \le c + \tfrac{1}{2})$$
$$= P\left(\frac{c - \frac{1}{2} - \mu}{\sigma} \le Z \le \frac{c + \frac{1}{2} - \mu}{\sigma}\right)$$
$$= \Phi\left(\frac{c + \frac{1}{2} - \mu}{\sigma}\right) - \Phi\left(\frac{c - \frac{1}{2} - \mu}{\sigma}\right).$$

3.5 포아송분포와 지수분포의 관계

앞에서 포아송분포를 소개했을때 특별한 경우로 단위시간에 어떤 현상이 발생한 사건 수로 측정하는 실험을 고려하였다. 이때 사건 수는 포아송분포를 따른다. 만일 사건이 하나만 발생했다고 하자. 이때 다음 사건이 발생할 때까지 기다리는 시간의 길이 X의 분포는 무엇이겠는가?

$$P(X > t) = P(t\text{시간동안 사건이 발생하지 않음}) = e^{-vt}.$$

여기서 v는 평균발생횟수이다. 따라서 X의 분포는 $t > 0$에 대해

$$F_X(t) = P(X \le t) = 1 - P(X > t) = 1 - e^{-vt}.$$

즉 X는 지수분포를 따른다. 반대로 발생하는 사건이 독립이란 가정하에 연속적인 사건사이의 시간의 길이에 대한 분포가 지수분포일 때 일정시간동안 사건이 발생했다면 이 일정시간동안 발생한 사건 수의 분포는 포아송분포가 된다. 따라서 지수분포와 포아송분포는 서로 연관되어있다.

3.6 혼합분포와 절삭분포

혼합(contagious)분포의 개념에 대해 간단히 소개하고자 한다. 만일 $f_0(\cdot), f_1(\cdot), \ldots, f_n(\cdot), \ldots$이 모수에 영향을 받거나 받지 않는 확률밀도함수이고 $p_0, p_1, \ldots, p_n, \ldots$이 $p_i \ge 0$이

고 $\sum_{i=0}^{\infty} p_i = 1$을 만족한다면 $\sum_{i=0}^{\infty} p_i f_i(x)$ 역시 밀도함수이다. 이 함수를 가리켜 혼합분포라 한다. 예를 들어 만일 $f_0(x) = \phi_{\mu_0, \sigma_0^2}(x)$이고 $f_1(x) = \phi_{\mu_1, \sigma_1^2}(x)$이라면

$$p_0 \phi_{\mu_0, \sigma_0^2}(x) + p_1 \phi_{\mu_1, \sigma_1^2}(x)$$
$$= (1-p)\frac{1}{\sqrt{2\pi}\sigma_0} e^{-1/2[(x-\mu_0)/\sigma_0]^2} + p\frac{1}{\sqrt{2\pi}\sigma_1} e^{-1/2[(x-\mu_1)/\sigma_1]^2}.$$

이 함수를 가리켜 두 정규분포의 혼합분포(contaminated 정규분포)라 한다. 여기서 $p_1 = p$, $p_0 = 1-p$. 혼합분포는 어떤 실험에서는 유용한 분포이기도 하다. 예를 들어 두 정규분포의 혼합분포는 모두 5개의 모수($p, \mu_0, \mu_1, \sigma_0, \sigma_1$)를 갖는다. 만일 이 모수들이 변하면 밀도함수는 다양한 모양을 가정할 수 있다. 쌍봉분포(bimodal distribution)와 같은 모양을 갖는다.

물리적 현상을 고려해 보자. 예를 들어 방사능 입자 누출 실험에서는 두개 이상의 서로 다른 방사능 물질의 입자가 혼합되어 누출되는 것으로 고려할 수 있다. 이러한 실험에 혼합분포를 적용하여 모형화할 수 있다.

혼합분포의 개념을 확장하여보자. $\{f(x;\theta)\}$를 밀도함수족이라 하고 모수 θ의 값은 모수공간 Θ에서 정의된다고 하자. 만일 Θ가 유한구간으로 정의되고 $g(\theta)$가 확률밀도함수라면

$$\int_{\Theta} f(x;\theta) g(\theta) d\theta$$

도 역시 밀도함수이다. 이를 혼합분포라 한다. 예를 들어

$$f(x;\theta) = e^{-\theta}\theta^x / x! \quad (x=0,1,\dots)$$
$$g(\theta) = \frac{\lambda^r}{\Gamma(r)} \theta^{r-1} e^{-\lambda\theta} I_{(0,\infty)}(\theta)$$

라 하자. 그러면

$$\int_0^{\infty} f(x;\theta) g(\theta) d\theta = \int_0^{\infty} \frac{e^{-\theta}\theta^x}{x!} \frac{\lambda^r}{\Gamma(r)} \theta^{r-1} e^{-\theta\lambda} d\theta$$
$$= \frac{\lambda^r}{x!\Gamma(r)} \int_0^{\infty} \theta^{x+r-1} e^{-(\lambda+1)\theta} d\theta$$
$$= \frac{\lambda^r}{x!\Gamma(r)} \frac{\Gamma(r+x)}{(\lambda+1)^{r+x}} \int_0^{\infty} \frac{[(\lambda+1)\theta]^{r+x-1} e^{-(\lambda+1)\theta} d[(\lambda+1)\theta]}{\Gamma(r+x)}$$
$$= \left(\frac{\lambda}{\lambda+1}\right)^r \frac{\Gamma(r+x)}{(x!)\Gamma(r)} \frac{1}{(\lambda+1)^x}$$

$$= \binom{r+x-1}{x}\left(\frac{\lambda}{\lambda+1}\right)^r\left(\frac{1}{\lambda+1}\right)^x$$

로 모수가 r, $p=\frac{\lambda}{\lambda+1}$인 음이항분포이다. 유도된 음이항분포를 가리켜 포아송이 혼합된 감마분포라 부른다.

$$\int_0^\infty \frac{e^{-\theta}\theta^x}{x!} g(\theta)d\theta$$

를 가리켜 복합 포아송분포(compound poisson distribution)라 부른다.

앞에서 이산형 확률밀도함수의 새로운 분포족을 생성하기 위해 절삭(truncation)에 대해 소개하였다. 연속형 분포에서도 유용한 방법이다. 예를들어 베타분포족은 확률변수의 값이 0과 1사이로 알려진 실험을 모형화하는데 유용하고 또한 절삭된 정규분포나 감마분포도 유용하게 적용할 수 있다. 왼쪽에서 0, 오른쪽에서 1에서 절삭된 정규분포의 형태는 다음과 같다.

$$f(x) = f(x;\mu,\sigma) = \frac{\Phi_{\mu,\sigma^2}(x)\ I_{(0,1)}(x)}{\Phi_{\mu,\sigma^2}(1) - \Phi_{\mu,\sigma^2}(0)}.$$

이 절삭된 정규분포도 베타분포와 같이 0과 1사이의 값만을 갖는다.

일반적인 절산된 분포는 다음과 같이 정의할 수 있다. 만일 확률변수 X가 밀도함수 $f(x)$, 누적분포함수 $F(x)$를 갖는다면 왼쪽에서 a, 오른쪽에서 b에서 절삭된 분포는

$$\frac{f(x)I_{(a,b)}(x)}{F(b)-F(a)}.$$

분 포 간 연 관 관 계

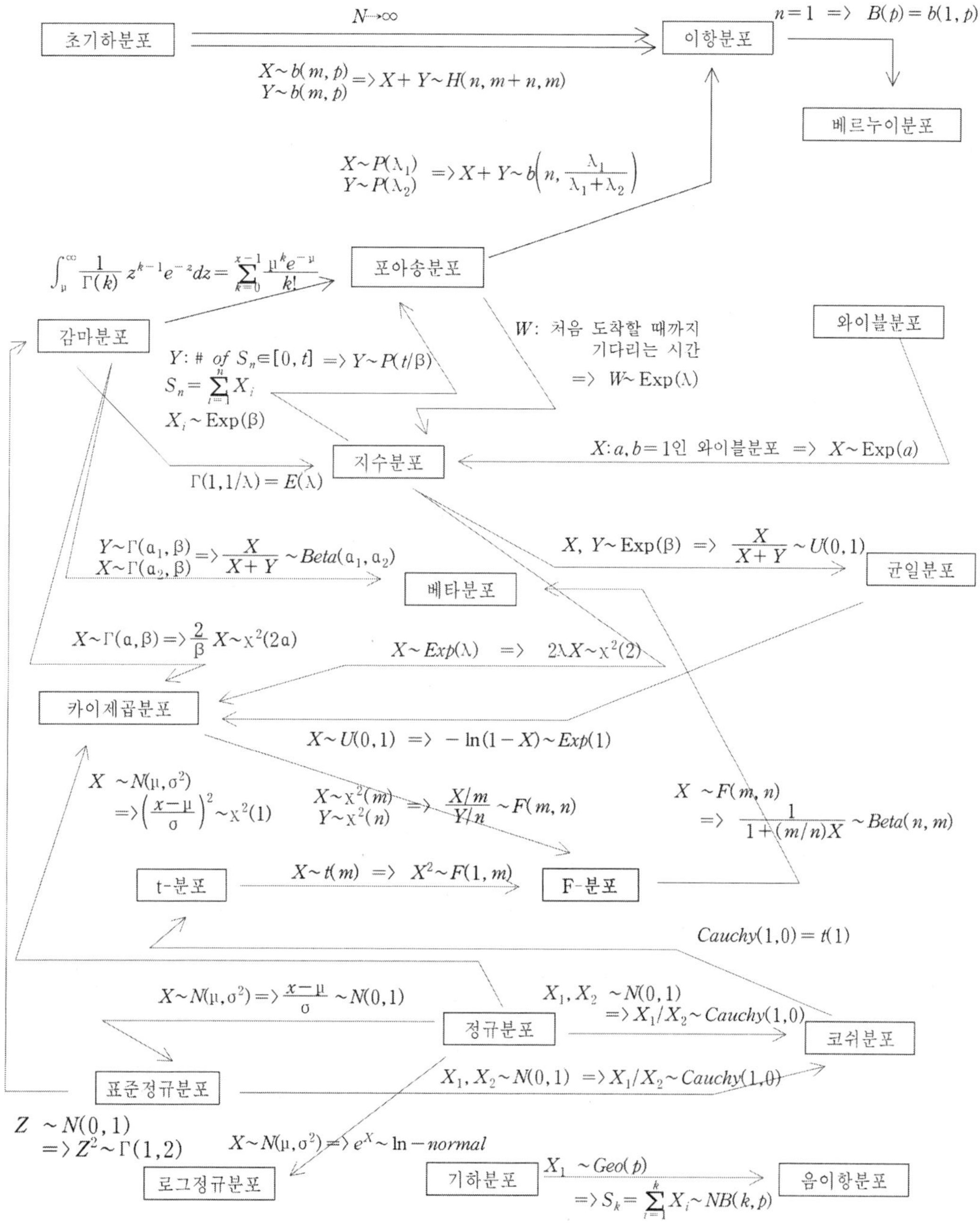
초기하분포
$N \to \infty$
이항분포
$n=1 \Rightarrow B(p)=b(1,p)$
베르누이분포
$X \sim b(m,p),\ Y \sim b(m,p) \Rightarrow X+Y \sim H(n, m+n, m)$
$X \sim P(\lambda_1),\ Y \sim P(\lambda_2) \Rightarrow X+Y \sim b\left(n, \frac{\lambda_1}{\lambda_1+\lambda_2}\right)$
$\int_\mu^\infty \frac{1}{\Gamma(k)} z^{k-1} e^{-z} dz = \sum_{k=0}^{x-1} \frac{\mu^k e^{-\mu}}{k!}$
포아송분포
감마분포
W: 처음 도착할 때까지 기다리는 시간 $\Rightarrow W \sim \mathrm{Exp}(\lambda)$
와이블분포
Y: # of $S_n \in [0,t] \Rightarrow Y \sim P(t/\beta)$
$S_n = \sum_{i=1}^n X_i$
$X_i \sim \mathrm{Exp}(\beta)$
지수분포
$X: a, b=1$인 와이블분포 $\Rightarrow X \sim \mathrm{Exp}(a)$
$\Gamma(1, 1/\lambda) = E(\lambda)$
$Y \sim \Gamma(\alpha_1, \beta),\ X \sim \Gamma(\alpha_2, \beta) \Rightarrow \frac{X}{X+Y} \sim Beta(\alpha_1, \alpha_2)$
$X, Y \sim \mathrm{Exp}(\beta) \Rightarrow \frac{X}{X+Y} \sim U(0,1)$
베타분포
균일분포
$X \sim \Gamma(\alpha, \beta) \Rightarrow \frac{2}{\beta} X \sim \chi^2(2\alpha)$
$X \sim Exp(\lambda) \Rightarrow 2\lambda X \sim \chi^2(2)$
카이제곱분포
$X \sim U(0,1) \Rightarrow -\ln(1-X) \sim Exp(1)$
$X \sim N(\mu, \sigma^2) \Rightarrow \left(\frac{x-\mu}{\sigma}\right)^2 \sim \chi^2(1)$
$X \sim \chi^2(m),\ Y \sim \chi^2(n) \Rightarrow \frac{X/m}{Y/n} \sim F(m,n)$
$X \sim F(m,n) \Rightarrow \frac{1}{1+(m/n)X} \sim Beta(n,m)$
t-분포
$X \sim t(m) \Rightarrow X^2 \sim F(1,m)$
F-분포
$Cauchy(1,0) = t(1)$
$X \sim N(\mu, \sigma^2) \Rightarrow \frac{x-\mu}{\sigma} \sim N(0,1)$
$X_1, X_2 \sim N(0,1) \Rightarrow X_1/X_2 \sim Cauchy(1,0)$
정규분포
코쉬분포
표준정규분포
$X_1, X_2 \sim N(0,1) \Rightarrow X_1/X_2 \sim Cauchy(1,0)$
$Z \sim N(0,1) \Rightarrow Z^2 \sim \Gamma(1,2)$
$X \sim N(\mu, \sigma^2) \Rightarrow e^X \sim \ln-normal$
로그정규분포
기하분포
$X_1 \sim Geo(p) \Rightarrow S_k = \sum_{i=1}^k X_i \sim NB(k,p)$
음이항분포

연습문제

1. 어떤 의학실험에서 성공할 확률이 90%라고 가정하자. 10명의 환자 중 8명 이상 성공할 확률은 얼마이겠는가?

2. 확률변수 X가 이항분포($b(n=25, p=0.2)$)를 따른다고 할 때, 다음 확률은 얼마인가?

$$P[X < \mu_x - 2\sigma_x].$$

3. 다음을 증명하거나 구하시오.

(a) $\sum_{k=0}^{\infty} \frac{\binom{4+k}{k}}{2^k} = 32.$

(b) $\sum_{k=0}^{4} k\binom{4}{k}\binom{8}{6-k}.$

4. 확률변수 X가 이항분포를, Y가 음이항분포를 따를 때 다음이 성립함을 증명하라.

$$X \sim Bin(n, p) \qquad Y \sim N.bin(r, p)$$

$$F_X(r-1) = 1 - F_Y(n-r) = \sum_{y=n-r+1}^{\infty} \binom{r+y-1}{y} p^r(1-p)^y.$$

(힌트: $\binom{n}{x} = \binom{n-1}{x-1} + \binom{n-1}{x}$)

5. X가 모수 n, p인 이항분포를 따른다면 $Y = n - x$의 분포를 구하시오.

6. $x = r$이 모수가 n, p인 이항분포의 최빈값일 때, 다음을 증명하시오.

$$(n+1)p - 1 < r < (n+1)p.$$

7. 모수가 n, p인 이항분포의 왜도와 첨도를 구하시오.

8. 확률변수 X가 다음 조건을 만족하는 포아송분포를 따른다고 할 때, 기대값 $E(X)$는?

조건 : $P[X = 0] = P[X = 1].$

9. 고객이 1분당 4명의 비율로 기다리는 서비스를 받는다. 주어진 시간 동안 그 서비스를 받는 고객의 수가 포아송분포를 따른다고 하면 0.5분 동안 최소한 한 명의 고객이 도착할 확률을 구하시오.

10. 다음 조건을 만족하는 포아송분포로부터 $P(X=4)$를 구하시오.

$$P(X=1) = P(X=2).$$

11. 평균이 μ이 포아송분포의 왜도와 첨도를 구하시오.

12. 다음을 구하시오.

$$\sum_{k=0}^{\infty} \frac{(k^2-k)3^k}{k!}.$$

13. 나사를 제조하는데 200개 중 평균 한개가 불량이다. 50개가 한박스로 묶여진다. 한 박스에서 최대 한개의 불량나사가 포함될 확률을 구하시오. 또한 100개의 박스에 불량나사가 하나도 없을 확률을 구하시오.

14. 확률변수 X가 $(1,2)$에서 균일분포를 따른다면 $P[X > z+\mu]=1/4$을 만족하는 z는 얼마인가?

15. 만일 확률변수 X가 평균이 2이고 분산이 1인 정규분포라고 할 때 $P[|X-2|<1]$은?

16. 감마확률변수의 누적분포함수가 다음과 같음을 보여라. 여기서 $f_X(x)$는 다음과 같다.

$$f_X(x) = \frac{\lambda^r}{\Gamma(r)} x^{r-1} e^{-\lambda x}.$$

$$F_X(x) = 1 - \sum_{j=0}^{r-1} \frac{e^{\lambda x}(\lambda x)^j}{j}.$$

17. 다음이 성립함을 보여라.

(a) $\int_0^1 x^{a-1}(1-x)^{b-1}dx = \frac{(a-1)!\,(b-1)!}{(a+b-1)!}.$

(b) $\sum_{j=k}^{n} \binom{n}{j} p^j(1-p)^{n-j} = \frac{n!}{(k-1)!\,(n-k)!} \int_0^p u^{k-1}(1-u)^{n-k}du.$

(c) $\Gamma(1/2) = \int_0^{\infty} x^{-1/2}e^{-x}dx = \sqrt{\pi}.$

18. 다음과 같은 분포가 확률밀도함수임을 보여라.

$$f(x)=\frac{e^{-(x-\mu)^2/2}}{\int_{-\infty}^{x_0} e^{-(x-\mu)^2/2}dx},$$

여기에서 $x \le x_0$이다. 위의 확률분포를 절삭된 정규분포라 한다.

19. 다음과 같은 분포를 레일리분포(Rayleigh distribution)라 한다.

$$f(x;\beta)=\frac{1}{\beta^2}xe^{-\frac{1}{2}(x/\beta)^2}I_{(0,\infty)}(x), \qquad \beta>0.$$

이 분포를 따르는 확률변수 X의 평균과 분산을 구하시오.

20. 다음과 같은 분포를 맥스웰분포(Maxwell distribution)라 한다.

$$f(x;\beta)=\frac{4}{\beta^3\sqrt{\pi}}x^2e^{-x^2/\beta^2}I_{(0,\infty)}(x), \qquad \beta>0.$$

이 분포를 따르는 확률변수 X의 평균과 분산을 구하시오.

21. X가 정규분포를 따르다고 할 때 $Y=aX+b$도 정규분포를 따르는지 보이시오 ($a \ne 0$).

22. 확률변수 X의 적률모함수가 $e^{4(e^t-1)}$일때 $P(\mu-2\sigma<X<\mu+2\sigma)=0.931$임을 보이시오.

23. X의 k차 적률이 $E(X^k)=(k+1)!2^k$ 일때 X의 적률모함수와 분포함수를 구하시오.

24. $E(X^{2k})=(2k)!/(2^k k!)$와 $E(X^{2k-1})=0$을 만족하는 확률변수 X의 적률모함수와 밀도함수를 구하시오.

25. $\phi(x)$와 $\Phi(x)$이 표준정규분포의 확률밀도함수와 분포함수이고 Y가 다음과 같은 절삭된 확률분포 $g(y)$를 따를 때 $E(Y)$을 구하시오.

$$g(y)=\phi(y)/[\Phi(b)-\Phi(a)].$$

제4장 결합확률분포와 조건부분포

1. 결합분포함수
   - 1.1 누적분포함수
   - 1.2 이산형 확률변수의 결합밀도함수
   - 1.3 연속형 확률변수의 결합확률밀도함수
2. 조건부 분포와 통계적 독립
   - 2.1 이산형 확률변수의 조건부분포함수
   - 2.2 연속형 확률변수의 조건부분포함수
   - 2.3 조건부분포함수
   - 2.4 독립성
3. 기대값
   - 3.1 정의
   - 3.2 공분산과 상관계수
   - 3.3 조건부 기대값
   - 3.4 결합적률모함수와 적률
   - 3.5 독립성과 기대값
   - 3.6 코쉬-슈와르즈 부등식
4. 이변량 정규분포
   - 4.1 밀도함수
   - 4.2 적률모함수와 적률
   - 4.3 주변분포와 조건부분포

5. 이변량 라플라스분포

5.1 첫번째 형태의 이변량 라플라스분포함수

5.2 두번째 형태의 이변량 라플라스분포함수

- 연습문제

제4장 결합확률분포와 조건부분포

4장에서는 2장에서 논의한 내용을 다차원으로 확장하여 다변량분포함수(누적분포함수와 밀도함수), 조건부분포, 결합과 조건부 기대값, 그리고 확률변수의 독립성에 대하여 공부하겠다. 기대값으로 공분산, 상관계수, 결합적률모함수 등을 배우고 통계학에서 중요한 이변량 정규분포와 이변량 라플라스분포에 대하여 상세히 공부하겠다.

1. 결합분포함수

대부분의 실험에 있어서 관심있는 변수의 수가 하나 이상인 경우가 많다. 그러므로 일변량 확률변수의 분포를 두 개 이상의 다변량 확률변수의 분포로 확장하여 보자.

1.1 누적분포함수

정 의 1 : 결합누적분포함수(joint cumulative distribution functions : cdf)

$X_1, X_2, \ldots, X_k$ 를 동일한 확률공간 $(\Omega, \mathcal{A}, P(\cdot))$에서 정의된 확률변수라 하자. 이때 임의의 $(x_1, x_2, \ldots, x_k)$에 대하여 확률변수 $X_1, X_2, \ldots, X_k$ 의 결합누적확률분포함수를 다음과 같이 정의한다.

$$P[X_1 \le x_1; X_2 \le x_2; \ldots; X_k \le x_k] \equiv F_{X_1, X_2, \ldots, X_k}(x_1, \ldots, x_k).$$

2장에서 설명한 내용과 같은 맥락으로 확률변수 $X_1, X_2, \ldots, X_k$는 다음과 같은 함수로 설명되고

$$(X_1, X_2, \ldots, X_k) : (\Omega, \mathcal{A}, P(\cdot)) \rightarrow (\mathcal{R}^k, \mathcal{B}, F_{X_1, \ldots, X_k}(\cdot, \ldots, \cdot)),$$

여기서 $\mathcal{B}$는 k차원 유클리드 공간의 borel field이다. $X_1, X_2, \ldots, X_k$의 결합누적확률분포함수는 정의역이 $\mathcal{B}$이고 치역이 $\mathcal{B}[0,1]$인 함수이다.

$$F_{X_1, \ldots, X_k} : \mathcal{B} \rightarrow \mathcal{B}[0,1].$$

■ 예 제 1 - 두개의 정사면체를 던지는 실험을 고려하자. 각 면에는 1부터 4까지의 숫자가 적혀있다. 이때 각 사면체의 결과는 바닥에 가려진 부분의 숫자이다. X를 첫번째 사면체의 결과, Y를 두 사면체의 결과 중 큰 수라고 하자. 두 확률변수 X와 Y의 결합누적분포함수를 구하여 보자. 우선 이 실험의 표본공간 Ω는 다음과 같다.

$$\Omega = \left\{ \begin{array}{llll} (1,1), & (1,2), & (1,3), & (1,4), \\ (2,1), & (2,2), & (2,3), & (2,4), \\ (3,1), & (3,2), & (3,3), & (3,4), \\ (4,1), & (4,2), & (4,3), & (4,4) \end{array} \right\}.$$

이때 두개의 정사면체를 던진 결과로 발생하는 총 16개의 순서쌍이 모두 동일한 확률을 갖는다고 가정하자. 우선 확률변수 X와 Y의 가능한 결과를 고려하면 다음과 같다.

$$\begin{array}{llll} (1,1), & (1,2), & (1,3), & (1,4), \\ & (2,2), & (2,3), & (2,4), \\ & & (3,3), & (3,4), \\ & & & (4,4). \end{array}$$

이때 각 순서쌍 (x, y)에 대하여 $F_{X,Y}(x, y)$를 구하고자 한다. 예를 들어 $(x, y) = (2, 3)$라 할 때 $F_{X,Y}(2, 3) = P[X \le 2, Y \le 3]$은 어떠한가? 다음의 표를 참고하기 바란다.

<표 1> $F_{X,Y}(x, y)$의 값

$4 \le y$	0	4/16	8/16	12/16	1
$3 \le y < 4$	0	3/16	6/16	9/16	9/16
$2 \le y < 3$	0	2/16	4/16	4/16	4/16
$1 \le y < 2$	0	1/16	1/16	1/16	1/16
$y < 1$	0	0	0	0	0
	$x < 1$	$1 \le x < 2$	$2 \le x < 3$	$3 \le x < 4$	$4 \le x$

■

2장에서 일변량 확률변수의 누적분포함수가 가지고 있는 성질에 대해 살펴보았다. 결합누적분포함수에서도 동일한 성질을 가지고 있다. 우선 이변량 결합누적분포함수에 대한 성질을 살펴봄으로써 k차원으로 확장하여 생각하기로 한다.

정 의 2 : 이변량 누적분포함수 $F(\cdot,\cdot)$의 성질

다음 조건을 만족하는 함수를 이변량 누적분포함수라 한다. 모든 x, y*에 대해*

(i) $F(-\infty, y) = \lim_{x \to -\infty} F(x, y) = 0$, $F(x, -\infty) = \lim_{y \to -\infty} F(x, y) = 0.$

(ii) $\lim_{\substack{x \to \infty \\ y \to \infty}} F(x, y) = F(\infty, \infty) = 1.$

(iii) $x_1 < x_2$*이고* $y_1 < y_2$ *이면,*

$$P[x_1 < X \le x_2, y_1 < Y \le y_2]$$
$$= F(x_2, y_2) - F(x_2, y_1) - F(x_1, y_2) + F(x_1, y_1) \ge 0.$$

(iv) $F(x, y)$*는 각각의* x, y *에 대해 오른쪽 연속이다. 즉*

$$\lim_{0 < h \to 0} F(x+h, y) = \lim_{0 < h \to 0} F(x, y+h) = F(x, y).$$

이변량 누적분포함수가 가진 조건에 대한 자세한 증명은 <연습문제>에서 다루기로 하자. 조건 (i)과 (ii)는 다음과 같이 표현될 수 있다.

$$\text{(i)} \quad \lim_{\min(x, y) \to -\infty} F(x, y) = \lim_{(x \to -\infty) \cup (y \to -\infty)} F(x, y) = 0.$$

$$\text{(ii)} \quad \lim_{\min(x, y) \to \infty} F(x, y) = \lim_{(x \to \infty) \cap (y \to \infty)} F(x, y) = 1.$$

그리고 조건 (iii)은 단조성에 관한 것으로 $x_1 < x_2$이고 $y_1 < y_2$일때 $F(x_1, y_1) \le F(x_2, y_2)$라는 조건은 만족하지 않는다. 예를 들어 <표 2>의 이변량분포함수 $G(x, y)$를 살펴보자. $x_1 < x_2$ 이고 $y_1 < y_2$일 때 $G(x_1, y_1) \le G(x_2, y_2)$이 성립함을 볼 수 있다. 그러나 $\varepsilon < 1/2$에 대해

$$G(1+\varepsilon, 1+\varepsilon) - G(1+\varepsilon, 1-\varepsilon) - G(1-\varepsilon, 1+\varepsilon) + G(1-\varepsilon, 1-\varepsilon)$$
$$= 1 - (1-\varepsilon) - (1-\varepsilon) = 2\varepsilon - 1 < 0$$

으로 조건 (iii)이 성립하지 않음을 알 수 있다. 따라서 $G(x, y)$는 이변량 누적분포함수가 될 수 없다.

<표 2> $G(x, y)$의 값

$1 \le y$	0	x	1
$0 \le y < 1$	0	0	y
$y < 0$	0	0	0
	$x < 0$	$0 \le x < 1$	$1 \le x$

정 의 3 : 주변누적분포함수(marginal cumulative distribution function)

$F_{X,Y}(\cdot, \cdot)$가 두 확률변수 X와 Y의 결합누적분포함수라고 하면 $F_X(x)$와 $F_Y(y)$를 주변누적분포함수라 한다. 그리고 결합누적분포함수와 주변누적분포함수의 관계는 다음과 같다.

$$F_X(x) = F_{X,Y}(x, \infty).$$
$$F_Y(y) = F_{X,Y}(\infty, y).$$

위 정의는 결합누적분포함수를 이미 알고 있다면 각각의 주변누적분포함수를 알 수 있음을 보여준다. 그러나 그 반대는 성립하지 않는다(<예제 10> 참고).

주변누적분포함수와 결합누적분포함수의 관계를 이용하여 모든 x와 y에 대하여 다음과 같은 부등식이 성립함을 알 수 있다.

$$F_X(x) + F_Y(y) - 1 \le F_{X,Y}(x, y) \le \sqrt{F_X(x) F_Y(y)}.$$

이 부등식이 성립함은 연습문제에서 증명하기로 한다.

1.2 이산형 확률변수의 결합밀도함수

만일 동일한 확률공간에서 정의된 확률변수를 $X_1, X_2, \ldots, X_k$라 하면 $(X_1, X_2, \ldots, X_k)$를 k차 확률변수라 한다.

정 의 4 : 이산형 결합확률밀도함수(discrete joint probability density function)

k차 확률변수 $(X_1, X_2, \ldots, X_k)$*는 k차 실수공간상의 셀 수 있는 점* $(x_1, x_2, \ldots, x_k)$*에서만 이 값을 갖는다면 이 확률변수를 k차 이산형 확률변수라 하고* $X_1, X_2, \ldots, X_k$*를 결합이산형확률변수라고도 한다. 그리고 이에 대응하는 결합 이산형확률밀도함수는 다음과 같이 정의된다.*

$$f_{X_1, X_2, \ldots, X_k}(x_1, x_2, \ldots, x_k) = P[X_1 = x_1, X_2 = x_2, \ldots, X_k = x_k],$$

여기서 $\sum f_{X_1, X_2, \ldots, X_k}(x_1, x_2, \ldots, x_k) = 1$*이다.*

■ 예 제 2 - 두 개의 정사면체를 던지는 실험에서 X는 첫번째 사면체의 결과를, Y는 두 결과 중 큰 결과를 나타낸다고 하자. 이때 (X, Y)의 표본공간은 <예제 1>과 동일하다. 따라서 (X, Y)는 결합이산형확률변수이다. 그리고 (X, Y)의 결합이산형확률밀도함수를 표로 작성하면 다음과 같다.

(x, y)	(1,1)	(1,2)	(1,3)	(1,4)	(2,2)	(2,3)	(2,4)	(3,3)	(3,4)	(4,4)
$f_{X,Y}(x, y)$	1/16	1/16	1/16	1/16	2/16	1/16	1/16	3/16	1/16	4/16

■

정 리 1

만약 결합 이산형 확률변수 X와 Y의 결합누적분포함수 $F_{X,Y}(x, y)$*를 안다면, 결합확률밀도함수* $f_{X,Y}(x, y)$*의 형태를 안다는 것과 동등하다. 또한 k차에 대해서도 확장이 가능하다.*

(증 명)

(X, Y)가 가질 수 있는 값이 $(x_1, y_1), (x_2, y_2), \ldots$ 라 하자. 만일 결합확률밀도함수 $f_{X,Y}(\cdot, \cdot)$가 주어졌다면 $F_{X,Y}(x, y) = \sum_{\{i | x_i \le x, y_i \le y\}} f_{X,Y}(x_i, y_i)$이다. 반대로 결합누적분포함수 $F_{X,Y}(\cdot, \cdot)$가 주어졌다면 다음이 성립한다.

$$f_{X,Y}(x_i, y_i) = F_{X,Y}(x_i, y_i) - \lim_{0 < h \to 0} F_{X,Y}(x_i - h, y_i)$$

$$- \lim_{0<h\to 0} F_{X,Y}(x_i, y_i - h) + \lim_{0<h\to 0} F_{X,Y}(x_i - h, y_i - h). \quad \blacksquare$$

정 의 5 : 주변이산형밀도함수

만일 X와 Y가 결합이산형확률변수라 하면, $f_X(x)$와 $f_Y(y)$를 주변이산형밀도함수라 하며 다음과 같이 구할 수 있다.

$$f_X(x) = \sum_{\{j|x_i = x\}} f_{X,Y}(x_i, y_j),$$
$$f_Y(y) = \sum_{\{i|y_j = y\}} f_{X,Y}(x_i, y_j).$$

<정의 5>로부터 $X_1, \ldots, X_k$가 결합이산형확률변수라면 임의의 주변밀도함수는 결합밀도함수로부터 얻어진다는 사실을 얻었다.

(X, Y)가 가질수 있는 값이 $(x_1, y_1), (x_2, y_2), \ldots$ 와 같이 단일 첨자가 아닌 두개의 서로 다른 첨자를 갖고 있는 경우를 고려해보자. 즉, X의 가능한 값들은 $x_1, \ldots, x_i, \ldots$ 이며 Y의 가능한 값은 $y_1, \ldots, y_j, \ldots$ 라면 (X, Y)의 값은 $\{(x_i, y_j) | i=1,2,\ldots, j=1,2,\ldots\}$으로 표현된다. 이 경우에 X와 Y의 주변밀도함수는 각각 다음과 같이 정의된다.

$$f_X(x_k) = \sum_j f_{X,Y}(x_k, y_j),$$
$$f_Y(y_j) = \sum_k f_{X,Y}(x_k, y_j).$$

■ 예 제 3 - <예제 2>의 실험에서 X와 Y의 값은 각각 1,2,3,4를 갖는다. 그리고 Y는 X보다 크거나 같다. 따라서 (X, Y)의 값은

$$\{(i, j) \mid i=1, \ldots, 4,\ j=1, \ldots, 4,\ i \le j\}.$$

예를 들어 $F_{X,Y}(2,3)$을 구하면

$$F_{X,Y}(2,3) = \sum_{\{x\le 2, y\le 3\}} f_{X,Y}(x,y) = \sum_{i=1}^{2}\sum_{j=i}^{3} f_{X,Y}(i,j)$$
$$= f_{X,Y}(1,1) + f_{X,Y}(1,2) + f_{X,Y}(1,3) + f_{X,Y}(2,2) + f_{X,Y}(2,3) = \frac{6}{16}.$$

또한

$$f_Y(3) = \sum_{\{i|y_i=3\}} f_{X,Y}(x_i, y_i) = \sum_{i=1}^{3} f_{X,Y}(i,3)$$
$$= f_{X,Y}(1,3) + f_{X,Y}(2,3) + f_{X,Y}(3,3) = \frac{5}{16}.$$

유사하게 모든 값들에 대한 확률변수 Y 그리고 X의 주변 밀도함수를 구할 수 있다. ■

■ 예 제 4 - 결합확률밀도함수를 이용하여 주변밀도함수를 구할 수 있지만 그 반대는 성립하지 않는다. 다음과 같은 결합확률밀도함수를 고려하자

4	$\frac{1}{16}+\varepsilon$	$\frac{1}{16}-\varepsilon$	$\frac{1}{16}$	$\frac{4}{16}$
3	$\frac{1}{16}-\varepsilon$	$\frac{1}{16}+\varepsilon$	$\frac{3}{16}$	
2	$\frac{1}{16}$	$\frac{2}{16}$		
1	$\frac{1}{16}$			
y / x	1	2	3	4

임의의 $0 \leq \varepsilon \leq \frac{1}{16}$에 대하여 X와 Y 각각의 주변확률밀도함수는 항상 같은 값을 가지며 주변밀도함수는 ε에 대해 독립이다. 일반적으로 주변밀도함수에 대한 정보를 알고 있더라도 결합확률밀도함수를 유일하게 결정할 수 없음을 보여준다. 따라서 주변밀도함수를 알더라도 결합확률밀도함수를 알 수 없다.

■ 예 제 5 - 확률변수 X와 Y의 결합확률밀도함수가 다음과 같다고 하자.

(x, y)	(0,0)	(0,1)	(0,2)	(1,0)	(1,1)	(1,2)
$f(x, y)$	$\frac{2}{12}$	$\frac{3}{12}$	$\frac{2}{12}$	$\frac{2}{12}$	$\frac{2}{12}$	$\frac{1}{12}$

X와 Y의 주변밀도함수를 구하고 $P(X+Y=1)$을 구해보자. 우선 X와 Y의 주변 밀도 함수는

$$f_X(x) = \sum_{y=0}^{2} f_{X,Y}(x,y), \quad f_Y(y) = \sum_{x=0}^{1} f_{X,Y}(x,y)$$

을 이용하여 다음과 같이 얻을 수 있다.

x	0	1
$f_X(x)$	$\frac{7}{12}$	$\frac{5}{12}$

y	0	1	2
$f_Y(y)$	$\frac{4}{12}$	$\frac{5}{12}$	$\frac{3}{12}$

그리고

$$\begin{aligned} P(X+Y=1) &= \sum_{\{(x,y)|x+y=1\}} f_{X,Y}(x,y) \\ &= f_{X,Y}(0,1)+f_{X,Y}(1,0) = \frac{3}{12}+\frac{2}{12} = \frac{5}{12}. \end{aligned}$$ ■

독립적인 베르누이 시행이 n번 반복되면 이항분포로 간주되었다. 그러나 성공과 실패와 같이 두 가지 이상의 결과가 발생하는 시행이 n번 독립적으로 반복되는 경우에는 다항분포를 따른다고 하며 다음의 예제를 살펴보자.

■ 예 제 6 - 한번의 시행에서 총 $k+1$개의 서로 다른 결과가 나타난다고 가정하자. 그 결과를 $s_1, s_2, \ldots, s_{k+1}$ 이라 하고 $p_i = P[s_i]$ 라 하자. 여기서 $\sum_{i=1}^{k+1} p_i = 1$이어야 한다. n번 시행을 반복한다고 할 때, X_i는 n번 시행 중 s_i가 나타난 수로 정의한다. 만일 시행이 독립적으로 반복된다면 확률변수 $X_1, X_2, \ldots, X_k$는 다음과 같은 확률분포를 갖는다.

$$f_{X_1,\ldots,X_k}(x_1,\ldots,x_k) = \frac{n!}{\prod_{i=1}^{k+1} x_i!} \prod_{i=1}^{k+1} p_i^{x_i},$$

여기서 $x_i = 0,1,\ldots,n$이고 $\sum_{i=1}^{k+1} x_i = n$. 특히 $x_{k+1} = n - \sum_{i=1}^{k} x_i$ 이다. 이를 다시 표현하면

총 n번의 시행 중 결과 s_1이 x_1회, s_2가 x_2회, ..., s_{k+1}이 x_{k+1}회 나타날 확률이다. 이 결과에 대한 확률은 각 시행이 독립이란 가정하에서 $p_1^{x_1}p_2^{x_2}\cdots p_{k+1}^{x_{k+1}}$이고 총 경우의 수는 $n!/(x_1!x_2!\cdots x_{k+1}!)$개이다. ■

정 의 6 : 다항분포(multinomial distribution)

다음과 같은 결합이산형확률밀도함수를 가리켜 다항분포라 한다.

$$f_{X_1,\ldots,X_k}(x_1,\ldots,x_k) = \frac{n!}{\prod_{i=1}^{k+1} x_i!}\prod_{i=1}^{k+1} p_i^{x_i},$$

여기서 $x_i = 0,1,\ldots,n$*이고* $\sum_{i=1}^{k+1} x_i = n$. *특히* $x_{k+1} = n - \sum_{i=1}^{k} x_i$, $p_{k+1} = 1 - \sum_{i=1}^{k} p_i$.

만일 $X_1, X_2, \ldots, X_k$이 다항분포를 갖는다면 X_i의 주변밀도함수는 모수가 n, p_i인 이항분포가 된다. 물론 각 시행이 독립적인 반복일 때 타당한 결과이다. 즉 각 시행은 $\{s_i\}$와 $\{s_i^c\}$의 결과가 발생하기 때문에 모수 n과 $p_i = P(s_i)$의 이항분포로 간주된다.

1.3 연속형 확률변수의 결합확률밀도함수

정 의 7 : 연속형 결합확률밀도함수(continuous joint probability density function)

다음을 만족하는 함수 $f_{X_1,X_2,\ldots,X_k}(\cdot,\ldots,\cdot)$*가 존재하는 경우* k*차 확률변수* $(X_1, X_2, \ldots, X_k)$*를 결합연속형확률변수라 한다. 임의의 실수* $(x_1,\ldots,x_k)$*에 대하여*

$$F_{X_1,\ldots,X_k}(x_1,\ldots,x_k) = \int_{-\infty}^{x_k}\cdots\int_{-\infty}^{x_1} f_{X_1,\ldots,X_k}(u_1,\ldots,u_k)\,du_1\cdots du_k.$$

이때 $f_{X_1,\ldots,X_k}(\cdot,\ldots,\cdot)$*를 결합확률밀도함수라고 정의한다.*

1차원의 경우와 마찬가지로 결합확률밀도함수도 다음의 두 가지 성질을 갖는다.

(i) $f_{X_1,X_2,\ldots,X_k}(x_1,\ldots,x_k) \geq 0.$

(ii) $\int_{-\infty}^{\infty}\cdots\int_{-\infty}^{\infty} f_{X_1,\ldots,X_k}(x_1,\ldots,x_k)\,dx_k\cdots\,dx_1 = 1.$

1차원 확률밀도함수는 확률을 찾는데 사용된다. 예를 들어 밀도함수 $f_X(x)$를 갖는 확률변수 X에 대해, $P[a<X<b]=\int_a^b f_X(x)\,dx$ 이다. 다시 말하면 구간 (a,b)에서 $f_X(x)$의 '면적'이 $P[a<X<b]$이다. 일반적으로 표현하면 $P[X\in B]=\int_B f_X(x)\,dx$이다. 즉, 영역 B에 대해 $f_X(x)$의 면적이 $P[X\in B]$이 된다. 2차원인 경우는 '체적'이 확률을 나타낸다. 예를 들어 결합확률밀도함수 $f_{X_1,X_2}(x_1,x_2)$를 갖는 확률변수 (X_1,X_2)에 대해

$$P[(X_1,X_2)\in R]=\int\int_R f_{X_1,X_2}(x_1,x_2)dx_1dx_2$$

를 갖는다. 즉 (X_1,X_2)이 영역 R에 속할 확률은 영역 R에서 $f_{X_1,X_2}(x_1,x_2)$의 체적으로 주어진다. 특히 영역 $R=\{(x_1,x_2)\mid a_1<x_1\leq b_1,\ a_2<x_2\leq b_2\}$이면

$$P[a_1<X_1\leq b_1, a_2<X_2\leq b_2]=\int_{a_2}^{b_2}\left[\int_{a_1}^{b_1} f_{X_1,X_2}(x_1,x_2)dx_1\right]dx_2.$$

■ 예 제 7 - 다음과 같은 이변량 함수를 고려하자.

$$f(x,y)=K(x+y)I_{(0,1)}(x)I_{(0,1)}(y)=K(x+y)I_U(x,y),$$

여기서 $U=\{(x,y)\mid 0<x<1,\ 0<y<1\}$. $f(x,y)$가 결합확률밀도함수가 되기 위해서는 K는 어떤 값을 가져야 하는가? 만일 K가 양수라면 $f(x,y)\geq 0$이므로 조건 (i)을 만족한다.

$$\begin{aligned}\int_{-\infty}^{\infty}\int_{-\infty}^{\infty} f(x,y)dxdy &= \int_0^1\int_0^1 K(x+y)dxdy\\ &= K\int_0^1\int_0^1 (x+y)dxdy\\ &= K\int_0^1 (\frac{1}{2}+y)dy\end{aligned}$$

$$= K\left(\frac{1}{2} + \frac{1}{2}\right) = 1$$

이므로 $K=1$이면 조건 (ii)도 만족한다.

따라서 이변량 결합확률밀도함수는 $f(x, y) = (x+y)I_{(0,1)}(x)I_{(0,1)}(y)$이다. 확률변수의 항으로 정의된 사건의 확률은 대응하는 영역에 대해 결합확률밀도함수를 적분함으로써 얻어진다. 예를 들어

$$P\left[0 < X < \frac{1}{2}; 0 < Y < \frac{1}{4}\right] = \int_0^{\frac{1}{4}} \int_0^{\frac{1}{2}} (x+y)\,dx\,dy$$

$$= \int_0^{\frac{1}{4}} \left(\frac{1}{8} + \frac{y}{2}\right) dy = \frac{1}{32} + \frac{1}{64} = \frac{3}{64}.$$

■

정 리 2

X와 Y가 결합 연속형 확률변수일 때 결합누적분포함수 $F_{X,Y}(\cdot, \cdot)$를 안다면 결합확률밀도함수 $f_{X,Y}(\cdot, \cdot)$를 안다는 것과 동등하다. 또한 k차에 대해서도 확장이 가능하다.

(증 명)

주어진 $f_{X,Y}(\cdot, \cdot)$에 대해 $F_{X,Y}(\cdot, \cdot)$는 다음과 같이 얻어진다.

$$F_{X,Y}(x, y) = \int_{-\infty}^{y} \int_{-\infty}^{x} f_{X,Y}(u, v)\,du\,dv,$$

주어진 $F_{X,Y}(\cdot, \cdot)$에 대해 $f_{X,Y}(\cdot, \cdot)$는 다음과 같이 얻어진다.

$$f_{X,Y}(x, y) = \frac{\partial^2 F_{X,Y}(x, y)}{\partial x\, \partial y},$$

여기서 $F_{X,Y}(x, y)$는 (x, y)에 대해 미분이 가능해야 한다.

> 정 의 8 : 주변확률밀도함수(marginal density function)
>
> *X와 Y가 결합연속형확률변수일 때 $f_X(\cdot)$와 $f_Y(\cdot)$를 주변확률밀도함수라 한다.*

만일 $X_1, \ldots, X_k$가 결합연속형확률변수라면 임의의 확률변수의 주변밀도함수는 결합밀도함수로부터 얻어진다. 예를 들어 X와 Y가 결합연속형확률변수라면 $f_X(x)$와 $f_Y(y)$는 다음과 같다.

$$
\begin{aligned}
f_X(x) &= \frac{dF_X(x)}{dx} = \frac{d}{dx}\left[\int_{-\infty}^{\infty}\left(\int_{-\infty}^{x} f_{X,Y}(u, y)\, du\right)dy\right] \\
&= \int_{-\infty}^{\infty} f_{X,Y}(x, y)\, dy. \\
f_Y(y) &= \int_{-\infty}^{\infty} f_{X,Y}(x, y)\, dx.
\end{aligned}
$$

그러나 주변밀도함수들을 알고 있다하더라도 주변밀도함수로부터 결합확률밀도함수를 알 수 없다.

■ 예 제 8 - 다음과 같은 결확확률밀도함수를 고려하자.

$$f_{X,Y}(x, y) = (x+y)I_{(0,1)}(x)I_{(0,1)}(y).$$

X와 Y의 결합누적분포함수와 X의 주변밀도함수를 구하여 보자.

$$
\begin{aligned}
&F_{X,Y}(x, y) \\
&= I_{(0,1)}(x)I_{(0,1)}(y)\int_0^y\int_0^x(u+v)dudv + I_{(0,1)}(x)I_{[1,\infty)}(y)\int_0^1\int_0^x(u+v)dudv \\
&\quad + I_{[1,\infty)}(x)I_{(0,1)}(y)\int_0^y\int_0^1(u+v)dudv + I_{[1,\infty)}(x)I_{[1,\infty)}(y) \\
&= \frac{x^2y+xy^2}{2}I_{(0,1)}(x)I_{(0,1)}(y) + \frac{x^2+x}{2}I_{(0,1)}(x)I_{[1,\infty)}(y) \\
&\quad + \frac{y+y^2}{2}I_{[1,\infty)}(x)I_{(0,1)}(y) + I_{[1,\infty)}(x)I_{[1,\infty)}(y).
\end{aligned}
$$

$$f_X(x) = \int_{-\infty}^{\infty} f_{X,Y}(x, y)\,dy$$
$$= I_{(0,1)}(x)\int_0^1 (x+y)\,dy = (x+\tfrac{1}{2})I_{(0,1)}(x).$$

혹은

$$f_X(x) = \frac{dF_{X,Y}(x,\infty)}{dx}$$
$$= \frac{dF_X(x)}{dx} = I_{(0,1)}(x)\frac{d}{dx}\left(\frac{x^2+x}{2}\right)$$
$$= (x+\frac{1}{2})I_{(0,1)}(x).$$

■

■ 예 제 9 - 확률변수 X와 Y의 결합확률밀도함수가 $0<x<y<1$을 만족하는 x와 y에 대해

$$f_{X,Y}(x, y) = 15x^2y.$$

이때 각각의 주변밀도함수와 누적분포함수를 구하여 보자. 결합누적분포함수는

$$F_{XY}(x,\ y) = \int_0^x \int_u^x 15u^2v\,dv\,du = \int_0^x \left[\frac{15}{2}(u^2v^2)\right]_u^y du = \int_0^x \frac{15}{2}u^2(y^2-u^2)du$$
$$= \frac{15}{2}x^3\left(\frac{y^2}{3} - \frac{x^2}{5}\right), \qquad 0<x<y<1$$

이다. 주변밀도함수는 다음과 같으며

$$f_X(x) = \int_0^1 15x^2y\,dy = \frac{15}{2}x^2(1-x^2), \qquad 0<x<1,$$
$$f_Y(y) = \int_0^y 15x^2y\,dx = 5y^4, \qquad 0<y<1,$$

누적분포함수는 다음과 같다.

$$F_X(x) = \frac{1}{2}(5x^3-3x^5), \qquad 0<x<1.$$
$$F_Y(y) = y^5 \qquad , \qquad 0<y<1.$$

■

■ 예 제 10 - 확률변수 X와 Y의 누적분포함수 $F_X(x)$와 $F_Y(y)$에 대응하는 확률밀도함수를 각각 $f_X(x)$, $f_Y(y)$라 하자. 이 경우 $-1 \le \alpha \le 1$에 대해 X와 Y의 결합확률밀도함수는 다음과 같이 정의된다.

$$f_{X,Y}(x,y;\alpha) = f_X(x)f_Y(y)\{1+\alpha[2F_X(x)-1][2F_Y(y)-1]\} .$$

우선 $-1 \le \alpha \le 1$에 대해 결합확률밀도함수임을 보이기 위해 $f_{X,Y}(x,y) \ge 0$의 조건과 적분한 결과가 1임을 보이도록 한다. 우선 α, $[2F_X(x)-1]$, $[2F_Y(y)-1]$이 모두 -1과 1 사이에 존재하므로 $1 \ge -\alpha[2F_X(x)-1][2F_Y(y)-1]$ 이다. 따라서

$$f_X(x)f_Y(y)\{1+\alpha[2F_X(x)-1][2F_Y(y)-1]\} \ge 0$$

이므로 처음 조건은 만족한다. 다음으로 적분결과가 1임을 보이는 것은 $f_{X,Y}(x,y)$의 주변밀도함수가 $f_X(x), f_Y(y)$임을 보이는 것으로 충분하다. 즉

$$1 = \int_{-\infty}^{\infty} f_X(x)dx = \int_{-\infty}^{\infty}\left(\int_{-\infty}^{\infty} f_{X,Y}(x,y;\alpha)dy\right)dx$$

이 성립한다. 따라서

$$\begin{aligned}
&\int_{-\infty}^{\infty} f_{X,Y}(x,y;\alpha)dy \\
&= \int_{-\infty}^{\infty} f_X(x)f_Y(y)\{1+\alpha[2F_X(x)-1][2F_Y(y)-1]dy \\
&= f_X(x)\int_{-\infty}^{\infty} f_Y(y)dy \ + \ \alpha f_X(x)[2F_X(x)-1]\int_{-\infty}^{\infty}[2F_Y(y)-1]f_Y(y)dy \\
&= f_X(x) ,
\end{aligned}$$

왜냐하면 위 식에서 $u=F_Y(y)$로 치환하면

$$\int_{-\infty}^{\infty}[2F_Y(y)-1]f_Y(y)\,dy = \int_0^1(2u-1)\,du = 0$$

이기 때문이다. 그러므로 $f_{X,Y}(x,y)$는 결합확률밀도함수이다. ■

2. 조건부 분포와 통계적 독립

앞 절에서는 결합누적분포함수와 결합밀도함수에 대해 살펴보았다. 이 절에서는 조건부 분포와 통계적 독립의 개념에 대해 살펴보기로 한다. 우선 이변량 확률변수에 대해 정의를 설명한 뒤 k차 확률변수로 확장하기로 한다.

2.1 이산형 확률변수의 조건부분포함수

정 의 9 : 이산형 조건부밀도함수(discrete conditional density function)

결합 이산형 확률밀도함수를 갖는 확률변수 X, Y에 대해 $X=x$가 주어진 Y의 이산형 조건부밀도함수 $f_{Y|X}(\cdot|x)$를 다음과 같이 정의한다.

$$f_{Y|X}(y|x) = \frac{f_{X,Y}(x,y)}{f_X(x)},$$

단 $f_X(x)>0$. $f_X(x)$는 x에서의 X의 주변밀도함수의 값인데 $f_X(x)=0$에서는 정의할 수 없다. 유사하게 $Y=y$가 주어진 X의 이산형 조건부밀도함수를 다음과 같이 정의한다.

$$f_{X|Y}(x|y) = \frac{f_{X,Y}(x,y)}{f_Y(y)},$$

단 $f_Y(y)>0$.

X와 Y가 이산형 확률변수이므로 X와 Y가 가질 수 있는 값에 대하여는 확률을 가지므로 위 정의를 다음과 같이 표현할 수 있다. 임의의 x_i와 y_j에 대하여 $f_X(x_i) = P[X=x_i]>0$이고 $f_{X,Y}(x_i, y_j) = P[X=x_i; Y=y_j]$이다. 따라서

$$f_{Y|X}(y_j|x_i) = \frac{f_{X,Y}(x_i, y_j)}{f_X(x_i)} = \frac{P[X=x_i; Y=y_j]}{P[X=x_i]} = P[Y=y_j|X=x_i].$$

이는 1장에서 정의한 조건부확률과 동일하다. $f_{Y|X}(y|x)$가 이산형 조건부밀도함수이므로 밀

도함수이기 위한 성질을 가지고 있어야 한다. 이를 보이기 위해 X의 한 점 x를 고려하자. 그러면 $f_{Y|X}(y|x)$는 y의 함수이고 음이 아닌 값을 가져야 하고 가능한 모든 y의 값에 대해 합하면 1이 되어야 한다.

$f_{X,Y}(x,y) \geq 0$이고 $f_X(x) > 0$이므로 $f_{Y|X}(y|x) \geq 0$이 성립한다.

$$\sum_j f_{Y|X}(y_j|x) = \sum_j \frac{f_{X,Y}(x,y_j)}{f_X(x)} = \frac{1}{f_X(x)} \sum_j f_{X,Y}(x,y_j) = \frac{f_X(x)}{f_X(x)} = 1.$$

이상의 결과로 $f_{Y|X}(y|x)$는 밀도함수이다. 물론 $f_{X|Y}(x|y)$에 대해서도 성립한다.

이제 이산형 확률밀도함수와 누적분포함수간의 관계를 이용해서 $X=x$가 주어진 Y의 조건부 누적분포함수를 살펴보기로 한다.

> 정 의 10 : 이산형 조건부누적분포함수
> (discrete conditional cumulative density function)
>
> *X와 Y가 결합확률변수라 하면 $X=x$가 주어진 Y의 조건부누적분포함수 $F_{Y|X}(\cdot|x)$는 다음과 같이 정의된다.*
>
> $$F_{Y|X}(y|x) = \sum_{\{j|y_j \leq y\}} f_{Y|X}(y_j|x) = P(Y \leq y | X=x),$$
>
> *여기서* $f_X(x) > 0$.

■ 예 제 11 - 두 개의 정사면체를 던지는 실험을 계속 고려하자. X를 첫 번째 사면체의 결과, Y를 두 사면체 중 더 큰 결과를 나타낸다고 할 때, $X=2$가 주어진 Y의 밀도함수는

$$f_{Y|X}(2|2) = \frac{f_{X,Y}(2,2)}{f_X(2)} = \frac{2/16}{4/16} = \frac{1}{2},$$

$$f_{Y|X}(3|2) = \frac{f_{X,Y}(2,3)}{f_X(2)} = \frac{1/16}{4/16} = \frac{1}{4},$$

$$f_{Y|X}(4|2) = \frac{f_{X,Y}(2,4)}{f_X(2)} = \frac{1/16}{4/16} = \frac{1}{4},$$

이며 $X=3$이 주어진 Y의 밀도함수는 다음과 같다.

$$f_{Y|X}(y|3)=\begin{cases}\dfrac{3}{4}, & y=3,\\ \dfrac{1}{4}, & y=4.\end{cases}$$ ■

이상의 결과를 k차 확률변수 $(X_1, X_2, \ldots, X_k)$로 확장하면 다음과 같다.

정 의 11 : 이산형 조건부확률밀도함수

k차 확률변수 $(X_1, X_2, \ldots, X_k)$에서 배반인 두 부분 집합 $X_{i_1}, \ldots, X_{i_r}$와 $X_{j_1}, \ldots, X_{j_s}$에 대하여 $(X_{j_1}, \ldots, X_{j_s})$의 값 $(x_{j_1}, \ldots, x_{j_s})$이 주어진 $X_{i_1}, \ldots, X_{i_r}$의 조건부 확률밀도함수는 다음과 같다.

$$f_{X_{i_1},\ldots,X_{i_r}|X_{j_1},\ldots,X_{j_s}}(x_{i_1},\ldots,x_{i_r}|x_{j_1},\ldots,x_{j_s}) = \frac{f_{X_{i_1},\ldots,X_{i_r},X_{j_1},\ldots,X_{j_s}}(x_{i_1},\ldots,x_{i_r},x_{j_1},\ldots,x_{j_s})}{f_{X_{j_1},\ldots,X_{j_s}}(x_{j_1},\ldots,x_{j_s})}.$$

■ 예 제 12 - $X_1, \ldots, X_5$가 결합 이산형 밀도함수를 갖는다. $r=s=2$일때 $(X_{i_1}, X_{i_2}) = (X_1, X_5)$, $(X_{j_1}, X_{j_2}) = (X_3, X_4)$라고 하면

$$f_{X_1,X_5|X_3,X_4}(x_1, x_5|x_3, x_4) = \frac{f_{X_1,X_5,X_3,X_4}(x_1, x_5, x_3, x_4)}{f_{X_3,X_4}(x_3, x_4)}.$$ ■

■ 예 제 13 - 52장의 카드 중 12장을 비복원추출한다고 가정하자. X_1을 에이스카드의 개수, X_2를 2의 개수, X_3를 3의 개수, X_4를 4의 개수라 한다면 이 4개의 확률변수의 결합밀도함수는 다음과 같다.

$$f_{X_1,X_2,X_3,X_4}(x_1, x_2, x_3, x_4) = \frac{\binom{4}{x_1}\binom{4}{x_2}\binom{4}{x_3}\binom{4}{x_4}\binom{36}{12-x_1-x_2-x_3-x_4}}{\binom{52}{12}},$$

여기서 $x_i=0,1,2,3,4$ 이고 $\sum x_i \le 12$. 이 결합밀도함수를 이용하여 만든 다음의 경우를 구하여 보자.

$$f_{X_2,X_4|X_1,X_3}(x_2,x_4|x_1,x_3)$$

$$=\frac{\binom{4}{x_1}\binom{4}{x_2}\binom{4}{x_3}\binom{4}{x_4}\binom{36}{12-x_1-x_2-x_3-x_4}\Big/\binom{52}{12}}{\binom{4}{x_1}\binom{4}{x_3}\binom{44}{12-x_1-x_3}\Big/\binom{52}{12}}$$

$$=\frac{\binom{4}{x_1}\binom{4}{x_2}\binom{4}{x_3}\binom{4}{x_4}\binom{36}{12-x_1-x_2-x_3-x_4}}{\binom{4}{x_1}\binom{4}{x_3}\binom{44}{12-x_1-x_3}}$$

여기서 $x_i=0,1,2,3,4$이며 $x_2+x_4 \le 12-x_1-x_3$. ■

2.2 연속형 확률변수의 조건부분포함수

정 의 12 : 연속형 조건부확률밀도함수

연속형 결합확률밀도함수 $f_{X,Y}(\cdot\,,\cdot)$를 갖는 확률변수 X,Y에 대해 $X=x$가 주어진 Y의 조건부확률밀도함수를 다음과 같이 정의한다.

$$f_{Y|X}(y|x)=\frac{f_{X,Y}(x,y)}{f_X(x)},$$

단 $f_X(x)>0$. *유사하게 $Y=y$가 주어진 X의 조건부확률밀도함수 $f_{X|Y}(x|y)$는*

$$f_{X|Y}(x|y)=\frac{f_{X,Y}(x,y)}{f_Y(y)},$$

단 $f_Y(y)>0$.

이산형 조건부분포함수와 마찬가지로 연속형인 경우의 조건부 확률밀도함수도 확률밀도함수의 성질을 가지고 있어야 한다. 이에 대한 설명은 앞 절의 이산형의 결과에서 합의 기호를 적분 기호로 바꾸어 이해할 수 있다. 즉,

$$f_{Y|X}(\cdot\,|x) \geq 0$$

이며

$$\int_{-\infty}^{\infty} f_{Y|X}(y|x)\,dy = \int_{-\infty}^{\infty} \frac{f_{X,Y}(x,y)}{f_X(x)}\,dy = \frac{1}{f_X(x)}\int_{-\infty}^{\infty} f_{X,Y}(x,y)\,dy = \frac{f_X(x)}{f_X(x)} = 1.$$

x가 확률변수 X의 값으로 주어진 Y의 밀도는 $f_{Y|X}(\cdot\,|x)$이다. 이 조건부밀도함수에서 x는 고정된 값이므로 상수로 고려할 수 있다. X가 x_0의 값으로 관찰될 때 Y의 밀도함수인 $f_{Y|X}(\cdot\,|x_0)$를 고려하여 보자. $f_{X,Y}(x_0, y)$는 xy평면상에 표현되어 직선 $x = x_0$상에서 xy평면을 수직으로 교차하는 면은 곡선 $f_{X,Y}(x_0, y)$에서 표면과 교차될 것이다. 이 교차되는 곡선의 면적은

$$\int_{-\infty}^{\infty} f_{X,Y}(x_0, y)dy = f_X(x_0)$$

이며 $f_{X,Y}(x_0, y)$를 $f_X(x_0)$로 나누면 정확하게 밀도 $f_{Y|X}(y|x_0)$를 얻을 수 있다.

이제 연속형 조건부 누적분포함수를 살펴보자.

정 의 13 : 연속형 조건부 누적분포함수

X와 Y가 결합 연속형 확률변수라면 $X = x$가 주어진 Y의 조건부 누적분포함수, $F_{Y|X}(y|x)$는 다음과 같이 정의된다.

$$F_{Y|X}(y|x) = \int_{-\infty}^{y} f_{Y|X}(z|x)dz\,,$$

여기서 $f_X(x) > 0$.

■ 예 제 14 - 다음과 같은 결합밀도함수를 고려하자.

$$f_{X,Y}(x, y) = (x+y)I_{(0,1)}(x)I_{(0,1)}(y).$$

이때 $x \in (0,1)$이 주어진 Y의 조건부밀도함수는 다음과 같다.

$$f_{Y|X}(y|x) = \frac{(x+y)I_{(0,1)}(x)I_{(0,1)}(y)}{(x+\frac{1}{2})I_{(0,1)}(x)} = \frac{(x+y)}{(x+\frac{1}{2})}I_{(0,1)}(y).$$

그리고 $x \in (0,1)$이 주어진 Y의 조건부 누적분포함수는

$$\begin{aligned} F_{Y|X}(y|x) &= \int_0^y f_{Y|X}(z|x)\,dz \\ &= \int_0^y \frac{x+z}{x+\frac{1}{2}}\,dz = \frac{1}{x+\frac{1}{2}}\int_0^y (x+z)\,dz \\ &= \frac{xy+y^2/2}{x+\frac{1}{2}}, \qquad 0<y<1. \end{aligned}$$

■

■ 예 제 15 - 확률변수 X와 Y에 대해 결합확률밀도함수를 고려하자.

$$f_{X,Y}(x,y) = \begin{cases} 2, & 0<x<y<1, \\ 0, & \text{그외}. \end{cases}$$

그러면 각각의 주변밀도함수는

$$f_X(x) = \int_x^1 2\,dy = 2(1-x),\ 0<x<1.$$

$$f_Y(y) = \int_0^y 2\,dx = 2y,\ 0<y<1.$$

$X|Y=y$와 $Y|X=x$의 조건부밀도함수는

$$f_{X|Y}(x|y) = \frac{f_{X,Y}(x,y)}{f_Y(y)} = \frac{2}{2y} = \frac{1}{y},\ 0<x<y,$$

$$f_{Y|X}(y|x) = \frac{2}{2(1-x)} = \frac{1}{1-x},\ x<y<1.$$

$X|Y=y$와 $Y|X=x$의 조건부누적분포함수는

$$F_{X|Y}(x|y) = \int_0^x \frac{1}{y}\, du = \frac{x}{y}, \quad 0 < x < y.$$

$$F_{Y|X}(y|x) = \int_x^y \frac{1}{1-x}\, dv = \frac{y-x}{1-x}, \quad x < y < 1.$$ ∎

k차 연속형 확률변수에 대해서도 이산형의 경우와 마찬가지로 조건부밀도함수를 정의할 수 있다. 예를 들어 $k=5$일때

$$f(x_1, x_2, x_4 | x_3, x_5) = \frac{f(x_1, x_2, x_3, x_4, x_5)}{f(x_3, x_5)},$$

단 $f(x_3, x_5) > 0$.

2.3 조건부분포함수

이산형 또는 연속형 결합확률변수에 대해 조건부누적분포에 대해 살펴보았다. 만일 X가 이산형 확률변수이고 Y가 임의의 확률변수라면 $F_{Y|X}(y|x)$를 $P[Y \le y | X=x]$로 정의할 수 있다. 일반적으로 이산형 또는 연속형 확률변수 $X=x$가 주어진 경우 사상 A의 조건부확률 $P[A|X=x]$을 정의하여보자.

사상 A와 확률변수 X가 동일한 확률공간에서 정의되어졌다고 가정하자. X가 이산형이고 x가 확률값을 갖는 값이라면

$$P[A|X=x] = \frac{P[A; X=x]}{P[X=x]}.$$

반면에 x가 연속형 확률변수의 임의의 점이라면 $P[X=x]=0$이므로 $P[A|X=x]$를 정의할 수 없다. 그러나 x가 $\{x-h < X < x+h\}$에서 양의 확률을 갖는 값이라면

$$P[A|X=x] = \lim_{0<h\to 0} P[A|x-h < X < x+h].$$

물론 극한값이 존재한다는 가정하에서 위 등식이 성립한다.

조건부확률 $P[A|X=x]$을 구하는 것보다 어떤 확률을 계산하기 위해 이를 사용하게 되는데 다음 공식을 살펴보자. X가 이산형 확률변수라면

$$\text{i) } P[A] = \sum_{i=1}^{\infty} P[A|X=x_i]f_X(x_i).$$

$$\text{ii) } P[A; X\in B] = \sum_{\{i;\, x_i\in B\}} P[A|X=x_i]f_X(x_i)$$

이고 연속형 확률변수라면

$$\text{iii) } P[A] = \int_{-\infty}^{\infty} P[A|X=x]f_X(x)dx,$$

$$\text{iv) } P[A; X\in B] = \int_B P[A|X=x]f_X(x)dx$$

이다.

위 공식은 1장의 <전확률정리>의 이론으로 설명되므로 증명은 생략한다. 어떤 경우에는 $P[A]$보다 $P[A|X=x]$을 더 쉽게 얻을 수 있는데 $f_X(\cdot)$을 알고 있다면, 위 공식을 이용하여 $P[A]$을 쉽게 얻을 수 있다.

—— 보조정리 ——

위 공식 (iv)에서 $A=\{Y\le y\}$와 $B=(-\infty, x]$이면, $P(A; X\in B)$는 결합누적분포함수이며

$$F_{X,Y}(x,y) = \int_{-\infty}^{x} F_{Y|X}(y|x')f_X(x')\,dx'.$$

공식 (iii)에서 $A=\{Y\le y\}$일때. $P(A)$는 주변누적분포함수이며

$$F_Y(y) = \int_{-\infty}^{\infty} F_{Y|X}(y|x)f_X(x)\,dx.$$

증명은 생략하고 다음 공식을 추가하자.

두 변수의 함수 $h(\cdot,\cdot)$에 대하여 $A=\{h(X,Y)\le z\}$라고 가정하면

$$\text{v) } P[A|X=x] = P[h(X,Y)\le z|X=x] = P[h(x,Y)\le z|X=x].$$

다음 예는 공식 (iii)을 이용한 것이다.

■ 예 제 16 - 반지름이 1인 원의 둘레에서 세 점을 임의로 선택한다. 세 점 모두 반원안에 놓일 확률은 얼마인가? 점을 임의로 선택하였기 때문에 그 점은 원의 둘레에 동일한 확률로 놓인다. 다시 말하면 점은 원의 둘레에 대해 균일하게 분포되어 있다. 첫 번째 점을 원의 동쪽에 위치한다고 하자. 그러면 첫 번째 점은 축의 양의 부분에 놓인다. X를 두 번째 점의 위치라고 하고 A를 세 점 모두 동일한 반원에 위치하는 사상이라고 하자. 그러면 X는 구간 $(0,2\pi)$에서 균일분포를 따르게 된다. 공식 (iii)에 의해 $P[A]=\int_{-\infty}^{\infty}P[A|X=x]f_X(x)dx$이다. $0<x<\pi$에 대해 $X=x$가 주어진 경우 사상 A가 발생하므로 $P[A|X=x]=(\pi-x+\pi)/2\pi$ 이기 위한 필요충분조건은 세번째 점이 $x-\pi$와 π 사이에 놓이는 것이다. 유사하게 $\pi\le x<2\pi$에 대해서도 $P[A|X=x]=(x+\pi-\pi)/2\pi$이다. 그러므로

$$
\begin{aligned}
P[A] &= \int_0^{2\pi}P[A|X=x](1/2\pi)\,dx \\
&= (1/2\pi)\left\{\int_0^{\pi}(2\pi-x)/2\pi dx+\int_{\pi}^{2\pi}(x/2\pi)\,dx\right\} = \frac{3}{4}.
\end{aligned}
$$
■

2.4 독립성

1장에서 두 사상의 조건부확률을 정의할 때, 사상의 독립에 대해 정의하였다. 이제 확률변수들의 조건부분포의 정의를 이용하여 변수들간의 독립을 정의하고자 한다.

> 정 의 14 : 독립(independent)
>
> *k차 확률변수 $(X_1, X_2, \dots, X_k)$가 독립 또는 통계적 독립이기 위한 필요충분조건은 다음과 같다.*
>
> $$F_{X_1,\dots,X_k}(x_1,\dots,x_k)=\prod_{i=1}^{k}F_{X_i}(x_i).$$
>
> 또는
>
> $$f_{X_1,\dots,X_k}(x_1,\dots,x_k)=\prod_{i=1}^{k}f_{X_i}(x_i).$$

사상의 독립성은 조건부확률과 매우 깊은 관계가 있다. 마찬가지로 확률변수들의 독립성은 확률변수의 조건부분포와 밀접한 관계가 있다. 예를 들어 X와 Y가 서로 독립인 확률변수라면 독립의 정의에 의해

$$f_{X,Y}(x,y) = f_X(x)f_Y(y)$$

이다. 그리고 조건부분포의 정의에 의해

$$f_{X,Y}(x,y) = f_{Y|X}(y|x)f_X(x)$$

이므로 다음이 성립한다.

$$f_{Y|X}(y|x) = f_Y(y).$$

다시 말하면 x가 주어진 Y의 조건부분포는 Y의 비조건부분포 그 자체와 같다. 그래서 두 확률변수가 독립이 아니라는 것을 증명하기 위하여는 $f_{Y|X}(y|x)$이 x에 의존한다는 것을 보여야 한다.

■ 예 제 17 - X를 첫번째 정사면체의 나온 수, Y를 두 정사면체의 결과 중 큰 수라고 할 때, X와 Y는 서로 독립인가?

$$f_{Y|X}(2|3) = P[Y=2|X=3] = 0 \neq f_Y(2) = P[Y=2] = \frac{3}{16}$$

이기 때문에 명백히 독립이 아니다. ■

■ 예 제 18 - 다음과 같은 확률표를 고려하자.

Y \ X	1	2	3	
1	0	$\frac{1}{6}$	$\frac{1}{6}$	$\frac{1}{3}$
2	$\frac{1}{6}$	0	$\frac{1}{6}$	$\frac{1}{3}$
3	$\frac{1}{6}$	$\frac{1}{6}$	0	$\frac{1}{3}$
	$\frac{1}{3}$	$\frac{1}{3}$	$\frac{1}{3}$	

이 표에서 0이 아닌 확률을 갖는 X와 Y의 조합에 대해 확률 0이 존재한다. 반면에 독립인 경우 표의 각 칸의 확률은 대응하는 주변확률의 곱으로 표현된다. 다음 표는 확률변수 X'와 Y'가 서로 독립인 경우 얻어진 것이다. X'와 Y'의 분포는 X와 Y의 주변확률과 동일하다. 그러나 X'와 Y'는 서로 독립이다.

Y' \ X'	1	2	3	
1	$\frac{1}{9}$	$\frac{1}{9}$	$\frac{1}{9}$	$\frac{1}{3}$
2	$\frac{1}{9}$	$\frac{1}{9}$	$\frac{1}{9}$	$\frac{1}{3}$
3	$\frac{1}{9}$	$\frac{1}{9}$	$\frac{1}{9}$	$\frac{1}{3}$
	$\frac{1}{3}$	$\frac{1}{3}$	$\frac{1}{3}$	

■ 예 제 19 - 다음과 같은 결합확률밀도함수를 고려하자.

$$f_{X,Y}(x,y) = (x+y)I_{(0,1)}(x)I_{(0,1)}(y).$$

이 두 확률변수 X와 Y는 독립인가? 정답은 독립이 아니다. 왜냐하면 $0<x<1$에 대해 $f_{Y|X}(y|x) = [(x+y)/(x+\frac{1}{2})]I_{(0,1)}(y)$이고 이 조건부밀도함수는 x에 의존하기 때문에 $f_Y(y)$와 동일할 수 없기 때문에 독립이 아니다. ■

■ 예 제 20 - 다음과 같은 결합확률밀도함수를 고려하자.

$$f_{X,Y}(x,y) = e^{-(x+y)}I_{(0,\infty)}(x)I_{(0,\infty)}(y).$$

두 변수 X와 Y는 $f_{X,Y}(x,y) = [e^{-x}I_{(0,\infty)}(x)][e^{-y}I_{(0,\infty)}(y)] = f_X(x)f_Y(y)$이므로 서로 독립이다. ■

만일 $X_1,\ldots,X_k$가 이산형 또는 연속형 결합확률변수라면 <정의 14>에서의 두 식이 동일하다는 것을 증명할 수 있다. 위 독립에 관한 관계를 이용하여 다음의 중요한 결과를 유도하고 그 것을 증명할 수 있다. 또한 <정의 14>에서의 첫번째 등식과 $P[X_1\in B_1;\ldots;X_k\in B_k] =$

$\prod_{i=1}^{k} P[X_i \in B_i]$도 동일하다.

── 정 리 3 ──

만일 $X_1, \ldots, X_k$가 서로 독립인 확률변수이고 $Y_j = g_j(x_j)$가 확률변수가 되게 하는 $g_1(\cdot), \ldots, g_k(\cdot)$ 함수가 존재한다면 $Y_1, \ldots, Y_k$는 서로 독립이다.

(증 명)

$Y_1, \ldots, Y_k$가 독립임을 보이기 위해

$$P[Y_1 \in B_1; \ldots; Y_k \in B_k] = \prod_{j=1}^{k} P[Y_j \in B_j]$$

임을 보이자. 우선

만일 $\{g_j^{-1}(B_j)\} = \{z; g_j(z) \in B_j\}$라면, 사상 $\{Y_j \in B_j\}$와 $\{X_j \in g_j^{-1}(B_j)\}$는 동일하다는 사실로부터

$$\begin{aligned} &P[Y_1 \in B_1; \ldots; Y_k \in B_k] \\ &\quad = P[X_1 \in g_1^{-1}(B_1); \ldots; X_k \in g_k^{-1}(B_k)] = \prod_{j=1}^{k} P(X_j \in g_j^{-1}(B_j)) \\ &\quad = \prod_{j=1}^{k} P[Y_j \in B_j]. \end{aligned}$$

그러므로 $Y_1, \ldots, Y_k$는 서로 독립이다. ■

$k=2$인 경우 위 정리는 두 확률변수 X, Y가 독립이면 X의 함수와 Y의 함수도 서로 독립이라는 것을 보여준다.

공식 (iv)에서는 $P[h(X, Y) \leq z | X=x] = P[h(x, Y) \leq z | X=x]$임을 배웠는데 만일 X와 Y가 서로 독립이면 $P[h(x, Y) \leq z | X=x] = P[h(x, Y) \leq z]$이며 이 방법을 사용하면 다음과 같은 예제에서 확률계산을 쉽게 할 수 있다.

■ 예 제 21 - Y가 축의 지름을 나타내고, X를 축을 지지하는 틀의 내부 지름을 나타낸다고 하자. 디자인에 의해 축은 99.5단위의 지름을, 틀 내부의 지름은 100단위이다. Y는 구간

(98.5, 100.5)에서 균일하게 분포하고 X는 구간 (99,101)에서 균일하게 분포하는데 각 제품을 제조하는 과정이 불완전하면, 이 축이 특정한 틀과 완전히 쌍을 이룰 수 있는 확률을 구하여 보자. 여기서 완전한 쌍이란 $X-h< Y< X$임을 의미한다. X와 Y가 서로 독립이라고 가정하자. 그러면

$$P[X-h< Y< X] = \int_{-\infty}^{\infty} P[X-h< Y< X|X=x] f_X(x)\, dx$$
$$= \int_{99}^{101} P[x-h< Y< x]\ \frac{1}{2}\, dx.$$

이 때 $h=1$이라면

$$P[x-1< Y< x] = \begin{cases} \dfrac{x-98.5}{2}, & 99< x\leq 99.5 \\ \dfrac{1}{2}, & 99.5< x< 100.5 \\ \dfrac{100.5-(x-1)}{2}, & 100.5< x\leq 101 \end{cases}$$

이다. 따라서

$$\begin{aligned} P[X-1< Y< X] &= \int_{99}^{101} P[x-1< Y< x]\ \frac{1}{2}\, dx \\ &= \int_{99}^{99.5} \frac{1}{2}(x-98.5)\ \frac{1}{2}\, dx \\ &\qquad + \int_{99.5}^{100.5} \frac{1}{2}\left(\frac{1}{2}\right) dx + \int_{100.5}^{101} \left(\frac{1}{2}\right)(100.5-x+1)\ \frac{1}{2}\, dx \\ &= \frac{7}{16}. \end{aligned}$$

■

3. 기대값

2장에서 일변량 확률변수의 기대값에 대해 공부할 때 먼저 특별한 기대값으로 평균과 분산을 배웠다. 그 다음으로 확률변수의 일반적인 함수의 기대값을 설명하였다. 여기서는 밀도함수를 갖고 있는 k차 확률변수의 일반적인 함수의 기대값을 정의하고자 한다.

3.1 정의

정 의 15 : 기대값(expectation)

$(X_1, X_2, ..., X_k)$는 밀도함수 $f_{X_1,...,X_k}(\cdot, ..., \cdot)$를 갖는 k차 확률변수라 하자. 이 k차 확률변수의 함수의 기대값은 다음과 같이 정의된다.

(i) 이산형 확률변수인 경우

$$E(g(X_1, ..., X_k)) = \sum g(x_1, ..., x_k) f_{X_1,...,X_k}(x_1, ..., x_k).$$

(ii) 연속형 확률변수인 경우

$$E(g(X_1, ..., X_k)) = \int_{-\infty}^{\infty} \cdots \int_{-\infty}^{\infty} g(x_1, ..., x_k) f_{X_1,...,X_k}(x_1, ..., x_k) dx_1 \cdots dx_k..$$

정 리 4

특히 $g(x_1, ..., x_k) = x_i$ 이면

$$E[g(X_1, ..., X_k)] = E(X_i) = \mu_i \ .$$

(증 명)

$(X_1, X_2, \cdots, X_k)$가 연속형 확률변수라고 가정하자(이산형인 경우에는 유사하게 증명할 수 있다). 주변밀도 $f_{X_i}(x_i)$는 결합확률밀도함수로부터 얻어진다는 사실을 이용하여 증명한다. 즉

$$f_{X_i}(x_i) = \int_{-\infty}^{\infty} \cdots \int_{-\infty}^{\infty} x_i f_{X_1,...,X_k}(x_1, ..., x_k) dx_1 \cdots dx_{i-1} dx_{i+1} \cdots dx_k$$

이므로

$$\begin{aligned} E[g(X_1, ..., X_k)] &= \int_{-\infty}^{\infty} \cdots \int_{-\infty}^{\infty} x_i f_{X_1,...,X_k}(x_1, ..., x_k) dx_1 \cdots dx_k \\ &= \int_{-\infty}^{\infty} x_i f_{X_i}(x_i) dx_i = E(X_i) \ . \end{aligned}$$

■

—— 정 리 5 ——

만일 $g(x_1, \ldots, x_k) = [x_i - E(X_i)]^2$ 이면

$$E[g(X_1, \ldots, X_k)] = E[(X_i - E(X_i))^2] = var(X_i).$$

(증 명)

<정리 4>의 증명과 유사하게 수행하면 된다. ■

<정리 4>와 <정리 5>를 통하여 '기대값'이란 단어는 두 가지 다른 해석을 할 수 있다. 하나는 $X_1, \ldots, X_k$의 결합분포에 대해 기대값을 취하는 것이고 다른 하나는 X_i의 주변분포에 대해 기대값을 취하는 것이다. <정리 4>가 의미하는 것은 두 가지 기대값이 동일하다는 것이다.

■ 예 제 22 - 두개의 정사면체를 던지는 실험을 고려하자. X는 첫번째 사면체의 결과, Y는 두 사면체 결과 중 큰 것을 나타낸다고 하면 X와 Y의 결합밀도함수를 이용하여 기대값을 구할 수 있다.

$$\begin{aligned} E(XY) &= \sum xyf_{X,Y}(x,y) \\ &= 1\cdot 1\left(\frac{1}{16}\right)+1\cdot 2\left(\frac{1}{16}\right)+1\cdot 3\left(\frac{1}{16}\right)+1\cdot 4\left(\frac{1}{16}\right) \\ &\quad +2\cdot 2\left(\frac{2}{16}\right)+2\cdot 3\left(\frac{1}{16}\right)+2\cdot 4\left(\frac{1}{16}\right)+3\cdot 3\left(\frac{3}{16}\right) \\ &\quad +3\cdot 4\left(\frac{1}{16}\right)+4\cdot 4\left(\frac{4}{16}\right) = \frac{135}{16}. \end{aligned}$$

$$\begin{aligned} E(X+Y) &= (1+1)\left(\frac{1}{16}\right)+(1+2)\left(\frac{1}{16}\right)+(1+3)\left(\frac{1}{16}\right)+(1+4)\left(\frac{1}{16}\right) \\ &\quad +(2+2)\left(\frac{2}{16}\right)+(2+3)\left(\frac{1}{16}\right)+(2+4)\left(\frac{1}{16}\right)+(3+3)\left(\frac{3}{16}\right) \\ &\quad +(3+4)\left(\frac{1}{16}\right)+(4+4)\left(\frac{4}{16}\right) = \frac{90}{16}. \end{aligned}$$

$E(X) = \frac{5}{2}$, $E(Y) = \frac{50}{16}$이므로 $E(X\cdot Y) \neq E(X)\cdot E(Y)$이며 $E(X+Y) = E(X) + E(Y)$임을 알 수 있다. ■

■ 예 제 23 - 다음과 같은 결합확률밀도함수를 고려하여 기대값을 구하여 보자.

$$f_{X,Y}(x,y) = (x+y)I_{(0,1)}(x)I_{(0,1)}(y).$$

$$E(XY) = \int_0^1\int_0^1 xy(x+y)\,dxdy = \frac{1}{3}.$$

$$E(X+Y) = \int_0^1\int_0^1 (x+y)(x+y)\,dxdy = \frac{7}{6}.$$

$$E(X) = E(Y) = \frac{7}{12}.$$

■

■ 예 제 24 - 3차원 결합확률변수 (X_1, X_2, X_3)가 다음과 같은 결합확률밀도함수를 가질 때 아래의 기대값을 구하라.

$$f_{X_1,X_2,X_3}(x_1,x_2,x_3) = 8x_1x_2x_3I_{(0,1)}(x_1)I_{(0,1)}(x_2)I_{(0,1)}(x_3).$$

$$E(3X_1+2X_2+6X_3) = \int_0^1\int_0^1\int_0^1 (3x_1+2x_2+6x_3)\,8x_1x_2x_3\,dx_1dx_2dx_3 = \frac{22}{3}.$$

$$E(X_1X_2X_3) = \int_0^1\int_0^1\int_0^1 8x_1^2x_2^2x_3^2dx_1dx_2dx_3 = \frac{8}{27}.$$

$$E(X_1X_2) = \int_0^1\int_0^1\int_0^1 8x_1^2x_2^2x_3\,dx_1dx_2dx_3 = \frac{4}{9}.$$

■

—— 보조정리 ——

2장의 <정리 3>에서 (ii)의 확장으로

$$E\left(\sum_1^m c_i g_i(X_1,\ldots,X_k)\right) = \sum_1^m c_i E(g_i(X_1,\ldots,X_k)),$$

여기서 c_i*는 상수.*

3.2 공분산과 상관계수

정 의 16 : 공분산(covariance)

X와 Y가 동일한 확률공간에서 정의된 확률변수라 하자. 두 변수 X와 Y의 공분산(Covariance : $cov(X, Y)$ 또는 $\sigma_{X,Y}$)은 다음과 같이 정의된다.

$$cov(X, Y) = E[(X - \mu_X)(Y - \mu_Y)] \quad (< \infty).$$

정 의 17 : 상관계수(correlation coefficient)

확률변수 X와 Y의 상관계수($\rho(X, Y)$ 또는 $\rho_{X,Y}$)는 다음과 같이 정의된다.

$$\rho_{X,Y} = \frac{cov(X, Y)}{\sigma_X \sigma_Y},$$

여기에서 $cov(X, Y) < \infty$, $\sigma_X > 0$, $\sigma_Y > 0$이어야 한다.

확률변수 X와 Y의 공분산과 상관계수는 X와 Y의 선형관계를 측정한다. 이를 구체적으로 서술하면 다음과 같다. $X - \mu_X$와 $Y - \mu_Y$가 같은 부호를 가질 확률이 높으면 공분산 $cov(X, Y)$는 양의 값이 되고 반대로 다른 부호를 가질 확률이 높으면 공분산 $cov(X, Y)$는 음의 값이 된다. 공분산 $cov(X, Y)$는 X와 Y의 선형관계를 측정하나 X와 Y의 변동에 영향을 받기 때문에 그 값의 크기는 많은 의미를 부여하지 못한다. 반면에 상관계수는 공분산을 각각의 표준편차의 곱으로 나누기 때문에, X와 Y의 개별 변동을 제거한다. 따라서 상관계수는 공분산보다 X와 Y의 선형관계를 더 잘 측정한다. 또한 상관계수는 단위를 갖지 않으며 $-1 \le \rho_{X,Y} \le 1$을 만족한다.

보조정리

$$cov(X, Y) = E[(X - \mu_X)(Y - \mu_Y)] = E(XY) - \mu_X \mu_Y.$$

(증 명)

(증 명)

$$\begin{aligned} E[(X-\mu_X)(Y-\mu_Y)] &= E(XY-\mu_X Y-\mu_Y X+\mu_X\mu_Y) \\ &= E(XY)-\mu_X E(Y)-\mu_Y E(X)+\mu_X\mu_Y \\ &= E(XY)-\mu_X\mu_Y. \end{aligned}$$

■

한 가지 부연 설명하면, 공분산과 상관계수는 선형관계만을 측정한다는 것이다. 예를 들어 이차함수관계와 같은 다른 종류의 관계에 대하여는 아무런 의미를 갖고 있지 않다.

■ 예 제 25 - 계속되는 정사면체 실험을 고려하자. X는 첫 번째 사면체의 결과, Y는 두 결과 중 큰 수를 나타낸다고 할 때, X가 크면 Y도 더 커지는 경향이 있으므로 상관계수는 양의 값이라 기대된다. <예제 22>에서 $E(XY)=\frac{135}{16}$, $E(X)=\frac{5}{2}$, $E(Y)=\frac{50}{16}$를 구하였다. 따라서 공분산은 $cov(X,Y)=\frac{135}{16}-\frac{5}{2}\frac{50}{16}=\frac{10}{16}$이고, $E(X^2)=\frac{30}{4}$, $E(Y^2)=\frac{170}{16}$ 그리고 $var(X)=\frac{5}{4}$, $var(Y)=\frac{55}{64}$이므로 상관계수는 다음과 같다.

$$\rho_{X,Y}=\frac{\frac{10}{16}}{\sqrt{\frac{5}{4}}\sqrt{\frac{55}{64}}}=\frac{2}{\sqrt{11}}\ .$$

■

■ 예 제 26 - 다음과 같은 결합확률밀도함수를 고려하자.

$$f_{X,Y}(x,y)=(x+y)I_{(0,1)}(x)I_{(0,1)}(y).$$

<예제 23>에서 $E(XY)=\frac{1}{3}$, $E(X)=E(Y)=\frac{7}{12}$이고 $E(X^2)=E(Y^2)=\frac{5}{12}$이다. 또한 $var(X)=var(Y)=\frac{11}{144}$이므로 상관계수는 다음과 같다.

$$\rho_{X,Y}=\frac{\frac{1}{3}-\frac{49}{144}}{\frac{11}{144}}=-\frac{1}{11}\ .$$

독자는 X와 Y의 결합확률밀도함수를 그려보고 상관계수값이 음수가 나온 이유를 설명하여 보자. ■

3.3 조건부 기대값

정 의 18 : 조건부 기대값(conditional expectation)

2차원 확률변수 (X, Y)와 두 변수의 함수 $g(\cdot, \cdot)$에 대해, $X=x$가 주어진 $g(X, Y)$의 조건부 기대값은 다음과 같이 정의된다.

$$E(g(X,Y)|X=x)=\begin{cases}\sum_j g(x,y_j)\,f_{Y|X}(y_j|x), & \text{이산형인 경우},\\ \int_{-\infty}^{\infty} g(x,y)\,f_{Y|X}(y|x)\,dy, & \text{연속형인 경우}.\end{cases}$$

특히, $g(x, y)=y$ 이면 $E(Y|X=x)=E(Y|x)$이다. 따라서 $E(Y|x)$와 $E(g(X,Y)|x)$ 모두 x의 값으로 표현된다. 물론 3차원 이상의 경우로 일반화할 수 있다.

■ 예 제 27 - <예제 11>의 결과를 다시 이용하여 $X=2$를 조건으로 하는 Y의 밀도함수에 대하여

$$f_{Y|X}(y|2)=\begin{cases}\frac{1}{2}, & y=2\text{인 경우},\\ \frac{1}{4}, & y=3\text{인 경우},\\ \frac{1}{4}, & y=4\text{인 경우}.\end{cases}$$

기대값을 구하면 다음과 같다.

$$E(Y|X=2)=\sum y f_{Y|X}(y|X=2)=2\cdot\frac{1}{2}+3\cdot\frac{1}{4}+4\cdot\frac{1}{4}=\frac{11}{4}.$$ ■

■ 예 제 28 - $f_{X,Y}(x,y)=(x+y)I_{(0,1)}(x)I_{(0,1)}(y)$에서 다음과 같은 조건부 분포를 얻는다.

$$f_{Y|X}(y|x)=\frac{x+y}{x+\frac{1}{2}}I_{(0,1)}(y),$$

여기서 $0<x<1$. 그러므로 $x\in(0,1)$가 주어진 Y의 기대값은 다음과 같다.

$$E(Y|X=x) = \int_0^1 y \frac{x+y}{x+\frac{1}{2}} dy = \frac{1}{x+\frac{1}{2}}\left(\frac{x}{2}+\frac{1}{3}\right).$$ ■

■ 예 제 29 - <예제 15>의 X와 Y에 대해 결합확률밀도함수를 고려하자.

$$f_{X,Y}(x,y) = \begin{cases} 2, & 0<x<y<1, \\ 0, & \text{그외}. \end{cases}$$

$X|y$와 $Y|x$의 조건부밀도함수가

$$f_{X|Y}(x|y) = \frac{f_{X,Y}(x,y)}{f_Y(y)} = \frac{2}{2y} = \frac{1}{y},\ 0<x<y,$$

$$f_{Y|X}(y|x) = \frac{2}{2(1-x)} = \frac{1}{1-x},\ x<y<1$$

이므로 $E(X|y)$와 $E(Y|x)$를 구해보자.

$$E(X|y) = \int_0^y x\frac{1}{y}dx = \frac{y}{2},$$

$$E(Y|x) = \int_x^1 u\frac{1}{1-x}du = \frac{1+x}{2}.$$ ■

앞에서 언급하였듯이 $E[g(Y)|x]$는 x의 함수이다. 이를 $h(x)$라 하자. 즉 $h(x) = E[g(Y|x)]$. 이때 x의 함수 $h(X)$의 기대값은 $E[h(X)] = E[E(g(Y)|X)]$이며 이는 다음 결과를 유도해 준다.

$$\begin{aligned} E[E(g(Y)|X)] = E[h(X)] &= \int_{-\infty}^{\infty} h(x)f_X(x)dx \\ &= \int_{-\infty}^{\infty} E(g(Y)|x)f_X(x)dx \\ &= \int_{-\infty}^{\infty}\left(\int_{-\infty}^{\infty} g(y)f_{Y|X}(y|x)dy\right)f_X(x)dx \\ &= \int_{-\infty}^{\infty}\int_{-\infty}^{\infty} g(y)f_{Y|X}(y|x)f_X(x)dydx \\ &= \int_{-\infty}^{\infty}\int_{-\infty}^{\infty} g(y)f_{X,Y}(x,y)dydx \end{aligned}$$

$$= E[g(Y)].$$

따라서 연속형 확률변수 X와 Y에 대해서 매우 유용한 다음의 정리를 간단히 증명하였다.

정 리 6

(X, Y)가 2차원 확률변수라 하면

$$E[g(Y)] = E[\,E[g(Y)\,|\,X]\,]$$

이고 특히

$$E(Y) = E[\,E(Y|X)\,].$$

정 의 19 : 회귀곡선(regression curve)

$E(Y|X=x)$를 가리켜 x에서 Y의 회귀곡선 $\mu_{Y|X=x} = \mu_{Y|x}$이라 한다.

정 의 20 : 조건부 분산(conditional variance)

$X=x$가 주어진 Y의 분산은 다음과 같이 정의한다.

$$var(Y\,|\,X=x) = E(\,Y^2|X=x) - (\,E(Y|X=x))^2.$$

정 리 7

$$var(Y) = E[\,var(Y|X)\,] + var[\,E(Y|X)\,].$$

(증 명)

$$\begin{aligned} E[var(Y|X)] &= E[\,E(Y^2|X)] - E([\,E(Y|X)]^2) \\ &= E(Y^2) - (E(Y))^2 - E([\,E(Y|X)]^2) + (E(Y))^2 \\ &= var(Y) - E([\,E(Y|X)]^2) + (E[\,E(Y|X)])^2 \end{aligned}$$

$$= var(Y) - var[E(Y|X)].$$ ■

두 정리가 의미하는 것을 간단히 정리하면 다음과 같다. <정리 6>의 두번째 등식은 Y의 평균은 Y의 조건부 평균의 평균(기대값)을 의미한다. 그리고 <정리 7>은 Y의 분산은 Y의 조건부 분산의 기대값과 Y의 조건부 평균의 분산의 합으로 이루어진다는 것을 보여준다.

■ 예 제 30 - 확률변수 X와 Y에 대해 결합확률밀도함수가 다음과 같다.

$$f_{X,Y}(x, y) = 6y, \quad (0 < y < x < 1).$$

X의 주변밀도함수는

$$f_X(x) = \int_0^x 6y\, dy = 3x^2, \ (0 < x < 1)$$

이고 $X = x$가 주어진 Y의 조건부 밀도함수는

$$f_{Y|X}(y|x) = \frac{6y}{3x^2} = \frac{2y}{x^2}, \ (0 < y < x).$$

$X = x$가 주어진 Y의 조건부 평균은

$$E(Y|x) = \int_0^x y\left(\frac{2y}{x^2}\right) dy = \frac{2}{3}x \cdot$$

Y의 조건부 분산을 구하기 위해

$$E(Y^2|X = x) = \int_0^x y^2\left(\frac{2y}{x^2}\right) dy = \frac{x^2}{2}$$

을 먼저 구하였다. 따라서 조건부 분산은

$$var(Y|X = x) = E(Y^2|X = x) - (E(Y|X = x))^2$$

$$= \frac{x^2}{2} - \left(\frac{2x}{3}\right)^2 = \frac{x^2}{18}.$$

그러므로 Y의 분산은

$$\begin{aligned} var(Y) &= E[\,var(Y|X)\,] + var[\,E(Y|X)\,] \\ &= E\left(\frac{1}{18}X^2\right) + var\left(\frac{2}{3}X\right) = \frac{1}{2}E(X^2) - \frac{4}{9}[\,E(X)]^2 \\ &= \frac{1}{2}\int_0^1 x^2 \cdot 3x^2 dx - \frac{4}{9}\left(\int_0^1 x \cdot 3x^2 dx\right)^2 \\ &= \frac{1}{2}\frac{3}{5} - \frac{4}{9}\left(\frac{3}{4}\right)^2 = \frac{3}{10} - \frac{1}{4} = \frac{1}{20}. \end{aligned}$$

■

—— 정 리 8 ——

(X, Y)가 2차원 확률변수이고 $g_1(\cdot)$, $g_2(\cdot)$가 어느 한 변수의 함수라 하면

(i) $E(g_1(Y) + g_2(Y)|X=x) = E(g_1(Y)|X=x) + E(g_2(Y)|X=x)$.

(ii) $E(g_1(Y)g_2(X)|X=x) = g_2(x)E(g_1(Y)|X=x)$.

(증 명)

연속형 확률변수에 대해서 살펴보기로 하자.

$$\begin{aligned} & E[g_1(Y) + g_2(Y)|X=x] \\ &= \int_{-\infty}^{\infty}(g_1(y) + g_2(y))\, f_{Y|X}(y|x)\, dy \\ &= \int_{-\infty}^{\infty}[g_1(y) f_{Y|X}(y|x)] + [g_2(y)\, f_{Y|X}(y|x)]\, dy \\ &= \int_{-\infty}^{\infty}[g_1(y) f_{Y|X}(y|x)]\, dy + \int_{-\infty}^{\infty}[g_2(y)\, f_{Y|X}(y|x)]\, dy \\ &= E(g_1(Y)|X=x) + E(g_2(Y)|X=x). \end{aligned}$$

이산형의 경우는 적분기호대신 합의 기호를 이용하여 증명할 수 있다.

$$E(g_1(Y)g_2(X)|X=x) = E(g_1(Y)g_2(x)|X=x) = g_2(x)\, E(g_1(Y)|X=x).$$

■

3.4 결합적률모함수와 적률

이 절에서는 확률변수들의 특별한 함수의 기대값으로 결합적률과 결합적률모함수를 정의하고자 한다.

정 의 21 : 결합적률(joint moment)

확률변수 $(X_1, \ldots, X_k)$*의 결합적률과 평균에 대한 결합적률은 다음과 같이 정의한다.*

$$E[X_1^{r_1} X_2^{r_2} \cdots X_k^{r_k}],$$
$$E[(X_1 - \mu_1)^{r_1}(X_2 - \mu_2)^{r_2} \cdots (X_k - \mu_k)^{r_k}],$$

여기서 r_i*는 0보다 크거나 같은 정수.*

보조정리

$r_i = r_j = 1$*이고 다른* r_m*들이 모두 "0"일때 평균에 대한 결합적률은*

$$E[(X_i - \mu_i)(X_j - \mu_j)]$$

이며 X_i*와* X_j*의 공분산이다.*

정 의 22 : 결합적률모함수(joint moment generate function)

확률변수 $X_1, \ldots, X_k$*의 결합적률모함수는 다음과 같이 정의한다.*

$$M_{X_1, \ldots, X_k}(t_1, \ldots, t_k) = E\left(\exp \sum_{j=1}^{k} t_j X_j\right),$$

여기서 t_j*들의 적절한 구간에 대해 기대값이 존재하여야 한다.*

X_j의 r번째 적률 $E(X_j^r)$은 $M_{X_1,\ldots,X_k}(t_1,\ldots,t_k)$을 t_j에 대해 r번 미분하고 모든 t를 0으로 보내는 극한을 취함으로써 얻어진다. 또한 $E[X_i^r X_j^s]$은 결합적률모함수를 t_i에 대해 r번, t_j에 대해 s번 미분하고 모든 t에 대해 0으로 극한을 취함으로써 얻어진다. 유사하게 다른 적률들도 동일한 방법으로 구할 수 있다.

—— 보조정리

$$M_X(t_1) = M_{X,Y}(t_1, 0) = \lim_{t_2\to 0} M_{X,Y}(t_1, t_2).$$
$$M_Y(t_2) = M_{X,Y}(0, t_2) = \lim_{t_1\to 0} M_{X,Y}(t_1, t_2).$$

즉, 주변적률모함수는 결합적률모함수로부터 얻을 수 있다.

3.5 독립성과 기대값

우리는 이미 독립과 기대값에 대해 살펴보았다. 이 절에서는 두 개념을 연결하고자 한다.

—— 정 리 9

두 함수 $g_1(\cdot)$과 $g_2(\cdot)$에 대하여 확률변수 X와 Y가 서로 독립이라면

$$E[g_1(X)g_2(Y)] = E[g_1(X)]\ E[g_2(Y)].$$

(증 명)

연속형 확률변수에 대해서만 증명하기로 한다.

$$\begin{aligned} E[g_1(X)g_2(Y)] &= \int_{-\infty}^{\infty}\int_{-\infty}^{\infty} g_1(x)g_2(y)f_{X,Y}(x,y)\,dxdy \\ &= \int_{-\infty}^{\infty}\int_{-\infty}^{\infty} g_1(x)\,g_2(y)\,f_X(x)\,f_Y(y)\,dxdy \\ &= \int_{-\infty}^{\infty} g_1(x)\,f_X(x)\,dx \int_{-\infty}^{\infty} g_2(y)\,f_Y(y)\,dy \\ &= E[g_1(X)]\cdot E[g_2(Y)]. \end{aligned}$$

■

— 보조정리 —

확률변수 X와 Y가 서로 독립이면 공분산 $cov(X, Y) = 0$ 이다.

(증 명)

$g_1(x) = x - \mu_X$와 $g_2(y) = y - \mu_Y$라 하면 <정리 9>에 의해

$$\begin{aligned} cov(X, Y) &= E[\,(X-\mu_X)(Y-\mu_Y)\,] \\ &= E[\,g_1(X)g_2(Y)\,] \\ &= E[\,g_1(X)\,]\,E[\,g_2(Y)\,] \\ &= E[\,X-\mu_X]\,E[\,Y-\mu_Y] \\ &= 0 \qquad (\ E(X-\mu_X) = E(Y-\mu_Y) = 0\ ). \end{aligned}$$

■

정 의 23 : 상관이 없는 확률변수(uncorrelated random variable)

확률변수 X와 Y가 서로 상관이 없는 필요충분조건은 $cov(X, Y) = 0$이다.

— 보조정리 —

앞의 보조정리의 역, 즉 공분산 $cov(X, Y) = 0$ 이면 X와 Y가 서로 독립이라는 명제는 항상 성립하는 것은 아니다.

다음 예제를 살펴보면서 이해하도록 하자.

■ 예 제 31 - 확률변수 U가 구간 $(0,1)$에서 균일하게 분포한다고 하자. $X = \sin(2\pi U)$ 이고 $Y = \cos(2\pi U)$ 라 하자. 만일 X의 값이 알려져 있으면 U는 두개 중 하나의 값을 갖고, 또한 Y도 두개 중 하나의 값을 가지므로 X와 Y는 서로 독립이 아니다. 독립이 아닌 X와 Y의 공분산을 구하여 보자.

$$E[\,Y] = \int_0^1 \cos 2\pi u\, du = 0, \quad E[\,X] = \int_0^1 \sin 2\pi u\, du = 0$$

이므로 공분산은

$$cov(X, Y) = E(XY) = \int_0^1 \sin 2\pi u \cos 2\pi u \, du = \frac{1}{2}\int_0^1 \sin 4\pi u \, du = 0.$$

위 결과에서 보듯이 공분산이 0임에도 불구하고 X와 Y가 서로 독립이 아닐 수도 있다. ■

—— 정 리 10 ——

확률변수 X와 Y가 서로 독립이기 위한 필요충분조건은 t_1과 t_2의 적절한 구간에서 다음과 같다.

$$M_{X,Y}(t_1, t_2) = M_X(t_1)\, M_Y(t_2).$$

(증 명)

X와 Y가 독립이며 $g_1(x) = e^{t_1 x}$이고 $g_2(y) = e^{t_2 y}$일때 <정리 9>에 의해 결합적률모함수가 주변적률모함수의 곱으로 나뉘어진다는 것이다. 따라서 X와 Y가 독립이면 $M_{X,Y}(t_1, t_2) = M_X(t_1)\, M_Y(t_2)$이 성립한다. 반대로 $M_{X,Y}(t_1, t_2) = M_X(t_1)\, M_Y(t_2)$이 성립하면 $f_{X,Y}(x, y) = f_X(x) f_Y(y)$이므로 X와 Y가 서로 독립이다. ■

<정리 9>와 <정리 10>에 의해 2차원 확률변수를 k차원 확률변수의 경우로 확장할 수 있다.

3.6 코쉬-쉬와르즈 부등식

—— 정 리 11 : 코쉬-쉬와르즈(Cauchy-Schwarz) 부등식 ——

확률변수 X와 Y가 2차 적률을 갖는다고 하자. 그러면

$$(E[XY])^2 = |E(XY)|^2 \le E(X^2)\, E(Y^2)$$

이며 어떤 상수 c에 대해 $P[Y = cX] = 1$ 일때 등식이 성립한다.

(증 명)

X와 Y의 2차 적률이 존재한다는 조건으로부터 $E(X)$, $E(Y)$, $E(XY)$가 존재한다는 것을 유도할 수 있다. $t(t>0)$에 대해 2차 함수 $h(t)$를 다음과 같이 정의하자.

$$0 \le h(t) = E[(tX - Y)^2] = E(X^2)t^2 - 2E(XY)t + E(Y^2).$$

만일 $h(t)>0$이면, $h(t)$의 해는 존재하지 않는다. 즉 다음 부등식 조건이 성립한다.

$$4(E[XY])^2 - 4E[X^2]E[Y^2] < 0 \quad 또는 \quad (E[XY])^2 < E[X^2]E[Y^2].$$

만일 $h(t)=0$이면, 어떤 t에 대하여(예를 들어 t_0) $E[(t_0X - Y)]^2 = 0$이다. 그러므로

$$P[t_0X = Y] = 1.$$ ■

—— 보조정리 ——

$|\rho_{X,Y}| \le 1,$

여기서 확률변수가 다른 확률변수의 선형함수가 될 때만 등식이 성립한다.

(증 명)

코쉬-쉬와르즈 부등식 $|E(UV)| \le \sqrt{E(U^2)E(V^2)}$에서 $U = X - \mu_X$와 $V = Y - \mu_Y$로 치환하여 $|cov(X,Y)| \le \sqrt{var(X)var(Y)}$을 유도한다. ■

4. 이변량 정규분포

통계학에서 중요한 다변량 밀도함수 중 하나가 다변량 정규밀도함수이다. 이 절에서는 이변량 정규분포에 대해 살펴보고자 한다. 결합밀도함수, 주변밀도함수, 조건부 밀도함수, 조건부 평균, 분산, 공분산등을 살펴본다.

4.1 밀도함수

> 정 의 24 : 이변량 정규분포함수(bivariate Normal distribution)
>
> *2차원 확률변수* (X, Y)*의 결합확률밀도함수가 다음과 같으면* (X, Y)*는 이변량 정규분포를 따르게 된다.*
>
> $$f_{X,Y}(x,y)$$
> $$= \frac{1}{2\pi\sigma_X\sigma_Y\sqrt{1-\rho^2}} exp\left\{-\frac{1}{2(1-\rho^2)}\left[\left(\frac{x-\mu_X}{\sigma_X}\right)^2 - 2\rho\frac{x-\mu_X}{\sigma_X}\frac{y-\mu_Y}{\sigma_Y} + \left(\frac{y-\mu_Y}{\sigma_Y}\right)^2\right]\right\},$$
>
> *여기서* $-\infty < x < \infty, -\infty < y < \infty$ *이며* $-\infty < \mu_X < \infty, -\infty < \mu_Y < \infty,$ $\sigma_X^2 > 0, \sigma_Y^2 > 0, -1 < \rho < 1$ *이다.*

이변량 정규밀도함수는 종모양의 표면을 나타낸다. xy평면에 수평인 평면으로 이 밀도함수를 잘라 그 단면을 살펴보면 타원형 곡선으로 나타나고 반면에 xy평면에 수직인 평면으로 잘라서 단면을 살펴보면 정규분포의 곡선으로 나타난다. 점 (X, Y)가 xy평면상의 영역 R에 놓일 확률은 다음과 같이 그 영역에 대해 적분함으로써 얻어진다.

$$P[(X, Y) \in R] = \int_R\int f(x,y)\,dydx.$$

이변량 정규분포함수가 밀도함수인지를 보이기 위해 연속형 밀도함수의 성질을 만족하는지를 살펴보자. 우선 밀도함수는 양수이다. 그리고 전체 평면에 대해 적분한 결과가 1인지를 살펴보자.

$$\int_{-\infty}^{\infty}\int_{-\infty}^{\infty} f(x,y)dydx = 1.$$

적분을 간단히 하기 위해 x와 y를 $u = \dfrac{x-\mu_X}{\sigma_X}$ 와 $v = \dfrac{y-\mu_Y}{\sigma_Y}$ 로 치환하면

$$\int_{-\infty}^{\infty}\int_{-\infty}^{\infty} \frac{1}{2\pi\sqrt{1-\rho^2}} e^{-\frac{1}{2(1-\rho^2)}(u^2-2\rho uv+v^2)} dudv$$

$$= \int_{-\infty}^{\infty}\int_{-\infty}^{\infty} \frac{1}{2\pi\sqrt{1-\rho^2}} e^{-\frac{1}{2(1-\rho^2)}((u-\rho v)^2+(1-\rho^2)v^2)} dudv.$$

$w = \frac{u-\rho v}{\sqrt{1-\rho^2}}$와 $dw = \frac{du}{\sqrt{1-\rho^2}}$로 치환하면 적분결과를 다음과 같이 표현이 가능하다.

$$\int_{-\infty}^{\infty} \frac{1}{\sqrt{2\pi}} e^{-w^2/2} dw \int_{-\infty}^{\infty} \frac{1}{\sqrt{2\pi}} e^{-v^2/2} dv$$

양쪽 적분결과가 모두 1이므로 밀도함수의 성질을 만족한다.

— 보조정리 —

이변량 정규밀도함수의 누적분포함수는 다음과 같다.

$$F_{X,Y}(x,y) = \int_{-\infty}^{y}\left(\int_{-\infty}^{x} f(u,v)du\right)dv.$$

4.2 적률모함수와 적률

이변량 정규분포를 따르는 확률변수 X와 Y의 적률을 구하기 위해 우선 결합적률모함수를 구해보기로 한다.

$$M_{X,Y}(t_1,t_2) = E(e^{t_1X+t_2Y}) = \int_{-\infty}^{\infty}\int_{-\infty}^{\infty} e^{t_1x+t_2y} f(x,y)dydx\ .$$

— 정 리 12 —

$$M_{X,Y}(t_1,t_2) = \exp\left[t_1\mu_X + t_2\mu_Y + \frac{1}{2}(t_1^2\sigma_X^2 + 2\rho t_1t_2\sigma_X\sigma_Y + t_2^2\sigma_Y^2)\right].$$

(증 명)

x와 y를 u와 v로 치환하여 다음을 얻을 수 있다. 즉,

$$u = \frac{x - \mu_X}{\sigma_X}, \quad v = \frac{y - \mu_Y}{\sigma_Y}.$$

$$M_{X,Y}(t_1,t_2) = \int_{-\infty}^{\infty}\int_{-\infty}^{\infty} e^{t_1\mu_X + t_2\mu_Y} e^{t_1\sigma_X u + t_2\sigma_Y v} \frac{1}{2\pi\sqrt{1-\rho^2}}$$

$$\cdot\, e^{-\frac{1}{2(1-\rho^2)}(u^2 - 2puv + v^2)} dvdu.$$

위 식에서 지수항 부분만 다시 재표현하면

$$-\frac{1}{2\sqrt{1-\rho^2}}[u^2 - 2\rho uv + v^2 - 2(1-\rho^2)t_1\sigma_X u - 2(1-\rho^2)t_2\sigma_Y v].$$

$$= -\frac{1}{2\sqrt{1-\rho^2}}\Big\{[u - \rho v - (1-\rho^2)t_1\sigma_X]^2 + (1-\rho^2)(v - \rho t_1\sigma_X - t_2\sigma_Y)^2$$

$$-(1-\rho^2)(t_1^2\sigma_X^2 + 2\rho t_1 t_2\sigma_X\sigma_Y + t_2^2\sigma_Y^2)\Big\}$$

$$= -\frac{1}{2}w^2 - \frac{1}{2}z^2 + \frac{1}{2}(t_1^2\sigma_X^2 + 2\rho t_1 t_2\sigma_X\sigma_Y + t_2^2\sigma_Y^2),$$

여기서 $w = \dfrac{u - \rho v - (1-\rho^2)t_1\sigma_X}{\sqrt{1-\rho^2}}$ $, z = v - \rho t_1\sigma_X - t_2\sigma_Y.$

그러므로 적률모함수는

$$M_{X,Y}(t_1,t_2) = e^{t_1\mu_X + t_2\mu_Y}\exp[\frac{1}{2}(t_1^2\sigma_X^2 + 2\rho t_1 t_2\sigma_X\sigma_Y + t_2^2\sigma_Y^2)]$$

$$\times \int_{-\infty}^{\infty}\int_{-\infty}^{\infty}\frac{1}{2\pi}e^{-w^2/2 - z^2/2}dwdx.$$

$$= \exp[t_1\mu_X + t_2\mu_Y + \frac{1}{2}(t_1^2\sigma_X^2 + 2\rho t_1 t_2\sigma_X\sigma_Y + t_2^2\sigma_Y^2)].$$ ∎

—— 정 리 13 ——

확률변수 (X, Y)는 이변량 정규분포를 따른다면

$E(X) = \mu_X$	$E(Y) = \mu_Y$
$var(X) = \sigma_X^2$	$var(Y) = \sigma_Y^2$
$cov(X, Y) = \rho\sigma_X\sigma_Y$	$\rho_{X,Y} = \rho.$

(증 명)

적률모함수 $M_{X,Y}(t_1, t_2)$을 $t_1=0, t_2=0$에서 미분함으로써 적률을 얻을 수 있다.

$$E(X) = \left.\frac{\partial M}{\partial t_1}\right|_{t_1=t_2=0} = \mu_X.$$

$$E(X^2) = \left.\frac{\partial^2 M}{\partial t_1^2}\right|_{t_1=t_2=0} = \mu_X^2 + \sigma_X^2.$$

따라서 X의 분산은

$$E[(X-\mu_X)^2] = E(X^2) - \mu_X^2 = \sigma_X^2.$$

유사하게 t_2에 대해 미분함으로써 Y의 평균과 분산을 얻을 수 있다. 또한 $M_{X,Y}(t_1, t_2)$을 t_1에 대해 r번, t_2에 대해 s번 미분함으로써 결합적률 $E(X^r Y^s)$을 얻을 수 있다. X와 Y은 공분산은

$$\begin{aligned} E[(X-\mu_X)(Y-\mu_Y)] &= E[XY - X\mu_Y - Y\mu_X + \mu_X\mu_Y] = E(XY) - \mu_X\mu_Y \\ &= \left.\frac{\partial^2}{\partial t_1 \partial t_2} M_{X,Y}(t_1, t_2)\right|_{t_1=t_2=0} - \mu_X\mu_Y \\ &= \rho\sigma_X\sigma_Y. \end{aligned}$$

■

—— 정 리 14 ——

확률변수 (X, Y)가 이변량 정규분포를 따른다면, X와 Y가 독립이기 위한 필요충분조건은 $cov(X, Y)=0$으로 X와 Y가 상관이 없을 때이다.

(증 명)

$cov(X, Y) = 0$ 또는 $\rho = 0$이면 결합확률밀도함수는 두 개의 일변량 정규밀도함수의 곱이 된다. 그러므로 $\rho = 0$이면 X와 Y가 독립이라는 것을 의미한다. 일반적으로 X와 Y가 독립이라는 것은 X와 Y가 상관이 없다는 것을 의미한다.

4.3 주변분포와 조건부분포

정 리 15

확률변수 (X, Y)가 이변량 정규분포를 따르면, X와 Y의 주변분포는 일변량 정규분포이다.

(증 명)

X의 주변분포는 정의에 의해

$$f_X(x) = \int_{-\infty}^{\infty} f_{X,Y}(x, y)\, dy$$

이고 여기서 $v = \dfrac{y - \mu_Y}{\sigma_Y}$로 치환하고 v에 대해 2차식으로 고치면 다음과 같다.

$$f_X(x) = \int_{-\infty}^{\infty} \frac{1}{2\pi\sigma_X\sqrt{1-\rho^2}} \times \exp\left\{ -\frac{1}{2}\left(\frac{x-\mu_x}{\sigma_X}\right)^2 - \frac{1}{2(1-\rho^2)}\left(v - \rho\frac{x-\mu_X}{\sigma_X}\right)^2 \right\} dv$$

이를 다시

$$w = \frac{v - \rho(x-\mu_X)/\sigma_X}{\sqrt{1-\rho^2}} \quad \text{와} \quad dw = \frac{dv}{\sqrt{1-\rho^2}}$$

로 치환하여 정리하면 X의 주변밀도함수를 얻을 수 있으며 평균과 분산은 각각 μ_X와 σ_X^2이다.

$$f_X(x) = \frac{1}{\sqrt{2\pi\sigma_X^2}} \exp\left[-\frac{1}{2}\left(\frac{x-\mu_X}{\sigma_X}\right)^2 \right].$$

유사하게 Y의 주변분포도 동일한 형태를 갖는다. ■

정 리 16

확률변수 (X, Y)가 이변량 정규분포를 따른다면, $Y=y$가 주어진 X의 조건부분포는 평균이 $\mu_X+(\rho\sigma_X/\sigma_Y)(y-\mu_Y)$이고 분산이 $\sigma_X^2(1-\rho^2)$인 정규분포이다. 또한 $X=x$가 주어진 Y의 조건부분포는 평균이 $\mu_Y+(\rho\sigma_Y/\sigma_X)(x-\mu_X)$이고 분산이 $\sigma_Y^2(1-\rho^2)$인 정규분포이다.

(증 명)

결합확률밀도함수와 주변분포를 이용하여 조건부분포를 구할 수 있다. Y의 고정된 값에 대해 X의 조건부 분포는

$$f_{X,Y}(x|y)=\frac{f_{X,Y}(x,y)}{f_Y(y)}$$

이고 변수변환후 그 형태는

$$f_{X|Y}(x|y)=\frac{1}{\sqrt{2\pi}\sigma_X\sqrt{1-\rho^2}}\exp\left(-\frac{1}{2\sigma_X^2(1-\rho^2)}\left[x-\mu_X-\frac{\rho\sigma_X}{\sigma_Y}(y-\mu_Y)\right]^2\right)$$

으로 평균이 $\mu_X+(\rho\sigma_X/\sigma_Y)(y-\mu_Y)$이고 분산이 $\sigma_X^2(1-\rho^2)$인 정규분포가 된다. 또한 $X=x$가 주어진 Y의 조건부 분포는 다음과 같으며 이때의 평균은 $\mu_Y+(\rho\sigma_Y/\sigma_X)(x-\mu_X)$이며 분산은 $\sigma_Y^2(1-\rho^2)$이다.

$$f_{Y|X}(y|x)=\frac{1}{\sqrt{2\pi}\sigma_Y\sqrt{1-\rho^2}}\exp\left(-\frac{1}{2\sigma_Y^2(1-\rho^2)}\left[y-\mu_Y-\frac{\rho\sigma_Y}{\sigma_X}(x-\mu_X)\right]^2\right). \quad ■$$

이미 언급하였듯이 조건부분포에서 확률변수의 평균값은 조건부분포에서 변수의 고정된 값의 함수로 간주되는 회귀곡선이다. 따라서 $Y=y$에서 X의 회귀선은 $\mu_X+(\rho\sigma_X/\sigma_Y)(y-\mu_Y)$이고 이는 y에 대한 함수이다. 일반적으로 이변량 분포에서 $Y=y$가 주어진 X의 평균은 y의 함수가 된다. xy평면에 그려진 $x=g(y)$는 X에 대한 회귀곡선을 찾아준다. 이는 $Y=y$가 주어진 X의 조건부분포에서 Y의 다양한 값에 대한 X의 평균의 위치를 찾아준다.

이변량 정규분포에서 회귀곡선은

$$x = \mu_X + \frac{\rho\sigma_X}{\sigma_Y}(y - \mu_Y)$$

을 통해서 구한 직선이다.

5. 이변량 라플라스분포 연구

지수분포(exponential distribution)은 어떤 사상이 정해진 시간으로부터 다음 번에 발생하기까지의 시간에 관한 확률분포함수이며, 실제 많이 응용되고 있는 확률분포 중 하나이다. 또한 극단값(extreme value)의 이론에 대한 시발점으로 사용될 수 있다. 라플라스(Laplace)분포 또는 이중지수분포의 경우에 모수의 값에 따라 쌍봉분포(bimodal distribution)의 형태를 나타내기도 하는데 이는 두 개의 정규분포의 선형결합분포로 생각해 볼 수 있다. 이변량 분포에 대한 연구는 정규분포인 경우에 Bravais와 Karl Pearson(19C 초)시대 이래로 집중적으로 진행되어왔는데 이변량 정규분포에서는 다음과 같은 잘 알려진 성질이 있다.

1) 등확률밀도(equal probability density)의 곡선(curve)은 동심타원(concentric ellipses)이다.
2) $E[y|x]$, $E[x|y]$은 직선이고, 기대값에서 교차된다.
3) 한 변수의 값이 증가함에 따라 다른 한 변수의 조건부 기대값은 무한히 증가 또는 감소한다.
4) $-1 \le \rho \le 1$

주변분포가 그에 대응하는 이변량 분포를 결정하는 것은 아니다. Frechet(1951)은 주변분포가 주어졌을 때 이 주변분포를 갖는 무한히 많은 이변량분포가 존재한다는 것을 증명하였는데, 이 결과는 이변량분포의 존재에 관한 것이지, 그들의 구조 및 형태에 관한 것은 아니었다. Gumbel(1960)은 위의 네 가지 성질을 모두 만족하지 않는, 주변분포가 정규분포인 이변량분포가 존재함을 보였다. 그리고 주변분포가 지수분포인 특별한 형태의 이변량분포를 연구하였는데, 여기에서도 역시 위의 네 가지 성질이 만족되지 않았다. 특히, 상관관계는 협소한 범위내에서 변화한다는 것을 발견하였다.

본 절에서는 주변분포가 지수분포인, 세가지 형태의 이변량 지수분포에 대한 Gumbel(1960)의 연구 내용을 확장하여 주변분포가 라플라스분포인 이변량 라플라스분포의 형태와 성질을 연구해 보고자 한다(홍종선과 박철(1996) 참조).

5.1 첫번째 형태의 이변량 라플라스분포함수

Gumbel(1960)이 연구한 주변분포가 지수분포인, 첫번째 형태의 이변량분포의 누적분포함수와 확률밀도함수는 다음과 같다. $x \geq 0$, $y \geq 0$, $0 \leq \theta \leq 1$에 대하여,

$$F_{X,Y}(x, y) = 1 - e^{-x} - e^{-y} + e^{-(x+y+\theta xy)},$$
$$f_{X,Y}(x, y) = e^{-x-y-\theta xy}\{(1+\theta x)(1+\theta y) - \theta\}.$$

위의 확률밀도함수에서 확률변수 x와 y에 절대값을 취하고 적절한 상수로 나누어줌으로써 이변량 라플라스분포의 확률밀도함수를 정의해보면 다음과 같다.

정 의 25 : 이변량 라플라스분포

첫번째 이변량 라플라스분포의 확률밀도함수는 다음과 같다.

$$f_{X,Y}(x, y) = \frac{1}{4} e^{-|x|-|y|-\theta|x||y|}[(1+\theta|x|)(1+\theta|y|) - \theta],$$
$$-\infty \leq x \leq \infty, \ -\infty \leq y \leq \infty, \ 0 \leq \theta \leq 1.$$

<정의 25>의 확률밀도함수는 다음과 같이 연속형 확률밀도함수의 기본성질들을 만족한다.

기본성질

1. 모든 실수 x, y에 대하여 $f_{X,Y}(x, y) \geq 0$이다.

2. $\int_{-\infty}^{\infty}\int_{-\infty}^{\infty} f_{X,Y}(x, y)\,dxdy = 1$이다.

그리고 <정의 25>를 이용하여 다음과 같은 누적분포함수를 구할 수 있다. 구하는 과정은 어렵지 않기 때문에 생략한다.

—— 정 리 17 ——

첫번째 이변량 라플라스분포의 누적분포함수는 다음과 같다.

$$F_{X,Y}(x,y)=\begin{cases}\frac{1}{4}(4-2e^{-x}-2e^{-y}+e^{-x-y-\theta xy}), & x\geq, y\geq 0\\ \frac{1}{4}(2e^{y}-e^{-x+y+\theta xy}), & x\geq, y<0\\ \frac{1}{4}(2e^{x}-e^{x+y+\theta xy}), & x<, y\geq 0\\ \frac{1}{4}(e^{x+y-\theta xy}), & x<, y<0,\end{cases}$$

여기서 $0\leq\theta\leq 1$.

Gumbel(1960)이 연구한 첫번째 형태의 이변량 지수분포에서의 상관계수는 다음과 같다.

$$\rho=-\frac{e^{\frac{1}{\theta}}}{\theta}E_i(-\theta^{-1})-1,\ \text{여기서}\ \ E_i = \text{Integral Logarithm.}$$

$0\leq\theta\leq 1$이므로 이변량 지수분포의 상관관계는 $-0.40\leq\rho\leq 0$이다. 이변량 지수분포를 이변량 라플라스분포로 확장하여 첫번째 형태의 이변량 라플라스분포에서의 상관계수를 구하면 다음과 같다.

—— 정 리 18 ——

첫번째 형태의 이변량 라플라스분포의 상관계수는 0이며, θ와 독립이다.

(증 명)

$$\begin{aligned}E[XY]=&\int_0^{\infty}\int_0^{\infty}\frac{xy}{4}e^{-x-y-\theta xy}\{(1+\theta x)(1+\theta y)-\theta\}dxdy\\&+\int_{-\infty}^{0}\int_0^{\infty}\frac{xy}{4}e^{-x+y+\theta xy}\{(1+\theta x)(1-\theta y)-\theta\}dxdy\\&+\int_0^{\infty}\int_{-\infty}^{0}\frac{xy}{4}e^{x-y+\theta xy}\{(1-\theta x)(1+\theta y)-\theta\}dxdy\end{aligned}$$

$$+\int_{-\infty}^{0}\int_{-\infty}^{0}\frac{xy}{4}e^{x+y-\theta xy}\{(1-\theta x)(1-\theta y)-\theta\}dxdy$$

$$=\int_{0}^{\infty}\frac{1}{4}ye^{-y}\frac{1+\theta y+\theta}{1+\theta y^2}dy+\int_{-\infty}^{0}\frac{1}{4}ye^{y}\frac{1-\theta y+\theta}{(1-\theta y)^2}dy$$

$$-\int_{0}^{\infty}\frac{1}{4}ye^{-y}\frac{1+\theta y+\theta}{(1+\theta y)^2}dy-\int_{-\infty}^{0}\frac{1}{4}ye^{y}\frac{1-\theta y+\theta}{(1-\theta y)^2}dy$$

$$=0.$$

$E[X]=E[Y]=0$이므로, 상관계수 $\rho=0$이다. 따라서 ρ는 θ의 함수로 정의되지 않으므로 θ와 독립임을 알 수 있다. ■

각 변수의 조건부 기대값을 구해보면 다음과 같다.

—— 정 리 19 ——

첫번째 분포에서의 조건부 기대값은 다음과 같다.

(i) $k=$홀수인 경우

$$E[X^k|y]=0.$$

(ii) $k=$짝수인 경우

$$E[X^k|y]=\begin{cases}\dfrac{k!(1+\theta y+k\theta)}{(1+\theta y)^{k+1}}, & y\geq 0\\[2mm] \dfrac{k!(1-\theta y+k\theta)}{(1-\theta y)^{k+1}}, & y<0.\end{cases}$$

(증 명)

$$E[X^k|y]=\int_{-\infty}^{\infty}x^k f(x|y)dx=\int_{-\infty}^{\infty}x^k\frac{f(x,y)}{f(y)}dx \text{이므로}$$

(i) $k=$홀수인 경우

a. $x\geq 0, y\geq 0$일때,

$$E[X^k|y]=\int_{0}^{\infty}x^k\frac{1}{2}e^{-(1-\theta y)x}\{(1+\theta x)(1-\theta y)-\theta\}dx=\frac{k!}{2}\frac{(1+\theta y+k\theta)}{(1+\theta y)^{k+1}},$$

b. $x\geq 0, y<0$일때,

$$E[X^k|y]=\int_{0}^{\infty}x^k\frac{1}{2}e^{-(1-\theta y)x}\{(1+\theta x)(1-\theta y)-\theta\}dx=\frac{k!}{2}\frac{(1-\theta y+k\theta)}{(1-\theta y)^{k+1}},$$

c. $x<0,\ y\geq 0$일 때,

$$E[X^k|y]=\int_{-\infty}^{0} x^k \frac{1}{2} e^{-(1-\theta y)x}\{(1+\theta x)(1-\theta y)-\theta\}dx=-\frac{k!}{2}\frac{(1+\theta y+k\theta)}{(1+\theta y)^{k+1}},$$

d. $x<0,\ y<0$일 때,

$$E[X^k|y]=\int_{-\infty}^{0} x^k \frac{1}{2} e^{-(1-\theta y)x}\{(1+\theta x)(1-\theta y)-\theta\}dx=\frac{-k!}{2}\frac{(1-\theta y+k\theta)}{(1-\theta y)^{k+1}}.$$

그러므로 위의 4식을 모두 합하면 $E[x^k|y]=0$이다.

(ii) $k=$짝수인 경우

a. $x\geq 0,\ y\geq 0$일 때,

$$E[X^k|y]=\int_{0}^{\infty} x^k \frac{1}{2} e^{-(1-\theta y)x}\{(1+\theta x)(1-\theta y)-\theta\}dx=\frac{k!}{2}\frac{(1+\theta y+k\theta)}{(1+\theta y)^{k+1}}.$$

b. $x\geq 0,\ y<0$일 때,

$$E[X^k|y]=\int_{0}^{\infty} x^k \frac{1}{2} e^{-(1-\theta y)x}\{(1+\theta x)(1-\theta y)-\theta\}dx=\frac{k!}{2}\frac{(1-\theta y+k\theta)}{(1-\theta y)^{k+1}}.$$

c. $x<0,\ y\geq 0$일 때,

$$E[X^k|y]=\int_{0}^{\infty} x^k \frac{1}{2} e^{-(1-\theta y)x}\{(1+\theta x)(1-\theta y)-\theta\}dx=\frac{k!}{2}\frac{(1+\theta y+k\theta)}{(1+\theta y)^{k+1}}.$$

d. $x<0,\ y<0$일 때,

$$E[X^k|y]=\int_{0}^{\infty} x^k \frac{1}{2} e^{-(1-\theta y)x}\{(1+\theta x)(1-\theta y)-\theta\}dx=\frac{k!}{2}\frac{(1-\theta y+k\theta)}{(1-\theta y)^{k+1}}.$$

그러므로 $E[X^k|y]=\begin{cases}\dfrac{k!(1+\theta y+k\theta)}{(1+\theta y)^{k+1}}, & y\geq 0\\ \dfrac{k!(1-\theta y+k\theta)}{(1-\theta y)^{k+1}}, & y<0.\end{cases}$ ■

5.2 두번째 형태의 이변량 라플라스분포함수

Gumbel(1960)이 연구한 주변분포가 지수분포인, 두번째 형태의 이변량 지수분포의 누적분포함수와 확률밀도함수는 다음과 같다. $x\geq 0,\ y\geq 0,\ -1\leq\alpha\leq 1$에 대하여,

$$F_{X,Y}(x,y)=F_X(x)F_Y(y)[1+\alpha(1-F_X(x))(1-F_Y(y))],$$
$$f_{X,Y}(x,y)=f_X(x)f_Y(y)[1+\alpha(2F_X(x)-1)(2F_Y(y)-1)],$$

여기에서 이중지수분포식을 위 식에 대입함으로써 다음과 같은 이변량 라플라스분포를 구할 수

있다.

---- 정 의 26 : 이변량 라플라스분포의 누적분포함수 ----

두번째 이변량 라플라스분포의 누적분포함수는 다음과 같다.

$$F_{X,Y}(x,y)=\begin{cases}(1-\frac{1}{2}e^{-x})(1-\frac{1}{2}e^{-y})(1+\frac{1}{4}\alpha e^{-x-y}), & x\geq 0,\ y\geq 0\\ \frac{1}{2}e^{y}(1-\frac{1}{2}e^{-x})[1+\frac{1}{2}\alpha(e^{-x}-\frac{1}{2}e^{-x+y})], & x\geq 0,\ y<0\\ \frac{1}{2}e^{x}(1-\frac{1}{2}e^{-y})[1+\frac{1}{2}\alpha(e^{-y}-\frac{1}{2}e^{x-y})], & x<0,\ y\geq 0\\ \frac{1}{4}e^{x+y}[1+\alpha(1-\frac{1}{2}e^{x})(1-\frac{1}{2}e^{y})], & x<0,\ y<0,\end{cases}$$

여기서 $-1\leq\alpha\leq 1.$

---- 정 의 27 : 이변량 라플라스분포의 확률밀도함수 ----

두번째 이변량 라플라스분포의 확률밀도함수는 다음과 같다.

$$f_{X,Y}(x,y)=\begin{cases}\frac{1}{4}e^{-x-y}[1+\alpha(1-e^{-x})(1-e^{-y})], & x\geq 0,\ y\geq 0\\ \frac{1}{4}e^{-x+y}[1+\alpha(1-e^{-x})(-1+e^{y})], & x\geq 0,\ y<0\\ \frac{1}{4}e^{x-y}[1+\alpha(-1+e^{x})(1-e^{-y})], & x<0,\ y\geq 0\\ \frac{1}{4}e^{x+y}[1+\alpha(1-e^{x})(1-e^{y})], & x<0,\ y<0,\end{cases}$$

여기서 $-1\leq\alpha\leq 1.$

두번째 형태의 이변량 지수분포에서의 상관계수는 $\rho=\frac{\alpha}{4}$이며, $-1\leq\alpha\leq 1$이므로 이변량 지수분포의 상관관계 값의 범위는 $-0.25\leq\alpha\leq 0.25$이다. 여기에서 두번째 형태의 분포로부터 얻어진 이변량 라플라스분포에서의 상관계수는 다음과 같다.

―― 정 리 20 ――

두번째 형태의 이변량 라플라스분포의 상관계수는 $-0.328 \le \rho \le 0.28125$*이다.*

(증 명)

$$E[XY]=\int_0^\infty\int_0^\infty \frac{xy}{4}e^{-x-y}\{1+\alpha(1-e^{-x}-e^{-y}+e^{-x-y})\}dxdy$$
$$+\int_{-\infty}^0\int_0^\infty \frac{xy}{4}e^{-x+y}\{1+\alpha(-1+e^{-x}+e^{y}-e^{-x+y})\}dxdy$$
$$+\int_0^\infty\int_{-\infty}^0 \frac{xy}{4}e^{x-y}\{1+\alpha(-1+e^{x}+e^{-y}-e^{-x-y})\}dxdy$$
$$+\int_{-\infty}^0\int_{-\infty}^0 \frac{xy}{4}e^{x+y}\{1+\alpha(1-e^{x}-e^{y}+e^{x+y})\}dxdy$$
$$=\frac{39}{64}\alpha-\frac{3}{64},$$
$$E[X]=E[Y]=0,\quad \sigma_X^2=\sigma_Y^2=2$$

이므로 $\rho=\frac{39}{128}\alpha-\frac{3}{128}$ 이다. ■

각 변수의 조건부 기대값을 구해보면 다음과 같다.

―― 정 리 21 ――

두번째 분포의 조건부 기대값은 다음과 같다.

$$E[X^k|y]=k!,\quad k=\text{짝수}.\qquad E[X|y]=\begin{cases}\frac{3}{4}\alpha(1-e^{-y}), & y\ge 0\\ -\frac{3}{4}\alpha(1-e^{y}), & y<0.\end{cases}$$

$$E[X^3|y]=\begin{cases}\frac{45}{8}\alpha(1-e^{-y}), & y\ge 0\\ -\frac{45}{8}\alpha(1-e^{y}), & y<0.\end{cases}\qquad E[X^5|y]=\begin{cases}\frac{945}{8}\alpha(1-e^{-y}), & y\ge 0\\ -\frac{945}{8}\alpha(1-e^{y}), & y<0.\end{cases}$$

$$E[X^7|y]=\begin{cases}\frac{80325}{16}\alpha(1-e^{-y}), & y\ge 0\\ -\frac{80325}{16}\alpha(1-e^{y}), & y<0.\end{cases}$$

(증 명)

$$E[X^k|y]=\int_{-\infty}^{\infty}x^k f(x|y)dx=\int_{-\infty}^{\infty}x^k\frac{f(x|y)}{f(y)}dx$$ 이므로

a. $x\geq 0,\ y\geq 0$ 일때

$$E[X^k|y]=\int_0^{\infty}x^k\frac{e^{-x}}{2}[1+\alpha(1-e^{-x})(1-e^{-y})]dx.$$

b. $x\geq 0,\ y<0$ 일때

$$E[X^k|y]=\int_0^{\infty}x^k\frac{e^{-x}}{2}[1+\alpha(1-e^{-x})(-1+e^{y})]dx.$$

c. $x<0,\ y\geq 0$ 일때

$$E[X^k|y]=\int_{-\infty}^{0}x^k\frac{e^{-x}}{2}[1+\alpha(-1+e^{x})(1-e^{-y})]dx.$$

d. $x<0,\ y<0$ 일때

$$E[X^k|y]=\int_{-\infty}^{0}x^k\frac{e^{-x}}{2}[1+\alpha(1-e^{x})(1-e^{y})]dx.$$

그러므로 k가 짝수인 경우에는 $E[X^k|y]=k!$이 되며, k가 홀수인 경우에는 수열의 규칙성을 발견할 수 없고 다만, $k=1,3,5,7$인 경우에는 위와 같음을 알 수 있다. ■

앞에서 논의한 결과를 바탕으로 이변량 라플라스분포에서도 역시 이변량 정규분포의 네 가지 성질들이 모두 다 성립하지 않음을 알았다. 즉, 첫번째 형태의 이변량 라플라스분포에서 등확률 밀도의 곡선이 동심타원이 아니고, 상관계수는 θ와 독립이다. 그리고 한 변수가 주어졌을 때 다른 한 변수의 조건부 기대값은 홀수 차수일 경우에는 항상 0으로 일정하고, 짝수 차수일 경우에는 유한한 한계 내에 존재하였다. 두번째 형태의 이변량 라플라스분포에서 등확률 밀도의 곡선이 동심타원이 아니고, 상관계수는 $-0.328\leq\rho\leq 0.25$으로 이변량 정규분포보다는 협소한 구간을 형성하였지만, 이변량 지수분포보다는 약간 넓은 구간을 형성했다. 그러나 한 변수가 주어졌을 때, 다른 한 변수의 조건부기대값은 홀수 차수일 경우에는 유한한 한계 내에 존재하였고 짝수 차수일 경우에는 일정한 상수이다.

한편, Gumbel(1960)의 세번째 형태의 이변량 지수분포의 누적분포함수와 확률밀도함수는 다음과 같다.

$$F_{X,Y}(x,y)=1-e^{-x}-e^{-y}+P(x.y),$$

$$f_{X,Y}(x,y) = P(x,y)(x^m+y^m)^{\frac{1}{m-2}} x^{m-1} y^{m-1}[(x^m+y^m)^{\frac{1}{m}} + m-1],$$

여기서 $-\infty \le x \le \infty$, $-\infty \le y \le \infty$, $1 \le m \le 2$. 언급한 확률밀도함수에서 확률변수 x와 y에 절대값을 취하고 적절한 상수로 나누어줌으로써 세번째 형태의 이변량 라플라스분포의 확률밀도함수를 정의해 보면, <정의 28>와 같다.

정 의 28 : 이변량 라플라스분포의 확률밀도함수

세번째 형태의 이변량 라플라스분포의 확률밀도함수는 다음과 같다.

$$f_{X,Y}(x,y) = P(|x|,|y|)(x^{|m|}+y^{|m|})^{\frac{1}{m-2}} |x|^{m-1} |y|^{m-1}[(|x|^m+|y|^m)^{\frac{1}{m}} + m-1],$$

여기서 $-\infty \le x \le \infty$, $-\infty \le y \le \infty$, $1 \le m \le 2$,

$$P(x,y) = \exp[-(x^m+y^m)^{\frac{1}{m}}].$$

그러나 누적분포함수를 구하기 위한 확률밀도함수의 적분과정이 복잡하기 때문에 확률밀도함수만 알아보고 나머지는 향후 연구 과제로 독자에게 남겨 두기로 한다.

연습문제

1. 다음과 같은 결합확률밀도함수를 이용하여 주변확률분포와 $P(X+Y\leq 1)$을 구하여라.

$$f_{X,Y}(x, y) = 15x^2y, \qquad 0<x<y<1.$$

2. 확률변수 X와 Y의 결합확률밀도함수가 다음과 같다.

$$f_{X,Y}(x, y) = 21x^2y^3, \quad 0<x<y<1.$$

(a) $Y=y$가 주어진 X의 조건부 평균과 분산을 구하라.

(b) $U=E(X|Y)$의 분포를 구하라.

3. 확률변수 X의 확률밀도함수와 누적분포함수를 $f_X(x)$, $F_X(x)$라 할 때 $X>x_0$(임의의 x_0)가 주어진 X의 조건부확률밀도함수는 $f(x|X>x_0)=f_X(x)/[1-F_X(x_0)]$ ($x_0<x$)이다. 이러한 종류의 조건부분포는 x_0시간까지 생존했다는 조건하에 죽을 때까지의 시간에 대한 문제에 적용할 수 있다.

(a) $f(x|X>x_0)$가 확률밀도함수임을 보여라.

(b) $f_X(x) = e^{-x}$ $(0<x<\infty)$라 할 때 $P(X>2|X>1)$을 구하라.

4. X와 Y의 적률모함수 $M_{X,Y}(t_1, t_2)$에 대해 $\psi(t_1, t_2) = \ln M_{X,Y}(t_1, t_2)$라 할 때

$$\frac{\partial\psi(0,0)}{\partial t_i}, \quad \frac{\partial^2\psi(0,0)}{\partial t_i^2} \text{와 } \frac{\partial^2\psi(0,0)}{\partial t_1\partial t_2}$$

을 이용하여 두 확률변수의 평균, 분산과 공분산을 찾아라.

5. 두 확률변수 X와 Y의 결합확률밀도함수가 다음과 같을 때 두 확률변수가 독립임을 보여라.

$$f(x,y) = 12xy(1-y), \quad 0<x<1,\ 0<y<1.$$

6. 확률변수 X와 Y의 결합확률밀도함수가 다음과 같다.

$$f_{X,Y}(x, y) = 2e^{-x-y}, \quad 0<x<y<\infty.$$

이때 X와 Y가 독립이 아님을 보여라.

7. X와 Y의 결합확률밀도함수가 다음과 같을 때 서로 독립임을 보여라.

$$f_{X,Y}(x,y) = \frac{1}{16},\ x=1,2,3,4,\ y=1,2,3,4.$$

8. X와 Y의 결합확률밀도함수에 대해

$$f_{X,Y}(x,y) = e^{-x-y},\ 0<x<\infty,\ 0<y<\infty.$$

두 확률변수가 독립임과 $M_{X,Y}(t_1,t_2) = (1-t_1)^{-1}(1-t_2)^{-1}$, $(t_1<1,\ t_2<1)$, $E[e^{t(X+Y)}] = (1-t)^{-2}$, $(t<1)$임을 증명하라. 그리고 $Z=X+Y$의 평균과 분산을 구하라.

9. X, Y와 Z의 결합확률밀도함수가 $0<x<\infty, 0<y<\infty, 0<z<\infty$에 대해 다음과 같다.

$$f_{X,Y,Z}(x,y,z) = \exp[-(x+y+z)].$$

(a) $P(X<Y<Z)$와 $P(X=Y<Z)$를 구하라.

(b) X, Y와 Z의 적률모함수를 구하고 서로 독립인지 보여라.

10. X, Y와 Z의 결합확률밀도함수가 $0<x<1, 0<y<1, 0<z<1$에 대해 다음과 같다.

$$f_{X,Y,Z}(x,y,z) = 2(x+y+z)/3.$$

(a) 각각의 주변확률밀도함수를 구하라.

(b) X, Y와 Z가 독립인가?

(c) X, Y와 Z의 누적분포함수를 구하라.

(d) $Z=z$가 주어진 X, Y의 조건부분포를 구하라.

(e) $Y=y, Z=z$가 주어진 X의 조건부분포를 구하라.

11. X, Y, Z가 독립이고 동일한 분포를 따르는 확률변수들이라고 할 때, 다음 분포들의 $P(X+Y>Z)$를 구하여라.

(a) $f(x) = \lambda e^{-\lambda x}, 0<x<\infty$.

(b) $f(x)=1, 0<x<1$.

(c) $f(x) = \frac{1}{\sqrt{2\pi}} exp(-\frac{1}{2}x^2), -\infty<x<\infty$.

12. 독립적인 확률변수 X, Y, Z와 W이 각각의 누적분포함수 $F_X(\cdot)$, $G_Y(\cdot)$, $H_Z(\cdot)$ $\Psi_W(\cdot)$를 갖고 있을 때 다음을 증명하라.

(a) $P(X<Y) = \int_0^1 [1-G_Y(x)]dF_X(x)$.

(b) $P(X < Y < Z) = \int_0^1 F_X(y)[1 - H_Z(y)]dG_Y(y)$.

(c) $P(X < Y < Z < W) = \int_0^1 F_X(y)[1 - H_Z(y)][1 - \Psi_W(y)]dG_Y(y)$.

13. 확률변수 X에 대하여 $E(X^2) = 1$, $E|X| \geq a > 0$일 때 다음을 증명하여라.

$$P(|X| \geq \lambda a) \geq (1-\lambda)^2 a^2 \ , \quad 0 \leq \lambda \leq 1.$$

14. 다음을 증명하거나 아님을 보이시오.
   (a) $P(X > Y) = 1$이면 $E(X) \geq E(Y)$이다.
   (b) $E(X) > E(Y)$이면 $P(X > Y) = 1$ 이다.
   (c) $E(X) > E(Y)$이면 $P(X > Y) > 0$ 이다.

15. 다음을 증명하거나 아님을 보이시오.
   (a) 모든 z에 대해 $F_X(z) > F_Y(z)$이면 $E(Y) > E(X)$이다.
   (b) $E(Y) > E(X)$이면 모든 z에 대해 $F_X(z) > F_Y(z)$이다.
   (c) $E(Y) > E(X)$이면 어떤 z에 대해 $F_X(z) > F_Y(z)$이다.

16. 만일 X와 Y가 다음과 같은 밀도함수를 가질 때 다음을 구하시오.

$$f_{X,Y}(x, y) = 2\, I_{(0,y)}(x)\, I_{(0,1)}(y).$$

   (a) $cov(X, Y)$를 구하시오.
   (b) $X = x$가 주어진 Y의 조건부밀도함수를 구하시오.

17. 만일 X와 Y가 다음과 같은 밀도함수를 가질 때 다음을 구하시오.

$$f_{X,Y}(x, y) = \frac{1}{2} xy\, I_{(0,x)}(y)\, I_{(0,2)}(x).$$

   (a) X와 Y의 주변분포를 구하시오.
   (b) X와 Y가 독립인가?

18. X와 Y가 동일한 기하분포를 따르고 서로 독립이라고 하자. $P(X = Y)$를 구하시오.

19. 다음을 증명하시오.

$$F_X(x) + F_Y(y) - 1 \leq F_{X,Y}(x, y) \leq \sqrt{F_X(x) F_Y(y)}.$$

20. X의 밀도함수가 $f(\cdot)$이고 누적분포함수가 $F(\cdot)$이며 평균은 μ, 분산은 σ^2인 확률변수라 할 때 $Y = \alpha + \beta X$라 정의하자. 여기서 $-\infty < \alpha < \infty$, $\beta > 0$.
   (a) Y의 평균이 0, 분산은 1을 만족하는 α와 β를 구하시오.
   (b) X와 Y의 상관계수는 얼마인가?

21. 다음을 증명하시오.
   (a) $E[X_2] - E[X_1] = \int_{-\infty}^{\infty} [F_1(x) - F_2(x)]dx.$
   (b) $E[h(X_2)] - E[h(X_1)] = \int_{-\infty}^{\infty} h'(x)\ [F_1(x) - F_2(x)]dx,$
   여기서 $h(\cdot)$는 연속이며 미분가능한 함수이다.

22. X가 $(0,1)$에서 균일분포를 따른다고 하자. 즉 $f_X(x) = I_{(0,1)}(x)$. $X = x$가 주어진 Y의 조건부분포가 모수 $n, p = x$인 이항분포라 하자.
   $$P(Y = y \mid X = x) = \binom{n}{x} x^y (1-x)^{n-y},\ y = 0,1,\ldots,n.$$
   (a) $E(Y)$를 구하시오.
   (b) Y의 분포를 구하시오.

23. X와 Y의 밀도함수가 다음과 같다.
   $$f_{X,Y}(x,y) = e^{-y}(1-e^{-x})\, I_{(0,y)}(x)\, I_{(0,\infty)}(y) + e^{-x}(1-e^{-y})\, I_{(0,x)}(y)\, I_{(0,\infty)}(x).$$
   (a) $f_{X,Y}(\cdot\,,\cdot)$이 확률밀도함수임을 보이시오.
   (b) X와 Y의 주변분포를 구하시오.
   (c) $0 < x$에 대해 $E(Y \mid X = x)$를 구하시오.
   (d) $P(X \le 2, Y \le 2)$를 구하시오.
   (e) X와 y의 상관계수를 구하시오.

24. X와 Y의 결합확률밀도함수가 다음과 같다.
   $$f_{X,Y}(x,y) = 3(x+y) I_{(0,1)}(x+y) I_{(0,1)}(x) I_{(0,1)}(y).$$
   (a) X의 주변밀도함수를 구하시오.
   (b) $E(Y \mid X = x)$를 구하시오.
   (c) $cov(X, Y)$를 구하시오.

25. X와 Y의 결합확률밀도함수가 다음과 같다.

$$f_{X,Y}(x,y) = 8xy,\ 0 < x < y < 1.$$

(a) $E(Y|X=x)$를 구하시오.

(b) $var(Y|X=x)$를 구하시오.

26. X와 Y의 결합확률밀도함수가 다음과 같다.

$$f_{X,Y}(x,y) = \frac{1}{8}(6-x-y)\, I_{(0,2)}(x)\, I_{(2,4)}(y).$$

(a) $E(Y|X=x)$를 구하시오.

(b) $E(Y^2|X=x)$를 구하시오.

(c) $var(Y|X=x)$를 구하시오.

(d) $E(Y) = E(E(Y|X))$임을 보이시오.

(e) $E(XY|X=x)$를 구하시오.

27. X와 Y의 3항분포가 다음과 같다.

$$f_{X,Y}(x,y) = \frac{n!}{x!\,y!\,(n-x-y)!}\, p^x q^y (1-p-q)^{n-x-y},$$

여기서 $x, y = 0, 1, \ldots, n$이고 $x+y \le n$, $0 \le p$, $0 \le q$이고 $p+q=1$.

(a) Y의 주변분포를 구하시오.

(b) $Y=y$가 주어진 X의 조건부분포와 기대값을 구하시오.

(c) 상관계수$\rho(X,Y)$를 구하시오.

28. (X,Y)의 결합확률밀도함수가 $f_{X,Y}(x,y)$이고 $u(X)$와 $v(Y)$를 X와 Y의 함수라 할 때 다음을 보이시오.

$$E(u(X)\,v(Y)|X=x) = u(x)\,E(v(Y)|X=x).$$

29. 확률변수 X와 Y에 대해 $E(Y|X=x) = \mu$라고 할 때 $var(Y) = E(var(Y|X))$임을 보이시오. 여기서 μ는 x에 영향을 받지 않는다.

30. 다음과 같은 결합밀도함수를 갖는 확률변수들이 서로 독립인지 아닌지를 보이시오.

(a) $f(x_1, \ldots, x_n) = 1,\quad 0 < x_i < 1.$

(b) $f(x_1, \ldots, x_n) = n!,\quad x_i > 0,\ x_1 + \cdots + x_n \le 1,\ f(x_1) = n(1-x_2)^{n-1}.$

31. 다음 함수가 분포함수가 아님을 보이시오.

$$F(x,y) = \begin{cases} 1 - e^{-x-y}, x > 0\text{이고 } y > 0\text{인 경우}, \\ 0, \text{ 그 외}. \end{cases}$$

32. 다음을 보이시오.

(a) $F_1(x)$와 $F_2(x)$가 분포함수이면 $F(x, y) = F_1(x)F_2(y)$이 이변량 분포함수이다.

(b) $f_1(x)$와 $f_2(x)$가 밀도함수이면 $f(x, y) = f_1(x)f_2(y)$이 이변량 밀도함수이다.

33. X와 Y의 결합밀도함수가 다음과 같을 때, $Y = y$가 주어진 X의 조건부 분포 또는 $X = x$가 주어진 Y의 조건부 분포를 구하시오.

$$f(x, y) = 6(1 - x - y), \qquad 0 < y < 1 - x,\ x > 0.$$

34. X와 Y의 결합밀도함수가 다음과 같을 때, $E(Y|X = x)$를 구하고 $E(E(Y|X)) = E(Y)$임을 보이시오.

$$f(x, y) = (4xy)^{-1/2}, \qquad 0 < y < x < 1.$$

35. X와 Y의 결합밀도함수가 다음과 같을 때, $E(XY)$를 구하시오.

$$f(x, y) = 6(1 - x - y), \qquad 0 < y < 1 - x < 1.$$

36. $E(var(Y|X)) = var(Y)$이기 위한 필요충분조건 $E(Y|X = x)$가 x와 독립임을 보이시오.

37. 결합밀도함수가 다음과 같을 때 두 확률변수의 상관계수를 구하시오.

$$f(x, y) = 2, \qquad x + y \le 1,\ x \ge 0,\ y \ge 0.$$

38. <정의 25>에서 설명된 확률밀도함수를 그려보고, θ의 값에 따라 어떻게 변하는지 설명하여라.

39. <정리 17>에서 설명된 누적분포함수를 그려보고, θ의 값에 따라 어떻게 변하는지 설명하여라.

40. <정의 26>에서 설명된 확률밀도함수를 그려보고, α의 값에 따라 어떻게 변하는지 설명하여라.

41. <정의 27>에서 설명된 누적분포함수를 그려보고, α의 값에 따라 어떻게 변하는지 설명하여라.

42. <정의 28>에서 설명된 확률밀도함수를 그려보고, m의 값에 따라 어떻게 변하는지 설명하여라.

43. 확률변수 X와 Y는 각각 구간이 $(0, \theta_1)$과 $(0, \theta_2)$인 균일분포를 따른다고 할 때, X와 Y의 결합확률밀도함수는 4장의 예제 10번을 이용하여 다음과 같이 정의할 수 있다.

$$f_{X,Y}(x,y) = \frac{1}{\theta_1\theta_2}[1+\alpha(1-\frac{2x}{\theta_1})(1-\frac{2y}{\theta_2})],\quad 0<x<\theta_1,\ 0<y<\theta_2,\ |\alpha| \le 1.$$

다음을 증명하시오.

(a) $E(XY) = \theta_1\theta_2(\frac{1}{4}+\frac{1}{36}\alpha)$.

(b) $\rho = \frac{1}{3}\alpha$.

(c) $f_{X|Y}(x|y) = \frac{1}{\theta_1}[1+\alpha(1-\frac{2}{\theta_1}x)(1-\frac{2}{\theta_2}y)],\quad 0<x<\theta_1,$

$f_{Y|X}(y|x) = \frac{1}{\theta_2}[1+\alpha(1-\frac{2}{\theta_1}x)(1-\frac{2}{\theta_2}y)],\quad 0<y<\theta_2.$

(d) $E(X|Y=y) = -\rho\cdot\frac{\theta_1}{\theta_2}y+\frac{\theta_1}{2}(1+\frac{\rho}{3}),$

$E(Y|X=x) = -\rho\cdot\frac{\theta_2}{\theta_1}x+\frac{\theta_2}{2}(1+\frac{\rho}{3}),$ 여기서 $\rho = \frac{1}{3}\alpha$.

제5장 확률변수들의 함수의 분포

제5장 확률변수들의 함수의 분포

이 장에서는 확률변수의 함수의 분포를 구하는 방법들을 공부한다. 우선 여기에서 사용될 확률변수의 함수를 정의하여 보자. 확률변수 $X_1, \dots, X_n$와 결합분포함수 $f_{X_1, \dots, X_n}(x_1, \dots, x_n)$이 주어지면 변환함수 $g_i(\cdot, \dots, \cdot)$, $i=1, \dots, k$에 의해 새롭게 정의된 확률변수 $Y_1, \dots, Y_k$이 주어진다. 여기서 $Y_j = g_j(X_1, \dots, X_n)$, $j=1, \dots, k$인 확률변수들의 결합누적분포함수는 다음과 같이 표현된다.

$$\begin{aligned} F_{Y_1, \dots, Y_k}(y_1, \dots, y_k) &= P[Y_1 \le y_1; \dots; Y_k \le y_k] \\ &= P[g_1(X_1, \dots, X_n) \le y_1; \dots; g_k(X_1, \dots, X_n) \le y_k]. \end{aligned}$$

확률변수 $Y_1, Y_2, \dots, Y_k$의 누적분포함수는 확률변수 $X_1, X_2, \dots, X_n$으로 설명되는 사상의 확률로 표현된다는 것을 알 수 있다. 그러나 일반적으로 이런 확률을 쉽게 구할 수 없다는 것이 큰 문제점이다. 모수의 추정과 같은 추론통계에 있어 중요한 과제 중에 하나는 결합확률변수들의 함수의 분포를 구하는 것이다.

확률변수들의 함수의 분포를 구하는 세가지 방법을 소개하고자 한다. 세가지 방법은 i) 누적분포함수를 이용한 방법(cumulative-distribution-function technique) ii) 변수변환을 이용한 방법(transformation technique) iii) 적률모함수를 이용한 방법(moment-generating-function technique) 으로 구분되며 많은 예제와 같이 2절에서 소개한다. 그리고 1절에서는 확률변수들의 함수의 분포의 기대값을 구하는 방법에 대하여 공부하겠다. 확률변수들의 함수의 평균과 분산과 같은 기대값은 확률변수들의 기대값이 함수로 표현되기도 한다. 이런 기대값을 구하는 것이 목표라면 반드시 확률변수들의 함수의 분포를 구할 필요가 있다. 확률변수들의 중요한 함수로는 변수들의 합을 나타내는 함수인데 변수들의 합의 평균과 분산을 유도하는 방법을 배운다.

1. 확률변수의 함수의 기대값

1.1 기대값을 구하는 두 가지 방법

우선 1차원인 경우를 살펴보자. 위 식에서 $k=1$인 경우를 보면 확률변수 X가 주어져 있을 때 확률변수 $Y=g(X)$는 함수 $g(\cdot)$에 의해 정의되며, 이때 확률변수 X의 분포함수를 $f_X(x)$라 정의하고, 변환된 확률변수 Y의 분포함수를 $f_Y(y)$라고 정의한다. 확률변수의 함수

$Y=g(X)$의 기대값은 X의 밀도함수 $f_X(x)$를 이용하는 방법과 확률변수 Y의 밀도함수인 $f_Y(y)$를 이용하는 방법 등 두 방향에서 접근할 수 있다. 확률변수 X가 주어져 있을 때 $Y=g(X)$는 확률변수 X에 대해 변환함수 $g(\cdot)$에 의한 확률변수로 정의되며 확률변수 Y의 기대값은 $E(Y)$가 될 것이다. 만약 $Y=g(X)$가 연속형 확률변수라 가정하면 기대값은 다음 식과 같이 두 가지로 표현된다.

$$\begin{aligned} E(Y) &= \int_{-\infty}^{\infty} y f_Y(y) dy \\ &= \int_{-\infty}^{\infty} g(x) f_X(x) dx \\ &= E(g(X)). \end{aligned}$$

즉, 확률변수 $Y=g(X)$의 기대값은 Y의 밀도함수에 대한 Y의 평균으로 구할 수 있으며, 또한 X의 밀도함수에 대한 변환함수 $g(X)$의 평균에 의해서 얻을 수 있다. 확률변수의 함수의 기대값을 다변량인 경우로 확장해서 고려한다면, 확률변수 $X_1, X_2, \ldots, X_n$가 주어졌을 때의 새로운 확률변수 $Y=g(X_1, X_2, \ldots. X_n)$의 기대값은 일변량의 경우와 마찬가지로 다음과 같이 나타난다.

$$\begin{aligned} E(Y) &= \int_{-\infty}^{\infty} y f_Y(y) dy \\ &= \int_{-\infty}^{\infty} \cdots \int_{-\infty}^{\infty} g(x_1, \ldots, x_n) f_{X_1, \ldots, X_n}(x) dx_1 \ldots dx_n \\ &= E[g(X_1, \ldots, X_n)]. \end{aligned}$$

확률변수의 함수의 기대값을 구하는 두 가지 방법 중에서 첫 번째 Y의 분포함수를 이용하는 방법은 한 번의 적분만을 사용하지만 X_i들의 결합분포를 사용하여 여러 번의 적분과정을 거치는 두 번째 방법보다 간편하다. 반면에 간편하게 한 번 적분으로 기대값을 구하기 위해서는 변환된 확률변수 Y의 분포를 우선 구해야 하는 문제점이 있다. 따라서 두 방법 중 계산이 용이한 방법을 자연스럽게 선택하는 능력을 키워야 한다.

■ 예 제 1 - 확률변수 X가 정규분포를 따를 때, 함수 $g(x)=x^2$에 의해 변환된 확률변수 $Y=g(X)=X^2$의 기대값을 구해보자. 우선 첫 번째 방법인 확률변수 Y의 밀도함수를 이용하는 방법을 이용하자. 이를 위해선 확률변수 Y의 밀도함수를 구해야 하는데, 이미 알

려진 바와 같이 확률변수 Y의 밀도함수는 모수가 $r=\frac{1}{2}$이고 $\lambda=\frac{1}{2}$인 감마분포이므로 이를 대입하여 구하면 다음과 같다.

$$\begin{aligned} E(Y) &= \int_{-\infty}^{\infty} y f_Y(y)\,dy \\ &= \int_0^{\infty} y \frac{1}{\Gamma(1/2)} (1/2)^{\frac{1}{2}} y^{-\frac{1}{2}} e^{-\frac{1}{2}y} dy \\ &= 1. \end{aligned}$$

두번째 방법인 확률변수 X의 분포를 이용하여 보면 첫번째 방법과 두번째 방법으로 얻은 확률변수 Y의 기대값이 모두 1임을 알 수 있다.

$$\begin{aligned} E(Y) &= E(g(X)) = E(X^2) \\ &= \int_{-\infty}^{\infty} x^2 f_x(x)\,dx \\ &= \int_{-\infty}^{\infty} x^2 \frac{1}{\sqrt{2\pi}} e^{-\frac{1}{2}x^2} dx \\ &= 1. \end{aligned}$$

■

1.2 확률변수들의 합의 기대값

확률변수들의 합은 확률변수들의 함수 중에 간단한 경우로서 통계학에서는 매우 중요한 역할을 한다. 그럼 확률변수들의 합의 기대값을 구해보자.

—— 정 리 1 ——

확률변수 $X_1, X_2, \ldots, X_n$들의 합의 기대값과 분산은 다음과 같다.

$$E\left(\sum_{i=1}^{n} X_i\right) = \sum_{1}^{n} E(X_i),$$

$$var\left(\sum_{i=1}^{n} X_i\right) = \sum_{i=1}^{n} var(X_i) + 2\sum\sum_{i<j} cov(X_i, X_j).$$

(증 명)

확률변수의 합에 대한 기대값의 증명은 기대값의 정의에 의해서 자명하다. 확률변수의 합의 분산을 구하여 보면 다음과 같은 과정으로 증명할 수 있다.

$$
\begin{aligned}
var(\sum_{i=1}^{n} X_i) &= E\left[\left(\sum_{i=1}^{n} X_i - E\left(\sum_{i=1}^{n} X_i\right)\right)^2\right] \\
&= E\left[\left(\sum_{i=1}^{n}(X_i - E(X_i))\right)^2\right] \\
&= E\left[\sum_{i=1}^{n}\sum_{j=1}^{n}(X_i - E(X_i))(X_j - E(X_j))\right] \\
&= \sum_{i=1}^{n}\sum_{j=1}^{n} E[(X_i - E(X_i))(X_j - E(X_j))] \\
&= \sum_{i=1}^{n} var(X_i) + 2\sum\sum_{i<j} cov(X_i, X_j).
\end{aligned}
$$

■

—— 보조정리 ——

만약 확률변수 $X_1, X_2, \ldots, X_n$ 들이 서로 독립이면, 분산은 다음과 같다.

$$var(\sum_{i=1}^{n} X_i) = \sum_{i=1}^{n} var(X_i).$$

(증 명)

<정리 1>에서 확률변수 $X_1, X_2, \ldots, X_n$들이 서로 독립이므로 공분산 부분이 0이 되므로 위 식이 성립한다. ■

—— 정 리 2 ——

$X_1, X_2, \ldots, X_n$과 $Y_1, Y_2, \ldots, Y_m$은 확률변수이고, $a_1, a_2, \ldots, a_n$과 $b_1, b_2, \ldots, b_m$이 상수이면

$$cov(\sum_{i=1}^{n} a_i X_i, \sum_{j=1}^{m} b_j Y_j) = \sum_{i=1}^{n}\sum_{j=1}^{m} a_i b_j cov(X_i, Y_j) \ .$$

(증 명)

$$cov(\sum_{i=1}^{n} a_i X_i, \sum_{j=1}^{m} b_j Y_j) = E(\sum_{i=1}^{n} a_i X_i - E(\sum_{i=1}^{n} a_i X_i))(\sum_{j=1}^{m} b_j Y_j - E(\sum_{j=1}^{m} b_j Y_j))$$

$$= E(\sum_{i=1}^{n} a_i X_i - \sum_{i=1}^{n} a_i E(X_i))(\sum_{j=1}^{m} b_j Y_j - \sum_{j=1}^{m} b_j E(Y_j))$$

$$= E(\sum_{i=1}^{n} a_i (X_i - E(X_i)))(\sum_{j=1}^{m} b_j (Y_j - E(Y_j)))$$

$$= \sum_{i=1}^{n} \sum_{j=1}^{m} a_i b_j [E(X_i - E(X_i))(Y_j - E(Y_j))]$$

$$= \sum_{i=1}^{n} \sum_{j=1}^{m} a_i b_j \ cov(X_i, Y_j).$$

■

—— 보조정리 ——

$X_1, X_2, \ldots, X_n$이 확률변수이고, $a_1, a_2, \ldots, a_n$이 상수이면 분산은 다음과 같다.

$$var(\sum_{i=1}^{n} a_i X_i) = \sum_{i=1}^{n} \sum_{j=1}^{n} a_i a_j cov(X_i, X_j)$$
$$= \sum_{i=1}^{n} a_i^2 var(X_i) + \sum\sum_{i \neq j} a_i a_j cov(X_i, X_j).$$

특히, 확률변수 $X_1, X_2, \ldots, X_n$들이 독립이고 평균이 μ_X이고 분산이 σ_X^2인 동일한 분포를 따른다면, 표본평균인 $\overline{X}_n = \frac{1}{n} \sum_{i=1}^{n} X_i$의 기대값과 분산은 다음과 같다.

$$E(\overline{X}_n) = \mu_X, \quad var(\overline{X}_n) = \frac{\sigma_X^2}{n}.$$

(증 명)

<정리 2>에서 $m = n$, $Y_i = X_i$, $b_i = a_i (i = 1, \ldots, n)$이라 하면 위의 보조정리의 식은 다음과 같이 나타난다.

$$var(\sum_{i=1}^{n} a_i X_i) = cov(\sum_{i=1}^{n} a_i X_i, \sum_{j=1}^{m} a_j Y_j).$$

또한 위의 식을 $a_i = \frac{1}{n}$와 $\sigma_X^2 = var(X_i)$라 하면 평균과 분산을 얻을 수 있다.

$$E(\overline{X}_n) = \frac{1}{n} E(\sum_{i=1}^{n} X_i) = \frac{1}{n} \sum_{i=1}^{n} E(X_i) = \frac{1}{n} \sum_{i=1}^{n} \mu_X = \mu_X,$$

$$var(\overline{X}_n)=\sum_{i=1}^{n}\frac{1}{n^2}var(X_i)=\frac{1}{n^2}n\sigma_X^2=\frac{\sigma_X^2}{n}$$ ■

—— 보조정리 ——

확률변수 X_1, X_2에 대하여 합과 차의 평균과 분산은 다음과 같다.

$$E(X_1 \pm X_2)=E(X_1)\pm E(X_2),$$
$$var(X_1 \pm X_2)=var(X_1)+var(X_2)\pm 2cov(X_1, X_2).$$

(증 명)

<정리 1>에서 $n=2$인 경우이다. ■

1.3 곱과 나누기 형태의 함수의 기대값

이 절에서는 확률변수들이 곱의 형태인 XY와 나누기 형태인 $\frac{X}{Y}$의 함수로 표현될 때의 기대값을 구하여 보자.

—— 정 리 3 ——

두 확률변수 X, Y에 대해 XY의 평균과 분산은 다음과 같다.

$$E(XY)=\mu_X\mu_Y+cov(X, Y),$$
$$\begin{aligned}var(XY)=&\mu_Y^2 var(X)+\mu_X^2 var(Y)-[cov(X, Y)]^2+2\mu_X\mu_Y cov(X, Y)\\&+2\mu_Y E[(X-\mu_X)^2(Y-\mu_Y)]+2\mu_X E[(X-\mu_X)(Y-\mu_Y)^2]\\&+E[(X-\mu_X)^2(Y-\mu_Y)^2].\end{aligned}$$

(증 명)

확률변수 XY를 다음과 같이 변형한 후 $E(XY)$를 계산하면 쉽게 결과를 얻을 수 있다.

$$XY=\mu_X\mu_Y+(X-\mu_X)\mu_Y+(Y-\mu_Y)\mu_X+(X-\mu_X)(Y-\mu_Y).$$

우선 평균은 다음과 같이 증명된다.

$$\begin{aligned} E(XY) &= E[\mu_X\mu_Y + (X-\mu_X)\mu_Y + (Y-\mu_Y)\mu_X + (X-\mu_X)(Y-\mu_Y)] \\ &= \mu_X\mu_Y + \mu_Y E(X-\mu_X) + \mu_X E(Y-\mu_Y) + E[(X-\mu_X)(Y-\mu_Y)] \\ &= \mu_X\mu_Y + cov(X, Y). \end{aligned}$$

분산은 $var(XY) = E[(XY)^2] - [E(XY)]^2$을 계산하면 구할 수 있는데 $[E(XY)]^2$을 계산하면 다음과 같다.

$$\begin{aligned} [E(XY)]^2 &= (\mu_X\mu_Y + cov(X, Y))^2 \\ &= \mu_X^2\mu_Y^2 + 2\mu_X\mu_Y cov(X, Y) + [cov(X, Y)]^2. \end{aligned}$$

또 $[E(XY)^2]$을 계산하면 다음과 같이 얻을 수 있다.

$$\begin{aligned} [E(XY)^2] &= E[(\mu_X\mu_Y + (X-\mu_X)\mu_Y + (Y-\mu_Y)\mu_X + (X-\mu_X)(Y-\mu_Y))^2] \\ &= E[\mu_X^2\mu_Y^2 + (X-\mu_X)^2\mu_Y^2 + (Y-\mu_Y)^2\mu_X^2 + (X-\mu_X)^2(Y-\mu_Y)^2 \\ &\quad + 2[\mu_X\mu_Y^2(X-\mu_X) + \mu_X^2\mu_Y(Y-\mu_Y) + 2\mu_X\mu_Y(X-\mu_X)(Y-\mu_Y) \\ &\quad + \mu_Y(X-\mu_X)^2(Y-\mu_Y) + \mu_X(X-\mu_X)(Y-\mu_Y)^2]] \\ &= \mu_X^2\mu_Y^2 + E[(X-\mu_X)^2]\mu_Y^2 + E[(Y-\mu_Y)^2]\mu_X^2 \\ &\quad + E[(X-\mu_X)^2(Y-\mu_Y)^2] \\ &\quad + 2\mu_X\mu_Y^2 E(X-\mu_X) + 2\mu_X^2\mu_Y E(Y-\mu_Y) \\ &\quad + 4\mu_X\mu_Y E[(X-\mu_X)(Y-\mu_Y)] \\ &\quad + 2\mu_Y E[(X-\mu_X)^2(Y-\mu_Y)] + 2\mu_X E[(X-\mu_X)(Y-\mu_Y)^2] \\ &= \mu_X^2\mu_Y^2 + var(X)\mu_Y^2 + var(Y)\mu_X^2 \\ &\quad + E[(X-\mu_X)^2(Y-\mu_Y)^2] + 4\mu_X\mu_Y cov(X, Y) \\ &\quad + 2\mu_Y E[(X-\mu_X)^2(Y-\mu_Y)] + 2\mu_X E[(X-\mu_X)(Y-\mu_Y)^2]. \end{aligned}$$

그러므로 이를 종합하여 분산을 구할 수 있다.

$$\begin{aligned} var(XY) &= \mu_X^2\mu_Y^2 + var(X)\mu_Y^2 + var(Y)\mu_X^2 \\ &\quad + E[(X-\mu_X)^2(Y-\mu_Y)^2] + 4\mu_X\mu_Y cov(X, Y) \end{aligned}$$

$$\begin{aligned}
&+2\mu_Y E[(X-\mu_X)^2(Y-\mu_Y)]+2\mu_X E[(X-\mu_X)(Y-\mu_Y)^2] \\
&-\mu_X^2\mu_Y^2-2\mu_X\mu_Y cov(X,Y)-[cov(X,Y)]^2 \\
=&\ \mu_Y^2 var(X)+\mu_X^2 var(Y) \\
&-[cov(X,Y)]^2+2\mu_X\mu_Y cov(X,Y) \\
&+2\mu_Y E[(X-\mu_X)^2(Y-\mu_Y)]+2\mu_X E[(X-\mu_X)(Y-\mu_Y)^2] \\
&+E[(X-\mu_X)^2(Y-\mu_Y)^2].
\end{aligned}$$

■

보조정리

두 확률변수 X, Y가 독립이라면 XY의 평균과 분산은 다음과 같다.

$$E(XY)=\mu_X\mu_Y,$$

$$var(XY)=\mu_Y^2 var(X)+\mu_X^2 var(Y)+var(X)var(Y).$$

(증 명)

<정리 3>의 결과에서 두 확률변수 X, Y가 독립이므로 공분산항이 0이 평균은

$$E(XY)=\mu_X\mu_Y+cov(X,Y)=\mu_X\mu_Y$$

이고 분산도 공분산항을 0으로 놓으면 다음과 같이 구할 수 있다.

$$\begin{aligned}
var(XY)=&\ \mu_Y^2 var(X)+\mu_X^2 var(Y)+2\mu_X\mu_Y cov(X,Y) \\
&-[(cov(X,Y))]^2+E[(X-\mu_X)^2(Y-\mu_Y)^2] \\
&+2\mu_Y E[(X-\mu_X)^2(Y-\mu_Y)]+2\mu_X E[(X-\mu_X)(Y-\mu_Y)^2] \\
=&\ \mu_Y^2 var(X)+\mu_X^2 var(Y)+E[(X-\mu_X)^2(Y-\mu_Y)^2] \\
&+2\mu_Y E[(X-\mu_X)^2(Y-\mu_Y)]+2\mu_X E[(X-\mu_X)(Y-\mu_Y)^2] \\
=&\ \mu_Y^2 var(X)+\mu_X^2 var(Y)+E[(X-\mu_X)^2]E[(Y-\mu_Y)^2] \\
&+2\mu_Y E[(X-\mu_X)^2]E[(Y-\mu_Y)]+2\mu_X E[(X-\mu_X)]E[(Y-\mu_Y)^2] \\
=&\ \mu_Y^2 var(X)+\mu_X^2 var(Y)+var(X)var(Y).
\end{aligned}$$

■

—— 정 리 4 ——

두 확률변수 X, Y에 대해 $\frac{X}{Y}$의 평균과 분산은 다음과 같다.

$$E\left(\frac{X}{Y}\right) \approx \frac{\mu_X}{\mu_Y} - \frac{1}{\mu_Y^2} cov(X, Y) + \frac{\mu_X}{\mu_Y^3} var(Y),$$

$$var\left(\frac{X}{Y}\right) \approx \left(\frac{\mu_X}{\mu_Y}\right)^2 \left(\frac{var(X)}{\mu_X^2} + \frac{var(Y)}{\mu_Y^2} - \frac{2cov(X, Y)}{\mu_X \mu_Y}\right).$$

(증 명) 함수에 대한 일반적인 테일러 급수는 다음과 같다.

일반적으로 두 확률변수 X, Y에 대해서 X/Y의 평균과 분산은 확률변수 X, Y의 각각의 적률(moments)이 존재한다고 하여 항상 존재하는 것은 아니다. 또한 존재하더라도 간단하고 정확한 공식은 존재하지 않는다. 그러나 (μ_X, μ_Y)가 중심인 테일러 급수[1]를 이용하여 전개한 후 2차이상의 고차부분을 제외시키면 근사적으로 X/Y이 평균과 분산의 공식을 구할 수 있다. 즉 $Z = g(X, Y) = X/Y$라 하면 평균은 다음과 같이 구할 수 있다.

$$\begin{aligned} E(g(X, Y)) \approx\ & g(\mu_X, \mu_Y) + \frac{1}{2} var(X) \frac{\partial^2}{\partial x^2} g(x, y)\Big|_{(\mu_X, \mu_Y)} \\ & + \frac{1}{2} var(Y) \frac{\partial^2}{\partial y^2} g(x, y)\Big|_{(\mu_X, \mu_Y)} + cov(X, Y) \frac{\partial^2}{\partial x \partial y} g(x, y)\Big|_{(\mu_X, \mu_Y)} \\ = & \frac{\mu_X}{\mu_Y} + \frac{1}{2} var(X) \frac{\partial^2}{\partial x^2}\left(\frac{x}{y}\right)\Big|_{(\mu_X, \mu_Y)} \\ & + \frac{1}{2} var(Y) \frac{\partial^2}{\partial y^2}\left(\frac{x}{y}\right)\Big|_{(\mu_X, \mu_Y)} + cov(X, Y) \frac{\partial^2}{\partial x \partial y}\left(\frac{x}{y}\right)\Big|_{(\mu_X, \mu_Y)} \end{aligned}$$

---

1) 함수 $f(x, y)$에 대해서 (μ_X, μ_Y)를 중심으로 한 일반적인 테일러 급수는 다음과 같다.

$$\begin{aligned} f(x, y) =\ & f(\mu_X, \mu_Y) + \frac{\partial f(x, y)}{\partial x}\Big|_{(\mu_X, \mu_Y)} (x - \mu_X) + \frac{\partial f(x, y)}{\partial y}\Big|_{(\mu_X, \mu_Y)} (y - \mu_Y) \\ & + \frac{\partial^2 f(x, y)}{\partial x^2}\Big|_{(\mu_X, \mu_Y)} \frac{(x - \mu_X)^2}{2!} + \frac{\partial^2 f(x, y)}{\partial y^2}\Big|_{(\mu_X, \mu_Y)} \frac{(y - \mu_Y)^2}{2!} \\ & + \frac{\partial^2 f(x, y)}{\partial x \partial y}\Big|_{(\mu_X, \mu_Y)} (x - \mu_X)(y - \mu_Y) + \cdots \end{aligned}$$

$$= \frac{\mu_X}{\mu_Y} + var(Y)\left(\frac{x}{y^3}\right)\Bigg|_{(\mu_X,\,\mu_Y)} - cov(X,\,Y)\left(\frac{1}{y^2}\right)\Bigg|_{(\mu_X,\,\mu_Y)}$$

$$= \frac{\mu_X}{\mu_Y} + var(Y)\left(\frac{\mu_X}{\mu_Y^3}\right) - cov(X,\,Y)\left(\frac{1}{\mu_Y^2}\right).$$

분산도 테일러급수 전개를 이용하면 다음과 같이 구할 수 있다.

$$\begin{aligned} var(g(X,\,Y)) \approx\ & var(X)\left[\frac{\partial}{\partial x}g(x,y)\Big|_{(\mu_X,\,\mu_Y)}\right]^2 + var(Y)\left[\frac{\partial}{\partial y}g(x,y)\Big|_{(\mu_X,\,\mu_Y)}\right]^2 \\ & + 2cov(X,\,Y)\left[\frac{\partial}{\partial x}g(x,y)\Big|_{(\mu_X,\,\mu_Y)} \cdot \frac{\partial}{\partial y}g(x,y)\Big|_{(\mu_X,\,\mu_Y)}\right] \\ =\ & var(X)\left[\frac{\partial}{\partial x}\left(\frac{x}{y}\right)\Big|_{(\mu_X,\,\mu_Y)}\right]^2 + var(Y)\left[\frac{\partial}{\partial y}\left(\frac{x}{y}\right)\Big|_{(\mu_X,\,\mu_Y)}\right]^2 \\ & + 2cov(X,\,Y)\left[\frac{\partial}{\partial x}\left(\frac{x}{y}\right)\Big|_{(\mu_X,\,\mu_Y)} \cdot \frac{\partial}{\partial y}\left(\frac{x}{y}\right)\Big|_{(\mu_X,\,\mu_Y)}\right] \\ =\ & var(X)\left(\frac{1}{\mu_Y}\right)^2 + var(Y)\left(-\frac{\mu_X}{\mu_Y^2}\right)^2 - 2cov(X,\,Y)\left(\frac{1}{\mu_Y}\right)\cdot\left(\frac{\mu_X}{\mu_Y^2}\right) \\ =\ & var(X)\left(\frac{1}{\mu_Y}\right)^2 + var(Y)\left(\frac{\mu_X}{\mu_Y^2}\right)^2 - 2cov(X,\,Y)\left(\frac{\mu_X}{\mu_Y^3}\right) \\ =\ & \left(\frac{\mu_X}{\mu_Y}\right)^2\left(\frac{var(X)}{\mu_X^2} + \frac{var(Y)}{\mu_Y^2} - \frac{2cov(X,\,Y)}{\mu_X\mu_Y}\right). \end{aligned}$$

■

2. 확률변수들의 함수의 분포

확률변수들의 함수는 새로운 확률변수가 된다. 이산형일 경우의 확률변수들의 함수의 분포함수는 직관적인 방법에 의해 간단히 얻을 수가 있다. 그러나 연속형 확률변수인 경우에는 직관적인 방법만을 이용하여서는 확률변수들의 함수의 분포함수를 쉽게 얻을 수가 없다. 이러한 경우 연속형 확률변수의 함수의 분포함수를 구하는 방법으로 ① 누적분포함수를 이용한 방법(CDF technique) ② 변수변환을 이용한 방법(transformation technique) ③ 적률모함수를 이용한 방법(MGF technique) 등이 있다.

2.1 누적분포함수를 이용한 방법

연속형 확률변수들의 함수의 분포는 변환된 확률변수의 누적분포함수형태에서부터 유도할 수 있다. 즉, 확률변수 $X_1, X_2, \ldots, X_n$의 결합분포함수 $f_{X_1, X_2, \ldots, X_n}(x_1, x_2, \ldots, x_n)$가 주어지면 변환함수 $g_i(\cdot, \ldots, \cdot), i=1, \ldots, k$에 의해 확률변수 $Y_1, Y_2, \ldots, Y_k$의 결합누적분포함수를 다음과 같이 구할 수 있다.

$$F_{Y_1, Y_2, \ldots, Y_k}(y_1, y_2, \ldots, y_k) = P[Y_1 \le y_1; \ldots; Y_k \le y_k],$$

여기서 각각의 확률변수는 $Y_j = g_j(X_1, \ldots, X_n),\ j=1, \ldots, k$이므로 확률변수 $Y_1, \ldots, Y_k$의 결합누적분포함수에 대입하면 결합누적분포함수는 다음과 같이 다시 표현된다.

$$F_{Y_1, Y_2, \ldots, Y_k}(y_1, y_2, \ldots, y_k) = P[g_1(X_1, X_2, \ldots, X_n) \le y_1; \ldots; g_k(X_1, X_2, \ldots, X_n) \le y_k],$$

여기서 변환함수 $g_i(\cdot, \ldots, \cdot),\ i=1, \ldots, k$의 역함수를 구하면 $Y_1, Y_2, \ldots, Y_k$의 결합누적분포함수는 확률변수 $X_1, X_2, \ldots, X_n$의 결합분포의 함수형태로 구할 수 있다. 이런 과정을 통해 구한 확률변수 $Y_1, Y_2, \ldots, Y_k$의 결합누적분포함수를 각 Y_j에 의해 편미분하여 결합밀도함수를 구할 수 있다. 여기서 주의할 것은 확률변수 X_i와 Y_i의 범위를 매우 주의 깊게 살펴야 할 것이다. 예를 들어 설명하기로 하자.

■ 예 제 2 - 확률변수 X가 표준정규분포를 따를 때, 확률변수 $Y=X^2$의 밀도함수를 누적분포함수를 이용하여 구해 보자. 우선 확률변수 Y의 누적분포함수는 $y \ge 0$에 대하여 다음의 식이 성립한다.

$$\begin{aligned}
F_Y(y) &= P[Y \le y] = P[X^2 \le y] = P[-\sqrt{y} \le X \le \sqrt{y}] \\
&= \int_{-\sqrt{y}}^{\sqrt{y}} f_X(x)\,dx \\
&= \Phi(\sqrt{y}) - \Phi(-\sqrt{y}) = \Phi(\sqrt{y}) - (1 - \Phi(\sqrt{y})) = 2\Phi(\sqrt{y}) - 1 \\
&= 2(\Phi(\sqrt{y}) - \frac{1}{2}) \\
&= 2\int_0^{\sqrt{y}} \frac{1}{\sqrt{2\pi}} e^{-\frac{1}{2}x^2}\,dx,
\end{aligned}$$

여기서 누적분포함수 $F_Y(y)$를 미분[2]하여 밀도함수 $f_Y(y)$를 얻으면 된다.

$$\begin{aligned} f_Y(y) &= \frac{dF_Y(y)}{dy} = \frac{d}{dy}(2\Phi(\sqrt{y})-1) \\ &= \frac{1}{\sqrt{y}}\phi(\sqrt{y}) \\ &= \begin{cases} \frac{1}{\sqrt{2\pi}} y^{-\frac{1}{2}} e^{-\frac{1}{2}y}, & y \ge 0, \\ 0 & , \text{그 외의 값}. \end{cases} \end{aligned}$$

그러므로 확률변수 Y의 분포함수는 모수 $r=\frac{1}{2}$, $\lambda=\frac{1}{2}$인 감마분포의 확률밀도함수이며, 또한 자유도가 1인 경우의 카이제곱분포가 된다. ■

■ 예 제 3 - 확률변수 X가 $(-1,1)$구간에서 균일분포를 따를 때 $Y=X^2$의 분포함수를 구해보자. 우선 균일분포를 따르는 확률변수 X의 분포함수는 $f_X(x)=\frac{1}{2}$, $(-1<x<1)$이고 확률변수 Y의 누적분포함수는 정의에 의해서 $F_Y(y)=P[Y\le y]=P[X^2\le y]$로 표현된다.

$$\begin{aligned} F_Y(y) &= P[X^2 \le y] = P[-\sqrt{y} \le X \le \sqrt{y}] \\ &= \int_{-\sqrt{y}}^{\sqrt{y}} f_X(x)\,dx = \int_{-\sqrt{y}}^{\sqrt{y}} \frac{1}{2}\,dx \\ &= \sqrt{y},\ 0<y<1. \end{aligned}$$

또한 확률변수 Y의 분포함수는 미분과정을 통해서 다음과 같이 구할 수 있다.

$$f_Y(y) = \frac{dF_Y(y)}{dy} = \begin{cases} \frac{1}{2\sqrt{y}}, & 0<y<1, \\ 0 & , \text{그 이외의 값}. \end{cases}$$ ■

---

2) 미분식은 $\frac{d}{dt}\int_{g(t)}^{h(t)} f(x)dx = f(h(t))\frac{d}{dt}h(t) - f(g(t))\frac{d}{dt}g(t)$이고 구간을 조정하면 $\frac{d}{dt}\int_0^t f(x)dx = f(t)$이 된다. 이를 라이프니츠(Leibniz)의 법칙이라 한다.

—— 정 리 5 ——

확률변수 $X_1, X_2, \ldots, X_m$ 이 독립이고 확률밀도함수는 $f_X(\cdot)$ 그리고 누적분포함수 $F_X(\cdot)$인 동일한 분포를 따른다고 하자. 확률변수 $X_1,\ X_2,\ \ldots,\ X_n$에 대해서 최댓값을 $Y_n = \max(X_1, X_2, \ldots, X_n)$라 하고 최소값을 $Y_1 = \min(X_1, X_2, \ldots, X_n)$라 할 때 최대값 Y_n의 누적분포함수와 밀도함수는 다음과 같다.

$$F_{Y_n}(y) = [F_X(y)]^n,$$
$$f_{Y_n}(y) = n[F_X(y)]^{n-1} f_X(y).$$

최소값 Y_1의 분포는 누적분포함수와 밀도함수는 다음과 같다

$$F_{Y_1}(y) = 1 - [1 - F_X(y)]^n,$$
$$f_{Y_1}(y) = n[1 - F_X(y)]^{n-1} f_X(y).$$

(증 명)

우선 최대값을 나타내는 확률변수 Y_n의 누적분포함수를 구해 보면 누적분포함수의 정의에 의해서 다음과 같이 될 것이다.

$$F_{Y_n}(y) = P[Y_n \le y] = P[\text{모든 } X_i \le y\ (i = 1, \ldots, n)]$$
$$= P[X_1 \le y; \ldots; X_n \le y].$$

이는 n개의 관측값 중에 y보다 작거나 같은 값이 n개 존재하며 즉, 모든 $X_1, \ldots, X_n$의 값은 y보다 작거나 같다는 의미이다. 여기서 확률변수 $X_1, \ldots, X_n$이 각각 독립이고 동일한 분포를 따르기 때문에 누적분포함수는 다음과 같다.

$$F_{Y_n}(y) = P[X_1 \le y; \ldots; X_n \le y] = \prod_{i=1}^{n} P[X_i \le y] = \prod_{i=1}^{n} F_{X_i}(y)$$
$$= [F_X(y)]^n.$$

그러므로 Y_n의 누적분포함수 $F_{Y_n}(y)$을 y로 미분하면 최대값의 밀도함수를 얻을 수 있다.

$$f_{Y_n}(y) = \frac{d}{dy} F_{Y_n}(y) = \frac{d}{dy}[F_X(y)]^n = n[F_X(y)]^{n-1} f_X(y).$$

동일한 방법으로 최소값 Y_1의 누적분포함수를 구하면 독립성에 의해 다음을 얻을 수 있으며

$$\begin{aligned} F_{Y_1}(y) &= P[Y_1 \le y] = 1 - P[Y_1 > y] \\ &= 1 - P[\text{모든 } X_i > y \ (i=1, \ldots, n)] \\ &= 1 - P[X_1 > y; \ldots; X_n > y] \\ &= 1 - \prod_{i=1}^{n} P[X_i > y]. \end{aligned}$$

동일한 분포를 따르기 때문에 식은 다시 다음과 같이 된다.

$$\begin{aligned} &= 1 - \prod_{i=1}^{n}(1 - P[X_i \le y]) \\ &= 1 - \prod_{i=1}^{n}(1 - F_{X_i}(y)) \\ &= 1 - [1 - F_X(y)]^n. \end{aligned}$$

또한 최소값 Y_1의 분포함수는 $F_{Y_1}(y)$을 y로 미분하여 얻을 수 있다.

$$f_{Y_1}(y) = \frac{d}{dy} F_{Y_1}(y) = n[1 - F_X(y)]^{n-1} f_X(y).$$ ■

■ 예 제 4 - 어떤 전구의 수명이 평균이 100시간인 지수분포를 따른다고 하고 X_i를 각 전구의 수명이라고 하자. 만약 전구 10개가 동시에 설치되었을 때 처음 수명이 다한 전구의 수명의 분포와 기대값을 구하자. 우선 전구의 수명 X_i의 분포와 누적분포는 다음과 같이 나타난다.

$$f_{X_i}(x) = \frac{1}{100} e^{-\frac{1}{100}x} I_{(0,\infty)}(x),$$

$$F_{X_i}(x) = (1 - e^{-\frac{1}{100}x}) I_{(0,\infty)}(x).$$

또 처음 수명이 다한 전구의 수명은 $Y_1 = \min[X_1, \ldots, X_{10}]$로 나타낼 수 있으며 분포함수는 <정리 5>에 의해서 다음과 같다.

$$f_{Y_1}(y) = 10(e^{-\frac{1}{100}y})^{10-1}(\frac{1}{100}e^{-\frac{1}{100}y})I_{(0,\infty)}(y)$$
$$= \frac{10}{100}e^{-\frac{10}{100}y}I_{(0,\infty)}(y).$$

이것은 모수 $\lambda = \frac{1}{10}$인 지수분포이고 이때의 평균은 $E(Y_1) = \lambda = 10$. ■

다음은 확률변수들이 합과 차의 형태의 함수일 때 밀도함수를 고려해 보자.

정 리 6

연속형인 두 확률변수 X와 Y의 결합분포를 $f_{X,Y}(x,y)$라 하고 두 확률변수의 합과 차를 나타내는 확률변수를 각각 $Z = X+Y$, $V = X-Y$라 하면 합과 차의 밀도함수는 다음과 같다.

$$f_Z(z) = \int_{-\infty}^{\infty} f_{X,Y}(x, z-x)dx = \int_{-\infty}^{\infty} f_{X,Y}(z-y, y)dy,$$
$$f_V(v) = \int_{-\infty}^{\infty} f_{X,Y}(x, x-v)dx = \int_{-\infty}^{\infty} f_{X,Y}(v+y, y)dy.$$

(증 명)

우선 두 변수의 합인 $Z = X+Y$의 누적분포를 살펴보자.

$$\begin{aligned} F_Z(z) &= P[Z \le z] = P[X+Y \le z] \\ &= \iint_{x+y \le z} f_{X,Y}(x,y)\,dxdy \\ &= \int_{-\infty}^{\infty}\left[\int_{-\infty}^{z-x} f_{X,Y}(x,y)\,dy\right]dx \\ &= \int_{-\infty}^{\infty}\left[\int_{-\infty}^{z} f_{X,Y}(x,u-x)\,du\right]dx, \end{aligned}$$

여기서 $y = u-x$라 치환하였다. 위의 식을 z에 의해 미분하면 두 변수의 합인 $Z = X+Y$의 밀도함수를 얻을 수 있다.

$$f_Z(z)=\frac{d}{dz}F_Z(z)=\frac{d}{dz}\left(\int_{-\infty}^{z}\left[\int_{-\infty}^{\infty}f_{X,Y}(x,u-x)dx\right]du\right)$$
$$=\int_{-\infty}^{\infty}f_{X,Y}(x,z-x)\,dx.$$

또한 $x=u-y$로 치환하면

$$\iint_{x+y\le z}f_{X,Y}(x,y)\,dxdy=\int_{-\infty}^{\infty}\left[\int_{-\infty}^{z-y}f_{X,Y}(x,y)\,dx\right]dy$$
$$=\int_{-\infty}^{\infty}\left[\int_{-\infty}^{z}f_{X,Y}(u-y,y)\,du\right]dy.$$

이식을 z에 대하여 미분하면 다음을 얻을 수 있다.

$$f_Z(z)=\frac{d}{dz}\int_{-\infty}^{z}\left[\int_{-\infty}^{\infty}f_{X,Y}(u-y,y)\,du\right]dy$$
$$=\int_{-\infty}^{\infty}f_{X,Y}(z-y,y)\,dy.$$

두 변수의 차인 $V=X-Y$도 동일한 방법으로 유도할 수 있다. ■

—— 보조정리 ——

특히, 두 확률변수 X와 Y가 독립이면 합 $Z=X+Y$의 분포는 다음과 같다.

$$f_Z(z)=\int_{-\infty}^{\infty}f_Y(z-x)f_X(x)\,dx=\int_{-\infty}^{\infty}f_X(z-y)f_Y(y)dy.$$

■ 예 제 5 - 확률변수 X, Y가 서로 독립이고 평균이 1인 지수분포를 따를 때 $Z=Y-X$의 분포를 구해보자. X, Y의 결합밀도함수는 다음과 같이 구해진다.

$$f_{X,Y}(x,y)=e^{-(x+y)},\qquad x>0,\ y>0.$$

<정리 6>에 의해 Z의 밀도함수는 다음과 같이 구해진다.

$$f_Z(z) = \int e^{-(x+z+x)}\,dx = \int e^{-2x-z}\,dx,$$

여기서 주의해야 할 것은 x의 적분구간이다. 문제에서 $y>0, x>0$이고 $z=y-x$이므로 $-\infty < z < \infty$이다. 또 $y=x+z, y>0$이므로 $x+z>0$이고, 따라서 x는 다음 세 조건을 동시에 만족시켜야 한다.

$$x>-z, \quad x>0, \quad -\infty < z < \infty.$$

<그림 1>에 의하면 z에 따른 x의 범위는 다음과 같다.

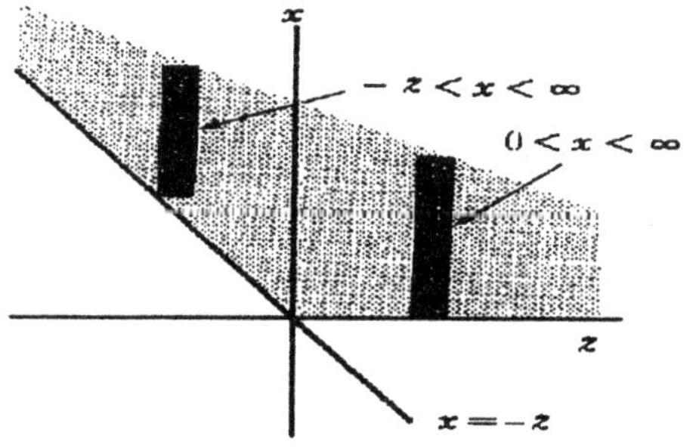

<그림 1>

$$-\infty < z \le 0, \ \ 0 \le -z < x < \infty,$$
$$z > 0, \qquad x > 0.$$

따라서 Z의 밀도함수는 범위에 따라 다음과 같이 주어진다.

1) $z \le 0$일때,

$$f_Z(z) = \int_{-z}^{\infty} e^{-2x-z}\,dx = \frac{1}{2}e^{z}.$$

2) $z > 0$일때,

$$f_Z(z) = \int_0^{\infty} e^{-2x-z}\,dx = \frac{1}{2}e^{-z}.$$

이 두 결과를 종합하면

$$f_Z(z)=\frac{1}{2}e^{-|z|}, \qquad -\infty < z < \infty$$

과 같이 표현할 수 있다. 위의 확률밀도함수는 이중지수분포(double exponential distribution) 라고 3장에서 공부하였으며 <그림 2>와 같다.

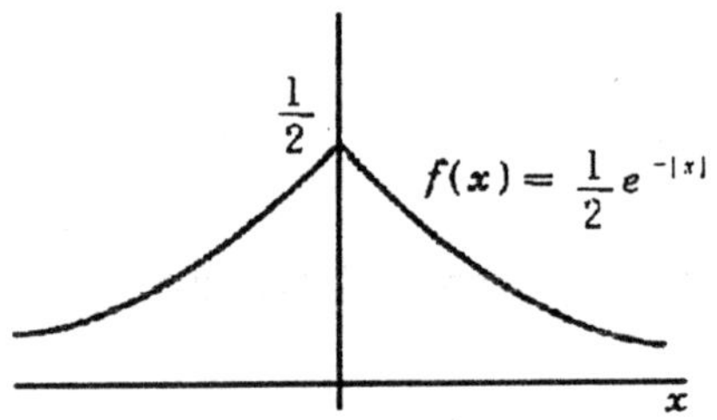

<그림 2> ■

■ 예 제 6 - 확률변수 X, Y가 서로 독립이고 동일한 분포 $f_X(x)=f_Y(y)=I_{(0,1)}(x)$를 따를 때 $Z=X+Y$의 분포를 구하여 보자.

<정리 6>에 따른 <보조정리>에 의해서 구해 보면 확률변수 Z의 범위는 $0<Z<2$이며 Z의 분포를 구하면 다음과 같이 얻을 수 있다.

$$\frac{dF_Z(z)}{dz}=\frac{dP[Z\le z]}{dz}=\frac{dP[X+Y\le z]}{dz}$$
$$=\int_{-\infty}^{\infty}f_X(x)f_Y(z-x)\,dx=\int_{-\infty}^{\infty}I_{(0,1)}(x)I_{(0,1)}(z-x)\,dx$$
$$=\int_{-\infty}^{\infty}I_{(0,z)}(x)I_{(0,1)}(z)\,dx+\int_{-\infty}^{\infty}I_{(z-1,1)}(x)I_{[1,2)}(z)\,dx$$
$$=I_{(0,1)}(z)\int_0^z I_{(0,z)}(x)\,dx+I_{[1,2)}(z)\int_{z-1}^1 I_{(z-1,1)}(x)\,dx$$
$$=\begin{cases} z, & 0<z<1, \\ 2-z, & 1\le z<2 \end{cases}$$
■

■ 예 제 7 - 독립인 두 확률변수 X_1, X_2가 각각 $X_1\sim U(0,1)$와 $X_2\sim U(-1,1)$을 따른다고 할 때, $Y_1=X_1+X_2$와 $Y_2=X_2-X_1$의 밀도함수를 구해보자. 두 확률변수 X_1, X_2의 분포함수는 각각 $f_{X_1}(x_1)=I_{[0,1]}(x_1)$과 $f_{X_2}(x_2)=\frac{1}{2}I_{[-1,1]}(x_2)$이다. 또한 두 분포가 독립

이므로 두 확률변수 X_1, X_2의 결합분포는 다음과 같다.

$$f_{X_1, X_2}(x_1, x_2) = \frac{1}{2} I_{[0,1]}(x_1) I_{[-1,1]}(x_2),$$

여기서 합의 확률변수 Y_1의 누적분포함수를 살펴보면 다음과 같다.

$$\begin{aligned} F_{Y_1}(y_1) &= p[Y_1 \leq y_1] = P[X_1 + X_2 \leq y_1] \\ &= \int\int \frac{1}{2}\, dx_1 dx_2 \end{aligned}$$

이고 여기서 y_1의 범위는 $-1 \leq y_1 \leq 2$이다. 이때 적분구간은 <그림 3>와 y_1의 범위에따라 달라진다. 그러므로 범위를 나누어 적분을 하여 누적분포함수를 구하면 다음과 같다.

1) $-1 \leq y_1 < 0$인 경우

$$F_{Y_1}(y_1) = \int_{-1}^{y_1} \int_{0}^{y_1 - x_2} \frac{1}{2}\, dx_1 dx_2 = \frac{1}{4} y_1^2 + \frac{1}{2} y_1 + \frac{1}{4}.$$

2) $0 \leq y_1 < 1$인 경우

$$F_{Y_1}(y_1) = \int_{-1}^{y_1 - 1} \int_{0}^{1} \frac{1}{2}\, dx_1 dx_2 + \int_{y_1 - 1}^{y_1} \int_{0}^{y_1 - x_2} \frac{1}{2}\, dx_1 dx_2 = \frac{1}{2} y_1 + \frac{1}{4}.$$

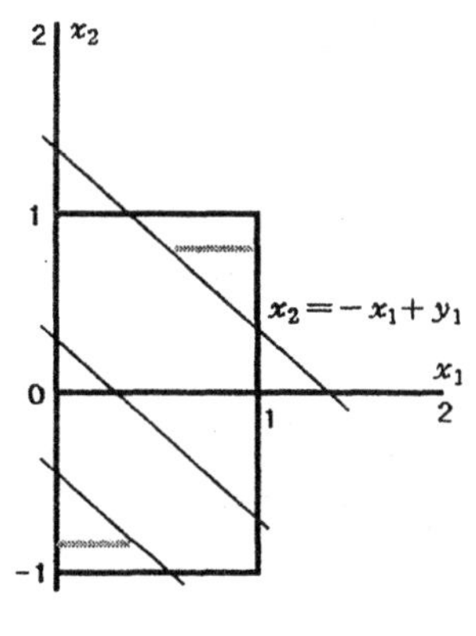

<그림 3>

3) $1 \le y_1 \le 2$인 경우

$$F_{Y_1}(y_1) = 1 - \int_{y_1-1}^{1} \int_{y_1-x_2}^{1} \frac{1}{2}\, dx_1 dx_2 = -\frac{1}{4} y_1^2 + y_1.$$

그러므로 이를 종합하여 보면 Y_1의 누적분포함수는 다음과 같다.

$$F_{Y_1}(y_1) = \begin{cases} \frac{1}{4} y_1^2 + \frac{1}{2} y_1 + \frac{1}{4}, & -1 \le y_1 < 0, \\ \frac{1}{2} y_1 + \frac{1}{4}, & 0 \le y_1 < 1, \\ -\frac{1}{4} y_1^2 + y_1, & 1 \le y_1 \le 2. \end{cases}$$

그러므로 Y_1의 누적분포함수를 미분과정을 통하여 Y_1의 밀도함수를 구해보면 다음을 얻을 수 있다.

$$f_{Y_1}(y_1) = \begin{cases} \frac{1}{2}(1 + y_1), & -1 \le y_1 < 0, \\ \frac{1}{2}, & 0 \le y_1 < 1, \\ 1 - \frac{1}{2} y_1, & 1 \le y_1 \le 2. \end{cases}$$

이제 x_2에 대하여 먼저 적분하고 나중에 x_1에 대하여 적분을 하여 Y_1의 누적분포를 구하여 보자.

$$\begin{aligned} F_{Y_1}(y_1) &= \int\int \frac{1}{2}\, dx_2 dx_1 \\ &= \begin{cases} \int_0^{y_1+1} \int_{-1}^{y_1-x_1} \frac{1}{2}\, dx_2 dx_1 = \frac{1}{4} y_1^2 + \frac{1}{2} y_1 + \frac{1}{4}, & -1 \le y_1 < 0, \\ \int_0^{1} \int_{-1}^{y_1-x_1} \frac{1}{2}\, dx_2 dx_1 = \frac{1}{2} y_1 + \frac{1}{4}, & 0 \le y_1 < 1, \\ 1 - \int_{y_1-1}^{1} \int_{y_1-x_1}^{1} \frac{1}{2}\, dx_2 dx_1 = -\frac{1}{4} y_1^2 + y_1, & 1 \le y_1 \le 2. \end{cases} \end{aligned}$$

x_1과 x_2 중 어떤 것을 먼저 적분하여도 동일한 분포를 얻을 수 있음을 알 수 있다. 그러므로 독자는 어떤 방법이 계산이 용이한가를 먼저 파악한다면 좀 더 쉽게 문제를 풀 수 있을 것이다. 위와 동일한 방법으로 차의 확률변수인 Y_2의 누적분포함수를 구하여 보면 <그림 4>과 같이 y_2의 범위에 따라 누적분포함수가 달라진다.

1) $-2 \le y_2 < -1$인 경우

$$F_{Y_2}(y_2) = \int_{-1-y_2}^{1} \int_{-1}^{x_1+y_2} \frac{1}{2}\, dx_2 dx_1 = \frac{1}{4} y_2^2 + y_2 + 1.$$

2) $-1 \le y_2 < 0$인 경우

$$F_{Y_2}(y_2) = \int_{0}^{1} \int_{-1}^{x_1+y_2} \frac{1}{2}\, dx_2 dx_1 = \frac{3}{4} + \frac{1}{2} y_2.$$

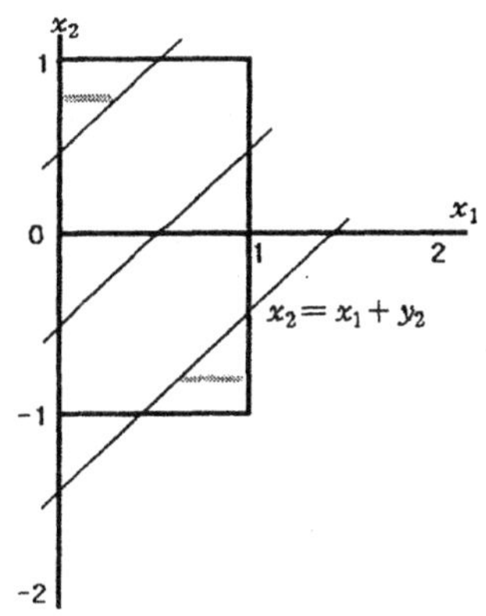

<그림 4>

3) $0 \le y_2 \le 1$인 경우

$$F_{Y_2}(y_2) = 1 - \int_{0}^{1-y_2} \int_{x_1+y_2}^{1} \frac{1}{2}\, dx_2 dx_1 = 1 - \frac{1}{4}(1-y_2)^2.$$

그러므로 이를 종합하여 보면 Y_2의 누적분포함수는 다음과 같다.

$$F_{Y_2}(y_2)=\begin{cases}\frac{1}{4}y_2^2+y_2+1\ , & -2\le y_2<-1,\\ \frac{1}{2}y_2+\frac{3}{4} & , -1\le y_2<0,\\ 1-\frac{1}{4}(1-y_2)^2, & 0\le y_2\le 1.\end{cases}$$

그러므로 Y_2의 밀도함수는 다음과 같다.

$$f_{Y_2}(y_2)=\begin{cases}\frac{1}{2}y_2+1, & -2\le y_2<-1,\\ \frac{1}{2}, & -1\le y_2<0,\\ \frac{1}{2}(1-y_2), & 0\le y_2\le 1.\end{cases}$$

이 문제에서도 x_1과 x_2 중 어떤 것을 먼저 적분하여도 동일한 누적분포를 얻을 수 있다.

$$\begin{aligned}F_{Y_2}(y_2) &= \int\int\frac{1}{2}\,dx_1dx_2\\ &=\begin{cases}\int_{-1}^{y_2+1}\int_{x_2-y_2}^{1}\frac{1}{2}\,dx_1dx_2 = \frac{1}{4}y_2^2+y_2+1, & -2\le y_2<1,\\ \int_0^1\int_{x_2-y_2}^{1}\frac{1}{2}\,dx_1dx_2 = \frac{1}{2}y_2+\frac{3}{4}, & -1\le y_2<0,\\ 1-\int_{y_2}^{1}\int_0^{x_2-y_2}\frac{1}{2}\,dx_1dx_2 = 1-\frac{1}{4}(1-y_2)^2, & 0\le y_2\le 1.\end{cases}\end{aligned}$$

■

■ 예 제 8 - 결합분포함수가 $f_{X,Y}(x,y)=8xy,\ 0<x<1,\ 0<y<x$라고 하자. 이때 $Z=X+Y$의 분포함수를 구해 보자. 정리에 의해 Z의 분포함수의 형태를 구할 수 있다.

$$f_Z(z) = \int 8x(z-x)dx,$$

여기서 주의할 점은 x의 적분범위이다. $z=x+y$라 하였으므로 $0<z<2$ 이고 $y=z-x$이다. 또 문제에서 $0<y<x$이라고 하였으므로 $0<z-x<x$이 되고, 따라서 $\frac{z}{2}<x<z$가 성립한다. 그러나 $0<z<2$이고 $0<x<1$이므로 x는 다음 세 조건을 동시에 만족시켜야한다.

$$\frac{z}{2} < x < z, \quad 0 < z < 2, \quad 0 < x < 1.$$

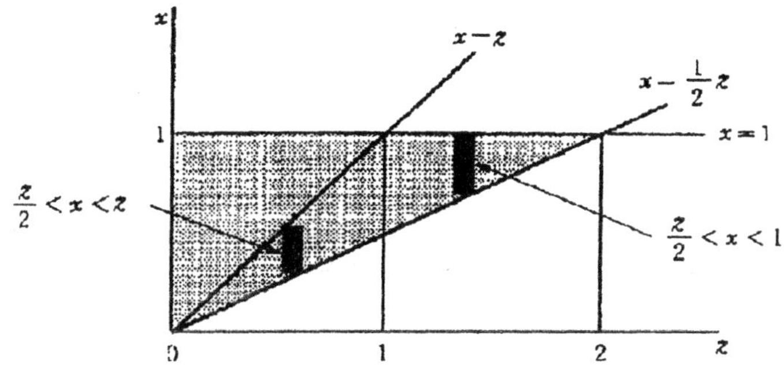

<그림 5>

이를 그림으로 표시한 것이 <그림 5>에 나타나있다. 이 그림에 의하면 z에 따른 x의 범위는 다음과 같다.

$$0 < z \le 1 \text{일때 } \frac{z}{2} < x < z,$$

$$1 < z < 2 \text{일때 } \frac{z}{2} < x < 1.$$

따라서 z의 분포함수는 범위에 따라 다음과 같이 나타난다.

1) $0 < z \le 1$일때,

$$f_Z(z) = \int_{\frac{z}{2}}^{z} 8x(z-x)dx = \frac{2}{3}z^3.$$

2) $1 < z < 2$일때,

$$f_Z(z) = \int_{\frac{z}{2}}^{1} 8x(z-x)dx = -\frac{2}{3}z^3 + 4z - \frac{8}{3}.$$

그러므로 위의 두 구간에서의 분포함수를 종합하여 보면 다음과 같이 분포함수를 구할 수 있다.

$$f_Z(z) = \begin{cases} \frac{2}{3}z^3, & 0 < z \le 1, \\ -\frac{2}{3}z^3 + 4z - \frac{8}{3}, & 1 < z < 2. \end{cases}$$ ■

확률변수들의 곱의 나누기 형태의 확률변수의 분포함수를 유도하여 보자.

정 리 7

X와 Y는 연속형인 확률변수이고 두 확률변수의 결합분포인 $f_{X,Y}(x, y)$가 주어질 때, 곱의 확률변수를 $Z=XY$와 나누기형태의 확률변수 $U=\frac{X}{Y}$의 분포함수는 다음과 같다.

$$f_Z(z) = \int_{-\infty}^{\infty} \frac{1}{|x|} f_{X,Y}\left(x, \frac{z}{x}\right)dx$$
$$= \int_{-\infty}^{\infty} \frac{1}{|y|} f_{X,Y}\left(\frac{z}{y}, y\right)dy.$$
$$f_U(u) = \int_{-\infty}^{\infty} |y| f_{X,Y}(uy, y)dy.$$

(증 명)

$$F_Z(z) = P[Z \le z] = \int\int_{xy \le z} f_{X,Y}(x, y)\,dxdy$$
$$= \int_{-\infty}^{0}\left[\int_{z/x}^{\infty} f_{X,Y}(x, y)\,dy\right]dx + \int_{0}^{\infty}\left[\int_{-\infty}^{z/x} f_{X,Y}(x, y)\,dy\right]dx,$$

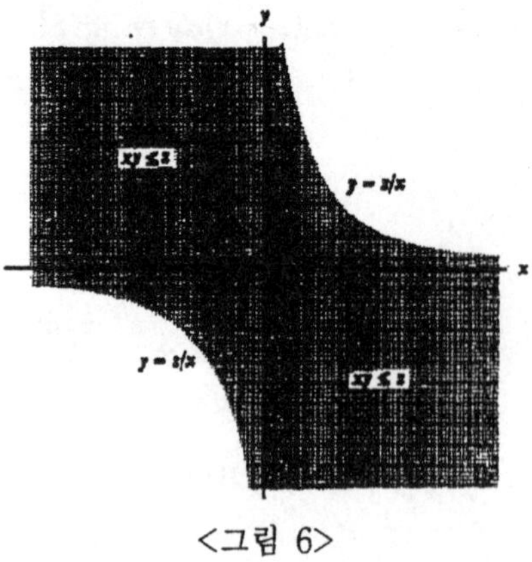

<그림 6>

여기서 $u=xy$로 치환하면 식은 다음과 같이 된다.

$$\begin{aligned}
&= \int_{-\infty}^{0}\left[\int_{z}^{\infty} f_{X,Y}\left(x, \frac{u}{x}\right)\frac{du}{x}\right]dx + \int_{0}^{\infty}\left[\int_{-\infty}^{z} f_{X,Y}\left(x, \frac{u}{x}\right)\frac{du}{x}\right]dx \\
&= \int_{-\infty}^{z}\left[\int_{-\infty}^{0} \frac{1}{-x} f_{X,Y}\left(x, \frac{u}{x}\right)dx\right]du + \int_{-\infty}^{z}\left[\int_{0}^{\infty} \frac{1}{x} f_{X,Y}\left(x, \frac{u}{x}\right)dx\right]du \\
&= \int_{-\infty}^{z}\left[\int_{-\infty}^{\infty} \frac{1}{|x|} f_{X,Y}\left(x, \frac{u}{x}\right)dx\right]du,
\end{aligned}$$

여기서 곱의 확률변수 $Z=XY$의 분포를 얻기 위해서 z으로 미분을 하면 다음이 된다.

$$\begin{aligned}
f_Z(z) &= \frac{dF_Z(z)}{dz} \\
&= \int_{-\infty}^{\infty} \frac{1}{|x|} f_{X,Y}\left(x, \frac{z}{x}\right)dx.
\end{aligned}$$

위와 동일한 방법으로 분산형태의 확률변수 $U=\dfrac{X}{Y}$의 분포함수도 유도하여보자.

$$\begin{aligned}
F_U(u) &= P[U \le u] = P\left[\frac{X}{Y} \le u\right] = P[X \le Yu] \\
&= \iint_{\frac{x}{y} \le u} f_{X,Y}(x, y)\, dxdy \\
&= \int_{-\infty}^{0}\left[\int_{yu}^{\infty} f_{X,Y}(x, y)\, dx\right]dy + \int_{0}^{\infty}\left[\int_{-\infty}^{yu} f_{X,Y}(x, y)\, dx\right]dy,
\end{aligned}$$

여기서 $k=\dfrac{x}{y}$로 치환하면 $dx=ydk$이고 $x=ky$가 되어 식은 다음과 같이 변환된다.

$$\begin{aligned}
&= \int_{-\infty}^{0}\left[\int_{u}^{\infty} f_{X,Y}(ky, y) y\, dk\right]dy + \int_{0}^{\infty}\left[\int_{-\infty}^{u} f_{X,Y}(ky, y) y\, dk\right]dy \\
&= \int_{-\infty}^{u}\left[\int_{-\infty}^{0} (-y) f_{X,Y}(ky, y)\, dy\right]dk + \int_{-\infty}^{u}\left[\int_{0}^{\infty} (y) f_{X,Y}(ky, y)\, dy\right]dk \\
&= \int_{-\infty}^{u}\left[\int_{-\infty}^{\infty} |y| f_{X,Y}(ky, y) dy\right]dk,
\end{aligned}$$

여기서 확률변수의 나누기 $U=\frac{X}{Y}$의 분포를 얻기 위해서 u로 미분을 하면 다음이 된다.

$$\begin{aligned} f_U(u) &= \frac{dF_U(u)}{du} \\ &= \int_{-\infty}^{\infty} |y| f_{X,Y}(uy, y) dy. \end{aligned}$$

■

■ 예 제 9 - 독립인 두 확률변수 X와 Y가 각각 $(0,1)$구간에서 균일분포를 따를 때 곱의 확률변수 $Z=XY$와 분산형태의 확률변수 $U=\frac{X}{Y}$의 분포함수를 구하여보자. 우선 확률변수 X와 Y는 서로 독립이며 균일분포를 따르므로 결합분포함수는 다음과 같다.

$$f_{X,Y}(x,y) = I_{(0,1)}(x) I_{(0,1)}(y).$$

위의 <정리 7>에 의해서 다음과 같이 Z과 U의 분포함수를 유도할 수 있다.

$$\begin{aligned} f_Z(z) &= \int_{-\infty}^{\infty} \frac{1}{|x|} f_{X,Y}\left(x, \frac{z}{x}\right) dx \\ &= \int_{-\infty}^{\infty} \frac{1}{|x|} I_{(0,1)}(x) I_{(0,1)}\left(\frac{z}{x}\right) dx \\ &= I_{(0,1)}(z) \int_0^1 \frac{1}{x} I_{(z,1)}(x)\, dx \\ &= I_{(0,1)}(z) \int_z^1 \frac{1}{x}\, dx = -\ln_e z\, I_{(0,1)}(z). \end{aligned}$$

$$\begin{aligned} f_U(u) &= \int_{-\infty}^{\infty} |y| f_{X,Y}(uy, y) dy \\ &= \int_{-\infty}^{\infty} |y| I_{(0,1)}(uy) I_{(0,1)}(y)\, dy \\ &= \int_{-\infty}^{\infty} |y| [I_{(0,1)}(u) I_{(0,1)}(y) + I_{[1,\infty)}(u) I_{(0,1/u)}(y)]\, dy \\ &= I_{(0,1)}(u) \int_0^1 y dy + I_{[1,\infty)}(u) \int_0^{1/u} y dy \\ &= \frac{1}{2} I_{(0,1)}(u) + \frac{1}{2}\left(\frac{1}{u}\right)^2 I_{[1,\infty)}(u). \end{aligned}$$

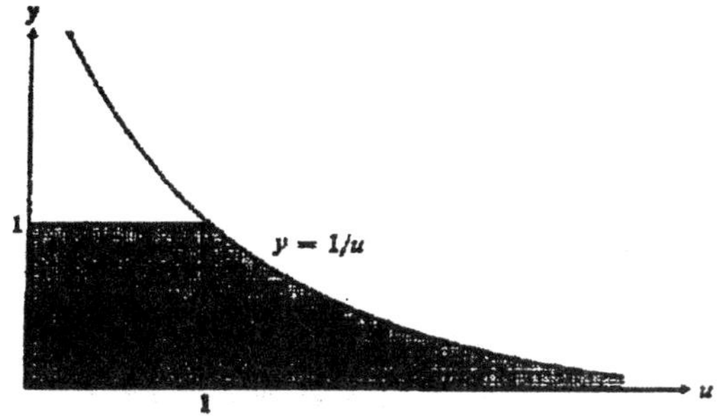

<그림 7>

여기에서 유의할 사항으로 X/Y의 기대값 $E(X/Y)$은

$$E(X/Y)=E(U)=\frac{1}{2}\int_0^1 udu+\frac{1}{2}\int_1^{\infty}\frac{1}{u}\,du=\infty$$

이며 $E(X)/E(Y)=1$과는 다르다는 점이다. ■

■ 예 제 10 - $f(x)=\frac{1}{2}e^{-|x|}$ $(-\infty<x<\infty)$에 대하여 $Y=X^2$의 밀도함수를 구하여 보자. 우선 $Y=X^2$의 누적분포함수를 구하면 다음과 같다.

$$\begin{aligned} F_Y(y) &= P[Y\le y]=P[X^2\le y]=P[-\sqrt{y}\le X\le\sqrt{y}] \\ &=\int_{-\sqrt{y}}^{\sqrt{y}} f_X(x)\,dx=\int_{-\sqrt{y}}^{\sqrt{y}}\frac{1}{2}e^{-|x|}dx \\ &=2\int_0^{\sqrt{y}}\frac{1}{2}e^{-x}dx=-e^{-x}\Big|_0^{\sqrt{y}} \\ &=1-e^{-\sqrt{y}}. \end{aligned}$$

다음은 밀도함수를 구하기 위해서 누적분포함수를 y로 미분하면 식은 다음과 같이된다.

$$\frac{dF_Y(y)}{dy}=\frac{d(1-e^{-\sqrt{y}})}{dy}=\frac{1}{2}\frac{1}{\sqrt{y}}e^{-\sqrt{y}}I_{[0,\infty)}(y)$$ ■

<정리 6>과 <정리 7>은 비교적 간단하게 보이는 이론이지만 실제로 적용하기에는 구간설정

에 많은 어려움이 있다. 따라서 저자는 <정리 6>과 <정리 7>의 이론을 적용하여 문제를 푸는 방법보다는 처음에 설명한 2.1절의 누적분포함수를 이용한 방법을 사용하여 구하는 것이 좀 더 올바르게 문제에 접근하는 방법으로 제안한다.

2.2 변수변환을 이용한 방법

확률변수들의 함수의 분포를 구하기 위해 변수변환을 이용한 방법(transformation technique)이 있다. 앞 절에서 제시한 누적분포함수를 이용한 방법은 확률변수의 함수의 밀도함수를 구하기 위하여 우선 누적분포함수를 구하고 이를 이용하여 우회적으로 밀도함수를 구하였으나 여기에서는 변수변환을 이용하여 확률변수들의 함수의 분포를 보다 쉽게 그리고 직접적으로 유도할 수 있다. 예를 들면 앞 절의 <예제 3>에서 확률변수 X가 $(-1,1)$구간에서 균일분포를 따를 때 $Y=X^2$의 분포함수를 다음과 같이 누적분포함수를 이용하여 구하였다.

$$F_Y(y)=P[Y\le y]=P[X^2\le y]=P[-\sqrt{y}\le X\le\sqrt{y}].$$

뒤에서 공부할 <예제 20>에서는 변수변환방법을 이용하여 분포함수를 구하였다. 결과 또는 누적분포함수를 이용하여 구한 분포와 동일한 분포를 얻을 수 있다.

우선 1차원이면서 이산형인 확률변수의 경우를 살펴보자. 이산형 확률변수인 경우, 확률변수 X에 대한 자료가 $x_1, x_2, \ldots$등으로 주어지면 변환함수 $g(\cdot)$에 의한 변환된 확률변수 $Y=g(X)$의 분포는 직관적으로 얻을 수 있다. 즉 각각의 자료들이 $x_1, x_2, \ldots$일때의 확률이 $f_X(x_1), f_X(x_2), \ldots$라면 확률변수 $Y=g(X)$의 분포함수는 다음과 같이 될 것이다.

$$f_Y(y_i)=\sum_{\{i:g(x_i)=y_i\}} f_X(x_i).$$

다차원인 경우는 이산형 확률변수 $X_1, \ldots, X_n$가 $f_{X_1,\ldots,X_n}(x_1,\ldots,x_n)$인 이산형 결합밀도함수를 가질 때 정의구역은 다음과 같다.

$$\Omega=\{(x_1,\ldots,x_n) | f_{X_1,\ldots,X_n}(x_1,\ldots,x_n)>0\}.$$

이때 변환함수 $Y_1=g_1(x_1,\ldots,x_n), \ldots, Y_k=g_k(x_1,\ldots,x_n)$의 이산형 결합밀도함수는 다음과 같이 구할 수 있다.

$$P[Y_1 = y_1, \ldots, Y_k = y_k] = f_{Y_1, \ldots, Y_k}(y_1, \ldots, y_k)$$
$$= \sum f_{X_1, \ldots, X_n}(x_1, \ldots, x_n),$$

여기서 합의 기호의 범위는 $(y_1, \ldots, y_k) = [g_1(x_1, \ldots, x_n), \ldots, g_k(x_1, \ldots, x_n)]$를 만족하는 $(x_1, \ldots, x_n)$에 대하여 합한다.

■ 예 제 11 - 확률변수 X의 값이 0, 1, 2, 3, 4, 5일 확률이 각각 $f_X(0)$, $f_X(1)$, $f_X(2)$, $f_X(3)$, $f_X(4)$, $f_X(5)$일때, 만약 $Y = g(X) = (X-2)^2$이라면 Y의 값은 0, 1, 4, 9의 값을 갖으며 $f_Y(0) = f_X(2)$, $f_Y(1) = f_X(1) + f_X(3)$, $f_Y(4) = f_X(0) + f_X(4)$, $f_Y(9) = f_X(5)$이다. ■

■ 예 제 12 - 확률변수 X_1, X_2, X_3가 다음과 같은 이산형 결합밀도함수를 갖는다.

(x_1, x_2, x_3)	(0, 0, 0)	(0, 0, 1)	(0, 1, 1)	(1, 0, 1)	(1, 1, 0)	(1, 1, 1)
$f_{X_1, X_2, X_3}(x_1, x_2, x_3)$	1/8	3/8	1/8	1/8	1/8	1/8

$Y_1 = g_1(X_1, X_2, X_3) = X_1 + X_2 + X_3$, $Y_2 = g_2(X_1, X_2, X_3) = |X_3 - X_2|$라 하면 정의역은 다음과 같고 $\Omega = \{(0,0,0), (0,0,1), (0,1,1), (1,0,1), (1,1,0), (1,1,1)\}$ Y_1, Y_2의 결합밀도함수는 다음과 같다.

$$f_{Y_1, Y_2}(0,0) = f_{X_1, X_2, X_3}(0,0,0) = \frac{1}{8},$$
$$f_{Y_1, Y_2}(1,1) = f_{X_1, X_2, X_3}(0,0,1) = \frac{3}{8},$$
$$f_{Y_1, Y_2}(2,0) = f_{X_1, X_2, X_3}(0,1,1) = \frac{1}{8},$$
$$f_{Y_1, Y_2}(2,1) = f_{X_1, X_2, X_3}(1,0,1) + f_{X_1, X_2, X_3}(1,1,0) = \frac{2}{8},$$
$$f_{Y_1, Y_2}(3,0) = f_{X_1, X_2, X_3}(1,1,1) = \frac{1}{8}.$$
■

■ 예 제 13 - 이산형 확률변수 X가 성공확률 p의 실험을 n번 시행하는 이항분포를 따를

때 $Y=X^2$의 분포함수를 구해보자. 우선 확률변수 X가 이산형이기 때문에 확률변수 Y 또한 이산형 확률변수이다. 그러므로 Y의 분포함수는 $f_Y(y)=P[Y=y]$, $y\geq 0$와 같이 정의될 수 있다. 여기서 $Y=X^2$이며, $x\geq 0, y\geq 0$이기 때문에 다음이 성립하며

$$f_Y(y)=P[Y=y]=P[X^2=y]=P[X=\sqrt{y}].$$

확률변수 X가 이항분포를 따르므로 확률변수 Y 의 밀도함수는

$$f_Y(y)=f_X(\sqrt{y})=\binom{n}{\sqrt{y}}p^{\sqrt{y}}(1-p)^{n-\sqrt{y}},\ y=0,1,4,\ldots,n^2.$$ ■

연속형 확률변수인 경우를 살펴보자. 연속인 확률변수 $X_1, X_2, \ldots, X_n$와 그들의 결합밀도함수가 $f_{X_1,X_2,\ldots,X_n}(x_1,x_2,\ldots,x_n)$이고 정의역은 $\Omega=\{(x_1,\ldots,x_n)|f_{X_1,\ldots,X_n}(x_1,\ldots,x_n)>0\}$로 주어지는데 이때 변환함수 $g_j(\cdot),(j=1,\ldots,k)$에 의한 새로운 확률변수를 $Y_1=g_1(X_1,X_2,\ldots,X_n),\ldots,Y_k=g_k(X_1,X_2,\ldots,X_n),(1\leq k\leq n)$라 하자. 만약 $k<n$이면 $Y_{k+1}=g_{k+1}(X_1,X_2,\ldots,X_n),\ldots,Y_n=g_n(X_1,X_2,\ldots,X_n)$인 또 다른 확률변수도 얻을 수 있다. 즉 n차원에서 변환함수에 의해서 k차원으로 변형된 새로운 확률변수 $Y_1,\ldots,Y_k$의 결합밀도함수와 Y_i들의 밀도함수 즉 주변밀도함수는 $Y_1,\ldots,Y_k$의 결합밀도함수의 적분과정을 통해 얻을 수 있으며 이것은 n차원에서 n차원으로 변환된 $Y_1=g_1(X_1,X_2,\ldots,X_n),\ldots,Y_n=g_n(X_1,X_2,\ldots,X_n)$에 의해서 계산이 가능하다.

정 리 8

연속형 확률변수 X의 밀도함수를 $f_X(x)$라 하고, 변환함수 $y=g(x)$가 $f_X(x)$의 정의역에서 단조함수이며 일대일 대응함수(one-to-one function)이고, 함수 $x=g^{-1}(y)$는 치역의 구간에서 1차 미분가능하고 0이 아니라면 연속형 확률변수 $Y=g(X)$의 분포함수는 다음과 같다.

$$f_Y(y)=\left|\frac{d}{dy}g^{-1}(y)\right|f_X[g^{-1}(y)]I_\Phi(y).$$

(증 명)

<그림 8>과 <그림 9>와 같이 $g(x)$가 단조증가이거나 단조감소함수이다. 이런 $g(\cdot)$의 조건으로부터 우리는 $g(\cdot)$의· 역함수인 $g^{-1}(\cdot)$가 존재한다는 것을 파악할 수 있다. 우선 $g(x)$가 단조증가함수(monotonic increasing function)인 경우를 살펴보자.

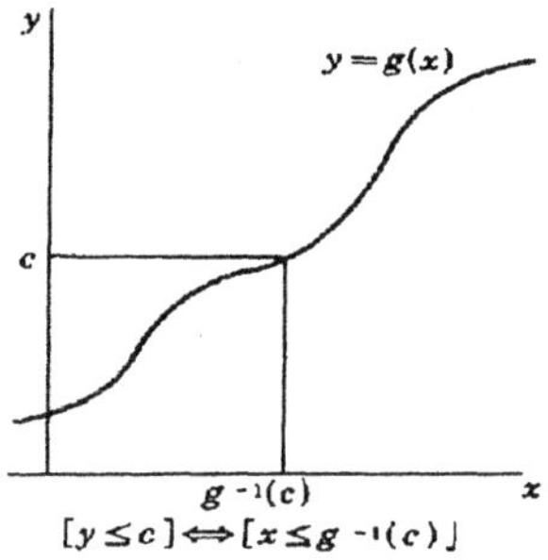

<그림 8>

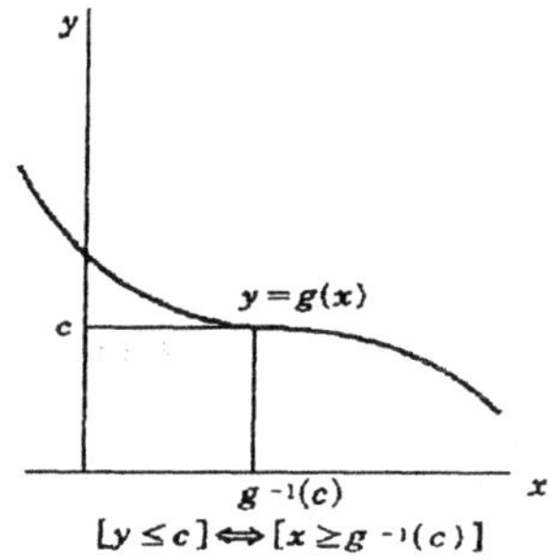

<그림 9>

누적분포함수의 성의로부터

$$\begin{aligned} F_Y(y) &= P[Y \le y] = P[g(X) \le y] \\ &= P[X \le g^{-1}(y)] \\ &= \int_{-\infty}^{g^{-1}(y)} f_X(x)\, dx \end{aligned}$$

를 얻었고 여기서 밀도함수를 구하기 위해 누적분포함수 $F_Y(y)$를 y로 미분하면 미적분학의 연쇄법칙(chian rule)에 의해 다음과 같은 분포함수를 얻을 수 있다.

$$f_Y(y) = \left(\frac{d}{dy} g^{-1}(y) \right) f_X(g^{-1}(y)).$$

다음으로 $g(x)$가 단조감소함수인 경우도 동일한 방법으로 구하면 다음과 같고

$$\begin{aligned} F_Y(y) &= P[Y \le y] = P[g(X) \le y] \\ &= P[X \ge g^{-1}(y)] \\ &= \int_{g^{-1}(y)}^{\infty} f_X(x)\, dx, \end{aligned}$$

다시 미분과정을 통해 분포함수를 구하면

$$f_Y(y)=\left(-\frac{d}{dy}g^{-1}(y)\right)f_X(g^{-1}(y)),$$

이때 $-\frac{d}{dy}g^{-1}(y)$는 양의 값을 갖고 있다는 것을 알 수 있다. 위의 단조증가와 단조감소의 두 경우를 종합하면 분포함수는 그러므로 다음을 유도할 수 있다.

$$f_Y(y)=\left|\frac{d}{dy}g^{-1}(y)\right|f_X(g^{-1}(y)).$$ ∎

—— 보조정리 ——

확률변수 X가 연속형이고 밀도함수 $f_X(x)$를 따를 때, 확률변수 $Y=aX+b$, $(a\neq0)$의 밀도함수는 다음과 같다.

$$f_Y(y)=\frac{1}{|a|}f_X\left(\frac{y-b}{a}\right),\quad a\neq0.$$

만약 확률변수 X가 이산형이라면 밀도함수는 다음과 같다.

$$f_Y(y)=f_X\left(\frac{y-b}{a}\right),\quad a\neq0.$$

(증 명)

(방법 1)

$g(\cdot)$의 역함수인 $g^{-1}(\cdot)$를 다음과 같이 구하고 1차 미분과정을 통해 다음을 구하여 <정리 8>에 대입한다.

$$x=g^{-1}(y)=\frac{y-b}{a},\quad \frac{dx}{dy}=\frac{1}{a}.$$

Y의 분포함수는 다음과 같이 된다.

$$f_Y(y) = \left|\frac{d}{dy}\left(\frac{y-b}{a}\right)\right| f_X\left(\frac{y-b}{a}\right) = \frac{1}{|a|} f_X\left(\frac{y-b}{a}\right).$$

(방법 2)
앞 절에서 공부한 누적분포함수를 이용하여 Y의 누적밀도함수를 구하면 다음 같다.

$$\begin{aligned} F_Y(y) &= P[Y \le y] = P[aX+b \le y] \\ &= P[X \le \frac{y-b}{a}] = F_X\left(\frac{y-b}{a}\right). \end{aligned}$$

그러므로 미분과정을 통해 Y의 밀도함수를 구하면 되는데 $a>0$인 경우에 $y=g(x)=ax+b$는 단조증가함수이므로 다음과 같고

$$\begin{aligned} f_Y(y) &= \frac{dF_Y(y)}{dy} = \frac{d}{dy} P[Y \le y] = \frac{d}{dy} F_X\left(\frac{y-b}{a}\right) \\ &= \frac{1}{a} f_X\left(\frac{y-b}{a}\right), \end{aligned}$$

$a<0$인 경우에는 변환함수가 단조감소함수이므로 다음과 같이 유도된다.

$$f_Y(y) = -\frac{1}{a} f_X\left(\frac{y-b}{a}\right).$$

변환함수가 단조증가함수와 단조감소함수인 경우를 종합하여 정리하면 <정리 7>을 이용하여 유도한 식과 동일하게 된다.

$$f_Y(y) = \frac{1}{|a|} f_X\left(\frac{y-b}{a}\right), \quad a \ne 0.$$

또 이산형일 경우는 다음과 같이 이산형 확률밀도함수의 정의에 의해서 유도할 수 있다.

$$\begin{aligned} f_Y(y) &= P[Y=y] = P[aX+b=y] \\ &= P[X = \frac{y-b}{a}] = f_X\left(\frac{y-b}{a}\right). \end{aligned}$$ ■

—— 정 리 9 - 확률적분변환(probability integral transformation) ——

연속형 확률변수 X의 누적확률분포가 $F_X(x)$일때 $U=F_X(X)$는 구간 $(0,1)$에서 정의된 균일분포를 따른다. 역으로 확률변수 U가 구간 $(0,1)$에서 정의된 균일분포를 따른다면 확률변수 $X=F_X^{-1}(U)$의 누적확률분포는 $F_X(x)$가 된다.

(증 명)

U는 다음과 같은 결과에 의해 구간 $(0,1)$에서 정의된 균일분포를 따르는 것을 알 수 있다.

$$\begin{aligned} P[U\le u] &= P[F_X(X)\le u]=P[X\le F_X^{-1}(u)] \\ &= F_X[F_X^{-1}(u)]=u, \quad 0<u<1. \end{aligned}$$

역으로 U가 균일분포를 따르기 때문에 다음과 같이 유도할 수 있다.

$$\begin{aligned} P[X\le x] &= P[F_X^{-1}(U)\le x]=P[U\le F_X(x)] \\ &= F_X(x). \end{aligned}$$ ∎

확률적분변환은 비모수(분포무관) 통계학의 이론과 적합도검정, 난수발생 등에 매우 유용하게 사용된다.

■ 예 제 14 - 모수 λ를 갖는 지수분포를 따르는 확률변수를 만들어 보자. 확률변수 U가 $(0,1)$에서 균일분포를 따른다고 가정하고, 이때 지수분포의 누적분포함수는 $F_X(x)=(1-e^{-\lambda x})I_{(0,\infty)}(x)$이므로, 이를 U로 놓고 확률적분변환을 시키면 $F_X^{-1}(u)=-(1/\lambda)\ln(1-u)$를 얻을 수 있다. 그러므로 여기서 $-(1/\lambda)\ln(1-U)$는 누적확률분포 $(1-e^{-\lambda x})I_{(0,\infty)}(x)$를 따르는 지수분포의 확률변수이다. ∎

■ 예 제 15 - 확률변수 X가 모수 (a,b)인 베타분포를 따를 때, $Y=-\ln_e X$의 밀도함수를 구하라. 여기서 함수 $y=g(x)=-\ln_e x$는 정의구역 $\{x|f_X(x)>0\}=\{x|0<x<1\}$에서 치역이 $\{y|y>0\}$인 일대일 대응 함수이다. <정리 8>에 의해서 밀도함수는 다음과 같이 구할 수 있다.

$$f_Y(y)=\left|\frac{d}{dy}g^{-1}(y)\right|f_X(g^{-1}(y))$$

$$= e^{-y}\frac{1}{\beta(a,b)}(e^{-y})^{a-1}(1-e^{-y})^{b-1}$$
$$= \frac{1}{\beta(a,b)}e^{-ay}(1-e^{-y})^{b-1}.$$

특히, 위의 분포는 $b=1$인 경우 $\beta(a,b)=\frac{1}{a}$가 되어 분포함수는 평균이 a인 다음과 같은 지수분포가 됨을 알 수 있다.

$$f_Y(y) = ae^{-ay}.$$ ■

—— 정 리 10 ——

확률변수 X와 Y의 결합밀도함수를 $f_{X,Y}(\cdot,\cdot)$라 하자. 확률변수 X를 고정시켰을 때 $Z=g(X,Y)$가 Y에 대한 단조감소 또는 단조증가함수라고 하면 Z의 밀도함수 $f_Z(z)$는 다음과 같다.

$$f_Z(z) = \int\left|\frac{\partial y}{\partial z}\right| f_{X,Y}(x,y)dx,$$

여기서 y는 $z=g(x,y)$의 관계로부터 z와 x의 함수로 나타낼 수 있고 x의 적분구간은 문제에 따라 적절히 정해진다.

(증 명)

확률변수 X를 고정시켰을 때 $Z=g(X,Y)$는 Y만의 함수이다. 이때 Z과 Y의 관계는 $X=x$인 상태하에서 $Z|X=x$와 $Y|X=x$의 관계가 된다. <정리 8>에 의하면 $Z|X=x$와 $Y|X=x$의 밀도함수 사이에는 다음과 같은 관계가 성립한다.

$$f_{Z|x}(z) = \left|\frac{\partial y}{\partial z}\right| f_{Y|x}(y).$$

$f_{X,Y}(x,y)=f_X(x)f_{Y|x}(y)$이고 $f_{X,Z}(x,z)=f_X(x)f_{Z|x}(z)$이므로 위 식에 대입하여 다시 표현하면 X와 Z의 결합밀도함수를 구하면 다음과 같다.

$$f_{X,Z}(x,z) = \left|\frac{\partial y}{\partial z}\right| f_{X,Y}(x,y).$$

그러므로 Z에 대한 주변밀도함수를 구하기 위해 x로 적분하면 된다.

$$f_Z(z) = \int \left| \frac{\partial y}{\partial z} \right| f_{X,Y}(x, y)dx. \qquad \blacksquare$$

■ 예 제 16 - 확률변수 Z가 표준정규분포를 따르고 또 다른 확률변수 U가 자유도가 n인 카이제곱분포를 따르며, Z과 U가 독립일 때 $W=\frac{\sqrt{n}Z}{\sqrt{U}}$의 분포를 구해 보자.

$Y=\sqrt{n}Z$라고 하고 $X=\sqrt{U}$라고 하자. 확률변수 Z이 표준정규분포를 따름으로 확률변수 Y는 평균이 0이고 분산이 n인 정규분포를 따르게 된다. 또 확률변수 U가 자유도가 n인 카이제곱분포를 따르므로 X의 분포는 <정리 8>에 의해서 다음과 같다.

$$\begin{aligned} f_X(x) &= \left| \frac{du}{dx} \right| f_U(x^2) \\ &= \frac{1}{\Gamma\left(\frac{n}{2}\right)2^{\frac{n}{2}-1}} x^{n-2} e^{-\frac{1}{2}x^2} \cdot \frac{1}{\sqrt{2\pi n}} e^{-\frac{1}{2}\frac{y^2}{n}} \end{aligned}$$

또 Z와 U가 독립이기 때문에 Y와 X도 독립이고 따라서 다음이 성립한다.

$$\begin{aligned} f_{X,Y}(x, y) &= f_X(x)f_Y(y) \\ &= \frac{1}{\Gamma\left(\frac{n}{2}\right)2^{\frac{n}{2}-1}} x^{n-2} e^{-\frac{1}{2}x^2} \cdot \frac{1}{\sqrt{2\pi n}} e^{-\frac{1}{2}\frac{y^2}{n}} \\ &= cx^{n-2} e^{-\frac{1}{2}\left(x^2+\frac{y^2}{n}\right)}, \end{aligned}$$

여기서 $x>0$, $-\infty < y < \infty$, $c=\frac{1}{\Gamma\left(\frac{n}{2}\right)2^{\frac{n-1}{2}}\sqrt{n\pi}}$이다.

문제에서 $W=\frac{\sqrt{n}Z}{\sqrt{U}}=\frac{Y}{X}$이므로 <정리 7>에 의해 W의 분포함수를 구할 수 있다.

$$f_W(w) = \int_0^\infty x f_{X,Y}(x, wx)dx$$

$$= \int_0^\infty c x^{n-1} e^{-\frac{1}{2}\left(x^2 + \frac{w^2 x^2}{n}\right)} dx.$$

$v = \frac{1}{2} x^2 \left(1 + \frac{w^2}{n}\right)$으로 치환하면 $dv = x\left(1 + \frac{w^2}{n}\right) dx$이고 두 식을 연립하여 다음을 얻을 수 있다.

$$x = \left(\frac{2v}{1 + \frac{w^2}{n}}\right)^{\frac{1}{2}}, \quad dv = \sqrt{2v\left(1 + \frac{w^2}{n}\right)}\, dx .$$

이를 위에서 구한 $f_W(w)$식의 오른쪽 항에 대입하여 정리하면 다음과 같은 결과를 얻는다.

$$f_W(w) = \frac{\left(1 + \frac{w^2}{n}\right)^{\frac{1}{2}(n+1)}}{\Gamma\left(\frac{n}{2}\right)\sqrt{n\pi}} \int_0^\infty v^{\frac{1}{2}(n-1)} e^{-v} dv.$$

감마함수의 정의로부터 적분값은 $\Gamma\left(\frac{n+1}{2}\right)$ 이고 따라서 W의 분포함수는 다음과 같다.

$$f_W(w) = \frac{\Gamma\left(\frac{n+1}{2}\right)}{\Gamma\left(\frac{n}{2}\right)\sqrt{n\pi}} \left(1 + \frac{w^2}{n}\right)^{-\frac{1}{2}(n-1)}, \quad -\infty < w < \infty$$

이는 우리들이 잘 알고 있는 자유도 n인 t-분포함수이다. ■

■ 예 제 17 - U와 V가 독립이고 각각 자유도가 m, n을 따르는 카이제곱분포를 따를 때 $W = \frac{U/m}{V/n}$의 분포를 구해 보자. $Y = \frac{U}{m}$, $X = \frac{V}{n}$이라면 Y와 X의 분포함수는 <정리 8>에 의해 다음을 얻을 수 있다.

$$f_Y(y) = \left|\frac{du}{dy}\right| f_U(my) = a\, y^{\frac{m}{2}-1} e^{-\frac{1}{2}my}, \quad y > 0,$$

$$f_X(x)=\left|\frac{du}{dx}\right| f_V(nx)=b\, x^{\frac{n}{2}-1} e^{-\frac{1}{2}nx}, \quad x>0,$$

여기서 $a=\dfrac{m^{\frac{m}{2}}}{\Gamma\left(\frac{m}{2}\right)2^{\frac{m}{2}}}$, $\quad b=\dfrac{n^{\frac{n}{2}}}{\Gamma\left(\frac{n}{2}\right)2^{\frac{n}{2}}}$.

또 <정리 6>에 의해 W의 분포함수를 얻는다.

$$\begin{aligned} f_W(w) &= \int_0^\infty x f_X(x) f_{X,Y}(x, wx)dx \\ &= ab\int_0^\infty x^{\frac{n}{2}} e^{-\frac{1}{2}nx}(wx)^{\frac{m}{2}-1} e^{-\frac{1}{2}mwx}dx \\ &= abw^{\frac{m}{2}-1}\int_0^\infty x^{\frac{m+n}{2}-1} e^{-\frac{1}{2}x(n+mw)}dx. \end{aligned}$$

$v=\frac{1}{2}x(n+mw)$로 치환하면 $dv=\frac{1}{2}(n+mw)dx$이고, 따라서 다음이 성립한다.

$$f_W(w)=\frac{abw^{\frac{m}{2}-1}2^{\frac{1}{2}(m+n)}}{(n+mw)^{\frac{1}{2}(m+n)}}\int_0^\infty v^{\frac{1}{2}(m+n)-1}e^{-v}dv.$$

감마함수의 정의로부터 적분값은 $\Gamma\left(\frac{m+n}{2}\right)$ 이므로 W의 분포함수는 다음과 같다.

$$f_W(w)=c\frac{w^{\frac{m}{2}-1}}{(n+mw)^{\frac{1}{2}(m+n)}}, \quad c=\frac{(m)^{\frac{m}{2}}(n)^{\frac{n}{2}}\Gamma\left(\frac{m+n}{2}\right)}{\Gamma\left(\frac{m}{2}\right)\Gamma\left(\frac{n}{2}\right)}.$$

이는 잘 알려진 자유도 (m, n)인 F-분포함수이다. ■

<정리 7>에서 함수 $g(x)$가 일대일 대응함수(one-to-one & onto function)라는 조건은 반드시 필요하다. $y=g(x)$인 변환에서, 치역의 임의의 값에 대해서 정의역에서 하나 이상의 값을 갖는 경우가 발생되는데 이때는 일대일(one-to-one)의 가정을 만족시키지 못하기 때문에 <정리 8>을 적용시킬 수가 없다. 그러나 정의구역이 분할된다면 그리고 각각의 분할된 정의구역

에서 일대일 대응이 성립된다면 $Y=g(X)$의 변수변환에 의한 밀도함수는 <정리 8>을 이용하여 다음과 같이 정리할 수 있다.

정 리 11

연속형 확률변수 X의 밀도함수를 $f_X(x)$로 정의하자. 그리고 정의역이 Ω이며 치역이 Θ인 변환함수 $y=g(x)$에서 정의역 Ω는 여러개의 배반집합 $\Omega_1, \ldots, \Omega_m$으로 분할되는데, 각각의 Ω_i에서 $y=g(x)$는 치역 Θ에 일대일 대응함수라고 가정하자. 이때 Ω_i에서 역함수 $g_i^{-1}(y)$가 존재하는데 연속형 확률변수 $Y=g(X)$의 밀도함수는 다음과 같다.

$$f_Y(y)=\sum_i^m \left|\frac{d}{dy}g_i^{-1}(y)\right| f_X(g_i^{-1}(y))I_\Theta(y).$$

■ 예 제 18 - 분포함수가 $f_X(x)$인 연속형 확률변수 X에 대해 $Y=g(X)=X^2$의 분포함수를 구하여 보자. 만약 정의역에 $-\infty<x<\infty$라면 함수 $y=g(x)=x^2$의 역함수는 존재하지 않는다. 그러나 정의역을 $\{x \mid x<0\}$, $\{x \mid x\geq 0\}$로 분할한다면 $y=g(x)=x^2$는 각 정의역에 대해서 일대일 대응함수이며 역함수가 존재한다. 즉, $g_1^{-1}(y)=-\sqrt{y}$와 $g_2^{-1}(y)=\sqrt{y}$이다. 그러므로 밀도함수는 <정리 11>에 의해서 다음과 같이 쓸 수 있다.

$$f_Y(y)=\left[\frac{1}{2}\frac{1}{\sqrt{y}}f_X(-\sqrt{y})+\frac{1}{2}\frac{1}{\sqrt{y}}f_X(\sqrt{y})\right]I_{(0,\infty)}(y).$$

만약 확률변수 X의 분포함수가 $f_X(x)=\frac{1}{2}e^{-|x|}$, $(-\infty<x<\infty)$라 하면 밀도함수는 다음과 같다.

$$f_Y(y)=\frac{1}{2}\frac{1}{\sqrt{y}}e^{-\sqrt{y}}I_{(0,\infty)}(y).$$

이 예제는 앞 절의 누적분포함수를 이용하여 <예제 5>에서 유도한 방법보다 적분과정이 없어 간편해 보인다. 물론 결과는 동일하다.
만약 X의 분포함수가 $f_X(x)=(x+1)I_{(-1,2)}(x)$이면 분포함수는 정리에 의해서 다음과 같이 구할 수 있다.

$$f_Y(y)=\left[\frac{1}{2}\frac{1}{\sqrt{y}}(-\sqrt{y}+1)+\frac{1}{2}\frac{1}{\sqrt{y}}(\sqrt{y}+1)\right]I_{(0,1)}(y)$$
$$+\left[\frac{1}{2}\frac{1}{\sqrt{y}}(\sqrt{y}+1)\right]I_{[1,4)}(y).$$ ■

■ 예 제 19 - 확률변수 X가 표준정규분포를 따를 때 확률변수 $Y=X^2$의 밀도함수를 변수변환을 이용한 방법을 이용하여 구하여 보자. 우선 변환함수 $Y=g(X)=X^2$은 정의역의 범위가 $\{x \mid -\infty < x < \infty\}$이고 치역의 범위가 $\{y \mid y \geq 0\}$이므로 정의역의 전범위에서 일대일 대응함수가 되지 않는다. 그러므로 역함수를 구하기 위해선 정의역을 분할하여야 한다. 즉 정의역을 $\{x \mid x<0\}$와 $\{x \mid x \geq 0\}$으로 분할하면 변환함수의 역함수는 각각의 정의역에 대해서 $g_1^{-1}(y)=-\sqrt{y}$, $g_2^{-1}(y)=\sqrt{y}$이다.

$$\begin{aligned} f_Y(y) &= \sum_{i=1}^{2}\left|\frac{d}{dy}g_i^{-1}(y)\right| f_X(g_i^{-1}(y)) \\ &= \left|\frac{d}{dy}g_1^{-1}(y)\right| \cdot f_X(g_1^{-1}(y)) + \left|\frac{d}{dy}g_2^{-1}(y)\right| \cdot f_X(g_2^{-1}(y)) \\ &= \left|\frac{d}{dy}(-\sqrt{y})\right|\frac{1}{\sqrt{2\pi}}e^{-\frac{(-\sqrt{y})^2}{2}} + \left(\frac{d}{dy}(\sqrt{y})\right)\frac{1}{\sqrt{2\pi}}e^{-\frac{(\sqrt{y})^2}{2}} \\ &= \left(\frac{1}{\sqrt{y}}\right)\frac{1}{\sqrt{2\pi}}e^{-\frac{y}{2}}, \quad y \geq 0. \end{aligned}$$

그러므로 확률변수 Y의 밀도함수는 모수 $r=\frac{1}{2}$, $\lambda=\frac{1}{2}$인 감마분포의 밀도함수이며, 또한 자유도가 1인 경우의 카이제곱분포로 앞 절의 <예제 2>에서 누적분포함수를 이용한 결과와 동일함을 알 수 있다. ■

■ 예 제 20 - 확률변수 X가 $(-1, 1)$구간에서 균일분포를 따른다고 할 때 $Y=X^2$의 분포를 구해보자. 우선 $Y=X^2$의 정의역은 $\{x \mid -1<x<1\}$이고 치역의 범위가 $\{y \mid 0 \leq y < 1\}$이므로 정의역의 전범위에서 일대일 대응함수가 되지 않는다. 정의역을 $\{x \mid -1<x<0\}$와 $\{x \mid 0 \leq x < 1\}$으로 분할하면 $Y=X^2$의 역함수는 각각의 정의역에 대해서 $g_1^{-1}(y)=-\sqrt{y}$와 $g_2^{-1}(y)=\sqrt{y}$이 된다. 또 X의 밀도함수는 $f_X(x)=\frac{1}{2}$이므로 <정리 11>에 의해 다음의 분

포를 얻을 수 있다.

$$
\begin{aligned}
f_Y(y) &= \sum_{i=1}^{2}\left|\frac{d}{dy}g_i^{-1}(y)\right| f_X(g_i^{-1}(y)) \\
&= \left|\frac{d}{dy}g_1^{-1}(y)\right|\cdot f_X(g_1^{-1}(y)) + \left|\frac{d}{dy}g_2^{-1}(y)\right|\cdot f_X(g_2^{-1}(y)) \\
&= \left|\frac{d}{dy}(-\sqrt{y})\right|\frac{1}{2} + \left(\frac{d}{dy}(\sqrt{y})\right)\frac{1}{2} = \frac{1}{2\sqrt{y}}, \quad 0 \le y < 1.
\end{aligned}
$$

■

2차원일 경우 변수변환에 의해 밀도함수를 구하는 기법을 살펴보자.

—— 정 리 12 ——

확률변수 X_1, X_2에 대해 결합밀도함수가 $f_{X_1, X_2}(x_1, x_2)$이고 정의역이 다음과 같으며 $\Omega = \{(x_1, x_2) | f_{X_1, X_2}(x_1, x_2) > 0\}$, 다음의 조건을 만족하면

1) $y_1 = g_1(x_1, x_2)$와 $y_2 = g_2(x_1, x_2)$가 정의역에서 치역으로 일대일 대응함수이다.

2) 치역의 구간에서 $x_1 = g_1^{-1}(y_1, y_2)$, $x_2 = g_2^{-1}(y_1, y_2)$는 1차 편미분 가능하다.

3) 치역의 구간에서 자코비안행렬식(jacobian determinant)인 J는 0이 아니다.

새로운 확률변수 $Y_1 = g_1(X_1, X_2)$, $Y_2 = g_2(X_1, X_2)$의 결합밀도함수는 다음과 같다.

$$
f_{Y_1, Y_2}(y_1, y_2) = |J| f_{X_1, X_2}[g_1^{-1}(y_1, y_2), g_2^{-1}(y_1, y_2)],
$$

여기서 자코비안행렬식은 다음과 같다.

$$
J = \begin{vmatrix} \dfrac{\partial x_1}{\partial y_1} & \dfrac{\partial x_1}{\partial y_2} \\ \dfrac{\partial x_2}{\partial y_1} & \dfrac{\partial x_2}{\partial y_2} \end{vmatrix}.
$$

다차원인 경우를 살펴보자.

—— 정 리 13 ——

확률변수 $X_1, X_2, \ldots, X_n$에 대해 결합밀도함수 $f_{X_1, X_2, \ldots, X_n}(x_1, x_2, \ldots, x_n)$가 주어져 있고, $Y_i = g_i(X_1, X_2, \ldots, X_n), i=1, \ldots, n$이라 할 때, 각각의 함수를 X_i에 대해서 연립방정식을 풀어 역함수 $x_i = g_{ij}^{-1}(y_1, \ldots, y_n)$, $i=1, \ldots, n$, $j=1, \ldots, m$이 존재할 수 있도록 정의역을 m개로 분할하자. 또 각각의 정의역에 대해 자코비안행렬식을 J_j이라 할 때, 다음의 세가지 조건을 고려하자.

1) *변환함수 $Y_i = g_i(X_1, X_2, \ldots, X_n), i=1, \ldots, n$는 일대일 대응함수다.*
2) *$x_i = g_{ij}^{-1}(y_1, \ldots, y_n)$은 $(y_1, \ldots, y_n) = [g_1(x_1, \ldots, x_n), \ldots, g_n(x_1, \ldots, x_n)]$를 치역의 구간에서 1차 편미분이 가능하다.*
3) *자코비안행렬식은 치역의 구간에서 0이 아니며 다음과 같다.*

$$J = \begin{vmatrix} \frac{\partial g_{1j}^{-1}}{\partial y_1} & \frac{\partial g_{1j}^{-1}}{\partial y_2} & \cdots & \frac{\partial g_{1j}^{-1}}{\partial y_n} \\ \frac{\partial g_{2j}^{-1}}{\partial y_1} & \frac{\partial g_{2j}^{-1}}{\partial y_2} & \cdots & \frac{\partial g_{2j}^{-1}}{\partial y_n} \\ \cdots & \cdots & \cdots & \cdots \\ \frac{\partial g_{nj}^{-1}}{\partial y_1} & \frac{\partial g_{nj}^{-1}}{\partial y_2} & \cdots & \frac{\partial g_{nj}^{-1}}{\partial y_n} \end{vmatrix}, \quad i=1, \ldots. m.$$

위의 조건을 만족할 때, $Y_1, Y_2, \ldots, Y_n$의 결합분포는 다음과 같다.

$$f_{Y_1, \ldots, Y_n}(y_1, \ldots, y_n) = \sum_{j=1}^{m} |J_j| f_{X_1, \ldots, X_n}(g_{1_j}^{-1}(y_1, \ldots, y_n), \ldots, g_{n_j}^{-1}(y_1, \ldots, y_n)).$$

■ 예 제 21 - 독립인 두 확률변수 X_1, X_2가 각각 구간 $(0, 1)$에서 균일분포를 따른다고 할 때, $Y_1 = X_1 + X_2$와 $Y_2 = X_2 - X_1$의 결합밀도함수와 각각의 주변밀도함수를 구해보자.

우선 X_1와 X_2의 결합분포함수는 $f_{X_1, X_2}(x_1, x_2) = 1$이며, $y_1 = g_1(x_1, x_2) = x_1 + x_2$와 $y_2 = g_2(x_1, x_2) = x_2 - x_1$의 연립방정식을 풀어 x_1와 x_2의 식으로 풀어보면 다음과 같이 각각의 역함수를 구할 수 있다($m=1$임을 파악할 수 있다).

$$x_1 = \frac{1}{2}(y_1 - y_2) = g_1^{-1}(y_1, y_2),$$

$$x_2 = \frac{1}{2}(y_1 + y_2) = g_2^{-1}(y_1, y_2).$$

이때 정의역의 범위는 <그림 10>와 같이 $0 < x_1 < 1$, $0 < x_2 < 1$이고 치역의 범위는 <그림 11>와 영역 $D = \{(y_1, y_2) | -y_1 \le y_2 \le y_1,\ y_1 - 2 \le y_2 \le 2 - y_1\}$로 나타난다.

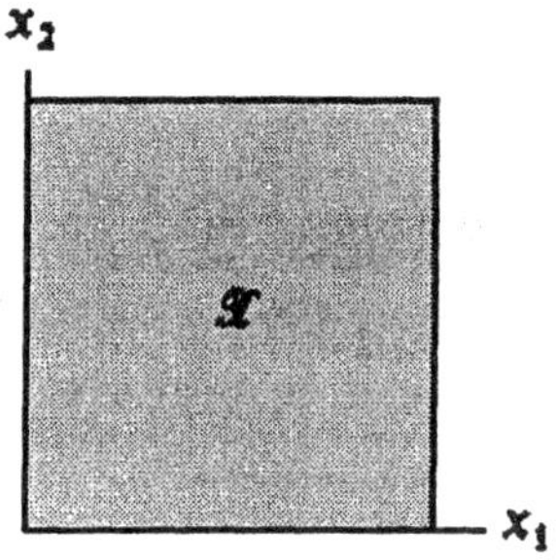

<그림 10>

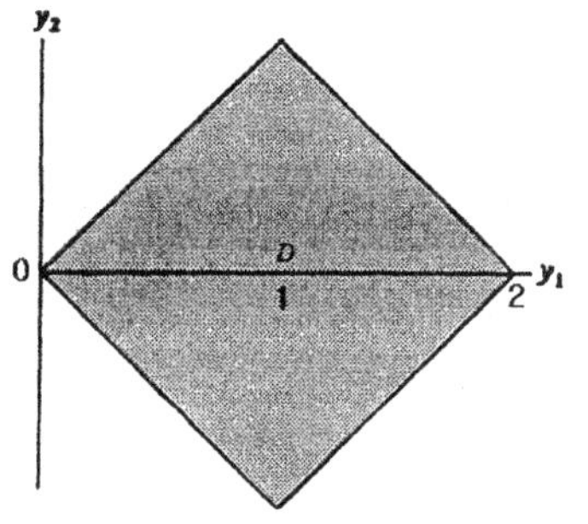

<그림 11>

여기서 정리에 의해서 자코비안행렬식을 구하여 계산하면 다음과 같이 $\frac{1}{2}$가 되며

$$J = \begin{vmatrix} \frac{\partial x_1}{\partial y_1} & \frac{\partial x_1}{\partial y_2} \\ \frac{\partial x_2}{\partial y_1} & \frac{\partial x_2}{\partial y_2} \end{vmatrix} = \begin{vmatrix} \frac{1}{2} & -\frac{1}{2} \\ \frac{1}{2} & \frac{1}{2} \end{vmatrix} = \frac{1}{2},$$

정리에 의해서 Y_1과 Y_2의 결합분포함수는 <정리 13>에 의해 다음과 같이 구할 수 있다.

$$\begin{aligned} f_{Y_1, Y_2}(y_1, y_2) &= |J| f_{X_1, X_2}(g_1^{-1}(y_1, y_2), g_2^{-1}(y_1, y_2)) \\ &= \frac{1}{2} f_{X_1, X_2}\left(\frac{y_1 - y_2}{2}\right)\left(\frac{y_1 + y_2}{2}\right) \\ &= \frac{1}{2} I_D(y_1, y_2), \end{aligned}$$

여기서 각각의 주변밀도함수를 구하면 다음과 같다.

$$f_{Y_1}(y_1)=\begin{cases}\displaystyle\int_{-y_1}^{y_1}\frac{1}{2}dy_2=y_1, & 0<y_1<1\\ \displaystyle\int_{y_1-2}^{2-y_1}\frac{1}{2}dy_2=2-y_1, & 1\le y_1<2,\end{cases}$$

$$f_{Y_2}(y_2)=\begin{cases}\displaystyle\int_{-y_2}^{y_2+2}\frac{1}{2}dy_1=y_2+1, & -1<y_1<0\\ \displaystyle\int_{y_2}^{2-y_2}\frac{1}{2}dy_1=1-y_2, & 0\le y_1<1.\end{cases}$$

■ 예 제 22 - 독립인 확률변수 X_1, X_2가 표준정규분포를 따를 때 $Y_1=X_1+X_2$와 $Y_2=X_2-X_1$의 결합밀도함수와 각각의 주변밀도함수를 구하여 보자. 우선 X_1과 X_2 각각의 밀도함수는 다음과 같다.

$$f_{X_i}(x_i)=\frac{1}{\sqrt{2\pi}}exp[-\frac{1}{2}x_i^2].$$

X_1과 X_2의 결합밀도함수는 서로 독립이기 때문에 다음과 같이 구한다.

$$f_{X_1,X_2}(x_1,x_2)=\frac{1}{2\pi}exp[-\frac{1}{2}(x_1^2+x_2^2)]I_{(-\infty,\infty)}(x_1)I_{(-\infty,\infty)}(x_2).$$

또 $y_1=x_1+x_2$와 $y_2=x_2-x_1$의 연립방정식을 x_1, x_2에 대해 풀어 표시하면 다음과 같다.

$$x_1=\frac{y_1-y_2}{2},\quad x_2=\frac{y_1+y_2}{2}.$$

자코비안행렬식은 다음과 같다.

$$|J|=\begin{vmatrix}\frac{1}{2} & -\frac{1}{2}\\ \frac{1}{2} & \frac{1}{2}\end{vmatrix}=\frac{1}{2}.$$

그러므로 Y_1과 Y_2의 결합분포함수는 <정리 13>에 의해 다음과 같이 구할 수 있다.

$$
\begin{aligned}
f_{Y_1, Y_2}(y_1, y_2) &= |J| f_{X_1, X_2}(g_1^{-1}(y_1, y_2), g_2^{-1}(y_1, y_2)) \\
&= \frac{1}{2} f_{X_1, X_2}\left(\frac{y_1 + y_2}{2}, \frac{y_1 - y_2}{2}\right) \\
&= \frac{1}{4\pi} exp\left[-\frac{1}{2}\left\{\left(\frac{y_1 + y_2}{2}\right)^2 + \left(\frac{y_1 - y_2}{2}\right)^2\right\}\right] \\
&= \frac{1}{4\pi} exp\left[-\frac{1}{8}(2y_1^2 + 2y_2^2)\right] \\
&= \frac{1}{2\sqrt{\pi}} exp\left[-\left(\frac{y_1^2}{4}\right)\right] \times \frac{1}{2\sqrt{\pi}} exp\left[-\left(\frac{y_2^2}{4}\right)\right] \\
&= f_{Y_1}(y_1) f_{Y_2}(y_2).
\end{aligned}
$$

Y_1, Y_2가 서로 통계적으로 독립이기 때문에 주변밀도함수도 쉽게 구할 수 있다. ■

■ 예 제 23 - 독립인 확률변수 X_1, X_2이 표준정규분포를 따를 때 $Y_1 = X_1 + X_2$와 $Y_2 = X_1 / X_2$의 결합밀도함수와 주변밀도함수를 구하여 보사. 변환힘수를 x_1, x_2에 대해 연립하여 보면 $x_1 = \frac{y_1 y_2}{1 + y_2}$, $x_2 = \frac{y_1}{1 + y_2}$이 되고 $-\infty < y_1 < \infty$, $-\infty < y_2 < \infty$이기 때문에 자코비안행렬식을 계산하여 보면 다음과 같다.

$$
J = \begin{vmatrix} \frac{y_2}{1 + y_2} & \frac{y_1}{(1 + y_2)^2} \\ \frac{1}{1 + y_2} & -\frac{y_1}{1 + y_2} \end{vmatrix} = -\frac{y_1(y_2 + 1)}{(1 + y_2)^3} = -\frac{y_1}{(1 + y_2)^2}.
$$

그러므로 Y_1, Y_2의 결합밀도함수는 다음과 같이 구할 수 있다.

$$
\begin{aligned}
f_{Y_1, Y_2}(y_1, y_2) &= |J| f_{X_1, X_2}(g_1^{-1}(y_1, y_2), g_2^{-1}(y_1, y_2)) \\
&= \frac{|y_1|}{(1 + y_2)^2} \frac{1}{2\pi} exp\left[-\frac{1}{2}\left\{\frac{(y_1 y_2)^2}{(1 + y_2)^2} + \frac{y_1^2}{(1 + y_2)^2}\right\}\right] \\
&= \frac{1}{2\pi} \frac{|y_1|}{(1 + y_2)^2} exp\left[-\frac{1}{2} \frac{(1 + y_2^2) y_1^2}{(1 + y_2)^2}\right], \ -\infty < y_1 < \infty, \quad -\infty < y_2 < \infty .
\end{aligned}
$$

위의 결합밀도함수를 y_1에 대해서 적분하면 Y_2에 대한 주변밀도함수를 다음과 같이 구할 수 있다.

$$f_{Y_2}(y_2) = \int_{-\infty}^{\infty} f_{Y_1, Y_2}(y_1, y_2) dy_1$$

$$= \frac{1}{2\pi} \frac{1}{(1+y_2)^2} \int_{-\infty}^{\infty} |y_1| \exp\left[-\frac{1}{2} \frac{(1+y_2^2) y_1^2}{(1+y_2)^2} \right] dy_1,$$

여기서 $u = \frac{1}{2} \frac{(1+y_2^2)y_1^2}{(1+y_2)^2}$ 라 치환하면 $du = \frac{(1+y_2^2)}{(1+y_2)^2} y_1 dy_1$이 되어서 이를 대입하면 Y_2에 대한 주변밀도함수는 다음과 같이 다시 표현된다.

$$f_{Y_2}(y_2) = \frac{1}{2\pi} \frac{1}{(1+y_2)^2} \frac{(1+y_2^2)}{1+y_2^2} (2) \int_0^{\infty} e^{-u} du = \frac{1}{\pi} \frac{1}{1+y_2^2}.$$

위의 분포는 코쉬분포(Cauchy distribution)로 독립이고 표준정규분포를 따르는 두 확률변수의 비는 코쉬분포를 따름을 알 수 있다. ■

■ 예 제 24 - 독립인 확률변수 X_1, X_2는 모수가 n, λ인 감마분포를 따를 때 $Y_1 = X_1 + X_2$와 $Y_2 = X_1 / X_2$에 대하여 결합밀도함수와 Y_2의 주변밀도함수를 구하여 보자.

변환함수를 x_1, x_2에 대해 연립하여 보면 $x_1 = \frac{y_1 y_2}{1+y_2}$, $x_2 = \frac{y_1}{1+y_2}$이 되고 자코비안행렬식을 계산하여 보면 $0 < y_1 < \infty$에 의해 다음과 같다.

$$|J| = \frac{y_1}{(1+y_2)^2}.$$

그러므로 Y_1, Y_2의 결합밀도함수는 다음과 같이 구할 수 있다.

$$f_{Y_1, Y_2}(y_1, y_2) = \frac{y_1}{(1+y_2)^2} \frac{1}{\Gamma(n_1)} \frac{1}{\Gamma(n_2)}$$
$$\times \lambda^{n_1+n_2} \left(\frac{y_1 y_2}{1+y_2} \right)^{n_1 - 1} \left(\frac{y_1}{1+y_2} \right)^{n_2 - 1} e^{-\lambda y_1} I(y_1, y_2)$$

$$= \frac{\lambda^{n_1+n_2}}{\Gamma(n_1)\Gamma(n_2)} y_1^{n_1+n_2-1} e^{-\lambda y_1}$$

$$\times \frac{y_2^{n_1-1}}{(1+y_2)^{n_1+n_2}} I_{(0,\infty)}(y_1) I_{(0,\infty)}(y_2)$$

$$= \left[\frac{\lambda^{n_1+n_2}}{\Gamma(n_1+n_2)} y_1^{n_1+n_2-1} e^{-\lambda y_1} I_{(0,\infty)}(y_1) \right]$$

$$\times \left[\frac{1}{\beta(n_1, n_2)} \frac{y_2^{n_1-1}}{(1+y_2)^{n_1+n_2}} I_{(0,\infty)}(y_2) \right],$$

여기서 Y_1과 Y_2의 결합밀도함수는 $f_{Y_1,Y_2}(y_1, y_2) = f_{Y_1}(y_1) f_{Y_2}(y_2)$와 같이 분해되며 통계적으로 서로 독립이다. 또 Y_1의 분포는 모수가 n_1+n_2와 λ인 감마분포를 따름을 알 수 있다. 또 Y_2의 주변밀도함수는 독립이며 지수분포를 따르는 두 확률변수의 비의 함수로 다음과 같이 나타나며

$$f_{Y_2}(y_2) = \frac{1}{(1+y_2)^2} I_{(0,\infty)}(y_2),$$

무한인 평균을 갖는다. ∎

■ 예 제 25 - 독립인 확률변수 X_1, X_2는 모수가 n, λ인 감마분포를 따를 때 $Y_1 = \frac{X_1}{(X_1+X_2)}$과 $Y_2 = X_1 + X_2$에 대하여 밀도함수를 구하여 보자. 변환함수를 x_1, x_2에 대해 연립하여보면 $x_1 = y_1 y_2$, $x_2 = y_2 - y_1 y_2$가 되고 자코비안행렬식을 계산하여 보면 다음과 같다.

$$|J| = \begin{vmatrix} y_2 & y_1 \\ -y_2 & 1-y_1 \end{vmatrix} = y_2.$$

그러므로 Y_1, Y_2의 결합밀도함수는 다음과 같이 구할 수 있다.

$$f_{Y_1,Y_2}(y_1, y_2) = y_2 \frac{1}{\Gamma(n_1)} \frac{1}{\Gamma(n_2)} \lambda^{n_1+n_2}$$

$$\times (y_1 y_2)^{n_1-1} (y_2 - y_1 y_2)^{n_2-1} e^{-\lambda y_2} I(y_1, y_2)$$

$$=\frac{\lambda^{n_1+n_2}}{\Gamma(n_1)\,\Gamma(n_2)}y_1^{n_1-1}(1-y_1)^{n_2-1}$$
$$\times y_2^{n_1+n_2-1}e^{-\lambda y_2}I_{(0,1)}(y_1)I_{(0,\infty)}(y_2)$$
$$=\left[\frac{1}{\beta(n_1,n_2)}y_1^{n_1-1}(1-y_1)^{n_2-1}I_{(0,1)}(y_1)\right]$$
$$\times\left[\frac{\lambda^{n_1+n_2}}{\Gamma(n_1+n_2)}y_2^{n_1+n_2-1}e^{-\lambda y_2}I_{(0,\infty)}(y_2)\right].$$

결합밀도함수의 분해로 Y_1, Y_2가 독립임을 알 수 있으며 Y_1의 밀도함수는 모수 n_1, n_2를 갖는 베타분포를 따른다. ∎

■ 예 제 26 - 독립인 확률변수 X_1, X_2가 표준정규분포를 따르고 변환함수가 $y_1=x_1^2+x_2^2$와 $y_2=x_2$일때 Y_1의 주변밀도함수를 구하여 보자. 우선 두 변환함수를 연립해서 역함수인 $x_1=\pm\sqrt{y_1-y_2^2}$, $x_2=y_2$를 구한다. 그러나 변환함수 $y_1=x_1^2+x_2^2$은 다음의 정의역에서

$$\Omega=\{(x_1,x_2)|-\infty<x_1<\infty,-\infty<x_2<\infty\}.$$

다음의 치역으로

$$\Phi=\{(y_1,y_2)|0\le y_1<\infty,-\sqrt{y_1}<y_2<\sqrt{y_1}\},$$

일대일 대응이 성립하지 않는다. 그러나 정의역을 다음과 같이 분해하면

$$\Omega_1=\{(x_1,x_2)|0<x_1<\infty,-\infty<x_2<\infty\},$$
$$\Omega_2=\{(x_1,x_2)|-\infty<x_1<0,-\infty<x_2<\infty\},$$

변환함수는 각각 $g_{11}^{-1}(y_1,y_2)=\sqrt{y_1-y_2^2}$, $g_{12}^{-1}(y_1,y_2)=-\sqrt{y_1-y_2^2}$, $g_{22}^{-1}(y_1,y_2)=y_2$가 되어 분해된 정의역에서 치역으로 일대일 대응이 성립한다(<정리 13>에서 $m=2$임을 파악할 수 있다). 또 자코비안행렬식은 다음과 같이 계산된다.

$$J_1 = \begin{vmatrix} \frac{1}{2}(y_1 - y_2^2)^{-1/2} & \frac{\partial g_{11}^{-1}}{\partial y_2} \\ 0 & 1 \end{vmatrix} = \frac{1}{2}(y_1 - y_2^2)^{-1/2},$$

$$J_2 = \begin{vmatrix} -\frac{1}{2}(y_1 - y_2^2)^{-1/2} & \frac{\partial g_{12}^{-1}}{\partial y_2} \\ 0 & 1 \end{vmatrix} = -\frac{1}{2}(y_1 - y_2^2)^{-1/2}.$$

그러므로 Y_1, Y_2의 결합밀도함수는 다음과 같이 구할 수 있다.

$$\begin{aligned} f_{Y_1, Y_2}(y_1, y_2) &= [|J_1| f_{X_1, X_2}(g_{11}^{-1}(y_1, y_2), g_{21}^{-1}(y_1, y_2)) \\ &\quad + |J_2| f_{X_1, X_2}(g_{12}^{-1}(y_1, y_2), g_{22}^{-1}(y_1, y_2))] I_\phi(y_1, y_2) \\ &= \frac{1}{\sqrt{y_1 - y_2^2}} \frac{1}{2\pi} e^{-\frac{1}{2}y_1}, \quad y_1 \geq 0, \quad -\sqrt{y_1} < y_2 < \sqrt{y_1} \end{aligned}$$

또 Y_1이 주변밀도함수는 결합밀도함수의 적분과정을 통해 구하면 지수분포임을 알 수 있다.

$$\begin{aligned} f_{Y_1}(y_1) &= \int_{-\infty}^{\infty} f_{Y_1, Y_2}(y_1, y_2) dy_2 \\ &= \frac{1}{2\pi} e^{-\frac{1}{2}y_1} \int_{-\sqrt{y_1}}^{\sqrt{y_1}} \frac{1}{\sqrt{y_1 - y_2^2}} dy_2 \\ &= \frac{1}{2\pi} e^{-\frac{1}{2}y_1} \left[\text{arc } \sin \frac{y_2}{\sqrt{y_1}} \Big|_{-\sqrt{y_1}}^{\sqrt{y_1}} \right] \\ &= \frac{1}{2\pi} e^{-\frac{1}{2}y_1} \left[\frac{\pi}{2} + \frac{\pi}{2} \right] = \frac{1}{2} e^{-\frac{1}{2}y_1}, \quad y_1 \geq 0. \end{aligned}$$

■

■ 예 제 27 - 독립인 확률변수 X_1, X_2, X_3가 표준정규분포를 따르며 변환함수가 $y_1 = x_1$, $y_2 = (x_1 + x_2)/2$, $y_3 = (x_1 + x_2 + x_3)/3$이다. Y_1, Y_2, Y_3의 결합밀도함수와 Y_3의 주변밀도함수를 구해보자. 우선 변환함수의 연립방정식을 풀어 역함수형태를 구하면 다음과 같이 표현된다.

$$x_1 = y_1, \quad x_2 = 2y_2 - y_1, \quad x_3 = 3y_3 - 2y_2.$$

또 변환함수에 대한 자코비안행렬식을 계산하면

$$J=\begin{vmatrix} 1 & 0 & 0 \\ -1 & 2 & 0 \\ 0 & -2 & 3 \end{vmatrix}=6$$

이고 결합밀도함수는 다음과 같이 구할 수 있다.

$$\begin{aligned} f_{Y_1,Y_2,Y_3}(y_1,y_2,y_3) &= |J| f_{X_1,X_2,X_3}(x_1,x_2,x_3) \\ &= 6\left(\frac{1}{\sqrt{2\pi}}\right)^3 \exp\left[-\frac{1}{2}(y_1^2+(2y_2-y_1)^2+(3y_3-2y_2)^2)\right] \\ &= 6\left(\frac{1}{\sqrt{2\pi}}\right)^3 \exp\left[-\frac{1}{2}(2y_1^2-4y_1y_2+8y_2^2-12y_2y_3+9y_3^2)\right]. \end{aligned}$$

위의 결합밀도함수를 적분과정을 통해 Y_3의 주변밀도함수를 구하면 주변밀도함수는 평균이 0이고 분산이 1/3인 정규분포를 따름을 알 수가 있다.

$$\begin{aligned} f_{Y_3}(y_3) &= \int_{-\infty}^{\infty}\int_{-\infty}^{\infty} f_{Y_1,Y_2,Y_3}(y_1,y_2,y_3)\,dy_1dy_2 \\ &= 6\left(\frac{1}{\sqrt{2\pi}}\right)^3 \int_{-\infty}^{\infty} \exp\left[-\frac{1}{2}(6y_2^2-12y_2y_3+9y_3^2)\right] \\ &\qquad \times\left(\int_{-\infty}^{\infty} \exp\left[-\frac{1}{2}(2y_1^2-4y_1y_2+2y_2^2)\right]dy_1\right)dy_2 \\ &= \frac{6}{\sqrt{2}}\left(\frac{1}{\sqrt{2\pi}}\right)^2 \int_{-\infty}^{\infty} \exp\left[-\frac{1}{2}(6y_2^2-12y_2y_3+6y_3^2)\right]\exp\left[-\frac{1}{2}(3y_3^2)\right]dy_2 \\ &= \left(\frac{\sqrt{3}}{\sqrt{2\pi}}\right)\exp\left[-\frac{3}{2}y_3^2\right]. \end{aligned}$$

■

2.3 적률모함수를 이용한 방법

확률변수 $X_1, X_2, \ldots, X_n$과 그들의 결합밀도함수 $f_{X_1,X_2,\ldots,X_n}(x_1,x_2,\ldots,x_n)$이 주어져 있고, 변환함수 $g_1(\cdot,\ldots,\cdot), g_2(\cdot,\ldots,\cdot), \ldots, g_k(\cdot,\ldots,\cdot)$에 의해 주어진 확률변수가 $Y_1=g_1(X_1,X_2,\ldots,X_n)$, $Y_2=g_2(X_1,X_2,\ldots,X_n), \ldots, Y_k=g_k(X_1,X_2,\ldots,X_n)$라 할 때 변환된 확률변수들의 결합밀도함수를 구하는 다른 방법으로 적률모함수를 이용하는 방법을 제안한다. 이때 확률변수 $Y_1, Y_2, \ldots, Y_k$의 결합 적률모함수가 다음과 같이 구할 수 있다.

$$M_{Y_1,\dots,Y_k}(t_1,\dots,t_k) = E\left[e^{\sum_{i=1}^{k} t_i Y_i}\right]$$
$$= \int \cdots \int e^{\sum_{i=1}^{k} t_i g_i(x_1, x_2, \dots, x_n)}$$
$$\times f_{X_1, X_2, \dots, X_n}(x_1, x_2, \dots, x_n) \prod_{i=1}^{n} dx_i.$$

$Y_1, Y_2, \dots, Y_k$의 결합적률모함수가 존재한다면 유일한 형태를 가지며, 이에 대응하는 분포도 역시 유일하게 찾을 수 있다는 적률모함수의 성질을 이용하여 적률모함수의 형태에 따라 분포 함수를 결정하는 방법을 적률모함수방법(moment-generating-function technique)이라고 한다. 특별히 $k=1$인 경우를 살펴보면 변환함수 $g(\cdot)$에 의한 새로운 확률변수 $Y=g(X)$의 적률모 함수인 $M_Y(t)$을 구하여 이에 대응하는 Y의 밀도함수를 찾을 수 있다. 특히 독립적인 확률변수들의 합의 분포를 구하는 데 매우 유용하게 사용된다.

■ 예 제 28 - 확률변수 X가 표준정규분포를 따를 때, 확률변수 $Y=X^2$의 분포함수를 적률모함수를 이용한 방법을 이용하여 보자.

$$M_Y(t) = E(e^{tY}) = E(e^{tX^2})$$
$$= \int_{-\infty}^{\infty} e^{tx^2} f_X(x) dx = \int_{-\infty}^{\infty} e^{tx^2} \frac{1}{\sqrt{2\pi}} e^{-\frac{1}{2}x^2} dx$$
$$= \frac{1}{\sqrt{2\pi}} \int_{-\infty}^{\infty} e^{-\frac{1}{2}(1-2t)x^2} dx,$$

여기서 $(1-2t)>0$이라면 $u=(1-2t)^{\frac{1}{2}}x$로 치환하여 보자. 그러면 확률변수 Y에 대한 적률모함수를 다음과 같이 구할 수 있다.

$$M_Y(t) = (1-2t)^{\frac{1}{2}} \frac{1}{\sqrt{2\pi}} \int_{-\infty}^{\infty} e^{-\frac{1}{2}u^2} du$$
$$= (1-2t)^{\frac{1}{2}} = \left(\frac{\frac{1}{2}}{\frac{1}{2}-t}\right)^{\frac{1}{2}}, \ 1-2t>0.$$

이 함수는 감마분포의 적률모함수이므로 확률변수 Y는 모수 $r=\frac{1}{2}$, $\lambda=\frac{1}{2}$를 따른다는 것을 알 수 있고, 자유도가 1인 경우의 카이제곱분포이기도 하다. 즉

$$f_Y(y)=\frac{\sqrt{\frac{1}{2}}}{\Gamma\left(\frac{1}{2}\right)}y^{-\frac{1}{2}}e^{-\frac{y}{2}}I_{(0,\infty)}(y).$$

또한 위 예제는 <예제 2>, <예제 19>에서 보았듯이 누적분포함수나 변수변환을 이용한 방법으로도 확률변수 Y의 분포함수를 구할 수 있었다. ■

■ 예 제 29 - 독립인 확률변수 X_1, X_2가 각각 표준정규분포를 따를 때, 확률변수 $Y=(X_2-X_1)^2/2$의 분포함수를 구하여보자. 적률모함수의 정의에 의해 Y의 적률모함수는 다음과 같이 전개할 수 있다.

$$\begin{aligned}
M_Y(t)&=E(e^{Yt})=E\left[\exp\left(\frac{(X_2-X_1)^2}{2}t\right)\right]\\
&=\int_{-\infty}^{\infty}\int_{-\infty}^{\infty}\frac{1}{2\pi}\exp\left[\frac{(x_2-x_1)^2}{2}t-\frac{(x_1^2+x_2^2)}{2}\right]dx_1dx_2\\
&=\int_{-\infty}^{\infty}\int_{-\infty}^{\infty}\frac{1}{2\pi}\exp\left[-\frac{1}{2}[x_1^2(1-t)+2x_1x_2t+x_2^2(1-t)]\right]dx_1dx_2\\
&=\int_{-\infty}^{\infty}\frac{1}{2\pi}\exp\left[-\frac{1}{2}x_2^2(1-t)\right]\\
&\qquad\times\left[\int_{-\infty}^{\infty}\exp\left[-\frac{1-t}{2}\left(x_1^2+\frac{2x_1x_2t}{1-t}\right)\right]dx_1\right]dx_2\\
&=\int_{-\infty}^{\infty}\frac{1}{\sqrt{2\pi}}\exp\left[-\frac{1}{2}x_2^2(1-t)\right]\exp\left[\frac{x_2^2t^2}{2(1-t)}\right]\\
&\qquad\times\frac{1}{\sqrt{1-t}}\left[\int_{-\infty}^{\infty}\frac{\sqrt{1-t}}{\sqrt{2\pi}}\exp\left[-\frac{1-t}{2}\left(x_1+\frac{x_2t}{1-t}\right)^2\right]dx_1\right]dx_2\\
&=\frac{1}{\sqrt{1-t}}\int_{-\infty}^{\infty}\frac{1}{\sqrt{2\pi}}\exp\left[-\frac{1}{2}\left(1-t-\frac{t^2}{1-t}\right)x_2^2\right]dx_2\\
&=\frac{1}{\sqrt{1-t}}\cdot\frac{\sqrt{1-t}}{\sqrt{1-2t}}\cdot\frac{\sqrt{1-2t}}{\sqrt{1-t}}\cdot\frac{1}{\sqrt{2\pi}}\int_{-\infty}^{\infty}\exp\left[-\frac{1}{2}\cdot\frac{1-2t}{1-t}\cdot x_2^2\right]dx_2
\end{aligned}$$

$$=(1-2t)^{-\frac{1}{2}}=\left(\frac{\frac{1}{2}}{\frac{1}{2}-t}\right)^{\frac{1}{2}}, \quad t<\frac{1}{2}.$$

이 적률모함수는 모수 $r=\frac{1}{2}$, $\lambda=\frac{1}{2}$인 감마분포의 적률모함수이고 <예제 28>의 결과와 동일함을 알 수 있다. ■

■ 예 제 30 - 독립인 확률변수 X_1, X_2가 각각 표준정규분포를 따를 때, $Y_1=X_1+X_2$와 $Y_2=X_2-X_1$의 결합밀도함수를 구하라.

$$\begin{aligned}
M_{Y_1,Y_2}(t_1,t_2) &= E[e^{Y_1t_1+Y_2t_2}]=E[e^{(X_1+X_2)t_1+(X_2-X_1)t_2}] \\
&= E[e^{X_1(t_1-t_2)+X_2(t_1+t_2)}]=E[e^{X_1(t_1-t_2)}]E[e^{X_2(t_1+t_2)}] \\
&= M_{X_1}(t_1-t_2)M_{X_2}(t_1+t_2)=\exp\frac{(t_1-t_2)^2}{2}\exp\frac{(t_1+t_2)^2}{2} \\
&= \exp(t_1^2+t_2^2)=\exp\frac{2t_1^2}{2}\exp\frac{2t_2^2}{2} \\
&= M_{Y_1}(t_1)M_{Y_2}(t_2).
\end{aligned}$$

그러므로 확률변수 Y_1, Y_2는 서로 독립이다. 그리고 각각 Y_1과 Y_2의 밀도함수는 모두 평균이 0이고 분산 2인 정규분포를 따른다. ■

다음은 확률변수들의 합의 분포를 고려하여보자.

—— 정 리 14 ——

서로 독립인 확률변수 $X_1, X_2, \ldots, X_n$이 주어지고 각각의 적률모함수가 적절한 t의 구간에서 $M_{X_i}(t)$로 존재할 때, 확률변수의 합인 $Y=\sum_{i=1}^{n}X_i$의 적률모함수는 다음과 같은 식을 갖는다.

$$M_Y(t)=\prod_{i=1}^{n}M_{X_i}(t).$$

(증 명)

다음과 같이 Y의 적률모함수를 구할 수 있다.

$$\begin{aligned} M_Y(t) &= E[e^{Yt}] = E[\exp(\sum X_i t)] \\ &= E[\prod_{i=1}^{n} e^{X_i t}] = \prod_{i=1}^{n} E[e^{X_i t}] \\ &= \prod_{i=1}^{n} M_{X_i}(t). \end{aligned}$$

■

―― 보조정리 ――

독립인 확률변수 $X_1, X_2, \ldots, X_n$이 주어지고 각각의 적률모함수가 적절한 t의 구간에서 $M_{X_i}(t)$로 존재할 때(즉 확률변수 $X_1, X_2, \ldots, X_n$은 서로 독립이며 동일한 분포를 따를때) 확률변수의 합인 $Y = \sum_{i=1}^{n} X_i$의 적률모함수는 다음과 같은 식을 갖는다.

$$M_Y(t) = [M_X(t)]^n.$$

(증 명)

$Y = \sum_{i=1}^{n} X_i$의 적률모함수는 다음과 같다.

$$\begin{aligned} M_Y(t) &= E[e^{Yt}] = E[\exp(\sum X_i t)] \\ &= E[\prod_{i=1}^{n} e^{X_i t}] = \prod_{i=1}^{n} E[e^{X_i t}] \\ &= \prod_{i=1}^{n} M_{X_i}(t). \end{aligned}$$

또 서로 동일한 분포를 갖기 때문에 식은

$$M_Y(t) = \prod_{i=1}^{n} M_{X_i}(t) = \prod_{i=1}^{n} M_X(t) = [M_X(t)]^n.$$

■

■ 예 제 31 - 확률변수 $X_1, \ldots, X_n$이 서로 독립이며 성공확률이 $P[X_i = 1] = p$, 실패확률이

$P[X_i=0]=1-p$인 베르누이분포를 따른다. 이때 $Y=\sum_{i=1}^{n}X_i$의 분포를 구해보자.

X_i의 적률모함수는 $M_{X_i}(t)=pe^t+q$이고 Y의 적률모함수는 $X_1,\ldots,X_n$이 서로 독립이기 때문에 다음과 같다.

$$M_{\sum X_i}(t)=\prod_{i=1}^{n}M_{X_i}(t)=(pe^t+q)^n.$$

그러므로 $Y=\sum_{i=1}^{n}X_i$의 분포는 모수가 n, p인 이항분포를 따른다. ■

■ 예 제 32 - 서로 독립인 확률변수 $X_1, X_2,\ldots,X_n$은 모수가 λ_i인 포아송분포를 따른다고 할 때 $Y=\sum_{i=1}^{n}X_i$의 분포를 구하여 보자. 확률변수 X_i는 포아송분포를 따르므로 적률모함수는 $M_{X_i}(t)=E[e^{X_it}]=\exp\lambda_i(e^t-1)$이다. 또 $Y=\sum_{i=1}^{n}X_i$의 적률모함수를 구하여 보면 다음과 같다.

$$\begin{aligned}M_Y(t)&=E[e^{Yt}]=E[\exp(\sum X_it)]\\&=\prod_{i=1}^{n}M_{X_i}(t)=\prod_{i=1}^{n}\exp\lambda_i(e^t-1)\\&=\exp\sum\lambda_i(e^t-1).\end{aligned}$$

위의 식은 모수가 $\sum\lambda_i$인 포아송분포의 적률모함수로 $Y=\sum_{i=1}^{n}X_i$는 모수가 $\sum\lambda_i$인 포아송분포를 따른다. ■

■ 예 제 33 - 서로 독립인 확률변수 $X_1, X_2,\ldots,X_n$은 각각 동일하게 모수가 λ인 지수분포를 따른다고 할 때 $Y=\sum_{i=1}^{n}X_i$의 분포를 구하여 보자. 확률변수 X_i는 지수분포를 따르므로 적률모함수는 $M_{X_i}(t)=\frac{\lambda}{\lambda-t}$이다. 또 각각이 서로 독립이며 동일한 분포를 따르기 때문에 $Y=\sum_{i=1}^{n}X_i$의 적률모함수는 다음과 같이 구할 수 있다.

$$\begin{aligned} M_Y(t) &= E[e^{Yt}] = E[\exp(\sum X_i t)] \\ &= \prod_{i=1}^{n} M_{X_i}(t) = \prod_{i=1}^{n} \frac{\lambda}{\lambda - t} \\ &= \left(\frac{\lambda}{\lambda - t}\right)^n. \end{aligned}$$

위의 식은 모수가 n, λ인 감마분포의 적률모함수로 $Y=\sum_{i=1}^{n} X_i$의 밀도함수는 다음과 같다.

$$f_{\sum X_i}(x) = \frac{\lambda^n}{\Gamma(n)} x^{n-1} e^{-\lambda x} I_{(0,\infty)}(x).$$ ■

■ 예 제 34 - 서로 독립인 확률변수 $X_1, \ldots, X_n$이 각각 $X_i \sim N(\mu_i, \sigma_i^2)$이면 $a_i X_i \sim N(a_i \mu_i, a_i^2 \sigma_i^2)$이고 적률모함수가 $M_{a_i X_i}(t) = \exp[a_i \mu_i t + \frac{1}{2} a_i^2 \sigma_i^2 t^2]$이다. 따라서 $Y = \sum a_i X_i$의 적률모함수는 다음과 같이 얻는다.

$$M_{\sum a_i X_i}(t) = \exp[\sum a_i \mu_i t + \frac{1}{2}(\sum a_i^2 \sigma_i^2) t^2].$$

이것은 평균이 $\sum a_i \mu_i$이고 분산이 $\sum a_i^2 \sigma_i^2$인 정규분포의 적률모함수이다. $Y = \sum a_i X_i$는 다음과 같이 표현할 수 있다.

$$\sum_{i=1}^{n} a_i X_i \sim N(\sum a_i \mu_i, \sum a_i^2 \sigma_i^2).$$

즉 정규분포를 따르는 확률변수들의 선형결합은 다시 정규분포를 따른다(실제로 결합정규분포의 선형결합도 정규분포이며 독립성을 요구하지 않는다). 특히 $X \sim N(\mu_X, \sigma_X^2)$, $Y \sim N(\mu_Y, \sigma_Y^2)$이고 서로 독립이면 다음과 같다.

$$X + Y \sim N(\mu_X + \mu_Y,\ \sigma_X^2 + \sigma_Y^2), \quad X - Y \sim N(\mu_X - \mu_Y,\ \sigma_X^2 + \sigma_Y^2).$$

만약 서로 독립인 확률변수 $X_1, \ldots, X_n$은 각각 평균이 μ이고 분산이 σ^2인 동일한 분포를 따른다면 표본평균은 평균이 μ이고 분산이 σ^2/n인 정규분포를 따른다.

$$\overline{X} = \frac{1}{n} \sum X_i \sim N(\mu, \sigma^2/n).$$

그러므로 표본평균은 정규분포를 따른다. ■

■ 예 제 35 - 확률변수 X가 평균이 μ이고 분산이 σ^2인 정규분포를 따를 때, $Z = \frac{X-\mu}{\sigma}$의 분포를 구하여보자. 확률변수 Z의 적률모함수는 정의에 의해서 다음과 같이 구할 수 있다.

$$\begin{aligned} M_Z(t) &= E[e^{tZ}] \\ &= E\left[\exp\left(\frac{X-\mu}{\sigma} t\right)\right] \\ &= E\left[\exp\left(\frac{t}{\sigma} X - \frac{\mu}{\sigma} t\right)\right] \\ &= \exp\left(-\frac{\mu}{\sigma} t\right) E\left[\exp\left(\frac{t}{\sigma} X\right)\right] \\ &= \exp\left(-\frac{\mu}{\sigma} t\right) M_X\left(\frac{t}{\sigma}\right), \end{aligned}$$

여기서 확률변수 X의 적률모함수는 $M_X(t) = \exp(\mu t + \frac{1}{2}\sigma^2 t^2)$이므로 위의 식에 대입하면 다음과 같이 $M_X(\frac{t}{\sigma}) = \exp\left(\mu \frac{t}{\sigma} + \frac{1}{2}\sigma^2\left(\frac{t}{\sigma}\right)^2\right)$이 된다. 그러므로 다음과 같이 Z의 적률모함수를 얻을 수 있다.

$$M_Z(t) = \exp\left(-\frac{\mu}{\sigma} t\right) \exp\left(\frac{\mu}{\sigma} t + \frac{1}{2} t^2\right) = \exp\left(\frac{1}{2} t^2\right).$$

그러므로 확률변수 Z는 표준정규분포를 따른다. ■

우리는 독립인 확률변수들의 합의 정확한 분포에 대해서 알아보았다. 기하분포나 음이항분포를 따르는 독립인 동질적인 확률변수들의 합의 정확한 분포들도 매우 중요하다. 사실 확률변수들의 합의 분포보다는 표본평균의 정확한 분포에 대해 많은 관심을 갖는다. 만약 확률변수들의 합의 분포를 알고 있다면 표본평균의 분포는 다음과 같이 쉽게 유도할 수 있다.

$$F_{(1/n)\sum X_i}(z) = P\left[\frac{1}{n}\sum X_i \le z\right] = P\left[\sum X_i \le nz\right] = F_{\sum X_i}(nz).$$

사실 표본평균은 정확한 분포뿐만 아니라 근사분포를 많이 이용하는데 이를 위해 6장에서는 중심극한정리(Central Limit Theorem)라는 표본평균에 대한 근사분포를 찾기 위한 정리를 배운다.

■ 예 제 36 - 독립적인 실험을 n회 반복할 때 나타나는 출력값을 $s_1, \ldots, s_{k+1}$이라 하고 각각이 나타날 확률을 p_j라 하자. 확률변수 X_j는 독립적인 실험을 n회 반복할 때 나타나는 출력값 s_j, $(j=1, \ldots, k+1)$이다. 확률변수 X_j는 모수가 n, p_j인 이항분포를 따르고 $X_1, \ldots, X_k$는 n회 독립적인 실험을 통해 각각의 출력값이 나타날 확률이 $p_1, \ldots, p_{k+1}$인 다항분포를 따른다. 지시변수 $Z_{j\alpha}$를 다음과 같이 정의하자.

$$Z_{j\alpha} = \begin{cases} 1, & \text{출력값 } s_j\text{가 } \alpha\text{번째 나타남,} \\ 0, & \text{기타.} \end{cases}$$

그러면 확률변수 X_j는 $X_j = \sum_{\alpha=1}^{n} Z_{j\alpha}$가 된다. 여기서 $cov(X_i, X_j)$를 구하여 보자. 여기서 하나의 확률변수가 매우 크고 다른 변수들은 작을 때 공분산이 음수가 나올지 모른다고 의심하게 된다. <정리 2>에 의해서 공분산은 다음과 같이 구할 수 있다.

$$cov(X_i, X_j) = cov\left[\sum_{\beta=1}^{n} Z_{i\beta}, \sum_{\alpha=1}^{n} Z_{j\alpha}\right] = \sum_{\beta=1}^{n}\sum_{\alpha=1}^{n} cov[Z_{i\beta}, Z_{j\alpha}].$$

만약 $\alpha \neq \beta$이면 $Z_{i\beta}, Z_{j\alpha}$는 독립이고 다른 시행에 있어서도 일치한다. 그러므로

$$\sum_{\beta=1}^{n}\sum_{\alpha=1}^{n} cov[Z_{i\beta}, Z_{j\alpha}] = \sum_{\alpha=1}^{n} cov[Z_{i\alpha}, Z_{j\alpha}].$$

그러나 $cov[Z_{i\alpha}, Z_{j\alpha}] = E(Z_{i\alpha}, Z_{j\alpha}) - E(Z_{i\alpha})E(Z_{j\alpha})$이고 $E(Z_{i\alpha}Z_{j\alpha}) = 0$이기 때문에 $Z_{i\alpha}$, $Z_{j\alpha}$들 중 적어도 하나는 반드시 0이어야 한다. 만약 $E(Z_{i\alpha}) = p_i$이고 $E(Z_{j\alpha}) = p_j$이면 $cov[Z_{i\alpha}, Z_{j\alpha}] = -p_i p_j$ (또는 $cov[X_i, X_j] = -np_i p_j$)가 된다. ■

확률변수들의 함수의 분포함수를 구하는 경우에 고차의 적분계산과정이 필요한 경우가 종종 발생한다. 이러한 경우 적률모함수를 이용하여 고차의 적분과정을 거치지 않고 분포함수를 구

할 수 있다. 적률모함수기법을 사용할 때에는 우선 확률변수 X_i들과 변환함수 Y_j들의 적률모함수가 존재하여야 한다. 따라서 적률모함수가 존재하는 경우에는 다른방법등과 비교하여 비교적 쉽게 분포함수를 구할 수 있다는 장점이 있다.

확률변수의 함수의 분포함수는 앞에서 제시한 ① 누적분포함수를 이용한 방법(cdf technique) ② 변수변환을 이용한 방법(transformation technique) ③ 적률모함수를 이용한 방법(mgf technique) 등을 이용하여 구할 수 있다. 본 서에서는 가능하면 세 가지 방법을 모두 이용하여 분포를 구하였다. 그러나 상황에 따라서 위의 세 가지 방법 중 좀더 편리한 방법이 있을 것이다. 이러한 논의는 독자들이 많은 예제를 풀어보고 스스로 결정하기 바란다.

연습문제

1. 다음을 구하라.

 (a) 서로 독립인 확률변수 X_1, X_2, X_3의 분산은 모두 σ^2이다. 이때 X_1+X_2와 X_2+X_3의 상관계수를 구하라.

 (b) 서로 독립인 확률변수 X_1, X_2에 대해서 각각의 분산을 $var(X_1)$, $var(X_2)$라 할 때 X_1+X_2와 X_2-X_1의 상관계수를 구하라.

 (c) 서로 독립인 확률변수 X_1, X_2, X_3의 각각의 평균은 모두 μ, 각각의 분산은 모두 σ^2이다. 이때 X_2-X_1과 X_3-X_1의 상관계수를 구하라.

2. 확률변수 $X_1, \ldots, X_n$은 서로 독립이며 $f_X(x)=x^{-2}I_{(1,\infty)}(x)$로 동일한 분포를 갖는다. 이때 $Y=\min[X_1, \ldots, X_n]$이라 하자.

 (a) $E(X_1)$이 존재하나? 존재하면 구하라.

 (b) $E(Y)$이 존재하나? 존재하면 구하라.

3. 확률변수 X, Y는 유한의 평균을 갖는다고 하자.

 (a) $E(\max[X, Y]) \geq \max[E(X), E(Y)]$이 맞으면 증명하고 아니면 틀린 곳을 찾아라.

 (b) $E(\max[X, Y]+\min[X, Y])=E(X)+E(Y)$이 맞으면 증명하고 아니면 틀린 곳을 찾아라.

4. 서로 독립인 확률변수 X, Y가 기하분포를 따른다.

 (a) $X/(X+Y)$의 분포를 구하라(만약 $X+Y=0$이면 $X/(X+Y)=0$라 정의).

 (b) X와 $X+Y$의 결합적률모함수를 구하라.

5. 확률변수 X_1, X_2가 서로 독립이며 표준정규분포를 따를 때, $Y_1=X_1+X_2$, $Y_2=X_1^2+X_2^2$라 하자.

 (a) Y_1, Y_2의 결합적률모함수가 $\dfrac{\exp[t_1^2/(1-2t_2)]}{1-2t_2}$, $\left(-\infty < t_1 < \infty\ ,\ -\infty < t_2 < \dfrac{1}{2}\right)$ 임을 보여라.

 (b) Y_1와 Y_2의 상관계수를 구하라.

6. 확률변수 X, Y가 서로 독립일 때, XY의 적률모함수를 구하라.

7. 확률변수 X_1, X_2가 서로 독립이고 각각 표준정규분포를 따를 때, 다음을 구하라.
   (a) $(X_1+X_2)/\sqrt{2}$와 $(X_2-X_1)/\sqrt{2}$의 결합분포를 구하라.
   (b) $2X_1X_2$와 $X_2^2-X_1^2$가 동일한 분포를 따르는지 논하라.
   (힌트: $X_2^2-X_1^2=2\frac{X_1+X_2}{\sqrt{2}}\frac{X_2-X_1}{\sqrt{2}}$).

8. 다음을 구하라.
   (a) 확률변수 $X_1,\ldots,X_n$은 서로 독립이며 동일하게 감마분포를 따를 때, $X_1+X_2+\cdots+X_n$의 분포를 구하라.
   (b) 확률변수 $X_1,\ldots,X_n$은 서로 독립이며 각 확률변수 X_i는 모수 r_i와 λ인 감마분포를 따른다고 할 때, $X_1+X_2+\cdots+X_n$의 분포를 구하라.

9. 다음을 구하라.
   (a) 확률변수 $X_1,\ldots,X_n$은 서로 독립이며 동일하게 기하분포를 따를 때, $X_1+X_2+\cdots+X_n$의 분포를 구하라.
   (b) 확률변수 $X_1,\ldots,X_n$은 서로 독립이며 동일하게 분포가 $\theta(1-\theta)^x I_{\{0,1,2,\ldots\}}(x)$인 기하분포를 따를 때, $X_1+X_2+\cdots+X_n$의 분포를 구하라.
   (c) 확률변수 $X_1,\ldots,X_n$은 서로 독립이며 동일하게 음이항분포를 따를 때, $X_1+X_2+\cdots+X_n$의 분포를 구하라.
   (d) 확률변수 $X_1,\ldots,X_n$은 서로 독립이며 각각 모수가 r_i와 p인 음이항분포를 따를 때, $X_1+X_2+\cdots+X_n$의 분포를 구하라.

10. 확률변수 $X_1,\ldots,X_n$은 서로 독립이며 동질인 포아송분포 $Poi(\lambda)$를 따른다. 이때 $X_1+X_2+\cdots+X_n$이 주어진 X_1의 조건부분포를 구하라.

11. 확률변수 X가 구간$(-\pi/2, \pi/2)$에서 균일분포를 따를 때, $Y=\tan X$의 분포를 구하라.

12. 확률변수 X가 평균이 μ, 분산이 σ^2인 정규분포를 따를 때, $Y=e^X$의 분포를 구하라.

13. 확률변수 X가 $F_X(x)=\exp[-e^{-(x-\alpha)/\beta}]$인 누적분포를 따를 때, $Y=\exp[-(X-\alpha)/\beta]$의 분포를 구하라.

14. (a) 밀도함수가 $f_X(x)=2xe^{-x^2}I_{(0,\infty)}(x)$일 때, $Y=X^2$의 밀도함수를 구하라.
(b) 밀도함수가 $f_X(x)=e^{-x}I_{(0,\infty)}(x)$일 때, $X/(1+X)$의 밀도함수를 구하라.

15. 다음을 구하라.
(a) $Y=X^2$이고 밀도함수가 $f_X(x)=(1/\theta)I_{(0,\theta)}(x),\theta>0$일 때, X와 Y의 누적밀도함수와 Y의 밀도함수를 구하라.
(b) $Y=X^2$이고 밀도함수가 $f_X(x)=\left(\frac{1}{2\theta}\right)I_{(-\theta,\theta)}(x)$, $\theta>0$일 때, Y의 누적밀도함수와 Y의 밀도함수를 구하라.

16. 결합밀도함수가 다음과 같다.

$$f_{X,Y}(x,y)=K(x+y)I_{(0,1)}(x)I_{(0,1)}(y)I_{(0,1)}(x+y).$$

(a) X의 주변분포 $f_X(x)$를 구하라.
(b) $X+Y$와 $Y-X$의 주변분포와 결합분포를 구하라.

17. 확률변수 $X_1,\dots,X_n$은 서로 독립이며 동일하게 모수가 λ인 포아송분포를 따르며 조건부분포 $E(X_1|\sum_{i=1}^{n}X_i=y)=\frac{y}{n}$이다. 이때 $E(\sum_{j=1}^{m}X_j|\sum_{i=1}^{n}X_i=y)$을 구하라(단, $1<m<n$).

18. 확률변수 $X_1,\dots,X_{K+1}$은 서로 독립이며 각각 모수가 $\lambda_i(i=1,2,\dots,k+1)$인 포아송분포를 따른다.
이때 조건부분포 $(X_1,\dots,X_k|\sum_{i=1}^{k+1}X_i=n)$이 모수가 $(n,\frac{\lambda_1}{\lambda},\frac{\lambda_2}{\lambda},\dots,\frac{\lambda_k}{\lambda})$인 다항분포를 따름을 보여라. 여기서 $\lambda=\sum_{i=1}^{k+1}\lambda_i$이다.

19. X_1, X_2이 분포함수 $f(x)=e^{-x}\,(0<x<\infty)$로부터의 확률표본일 때 $Z=X_1/X_2$은 F-분포를 따름을 보여라.

20. X_1, X_2, X_3가 표준정규분포로부터 추출된 확률표본이고 Y_1, Y_2, Y_3가 다음과 같이 정의한다.

$$X_1 = Y_1 \cos Y_2 \sin Y_3,\ \ X_2 = Y_1 \sin Y_2 \sin Y_3,\ \ X_3 = Y_1 \cos Y_3,$$

여기서 각각의 범위는 $0 \le Y_1 < \infty$, $0 \le Y_2 < 2\pi$, $0 \le Y_3 \le \pi$이다. 이때 Y_1, Y_2, Y_3가 통계적으로 서로 독립임을 보여라.

21. X_1, X_2, X_3가 $f(x) = e^{-x}$, $(0 < x < \infty)$로부터 추출된 확률표본일 때

$$Y_1 = \frac{X_1}{X_1 + X_2},\ \ Y_2 = \frac{X_1 + X_2}{X_1 + X_2 + X_3},\ \ Y_3 = X_1 + X_2 + X_3$$

가 서로 독립임을 보여라.

22. $X_1, \ldots, X_n$이 서로 독립인 확률변수이고 각각의 적률모함수가 $M_1(t), \ldots, M_n(t)$일 때 만약 $k_i = 1$이고 X_i가 평균이 μ_i인 포아송분포를 따른다면 $Y = \sum_{i=1}^{n} k_i X_i$이 평균이 $\mu_1 + \cdots + \mu_n$인 포아송분포를 따름을 보여라.

23. 서로 독립인 확률변수 $X_1, \ldots, X_n$의 각각의 적률모함수가 $M(t)$일 때 $\overline{X} = (1/n) \sum_{i=1}^{n} X_i$의 적률모함수를 구하라.

24. 확률변수 X가 평균이 μ이고 분산이 σ^2인 정규분포를 따르며 $X = \ln Y$라면 다음을 구하라.
(a) $E(e^X)$와 $E[(e^X)^2]$을 구하여 Y의 평균과 분산을 구하라.
(b) 로그정규분포(lognormal distribution)라고 불리는 Y의 분포를 구하라.

25. 무작위로 전화가 오는 전화교환대에 교환되는 전화가 분당 평균 네 번이라고 할 때 포아송분포를 따른다면 15초 동안 세 번 이상 교환될 확률을 구하라.

26. 도금된 커다란 금속판에 평균 $10\,\text{cm}^2$당 한 개의 흠집이 무작위로 있다. 이때 $5\,\text{cm} \times 8\,\text{cm}$의 도금된 금속판에 흠집이 없을 확률은 얼마인가? 또 한 개 이상 있을 확률은 얼마인가?

27. 독립인 확률변수 X_1, X_2가 표준정규분포를 따를 때 확률변수 $Y_1 = (X_1 + X_2)/\sqrt{2}$와 $Y_2 = (X_2 - X_1)/\sqrt{2}$의 결합밀도함수와 주변밀도함수를 구하라. 또 $2X_1X_2$와 $2Y_1Y_2$의 밀도함수가 동일함을 보여라.

28. 독립인 확률변수 X_1, $X_2 \sim N(0,1)$에 대하여 $Y_1 = (X_2 - X_1)^2/2$와 $Y_2 = X_1^2 + X_2^2$의 밀도함수를 구하라.

29. 확률변수 X의 밀도함수가 $f(x)$이고 $x = a$에 대하여 대칭이며 모든 x에 대하여 $f(a-x) = f(a+x)$이고 평균이 존재한다면 $E(X) = a$임을 보여라.

30. 확률변수 $X_1, \ldots, X_n$에 대해서 $P[\max|X_i| > k] \le \dfrac{1}{k^2}\sum E(X_i^2)$임을 보여라.

(힌트: $Y_i = |X_i|/k$라 치환하고 $Y_i \ge 0, \{\max Y_i > 1\} \subset \{\ \sum Y_i > 1\}$이 만족함을 보이면 된다.)

31. $\sigma > k > 0$은 $P[|X| > k] > 0$임을 보여라.
(힌트: $\sigma^2 \le E(X^2)$에서 $E(X^2)$을 $|X| > k$, $|X| < k$로 나누어 적분하여 관찰하라.)

제6장 표본과 표본분포

제6장 표본과 표본분포

6장에서는 모집단으로부터 추출된 표본들의 분포와 성질에 대하여 살펴볼 것이다. 우선 1절에서는 모집단과 표본에 대해 토론하고, 표본분포, 통계량과 표본적률을 정의한다. 2절에서는 평균과 연관된 중요한 이론으로 대수의 법칙, 그리고 통계학에서 가장 중요한 정리 중에 하나인 중심극한정리 등을 공부한다. 3절에서는 정규분포인 모집단으로부터 추출된 표본들의 성질과 그 표본들의 특수한 분포형태인 카이제곱분포(χ^2-distribution), 스튜던트 t-분포(student's t-distribution), F-분포(F-distribution) 등에 대해 살펴볼 것이다. 마지막으로 4절에서는 확률표본들에 순서를 고려한 순서통계량의 분포에 관하여 공부할 것이다.

1. 표본

1.1 모집단과 표본

과학의 연구는 실험을 바탕으로 한다. 실험을 통하여 자료를 수집하고 자료를 바탕으로 확실한 결론을 유도하고자 한다. 즉, 과학자는 특별한 실험으로부터 모든 유사한 종류의 실험으로 확장하고자 한다. 새로운 지식을 발견하는 한가지 방법으로 특별한 것으로부터 일반적인 것까지 확장하는 것을 귀납적 추론(inductive inference)이라고 한다. 귀납적 추론은 절대적으로 확실하게 일반화시킬 수 없으므로 위험스러운 과정이다. 그러므로 실험이 수행될 때 불확실성도 함께 측정할 수 있다. 통계학은 귀납적 추론과정과 그러한 추론의 불확실성을 추정해주는 과정을 제공한다. 불확실성은 확률이란 용어로 측정된다. 이러한 과정을 상세하게 살펴보자.

> 정 의 1 - 목표모집단(target population)
>
> *관심 있는 정보를 포함하고 있는 원소들이 포함되어있는 전체집단을 목표모집단이라 한다.*

중요한 것으로 목표모집단은 정확하게 정의될 수 있어야 하는데, 이것은 사실일 수도 있고 가설적일 수도 있다. 조사의 목적은 어떤 목표모집단에 대하여 무언가를 발견하는 것이다. 통계학적 관점에서 귀납적추론의 문제점으로 모집단 전체를 조사하는 것은 불가능하거나 실용적이지 않기 때문에 모집단의 부분(표본)을 조사한다. 이런 제한된 조사를 바탕으로 전체 목표모집단에 관하여 추론을 내린다. 모집단의 표본을 어떻게 추론하는가에 관한 문제가 야기되는데 표본추론 방법에서 가장 중요하고 많이 사용하는 방법으로 확률표본(random sample)이라 불리우는 단순무작위 추출에 대하여 살펴보자.

정 의 2 - 확률표본(random sample)

확률변수 $X_1, \ldots, X_n$의 결합밀도함수가 $f_{X_1,\ldots,X_n}(x_1, \ldots, x_n) = f(x_1)\cdots f(x_n)$이고 여기서 각각의 확률변수 X_i에 대한 밀도함수가 동일한 $f(\cdot)$이면, $X_1, \ldots, X_n$을 밀도함수 $f(\cdot)$를 가진 모집단으로부터 크기가 n인 확률표본이라 한다. 즉, 독립적이며 동일한 분포를 따르는 확률변수 $X_1, \ldots, X_n$의 집합으로 정의한다.

■ 예 제 1 - 어떤 전자튜브의 수명을 X_i라 할 때, 평균이 10시간인 지수분포를 따른다고 하자. 이때 각각의 튜브는 다음과 같은 밀도함수를 따른다.

$$f_X(x) = (0.1)e^{-0.1x}, x > 0.$$

또한 $X_1, \ldots, X_n$이 튜브의 수명을 측정한 것이라면 확률표본이며 독립적이고 각각 동일한 밀도함수를 갖는다. 그러므로 결합밀도함수를 다음과 같이 표현할 수 있다.

$$\begin{aligned} f_{X_1,\ldots,X_n}(x_1, \ldots, x_n) &= (0.1)^n \prod_{i=1}^{n} e^{-0.1x_i} \\ &= (0.1)^n \exp[-\sum_{i=1}^{n} x_i/10]. \end{aligned}$$ ■

확률표본의 정의에서 주의할 것은 확률변수 $X_1, \ldots, X_n$의 의미이다. 확률변수 X_i는 실질적으로 i번째 추출된 표본의 수치적인 값을 의미하며, 앞으로 표본은 이미 관측되어진 것을 의미하며, $X_1, \ldots, X_n$의 실질적인 값으로서 $x_1, \ldots, x_n$이라 표기할 것이다. 간혹 목표모집단으로부터 표본추출이 불가능하기도 하나 임의의 관련된 모집단으로부터 확률표본의 추출은 가능하다. 목표모집단과 추출된 표본과 관련된 모집단을 구분하기 위해서 표본모집단(sampled population)을 정의하자.

정 의 3 - 표본모집단(sampled population)

$X_1, \ldots, X_n$이 밀도함수가 $f(\cdot)$인 모집단으로부터 추출된 확률표본이면 이때의 모집단을 표본모집단이라 한다.

확률표본의 기본이 되는 표본모집단에 대해서는 쉽게 예제를 들어 설명할 수 있지만 목표모집단이 표본모집단이 아니라면 목표모집단(target population)에 대하여는 확률적인 측면에서 예제를 들기가 곤란하다. 다음 예제를 살펴보자.

■ 예 제 2 - 20살의 대한민국청년이 믿고 있는 종교에 대한 조사연구를 가정하자. 이 연구는 대전에 사는 20살의 청년들로부터 표본을 추출하였다. 이 경우에 목표모집단은 대한민국에 사는 20살의 청년들이며 표본모집단은 대전에 사는 20살의 청년들이 된다. 표본모집단에 대하여는 확률을 사용하여 유효한 결론을 내릴 수 있다. 그리고 목표모집단에 대하여도 확대하여 조사결과를 사용하려고 한다면 이때에 사용할 이론의 신뢰성에는 확률로 측정되어질 수 없다 ■

■ 예 제 3 - 전라남북도에서 단위 면적당 생산되는 벼의 생산량에 대한 조사에서 연구자는 전라도 전역에서 15개의 농가를 선정하며, 벼를 직접 경작하여 관찰하였다. 이때 목표모집단은 전라남북도의 모든 농가에서의 벼 생산량이지만 표본모집단은 여기서 언급한 15개의 농가에서의 벼 생산량으로 이루어진다. ■

본 서는 밀도함수 $f(\cdot)$를 따르는 표본모집단으로부터 표본을 추출하는 문제에 대하여 고려한다. 그리고 이 표본을 기반으로 $f(\cdot)$ 또는 $f(\cdot)$에 대한 추론을 확률로 설명하고자 한다.

모집단분포 $f(\cdot)$의 의미는 밀도함수 $f(\cdot)$를 따르는 모집단을 의미하며, 목표모집단과 표본모집단의 구별이 없이 사용되는 모집단은 표본모집단을 의미한다.

1.2 표본분포

> 정 의 4 - 표본분포(distribution of sample)
>
> *$X_1, \dots, X_n$이 크기 n인 표본이면, 표본 $X_1, \dots, X_n$의 분포는 $X_1, \dots, X_n$의 결합분포함수로 정의된다.*

만약 임의의 모집단에서 확률변수 X가 밀도함수 $f(\cdot)$을 갖는다고 가정하자. 확률변수 X의 표본이며 크기 2인 두 값 x_1과 x_2는 무작위(random)로 추출된다고 가정하자. 여기서 x_1을 첫번째 관측값이라 하고 x_2를 두번째 관측값이라 한다. 만약 쌍으로 주어진 (x_1, x_2)값은 이차원 평면상의 점으로 표현되며, 이러한 모든 쌍들은 이변량 모집단으로부터 추출되었다고 한다. 숫자 쌍인 (x_1, x_2)은 결합확률변수 (X_1, X_2)의 값이며, X_1, X_2는 분포 $f(\cdot)$로부터 추출된 크기 2의 확률표본이다. 확률표본의 정의에 의해 X_1, X_2의 결합분포는 다음과 같다.

$$f_{X_1, X_2}(x_1, x_2) = f(x_1)f(x_2).$$

이를 크기 2인 확률표본분포라고 한다. 예를 들어 확률변수 X가 오직 0과 1의 값만을 갖으며, 0의 값을 가질 확률은 $q = 1 - p$이고 1의 값을 가질 확률은 p이라고 가정한다. 즉 확률변수 X는 이산형 베르누이분포(Bernoulli distribution)를 따른다.

$$f(x) = p^x q^{1-x} I_{\{0,1\}}(x).$$

또 분포 $f(\cdot)$로부터 두 확률표본 관찰값의 결합분포는 다음과 같다.

$$f_{X_1, X_2}(x_1, x_2) = f(x_1)f(x_2) = p^{x_1 + x_2} q^{2 - x_1 - x_2} I_{\{0,1\}}(x_1) I_{\{0,1\}}(x_2).$$

베르누이 모집단에서 두 원소를 추출할 때 이변량 밀도함수는 성공의 횟수를 Y라 할 때, Y의 분포로 얻어지는 것은 아니다. Y의 분포를 살펴보면 다음과 같이 이항분포임을 관찰할 수 있다.

$$f_Y(y) = \binom{2}{y} p^y q^{2-y} I_{\{0,1,2\}}(y).$$

이때 단변량인 확률변수 Y는 확률변수 X_1+X_2와 동일하다. $f_{X_1,X_2}(x_1,x_2)$는 순서대로 추출된 확률표본의 분포임을 나타내는데, 예를 들어 0이 추출된 후 1을 추출한다면 $f_{X_1,X_2}(0,1)=pq$. 크기 2인 확률표본의 분포에 관한 내용을 크기 n으로 확장하면 다음과 같다.

$X_1,\ldots,X_n$이 분포 $f(\cdot)$로부터 크기 n의 확률표본이라면 확률표본 $X_1,\ldots,X_n$의 분포는 결합분포로 다음과 같다.

$$f_{X_1,\ldots,X_n}(x_1,\ldots,x_n)=f(x_1)\cdots f(x_n).$$

표본분포 $f_{X_1,\ldots,X_n}(x_1,\ldots,x_n)$은 순서대로 추출된 확률표본의 분포이며 $X_1,\ldots,X_n$이 확률표본이라면 $X_1,\ldots,X_n$은 통계적으로 독립이다. 만약 유한한 모집단에서 반복없이 추출되었다면 이때의 표본은 통계적으로 독립이 아니기 때문에 유한한 모집단에서 표본을 추출할 때는 확률표본의 정의에 의하여 비복원추출방법을 제외시킨다.

정 의 5 -표본분포함수(sample distribution function)

n개의 확률표본 $X_1,X_2,\ldots,X_n$이 주어졌을 때, 각각의 관찰값이 나타날 확률은 각 관찰값에 $1/n$의 가중값을 부여한 형태로 나타나며 이때 누적분포함수를 표본분포함수라 한다.

$$F_n(x)=\frac{1}{n}\times(x\text{를 초과하지 않는 관찰값의 수})$$
$$=\frac{1}{n}\sum_{i=1}^{n}I(X_i\leq x).$$

표본분포함수는 관찰값만을 사용한 함수이기 때문에 통계량이라고 할 수 있으며 분포함수의 모든 성질을 갖고 있는데, 이는 표본분포함수가 이산형이며 계단식함수(step function)이므로 관찰값이 나타날 때마다 $1/n$씩 증가하는 증가함수이기 때문이다. 또 표본분포함수는 모집단의 분포함수를 유추해낼 수 있다.

누적분포함수와 비슷한 모양으로 나타나며 관찰값이 없을 때는 그 값이 0에서 모든 관찰값을 포함할 때는 1로 누적분포함수의 성질을 그대로 갖고 있다. 즉 표본분포함수는 균일분포의 누적분포함수로 수렴한다는 것을 알 수 있다. 또 표본분포함수 값이 관찰값 X_i에 대해서 n개의 관찰값 중에서 x를 초과하지 않는 관찰값의 개수는 모수가 n, $p=P[X \le x]=F(x)$인 이항분포를 따른다.

정 리 1

$F_n(x)$를 표본크기 n인 확률표본의 표본누적분포함수라 하면 다음을 만족한다.

$$P\left[F_n(x)=\frac{k}{n}\right]=P\left(\sum_{i=1}^{n} I(X_i \le x)=k\right)=\binom{n}{k}[F(x)]^k[1-F(x)]^{n-k}, \quad k=0,\dots,n.$$

(증 명)

Z_i를 모수가 $F(x)$인 베르누이분포를 따른다고 하면, $\sum Z_i$는 $(X_i \le x)$를 만족하는 개수로서 $B(n, F(x))$인 이항분포를 따른다. 그러므로 $(X_i \le x)$을 만족하는 X_i의 개수를 k라 하면 표본누적분포함수를 다음과 같이 나타낼 수 있다.

$$P\left[F_n(x)=\frac{k}{n}\right]=\binom{n}{k}[F(x)]^k[1-F(x)]^{n-k}, \quad k=0,1,\dots,n. \qquad \blacksquare$$

만약 np가 정수가 아니라면 크기 n인 표본의 표본분포함수는 유일한 $p\times 100$번째에 대응되는 값을 갖지 않는다. 특히 k번째로 가장 작은 관찰값을 $X_{(k)}=Y_k$라고 하면 순위가 $k=[np]+1$이고 여기서 $[np]$는 np를 초과하지 않는 가장 큰 정수이다. 이때는 $p\times 100$번째에 대한 유일한 값은 정의되지 않으며 이런 경우는 $X_{(np)}$와 $X_{(np+1)}$사이의 적당한 값을 택하면 된다. 만약 $p\times 100$번째의 값이 유일하게 정의된다면 하나의 순서통계량의 밀도함수는 모집단의 밀도함수를 포함한 형태로 정의되며, 근사분포는 평균이 x_p이고 분산이 $\frac{1}{[f(x_p)]^2}\frac{p(1-p)}{n}$인 정규분포를 따른다. 이때 $f(x)$는 모집단의 밀도함수이며 x_p의 근방에서는 연속이고 미분 가능한 함수이다.

그러므로 순서통계량 $X_{(np)}$의 밀도함수는 근사적으로 $N(x_p, \frac{1}{[f(x_p)]^2}\frac{p(1-p)}{n})$을 따른다 (증명은 본서의 수준을 벗어나므로 생략한다). 예를 들어 표본중앙값 $X_{(n\times 0.5)}$은 근사적으로 평균이 $x_{0.5}=\mu$이고 분산이 $\frac{1}{[f(\mu)]^2}\frac{1}{4n}$인 정규분포를 따른다는 것을 파악할 수 있다.

■ 예 제 4 - 모집단의 평균이 μ이고 분산이 σ^2인 정규분포를 따른다면, 모집단의 중앙값은 $x_{0.5} = \mu$이고 $f(\mu) = 1/\sqrt{2\pi}\,\sigma$이므로 표본중앙값은 근사적으로 평균이 μ이고 분산이 $\frac{1}{[1/\sqrt{2\pi}\,\sigma]^2}\frac{1}{4n} = \frac{\pi\sigma^2}{2n}$ 인 정규분포를 따른다.

그리고 모집단이 다음과 같은 라플라스분포(평균은 μ, 분산은 $2\sigma^2$)를 따른다면,

$$f(x) = \frac{1}{2\sigma}exp(-\frac{|x-\mu|}{\sigma}).$$

모집단의 중앙값은 $x_{0.5} = \mu$이고 $f(\mu) = 1/2\sigma$이므로 표본중앙값은 근사적으로 평균이 μ이고 분산이 σ^2/n인 정규분포를 따른다.

이 예제를 통하여 모집단의 분포가 정규분포와 라플라스분포를 따르는 경우의 표본중앙값의 분산은 각각 $\frac{\pi\sigma^2}{2n}$과 $\frac{\sigma^2}{n}$이며, 라플라스분포인 경우에 표본중앙값의 분산이 정규분포인 경우보다 작음을 파악할 수 있다. 따라서 라플라스분포를 따르는 표본중앙값이 정규분포를 따르는 표본중앙값보다 상대적으로 효율적이다고 한다. 그러나 표본평균의 분산은 반대 현상을 나타낸다. 라플라스분포인 경우의 표본평균의 분산은 $\frac{2\sigma^2}{n}$이고 정규분포인 경우의 표본평균의 분산은 $\frac{\sigma^2}{n}$이므로 정규분포를 따르는 경우의 표본평균의 분산이 더 작으므로 따라서 정규분포를 따르는 표본평균이 라플라스분포를 따르는 표본평균보다 상대적으로 효율적임을 파악할 수 있다. 정규분포와 라플라스분포에서의 표본평균과 표본중앙값의 근사 분산을 표로 작성하여 비교하면 다음과 같다.

[표본평균과 표본중앙값의 분산 비교]

	정규분포	라플라스분포	분산이 작은 효율적인 통계량
표본평균의 분산	$\frac{\sigma^2}{n}$	$\frac{2\sigma^2}{n}$	정규분포에서는 표본평균
표본중앙값의 분산	$\frac{\pi\sigma^2}{2n}$	$\frac{\sigma^2}{n}$	라플라스분포에서는 표본중앙값

■

— 정 리 2 —

표본분포함수의 평균, 분산과 공분산은 다음과 같다.

$$E[F_n(x)] = F(x) \ .$$
$$var[F_n(x)] = \frac{F(x)[1-F(x)]}{n} \ .$$
$$cov[F_n(x), F_n(y)] = \frac{1}{n} F(x)[1-F(y)], \ x \le y \ .$$

(증 명)

표본분포함수의 평균은 다음과 같이 유도된다.

$$\begin{aligned} E(F_n(x)) &= \frac{1}{n}\sum E(I(X_i \le x)) \\ &= E(I(X_i \le x)) \\ &= F(x) \ . \end{aligned}$$

표본분포함수의 분산과 공분산은 다음과 같이 유도된다.

$$\begin{aligned} var(F_n(x)) &= E(F_n(x) - F(x))^2 \\ &= E\left(\frac{1}{n^2}\sum_{i=1}^{n}(I(X_i \le x) - F(x))^2\right) \\ &= \frac{1}{n} E((I^2(X_i \le x) - 2F(x)I(X_i \le x) + F(x)^2) \\ &= \frac{1}{n}[E(I^2(X_i \le x)) - 2F(x)E(I(X_i \le x)) + F(x)^2] \\ &= \frac{1}{n}[F(x) - 2F(x)^2 + F(x)^2] \\ &= \frac{1}{n}[F(x) - F(x)^2] \\ &= \frac{1}{n}F(x)(1 - F(x)) \ . \end{aligned}$$

$$cov(F_n(x), F_n(y)) = E\left[\frac{1}{n}\sum(I(X_i \le x) - F(x))\frac{1}{n}\sum(I(X_i \le y) - F(y))\right]$$

$$= \frac{1}{n^2}\sum E[(I(X_i \le x) - F(x))(I(X_i \le y) - F(y))]$$

$$= \frac{1}{n^2}\sum [E(I(X_i \le x)I(X_i \le y)) - E(I(x_i \le x))F(y)$$

$$- F(x)E(I(X_i \le y)) + F(x)F(y)]$$

$$= \frac{1}{n}[F(x) - F(x)F(y)]$$

$$= \frac{F(x)(1-F(y))}{n} \ .$$

그러므로 $F_n(x)$는 모수가 $p = F(x)$인 베르누이분포를 따르는 것을 파악할 수 있고 또한 n개 관찰값 중에서 x를 초과하지 않는 관찰값의 개수 $nF_n(x)$는 모수가 n, $p = F(x)$인 이항분포를 따른다. ■

여기서 분산과 공분산은 표본의 개수가 무한대로 증가하면 0으로 접근한다. 이는 표본의 수가 커지면 커질수록 표본분포함수 $F_n(x)$가 누적분포함수 $F(x)$로 수렴한다는 것을 의미한다.

1.3 통계량과 표본적률

모집단의 성격을 파악하기 위해서는 모집단분포에서 모수의 추정이 가장 관심있는 분야다. 즉 모집단의 분포가 $f(\cdot\,;\theta)$일때, 모집단의 분포의 형태는 알고 있으나 분포에 포함되어 있는 모수 θ를 모르는 경우가 통계학에서는 중요한 문제이다. 이때 만약 모수 θ를 알고 있다면 모집단에 대한 완벽한 정보를 갖게 된다. 그러나 대부분의 경우 모집단으로부터 크기 n인 확률표본 $X_1, \ldots, X_n$을 추출한 후 미지의 모수 θ를 추정하기 위하여 확률표본의 함수형태를 취한다. 또 얼마나 미지의 모수를 잘 추정하였는지 확률표본의 함수의 선택은 적당했는지에 대한 평가가 필요하다. 이에 대한 내용은 다음 장에서 다루기로 하고, 이 절에서는 확률표본의 함수형태인 통계량과 표본적률을 정의하자.

정 의 6 - 통계량(statistic)

통계량은 관측 가능한 확률변수들의 함수로 정의한다. 하나의 확률변수도 통계량이며 미지의 모수를 포함하지 않는다.

관측 가능하다는 것의 의미는 확률변수의 값을 관측할 수 있다는 것을 의미한다. 통계량은 확률변수의 분포에 대한 통계적 추론에서 많이 이용하는데, 만약 확률변수가 관측가능하지 않다면 통계량을 통해 추론을 할 수 없다.

■ 예 제 5 - 관측 가능한 확률변수 X가 미지의 모수 μ와 σ^2를 갖는 분포 $\phi_{\mu,\sigma^2}(x)$를 따를 때 $X-\mu$는 통계량이 아니다. 왜냐하면 관측가능하지 않은 미지의 모수 μ에 의존하기 때문이다. 이와 같은 맥락으로 X/σ도 통계량이 아니다. 그러나 X나 $X-3$, $X^2+\ln X^2$ 등과 같은 확률변수의 함수는 미지의 모수를 포함하고 있지 않으며 모두 관측 가능한 확률변수 X만의 함수이므로 통계량이 된다. ■

■ 예 제 6 - $X_1,\ldots,X_n$이 $f(\cdot\,;\theta)$로부터의 확률표본이고 관측 가능하다고 할 때, 표본평균 $\overline{X}_n=\frac{1}{n}\sum_{i=1}^{n}X_i$와 $\frac{1}{2}[\min\{x_1,\ldots,x_n\}+\max\{x_1,\ldots,x_n\}]$은 모두 통계량이다. 그러나 만약 $f(x;\theta)=\phi_{\theta,1}(x)$이고 모수 θ를 모른다면, $\overline{X}_n-\theta$는 미지의 모수 θ에 영향을 받기 때문에 통계량이 아니다. ■

중요한 통계량으로 표본적률을 정의해 보자.

정 의 7 - 표본적률(sample moments)

$X_1,\ldots,X_n$이 $f(\cdot)$로부터의 확률표본일 때, 0에 대한 r차 표본적률은 M_r'로 정의하고 다음과 같다.

$$M_r'=\frac{1}{n}\sum_{i=1}^{n}X_i^r.$$

특히, 만약 $r=1$일 때는 표본평균 $\overline{X}$ 또는 $\overline{X}_n$이다. 또한 표본평균 $\overline{X}_n$에 대한 r차 표본적률은 M_r로 정의하고 다음과 같다.

$$M_r=\frac{1}{n}\sum_{i=1}^{n}(X_i-\overline{X}_n)^r.$$

표본적률 또한 미지의 모수에 영향을 받지 않는 관측 가능한 확률표본의 함수로서 통계량임을 알 수 있다. 표본평균에 관하여는 2절에서 논의하겠다.

2장에서는 확률변수 X의 r차 적률 또는 분포함수 $f_X(\cdot)$의 적률은 $E(X^r)=\mu_r'$으로 정의하였다. $E(X^r)$은 밀도함수 $f(x)=f_X(x)$를 따르는 모집단의 r차 모집단 적률이다. 표본적률과 모집단의 적률과의 관계는 다음과 같다 : 0에 대한 표본적률의 기대값은 모집단 적률이다. 또한 표본적률의 분산은 모집단 적률의 함수에 $1/n$을 곱한 값으로 나타난다. 즉 모집단 적률이 주어지면 표본적률은 표본의 크기가 크면 클수록 대응하는 모집단 적률값에 더욱 근접하는 경향이 있다. 그러므로 모집단 적률이 존재한다면 표본적률은 모집단 적률을 추정하는데 이용될 수 있다.

—— 정 리 3 ——

확률변수 $X_1, \ldots, X_n$이 분포가 $f(\cdot)$인 모집단으로부터의 확률표본일 때, 0에 대한 r차 표본적률의 기대값은 r차 모집단 적률과 동일하다. 즉,

$$E(M_r') = \mu_r' \quad (\mu_r'\text{이 존재한다면}).$$

또한 r차 표본적률의 분산은 다음과 같다.

$$\begin{aligned} var(M_r') &= \frac{1}{n}[E(X^{2r}) - (E(X^r))^2] \\ &= \frac{1}{n}[\mu_{2r}' - (\mu_r')^2] \quad (\mu_{2r}'\text{이 존재한다면}) \end{aligned}$$

(증 명)

표본적률의 기대값은 다음과 같다.

$$\begin{aligned} E(M_r') &= E\left(\frac{1}{n}\sum_{i=1}^{n} X_i^r\right) = \frac{1}{n}E\left(\sum_{i=1}^{n} X_i^r\right) \\ &= \frac{1}{n}\sum_{i=1}^{n} E(X_i^r) = \frac{1}{n}\sum_{i=1}^{n} \mu_r' = \mu_r'. \end{aligned}$$

또한 표본적률의 분산은 다음과 같이 구할 수 있다.

$$\begin{aligned} var(M_r') &= var\left(\frac{1}{n}\sum_{i=1}^{n} X_i^r\right) \\ &= \left(\frac{1}{n}\right)^2 var\left(\sum_{i=1}^{n} X_i^r\right) = \left(\frac{1}{n}\right)^2 \sum_{i=1}^{n} var(X_i^r) \\ &= \left(\frac{1}{n}\right)^2 \sum_{i=1}^{n} [E(X_i^{2r}) - (E(X_i^r))^2] \end{aligned}$$

$$= \frac{1}{n}[E(X^{2r}) - (E(X^r))^2]$$
$$= \frac{1}{n}[\mu_{2r}{}' - (\mu_r{}')^2]. \qquad \blacksquare$$

—— 보조정리 ——

위의 정리에서 특히 $r=1$인 경우 이미 정의된 표본평균 $\overline{X}_n = \frac{1}{n}\sum_{i=1}^{n} X_i$의 기대값과 분산은 다음과 같다.

$$E(\overline{X}_n) = \mu \ , \ var(\overline{X}_n) = \frac{1}{n}\sigma^2,$$

여기서 μ, σ^2은 $f(\cdot)$의 평균과 분산이다.

유사하게 평균에 대한 표본적률의 평균과 분산을 유도하여 보자. 특히 $r=2$일 때 평균에 대한 표본적률 M_2는 다음과 같다.

$$M_2 = \frac{1}{n}\sum_{i=1}^{n}(X_i - \overline{X})^2.$$

이것은 다음의 <정의 8>에서 언급할 표본분산 이외에 때때로 표본분산으로 사용하기도 한다.

정 의 8 - 표본분산(sample variance)

$X_1, \ldots, X_n$이 $f(\cdot)$로부터의 확률표본이라면, 표본분산은 다음과 같다.

$$S_n^2 = S^2 = \frac{1}{n-1}\sum_{i=1}^{n}(X_i - \overline{X})^2, \ \ n > 1.$$

위의 <정의 8>의 표본분산은 <정의 7>에서 $r=2$인 경우 표본적률 $M_2 = \frac{1}{n}\sum_{i=1}^{n}(X_i - \overline{X}_n)^2$과 비슷하나 자유도가 1만큼 차이가 난다. 일반적으로 표본분산의 정의로 M_2보다 S^2을 많이 사용하는데, 이유는 S^2의 기대값이 모집단 분산과 동일하기 때문이다.

정 리 4

확률변수 $X_1,\dots,X_n$이 분포가 $f(\cdot)$인 모집단으로부터의 확률표본인 경우, <정의 8>에서 정의한 표본분산 S^2의 평균과 분산은 다음과 같다.

$$E(S^2)=\sigma^2, \quad var(S^2)=\frac{1}{n}\left(\mu_4-\frac{n-3}{n-1}\sigma^4\right), \quad n>1 .$$

(증 명)

$S_n^2=S^2=\frac{1}{n-1}\sum_{i=1}^{n}(X_i-\overline{X})^2$의 평균과 분산을 구하기 위해서 $\sum_{i=1}^{n}(X_i-\mu)^2$을 분해하여 보자.

$$\begin{aligned}\sum_{i=1}^{n}(X_i-\mu)^2 &= \sum_{i=1}^{n}(X_i-\overline{X}+\overline{X}-\mu)^2=\sum_{i=1}^{n}((X_i-\overline{X})+(\overline{X}-\mu))^2\\ &=\sum_{i=1}^{n}[(X_i-\overline{X})^2+2(X_i-\overline{X})(\overline{X}-\mu)+(\overline{X}-\mu)^2]\\ &=\sum_{i=1}^{n}(X_i-\overline{X})^2+2(\overline{X}-\mu)\sum(X_i-\overline{X})+n(\overline{X}-\mu)^2\\ &=\sum_{i=1}^{n}(X_i-\overline{X})^2+n(\overline{X}-\mu)^2.\end{aligned}$$

따라서 $\sum_{i=1}^{n}(X_i-\overline{X})^2=\sum_{i=1}^{n}(X_i-\mu)^2-n(\overline{X}-\mu)^2$.

$\sigma^2=E((X-\mu)^2)$을 이용하여 S^2의 평균을 구하면 다음과 같다.

$$\begin{aligned}E(S^2) &= E\left[\frac{1}{n-1}\sum(X_i-\overline{X})^2\right]\\ &=\frac{1}{n-1}E\left[\sum(X_i-\mu)^2-n(\overline{X}-\mu)^2\right]\\ &=\frac{1}{n-1}\left\{\sum E(X_i-\mu)^2-nE(\overline{X}-\mu)^2\right\}\\ &=\frac{1}{n-1}\left(\sum\sigma^2-n\,var(\overline{X})\right)\\ &=\frac{1}{n-1}\left(n\sigma^2-n\frac{\sigma^2}{n}\right)=\sigma^2.\end{aligned}$$

또 S^2의 분산은

$$\sum_{i=1}^{n}(X_i-\overline{X})^2=\sum_{i=1}^{n}(X_i-\mu)^2-n(\overline{X}-\mu)^2,$$

$$\overline{X}-\mu=\frac{1}{n}\sum X_i-\frac{1}{n}n\mu=\frac{1}{n}\sum X_i-\frac{1}{n}\sum\mu=\frac{1}{n}\sum(X_i-\mu)$$

을 이용하여 구하면 다음 식과 같이 구할 수 있다. 즉,

$$\begin{aligned}
var(S^2)&=var\left[\frac{1}{n-1}\Sigma(X_i-\overline{X})^2\right]\\
&=\frac{1}{(n-1)^2}var\left[\Sigma(X_i-\mu)^2-n(\overline{X}-\mu)^2\right]\\
&=\frac{1}{(n-1)^2}E\left[\left(\Sigma(X_i-\mu)^2-n\left(\frac{\Sigma(X_i-\mu)}{n}\right)^2\right)^2\right]-(E(S^2))^2\\
&=\frac{1}{(n-1)^2}E\{\Sigma(X_i-\mu)^4+\sum_{i\neq j}\sum(X_i-\mu)^2(X_j-\mu)^2\\
&\qquad-\frac{2}{n}[\Sigma(X_i-\mu)^4+\sum_{i\neq j}\sum(X_i-\mu)^2(X_j-\mu)^2\\
&\qquad+\sum_{i,j\neq k}\sum\sum(X_i-\mu)^2(X_j-\mu)(X_k-\mu)]\\
&\qquad+\frac{1}{n^2}[\Sigma(X_i-\mu)^4+\sum_{i\neq j}\sum(X_i-\mu)^3(X_j-\mu)\\
&\qquad+2\sum_{i,j\neq k}\sum\sum(X_i-\mu)^2(X_j-\mu)(X_k-\mu)\\
&\qquad+2\sum_{i\neq j}\sum(X_i-\mu)^2(X_j-\mu)^2\\
&\qquad+4\sum_{i\neq j\neq k\neq l}\sum\sum\sum(X_i-\mu)(X_j-\mu)(X_k-\mu)(X_l-\mu)\\
&\qquad+4\sum_{i\neq j\neq k}\sum\sum(X_i-\mu)^2(X_j-\mu)(X_k-\mu)]-\sigma^4\\
&=\frac{1}{(n-1)^2}\left(n\mu_4+n(n-1)\sigma^4-\frac{2}{n}(n\mu_4+n(n-1)\sigma^4)\right.\\
&\qquad\left.+\frac{1}{n^2}(n\mu_4+n(n-1)\sigma^4+2n(n-1)\sigma^4)\right)-\sigma^4\\
&=\frac{1}{(n-1)^2}\left(\frac{(n-1)^2}{n}\mu_4-\frac{(n-3)(n-1)}{n}\sigma^4\right)
\end{aligned}$$

$$= \frac{1}{n}\left(\mu_4 - \frac{n-3}{n-1}\sigma^4\right).$$

그러므로

$$var(S^2) = \frac{1}{n}\left(\mu_4 - \frac{n-3}{n-1}\sigma^4\right),\ n > 1. \qquad ■$$

<정의 8>의 표본분산 S^2을 다음과 같은 식으로 사용하기도 한다.

보조정리

표본분산 S^2을 다음과 같은 식으로 사용하기도 한다.

$$S_1^2 = \frac{1}{2n(n-1)} \sum_{i=1}^{n}\sum_{j=1}^{n}(X_i - X_j)^2,$$
$$S_2^2 = \frac{1}{2(n-1)} \sum_{i=1}^{n-1}(X_i - X_{i+1})^2.$$

그리고 위의 통계량의 기대값은 모집단의 분산과 동일하다.

(증 명)

S_1^2의 증명을 위해 S^2을 전개한다.

$$S^2 = \frac{1}{n-1} \sum_{i=1}^{n}(X_i - \overline{X})^2$$
$$= \frac{1}{n(n-1)} \sum_{i=1}^{n}\sum_{j=1}^{n}(X_i - X_j + X_j - \overline{X})^2$$
$$= \frac{1}{n(n-1)} \sum_{i=1}^{n}\sum_{j=1}^{n}[(X_i - X_j)^2 - 2(X_j - X_i)(X_j - \overline{X}) + (X_j - \overline{X})^2]$$
$$= \frac{1}{n(n-1)}\left[\sum_{i=1}^{n}\sum_{j=1}^{n}(X_i - X_j)^2 - 2\sum_{i=1}^{n}\sum_{j=1}^{n}(X_j - X_i)(X_j - \overline{X}) + \sum_{i=1}^{n}\sum_{j=1}^{n}(X_j - \overline{X})^2\right]$$
$$= \frac{1}{n(n-1)}\left[\sum_{i=1}^{n}\sum_{j=1}^{n}(X_i - X_j)^2 - 2n\sum_{j=1}^{n}(X_j - \overline{X})^2 + n\sum_{j=1}^{n}(X_j - \overline{X})^2\right]$$

$$= \frac{1}{n(n-1)} \sum_{i=1}^{n} \sum_{j=1}^{n} (X_i - X_j)^2 - \frac{1}{n-1} \sum_{j=1}^{n} (X_j - \overline{X})^2$$
$$= \frac{1}{n(n-1)} \sum_{i=1}^{n} \sum_{j=1}^{n} (X_i - X_j)^2 - S^2.$$

따라서 위의 식의 오른쪽 항에 있는 S^2을 왼쪽항으로 넘겨 S^2에 대하여 정리하면 다음과 같이 동일함이 증명된다.

$$S^2 = \frac{1}{2n(n-1)} \sum_{i=1}^{n} \sum_{j=1}^{n} (X_i - X_j)^2 = S_1^2.$$

그러므로 $E(S_1^2) = E(S^2) = \sigma^2$이다. 이제 S_2^2의 기대값이 σ^2임을 보이자.

$$S_2^2 = \frac{1}{2(n-1)} \sum_{i=1}^{n-1} (X_i - X_{i+1})^2$$

이므로

$$E[\sum_{i=1}^{n-1} (X_i - X_{i+1})^2] = E[\sum_{i=1}^{n-1} (X_i - \overline{X} + \overline{X} - X_{i+1})^2]$$
$$= E[\sum_{i=1}^{n-1} (X_i - \overline{X})^2 + \sum_{i=1}^{n-1} (X_{i+1} - \overline{X})^2 - 2\sum_{i=1}^{n-1} (X_i - \overline{X})(X_{i+1} - \overline{X})]$$
$$= E\left[\sum_{i=1}^{n-1} (X_i - \overline{X})^2\right] + E\left[\sum_{i=1}^{n-1} (X_{i+1} - \overline{X})^2\right]$$
$$= E[\sum_{i=1}^{n} (X_i - \overline{X})^2] + E[\sum_{i=1}^{n} (X_i - \overline{X})^2]$$
$$= 2(n-1)\sigma^2 .$$

따라서 다음이 성립한다.

$$E(S_2^2) = \sigma^2 .$$ ■

표본적률은 대응하는 모집단의 모수를 추정하는 데 사용되는 통계량이다. 예를 들어 M_r'은 μ_r', $\overline{X}$는 μ, S^2은 σ^2의 추정에 이용한다. 즉, 각각의 경우는 관찰되어진 표본의 함수로서 추정하는데, 모집단의 미지의 모수를 추정하는 데 그 함수의 값을 이용한다.

2. 표본평균과 중심극한정리

2.1 평균과 분산

일차 표본적률은 표본평균이며 다음과 같이 정의된다.

$$\overline{X} = \overline{X}_n = \frac{1}{n}\sum_{i=1}^{n} X_i,$$

여기서 $X_1, \ldots, X_n$은 밀도함수 $f(\cdot)$를 따르는 확률표본이다. $\overline{X}$는 확률표본 $X_1, \ldots, X_n$의 함수이기 때문에 $\overline{X}$의 분포는 이론적으로 구할 수 있다. 일반적으로 $\overline{X}$의 정확한 분포는 그 확률표본이 추출된 모집단의 분포 $f(\cdot)$에 의존하지만, $\overline{X}$의 분포는 의심받는다. 그러나 $\overline{X}$의 분포의 두 가지 특성인 평균과 분산은 $f(\cdot)$ 자체에는 의존하지 않으며 단지 $f(\cdot)$의 평균과 분산에 의존한다. 이런 이유로 본 절에서는 표본평균에 관한 이론을 공부하고자 한다. 여기에서 유념하여야 할 사항으로 표본평균 $\overline{X}$는 $f(\cdot)$의 평균인 μ를 추정하기 위한 통계량이며 이것이 표본을 추출한 목적이라는 점이다.

정 리 5

$X_1, \ldots, X_n$이 모평균이 μ이고 유한인 분산이 σ^2인 모집단의 분포 $f(\cdot)$로부터의 확률표본일 때, 표본평균 $\overline{X} = \frac{1}{n}\sum_{i=1}^{n} X_i$의 기대값과 분산은 다음과 같다.

$$E(\overline{X}) = \mu_{\overline{X}} = \mu, \quad var(\overline{X}) = \sigma_{\overline{X}}^2 = \frac{1}{n}\sigma^2.$$

(증 명)

우선 표본평균의 평균은 확률표본이 독립이고 동일한 분포를 따르기 때문에 다음과 같이 구할 수 있다.

$$\begin{aligned} E(\overline{X}) &= E\left(\frac{1}{n}\sum_{i=1}^{n} X_i\right) = \frac{1}{n} E\left(\sum_{i=1}^{n} X_i\right) \\ &= \frac{1}{n}\sum_{i=1}^{n} E(X_i) \end{aligned}$$

$$= \frac{1}{n}\sum_{i=1}^{n}\mu = \frac{1}{n}n\mu = \mu.$$

표본평균의 분산도 확률표본이 독립이고 동일한 분포를 따르기 때문에 다음과 같이 구할 수 있다.

$$\begin{aligned} var(\overline{X}) &= var\left(\frac{1}{n}\sum_{i=1}^{n}X_i\right) = \left(\frac{1}{n}\right)^2 var\left(\sum_{i=1}^{n}X_i\right) \\ &= \left(\frac{1}{n}\right)^2 \sum_{i=1}^{n} var(X_i) \\ &= \left(\frac{1}{n}\right)^2 \sum_{i=1}^{n}\sigma^2 = \left(\frac{1}{n}\right)^2 n\sigma^2 \\ &= \frac{1}{n}\sigma^2 = \sigma^2_{\overline{X}}. \end{aligned}$$ ■

<정리 3>의 보조정리에서 $E(\overline{X}) = \mu$는, $\overline{X}$가 μ를 중심으로 분포되어 있다는 것을 의미하고 $var(\overline{X}) = \frac{1}{n}\sigma^2$은 $\overline{X}$의 값들은 표본수가 증가할수록 μ를 중심으로 퍼져 있는 정도가 작아진다는 의미를 갖고 있다. 즉 표본크기가 20인 $\overline{X}$의 분포의 분산은 크기가 10인 $\overline{X}$의 분포의 분산의 절반밖에 안 된다. 따라서 표본크기가 크면 클수록 $\overline{X}$의 값들은 μ에 더욱 집중된다는 것을 파악할 수 있다.

2.2 대수의 법칙들

$f(\cdot\,;\theta)$가 확률변수 X의 밀도함수라면, $f(\cdot\,;\theta)$에 관한 정보를 얻기 위하여 확률표본을 취하고 관측된 확률표본으로부터 미지의 모수 θ를 추론할 수 있다. 만약 모수 θ를 알고 있다면 밀도함수 $f(\cdot\,;\theta)$는 완벽하게 설명되기 때문에 모집단에 대한 어떠한 추론도 필요하지 않다. 그러므로 통계적 추론에서는 확률표본과 함께 미지의 모수 추정에 관한 많은 논의가 있다. 모수 추정에 관해서는 다음 장에서 살펴보고 본 절에서는 추정모수에 관련된 문제들에 대해서 살펴보자.

기대값 $E(X)$는 $f(\cdot)$의 μ로 정의하며, μ를 추정하는 문제를 고려하자. $E(X)$는 확률변수 X의 무한개 값의 평균이다. 그러나 실제로는 확률변수 X의 값은 유한하게 관측된다. 따라서 오직 유한개의 관측된 값만으로 $E(X)$에 관하여 신뢰할 수 있는 추론이 가능한가의 질문이 발생한다. 그러나 답은 긍정적이다. 왜냐하면 답은 대수의 약법칙(weak law of large numbers)을 이용하여 증명할 수 있기 때문이다. 크기 n의 표본이 수집될 때 표본평균 $\overline{X}$가 모수 μ로부터 아주 작은 크기보다 작게 벗어날 확률이 1에 가까워지는 표본크기 n을 결정할 수 있다는 것이 대수의 약법칙 이론인데

$$\lim_{n\to\infty} P[|\overline{X}_n - \mu| < \varepsilon] = 1.$$

다시 말하면, 임의의 작은 두 값 $\varepsilon > 0,\ 0 < \delta < 1$이 존재할 때 표본평균 $\overline{X}_n$와 모수 $E(X) = \mu$의 차의 절대값이 ε보다 작을 확률이 n이 증가함에 따라 1로 접근한다는 것이다. 만약 $\varepsilon > 0,\ 0 < \delta < 1$에 대하여 양의 정수 n이 존재하는데 n은 다음을 만족한다.

$$P[|\overline{X}_n - \mu| < \varepsilon] \geq 1 - \delta \quad (m \geq n).$$

정 리 6 - 대수의 약법칙(Weak law of large numbers), 킨트친 정리(Khintchine's theory)

평균과 분산이 $\mu,\ \sigma^2$이고 분포가 $f(\cdot)$인 모집단으로부터의 n개의 확률표본의 표본평균을 $\overline{X}_n$라 하자. 이때 임의의 실수값 $\varepsilon > 0$와 $0 < \delta < 1$에 대해서 n이 $n > \dfrac{\sigma^2}{\varepsilon^2\delta}$을 만족하는 정수라면 다음의 식이 성립한다.

$$P[-\varepsilon < \overline{X}_n - \mu < \varepsilon] \geq 1 - \delta.$$

(증 명)

2장에서 공부한 체비세프부등식(Chebyshev inequality)을 사용하자. 임의의 음이 아닌 함수 $g(\cdot)$와 확률변수 X에 대해서 다음의 식을 만족한다.

$$P[g(X) \geq k] \leq \frac{E(g(X))}{k}, \quad k > 0.$$

이는 $P[g(X) < k] \geq 1 - \dfrac{E(g(X))}{k}$가 되고, 여기서 음이 아닌 함수를 $g(X) = (\overline{X}_n - \mu)^2$로 그리고 $k = \varepsilon^2$로 대체하면

$$P[-\varepsilon < \overline{X}_n - \mu < \varepsilon] = P[|\overline{X}_n - \mu| < \varepsilon]$$

$$= P[|\overline{X}_n - \mu|^2 < \varepsilon^2] \geq 1 - \frac{E[(\overline{X}_n - \mu)^2]}{\varepsilon^2}$$

$$= 1 - \frac{(1/n)\sigma^2}{\varepsilon^2} \geq 1 - \delta$$

이 되며, 여기서 $\delta > \dfrac{\sigma^2}{n\varepsilon^2}$ 또는 $n > \dfrac{\sigma^2}{\delta\varepsilon^2}$을 만족한다. ■

대수의 약법칙이 사용되는 예제를 살펴보자.

■ 예 제 7 - 어떤 분포가 평균은 알려지지 않고 분산은 1로 가정하자. 이때 모평균과 표본평균 $\overline{X}_n$의 차이가 최대 0.5가 되는 확률을 최소 0.95로 하려고 할 때의 최소한의 표본크기는 얼마인가를 알아보자. 여기서는 $\varepsilon = 0.5$이고 $\sigma^2 = 1$이므로 $P[|\overline{X}_n - \mu| < 0.5] \geq 0.95$를 만족하는 n을 구하는 문제이다. 그러므로 정리에 의해서 $0.95 \leq 1 - \dfrac{\sigma^2}{n\varepsilon^2}$이므로, n에 대해서 계산하면 $\delta = 1 - 0.95 = 0.05$이고 $n > \dfrac{\sigma^2}{\delta\varepsilon^2} = \dfrac{1}{0.05(0.5)^2} = 80$이 된다. ■

■ 예 제 8 - $\overline{X}_n$가 $\mu \pm 0.5\sigma$ 이내에 속할 확률을 99%로 하기 위하여 적절한 표본크기를 구하여 보자. <정리 6>을 이용하면 다음과 같이 계산할 수 있다.

$$P\left[\left|\frac{(\overline{X}_n - \mu)}{\sigma}\right| < 0.5\right] \geq 1 - \frac{1}{n(0.5)^2} > 0.99.$$

그러므로 $n > \dfrac{1}{(0.5)^2(0.01)} = 400$이 된다. ■

—— 보조정리 - 대수의 강법칙(strong law of large numbers) ——

평균이 μ, 분포가 $f(\cdot)$인 모집단으로부터의 n개의 확률표본 $X_1, \ldots, X_n$의 표본평균을 $\overline{X}_n$라 하자. 이때 확률표본의 개수 n이 무한히 커지면 표본평균 $\overline{X}_n$이 모평균 μ로 수렴하는 확률이 1이 되며 다음의 식을 만족한다.

$$P[\lim_{n \to \infty} \overline{X}_n = \mu] = 1.$$

이 결과를 대수의 강법칙이라 한다.

본 절에서 확률표본을 이용하여 모집단에 대한 귀납적 추론방법을 소개하였다. 그리고 확률을 사용하여 이러한 추론의 신뢰성을 추정하였다.

2.3 중심극한정리

확률론과 통계학에서 가장 중요한 이론 중의 하나는 $\overline{X}_n$의 근사 분포를 제공하는 중심극한정리이다. 중심극한정리는 확률표본 $X_1,\ldots,X_n$의 평균이 μ, 분산이 σ^2를 가지며 밀도함수에 대해 어떠한 정보도 없을 때, 표본평균 $\overline{X}_n$의 분포는 n이 커짐에 따라 점근적으로 평균이 μ이고 분산이 σ^2/n인 정규분포를 따른다는 것이다. 이를 표준화시켜 다시 정리해보면 다음과 같은 정리를 얻는다.

정 리 7 - 중심극한정리(central limit theorem)

평균이 μ, 분산이 σ^2을 갖는 임의의 밀도함수 $f(\cdot)$으로부터 n개의 확률표본의 표본평균을 $\overline{X}_n$라 하자. 확률변수 Z_n을 다음과 같이 정의하자.

$$Z_n = \frac{\overline{X}_n - E(\overline{X}_n)}{\sqrt{var(\overline{X}_n)}} = \frac{\overline{X}_n - \mu}{\sigma/\sqrt{n}}.$$

이때 표본크기 n이 커짐에 따라 확률변수 Z_n의 분포는 표준정규분포 $N(0,1)$로 접근해 간다.

(증 명)

위의 정리를 증명하기 위해서는 복잡한 고등 수학적 기법들이 필요하다. 그러나 여기서는 임의의 분포가 적률모함수를 갖는다는 가정 하에 증명하겠다. 표본평균의 함수인 Z_n의 적률모함수 $M_{Z_n}(t)$가 표준정규분포의 적률모함수에 접근한다는 것을 증명하고자 한다.

우선 표준정규분포의 적률모함수는 $M_X(t) = e^{\frac{1}{2}t^2}$이므로 표본크기 n이 커짐에 따라 적률모함수가 $M_{Z_n}(t) \to e^{\frac{t^2}{2}}$ 됨을 보이고자 한다. Z_n의 적률모함수는 다음과 같이 구할 수 있다.

$$M_{Z_n}(t) = E(e^{tZ_n}) = E[\exp(tZ_n)]$$

$$= E\left[\exp\left(t\frac{\overline{X}-\mu}{\sigma/\sqrt{n}}\right)\right] = E\left[\exp\left(\frac{t}{n}\cdot\sum\frac{X_i-\mu}{\sigma/\sqrt{n}}\right)\right]$$
$$= E\left[\prod_{i=1}^{n}\exp\left(\frac{t}{n}\cdot\frac{X_i-\mu}{\sigma/\sqrt{n}}\right)\right] = \prod_{i=1}^{n}E\left[\exp\left(\frac{t}{\sqrt{n}}\cdot\frac{X_i-\mu}{\sigma}\right)\right].$$

$Y_i = (X_i-\mu)/\sigma$로 독립적인 확률변수 X_i를 표준화시키면 $Y_1,\ldots,Y_n$는 동일한 분포를 갖고 있다. 따라서 적률모함수는 다음과 같이 다시 표현할 수 있다.

$$\prod_{i=1}^{n}E\left[\exp\left(\frac{t}{\sqrt{n}}\cdot\frac{X_i-\mu}{\sigma}\right)\right] = \prod_{i=1}^{n}E\left[\exp\left(\frac{t}{\sqrt{n}}\cdot Y_i\right)\right]$$
$$= \prod_{i=1}^{n}M_{Y_i}\left(\frac{t}{\sqrt{n}}\right) = \prod_{i=1}^{n}M_Y\left(\frac{t}{\sqrt{n}}\right)$$
$$= \left[M_Y\left(\frac{t}{\sqrt{n}}\right)\right]^n.$$

따라서 Z_n의 적률모함수는 표준화된 확률변수 Y의 적률모함수의 함수로서 표현될 수 있다.

$$M_{Z_n}(t) = \left[M_Y\left(\frac{t}{\sqrt{n}}\right)\right]^n.$$

Y의 적률모함수를 테일러급수전개(Taylor's series expansion)에 의해서 전개하면 다음을 얻는다.

$$M_Y\left(\frac{t}{\sqrt{n}}\right) = E\left(e^{\frac{t}{\sqrt{n}}Y}\right)$$
$$= 1 + \mu_1\left(\frac{t}{\sqrt{n}}\right) + \frac{1}{2!}\mu_2\left(\frac{t}{\sqrt{n}}\right)^2 + \frac{1}{3!}\mu_3\left(\frac{t}{\sqrt{n}}\right)^3 + \cdots .$$

$\mu_1 = 0$이고 $\mu_2 = 1$이므로 위의 식은 다음과 같이 표현된다.

$$M_Y\left(\frac{t}{\sqrt{n}}\right) = 1 + \frac{1}{n}\left(\frac{1}{2}t^2 + \frac{1}{3!\sqrt{n}}\mu_3 t^3 + \frac{1}{4!n}\mu_4 t^4 + \cdots\right).$$

위 식에서 $\left(\frac{1}{2}t^2 + \frac{1}{3!\sqrt{n}}\mu_3 t^3 + \cdots\right)$을 u로 나타낼 때 $\lim_{n\to\infty}(1+u/n)^n = e^{\frac{1}{2}t^2}$ 이므로 다음

을 얻을 수 있다.

$$\lim_{n\to\infty} M_{Z_n}(t) = e^{\frac{1}{2}t^2}.$$

그러므로 Z_n의 적률모함수의 극한값은 표준정규분포의 적률모함수와 동일하다. ■

Z_n의 극한분포(limiting distribution)가 표준정규분포로 접근한다는 것은 $\overline{X}_n$이 평균이 μ, 분산이 $\frac{\sigma^2}{n}$인 정규분포를 근사적으로 따른다는 것과 동일한 의미이다. 위의 중심극한정리에서는 모집단 분포 $f(\cdot)$의 형태에 대하여 특정 분포함수를 정의하지 않았다. 이는 분산의 값이 존재하는 어떠한 분포이더라도 확률표본의 크기가 충분히 크다면 표본평균은 정규분포를 따른다는 것이다. 여기서 분산이 존재한다는 조건은 응용통계에서 심각한 제한이 아니다. 왜냐하면 대부분의 실제 상황에서 확률변수의 범위는 한정되어 있으므로 분산은 당연히 유한한 값을 갖고 있기 때문이다.

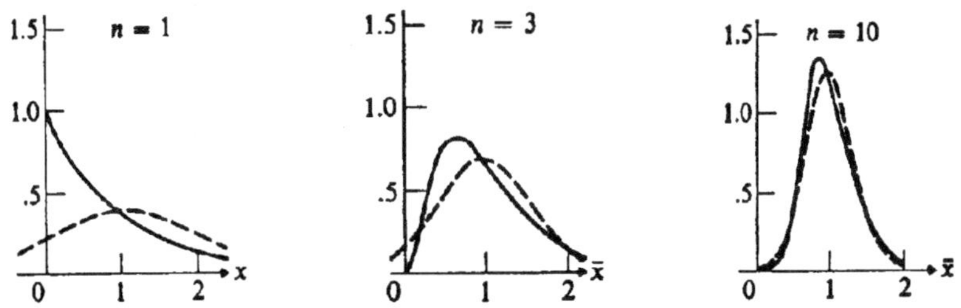

<그림 1>

다음은 특정한 밀도함수 $f(\cdot)$가 명시될 때 표본평균 $\overline{X}_n$의 정확한 분포에 대하여 토론해 보자.

■ 예 제 9 - 확률표본 $X_1,\ldots,X_n$가 베르누이분포로부터 추출되었을 때, 표본평균 $\overline{X}_n$의 정확한 분포를 구해보자(우리는 앞에서 공부한 중심극한정리에 의해서 $\overline{X}_n$이 점근으로 정규분포를 따른다는 것을 알고 있다). 우선 확률표본 $X_1,\ldots,X_n$의 밀도함수는 다음과 같다.

$$f(x) = p^x(1-p)^{1-x} I_{\{0,1\}}(x).$$

여기서 4장에서 공부하였듯이 $\sum_{i=1}^{n} X_i$는 이항분포를 따를 것이며 다음과 같다.

$$p[\sum_{i=1}^{n} X_i = k] = \binom{n}{k} p^k (1-p)^{n-k} I_{\{0,1,\dots,n\}}(k).$$

또한 $\overline{X}_n$의 분포는 다음과 같다.

$$p[\overline{X}_n = \frac{k}{n}] = \binom{n}{k} p^k (1-p)^{n-k}, \qquad k = 0,1,\dots,n.$$

그러므로 베르누이분포로부터 추출된 확률표본 $\overline{X}_n$의 값이 $0, 1/n, 2/n, \dots, 1$의 값을 가질 때 다음과 같은 이항확률을 갖게 된다.

$$\binom{n}{0} p^0 q^n, \ \binom{n}{1} p^1 q^{n-1}, \dots, \ \binom{n}{n} p^n q^0.$$

즉 확률표본이 베르누이 분포에서 추출되었을 때 표본평균 $\overline{X}_n$의 정확한 분포는 이항분포이다. ■

■ 예 제 10 - 확률표본 $X_1, \dots, X_n$가 포아송분포로부터 추출되었을 때, 표본평균 $\overline{X}_n$의 정확한 분포를 구해보자. 역시 중심극한정리에 의해서 $\overline{X}_n$이 점근적으로 정규분포를 따른다는 것을 알고 있다. 우선 확률표본 $X_1, \dots, X_n$의 밀도함수는 다음과 같다.

$$f(x) = \frac{e^{-\lambda} \lambda^x}{x!} I_{\{0,1,\dots\}}(x), \qquad \lambda > 0.$$

또 $\overline{X}_n$의 분포는 다음과 같다.

$$p[\overline{X}_n = \frac{k}{n}] = p[\sum_{i=1}^{n} X_i = k] = \frac{e^{-n\lambda}(n\lambda)^k}{k!}, \ k = 0,1,2,\dots.$$

즉 확률표본이 모수가 λ인 포아송분포에서 추출되었을 때 표본평균 $\overline{X}_n$의 정확한 분포는 모수가 $n\lambda$인 포아송분포이다. ■

■ 예 제 11 - 확률표본 $X_1,\ldots,X_n$가 다음과 같은 지수분포에서 추출되었다.

$$f(x) = \theta e^{-\theta x} I_{(0,\infty)}(x).$$

이때 $\sum_{i=1}^{n} X_i$의 분포는 4장에서 공부한 것과 같이 모수 n과 θ인 감마분포로 밀도함수와 누적분포함수는 다음과 같다.

$$f_{\sum X_i}(z) = \frac{1}{\Gamma(n)} z^{n-1} \theta^n e^{-\theta z} I_{(0,\infty)}(z),$$

$$p[\sum X_i \le y] = \int_0^y \frac{1}{\Gamma(n)} z^{n-1} \theta^n e^{-\theta z} dz, y > 0.$$

그러므로 $\overline{X}_n$의 분포는

$$p[\overline{X}_n \le \frac{y}{n}] = \int_0^y \frac{1}{\Gamma(n)} z^{n-1} \theta^n e^{-\theta z} dz, y > 0,$$

혹은

$$p[\overline{X}_n \le x] = \int_0^{nx} \frac{1}{\Gamma(n)} z^{n-1} \theta^n e^{\theta z} d_z = \int_0^x \frac{1}{\Gamma(n)} (\nu)^{n-1} \theta^n e^{-n\theta u} n du$$
$$= \int_0^x \frac{1}{\Gamma(n)} u^{n-1} (n\theta)^n e^{-n\theta u} du$$

으로 표현된다. 즉 $\overline{X}_n$의 정확한 분포는 모수 n, $n\theta$인 감마분포이다. ■

■ 예 제 12 - 확률표본 $X_1,\ldots,X_n$이 $(0,1)$에서 균일분포를 따른다고 하자. 이때 $Y = \sum_{i=1}^{n} X_i$ 분포를 구하여 보자. 앞장에서 배운 적률모함수를 이용하여 구하여 보자. 우선 X_i의 적률모함수는 다음과 같다.

$$M_X(t) = E(e^{tX}) = \int_0^1 e^{tx}dx = \frac{1}{t}(e^t - 1).$$

또 각각의 확률표본들은 서로 독립이므로 $Y = \sum_{i=1}^{n} X_i$의 적률모함수는 다음과 같다.

$$\begin{aligned} M_Y(t) &= E(e^{tY}) = E(e^{t\sum_i X_i}) \\ &= \prod_i^n E(e^{tX_i}) = \prod_i^n M_{X_i}(t) \\ &= [M_X(t)]^n = \frac{1}{t^n}(e^t - 1)^n. \end{aligned}$$

그러나 위의 적률모함수만을 보고는 Y의 분포함수의 형태를 알 수 없다. 그러나 중심극한정리를 이용하면 $n \to \infty$일 때 Y의 분포는 $N\left(\frac{n}{2}, \frac{n}{12}\right)$으로 접근해 간다. 왜냐하면 $E(X_i) = \frac{1}{2}$와 $var(X_i) = \frac{1}{12}$이므로 $E(Y) = \frac{n}{2}$와 $var(Y) = \frac{n}{12}$임을 알 수 있다. ■

3. 정규분포에서 추출된 표본의 분포

3.1 정규분포의 역할과 표본평균

통계학에서 정규분포는 매우 광범위하며 중요한 역할을 하는데, 물론 앞장에서 공부한 중심극한정리가 이를 잘 설명하고 있지만 이외에도 정규분포는 또 다른 몇 가지 중요한 역할이 있다. 우선 여러 연구분야에서 사용되는 많은 모집단들은 정규분포에 매우 근사하다고 가정하곤 한다. 이런 현상은 중심극한정리를 생각해 보면 매우 합당한 가정으로 논의된다. 만약 표적지의 과녁에 뚫린 총알자국을 고려해 보면, 총알이 관통한 자국은 매우 많은 크고 작은 요소에 영향을 받는다. 이때 과녁의 중심에서부터 총알자국까지의 실제 관측된 편차는 근사적으로 정규분포를 따를 것이다. 이것은 모든 표본이 정규분포를 따른다는 것을 의미하는 것은 아니다. 그러나 매우 많은 경우 모집단으로부터 추출된 표본은 정규분포를 따를 것이다.

정규분포에서부터 추출된 표본을 고려해 보자. 표본의 분포는 정규분포에 매우 근접할 것이고 이런 가정들은 모집단을 분석하는 데 많은 도움을 준다. 표본으로부터 모집단을 추론할 때, 관측된 표본들의 분포는 여러 가지 함수형태를 갖는데 이를 알 필요가 있다. 이때 모집단이 정규분포를 따른다면 추출된 표본의 분포를 얻는데 수학적으로 다른 어떤 분포를 가정한 것보다 간편하고 쉽게 얻을 수 있다. 또 정규분포에서부터 추출된 표본들의 분포함수들은 통계적 추정이나 검정에 많이 이용된다. 앞 절에서 공부한 중심극한정리에 의하면 모든 표본은 비록 정규분포에서 추출되지 않았더라도 표본평균은 표본의 크기가 커질수록 정규분포에 근접한다고 하였다. 이 절에서는 정규분포인 모집단으로부터 추출된 확률표본의 함수의 분포와 그 성질들을 공부할 것이다. 정규분포에서부터 추출된 표본평균의 분포를 살펴보자.

정 리 8

$\overline{X}_n$이 $N(\mu,\sigma^2)$로부터 추출된 확률표본의 표본평균이라면 $\overline{X}_n$의 분포는 $N\left(\mu,\frac{\sigma^2}{n}\right)$을 따른다.

(증 명)

적률모함수를 이용하여 $\overline{X}_n$의 분포함수를 구하여 보자. 우선 $\overline{X}_n$의 적률모함수를 구하여 보면 다음과 같다.

$$
\begin{aligned}
M_{\overline{X}_n}(t) &= E(\exp t\overline{X}_n) = E\left(\exp\frac{t\sum X_i}{n}\right) \\
&= E\left(\prod_{i=1}^{n}\exp\frac{tX_i}{n}\right) = \prod_{i=1}^{n}E\left(\exp\frac{tX_i}{n}\right) \\
&= \prod_{i=1}^{n}M_{X_i}\left(\frac{t}{n}\right) = \prod_{i=1}^{n}\exp\left[\frac{\mu t}{n}+\frac{1}{2}\left(\frac{t\sigma}{n}\right)^2\right] \\
&= \exp\left(\mu t+\frac{\frac{1}{2}(\sigma t)^2}{n}\right).
\end{aligned}
$$

위의 적률모함수는 평균이 μ이고 분산이 $\frac{\sigma^2}{n}$인 정규분포의 적률모함수이다. ∎

이 사실은 확률표본이 정규분포가 아니더라도 표본평균의 분포는 표본크기가 증가함에 따라 정규분포로 접근하는 중심극한정리와도 일맥상통한다.

3.2 χ^2-분포

정규분포의 모수는 평균인 μ와 분산인 σ^2이 있는데, 확률표본이 추출되었을 때, 표본평균을

$\overline{X}_n$라 하고 모평균인 μ의 추정량으로 사용하였다. 또 표본평균 $\overline{X}_n$의 분포는 중심극한정리에 의해 임의의 분포에 대해서도 표본크기 n이 커지면 정규분포로 접근함을 알았다. 여기서는 정규분포로부터 추출된 표본의 분산 σ^2의 추정량인 표본분산 S^2의 분포를 살펴보자. 여기서 표본분산은 $S^2 = \frac{1}{n-1}\sum_{i=1}^{n}(X_i - \overline{X})^2$이다.

정 의 9 - 카이제곱분포(Chi-square distribution, χ^2-분포)

확률변수 X의 분포함수가 다음과 같으면,

$$f_X(x) = \frac{1}{\Gamma(k/2)}\left(\frac{1}{2}\right)^{\frac{k}{2}} x^{k/2-1} e^{-\frac{1}{2}x}, \quad x > 0.$$

확률변수 X가 자유도 k인 카이제곱분포(χ^2-분포)를 따른다고 하며, $X \sim \chi^2_{(k)}$로 표기한다.

정 리 9

확률변수 X가 카이제곱분포를 따른다면 평균, 분산, 적률모함수는 다음과 같이 주어진다.

$$E(X) = \frac{k/2}{1/2} = k,\ var(X) = \frac{k/2}{(1/2)^2} = 2k,$$

$$M_X(t) = \left[\frac{\frac{1}{2}}{\frac{1}{2} - t}\right]^{k/2} = \left[\frac{1}{1-2t}\right]^{k/2}, \quad t < \frac{1}{2}.$$

(증 명)

카이제곱분포는 감마분포의 특수한 경우로 두 모수 $r = \frac{k}{2}$이고 $\lambda = \frac{1}{2}$인 경우이므로 3장의 감마분포를 참조하면 된다. ■

정 리 10

확률변수 $X_i,\ i=1,\ldots,k$가 독립이고 평균이 μ_i, 분산이 σ_i^2인 정규분포를 따르면

$$U=\sum_{i=1}^{k}\left(\frac{X_i-\mu_i}{\sigma_i}\right)^2$$

은 자유도 k인 카이제곱분포를 따른다.

(증 명)

우선 X_i를 표준화시켜보면 $Z_i=\dfrac{(X_i-\mu_i)}{\sigma_i}$로 되어 확률변수 Z_i는 표준정규분포를 따르게 된다. U의 적률모함수를 구하면 다음과 같이 된다.

$$\begin{aligned}M_U(t)&=E(\exp tU)=E(\exp(t\textstyle\sum Z_i^2))\\&=E\left(\prod_{i=1}^{k}\exp tZ_i^2\right)=\prod_{i}^{k}E(\exp tZ_i^2),\end{aligned}$$

여기서

$$\begin{aligned}E(\exp tZ_i^2)&=\int_{-\infty}^{\infty}e^{tz^2}\left(\frac{1}{\sqrt{2\pi}}\right)e^{-\frac{1}{2}z^2}dz\\&=\int_{-\infty}^{\infty}\left(\frac{1}{\sqrt{2\pi}}\right)e^{-\frac{1}{2}(1-2t)z^2}dz\\&=\frac{1}{\sqrt{1-2t}}\int_{-\infty}^{\infty}\frac{\sqrt{1-2t}}{\sqrt{2\pi}}e^{-\frac{1}{2}(1-2t)z^2}dz\\&=\frac{1}{\sqrt{1-2t}},\quad t<\frac{1}{2}\ .\end{aligned}$$

그러므로 U에 대한 적률모함수는 다음과 같이 된다.

$$\prod_{i=1}^{k}E(\exp tZ_i^2)=\prod_{i=1}^{k}\frac{1}{\sqrt{1-2t}}=\left(\frac{1}{1-2t}\right)^{k/2},\quad t<\frac{1}{2}.$$

이는 자유도 k인 카이제곱분포의 적률모함수이다. ■

—— 보조정리 ——

확률표본 $X_1,\ldots,X_n$이 평균이 μ_i이고 분산이 σ^2인 정규분포에서 추출되었다면

$$U=\sum_{i=1}^{n}\left(\frac{X_i-\mu}{\sigma}\right)^2$$

은 자유도 n인 카이제곱분포를 따른다.

만약 정규분포의 모수 μ 또는 σ^2을 모른다면 확률변수 U는 미지의 모수에 의존하기 때문에 통계량이 될 수 없다. 다시 말하면 μ를 알고 σ^2을 모를 때는 표본분포를 추정하여 사용하면 된다. 즉, $\hat{\sigma}^2=\frac{1}{n}\sum_{i=1}^{n}(X_i-\mu)^2$을 사용하면 이는 $E(\hat{\sigma}^2)=\frac{1}{n}E\left(\sum_{i=1}^{n}(X_i-\mu)^2\right)=\sigma^2$이 되고, 여기서 보조정리를 이용하여 $\hat{\sigma}^2$의 분포를 구할 수 있다.

—— 정 리 11 ——

표준정규분포로부터 추출된 확률표본이 $Z_1,\ldots,Z_n$라면 다음을 만족한다.

1) $\overline{Z}\sim N(0,\frac{1}{n})$.

2) $\overline{Z}$*와* $\sum_{i=1}^{n}(Z_i-\overline{Z})^2$*은 서로 독립이다.*

3) $\sum_{i=1}^{n}(Z_i-\overline{Z})^2\sim\chi^2_{(n-1)}$.

(증 명)

1) $\overline{Z}$가 평균이 0이고 분산이 $\frac{1}{n}$인 정규분포를 따르는 것을 보이기 위해 확률표본 $Z_1,\ldots.Z_n$은 서로 독립이므로 $\overline{Z}$의 적률모함수를 구하면 된다.

$$\begin{aligned}M_{\overline{Z}}(t)&=E(e^{t\frac{1}{n}\sum_{i=1}^{n}Z_i})=\prod_{i=1}^{n}E(e^{t\frac{1}{n}Z_i})\\&=\left[M_{Z_i}\left(\frac{t}{n}\right)\right]^n=\left[\exp\left(\frac{(t/n)^2}{2}\right)\right]^n\end{aligned}$$

$$= \exp\left(\frac{1}{n}\frac{t^2}{2}\right).$$

2) $\overline{Z}$과 $\sum(Z_i - \overline{Z})^2$은 독립이다. 여기서는 $n=2$인 경우만을 증명한다. 즉, 확률표본의 평균은 $\overline{Z} = \frac{Z_1+Z_2}{2}$이고 확률표본의 분산은 다음과 같다.

$$\begin{aligned}\sum(Z_i - \overline{Z})^2 &= \left(Z_1 - \frac{Z_1+Z_2}{2}\right)^2 + \left(Z_2 - \frac{Z_1+Z_2}{2}\right)^2 \\ &= \frac{(Z_1-Z_2)^2}{4} + \frac{(Z_2-Z_1)^2}{4} \\ &= \frac{(Z_2-Z_1)^2}{2}.\end{aligned}$$

$\overline{Z}$은 Z_1+Z_2의 함수이며, $\sum(Z_i - \overline{Z})^2$는 $Z_2 - Z_1$의 함수이다. 그러므로 서로 독립인 확률변수들의 함수는 서로 독립이므로 Z_1+Z_2와 $Z_2 - Z_1$이 서로 독립임을 보이면 된다. 이를 위해서 각각의 적률모함수를 구하여 보면 다음과 같다.

$$\begin{aligned}M_{Z_1+Z_2}(t_1) &= E(e^{t_1(Z_1+Z_2)}) = E(e^{t_1(Z_1)}e^{t_1(Z_2)}) = E(e^{t_1(Z_1)})E(e^{t_1(Z_2)}) \\ &= \exp\frac{1}{2}t_1^2 \cdot \exp\frac{1}{2}t_1^2 = \exp t_1^2,\end{aligned}$$

$$\begin{aligned}M_{Z_2-Z_1}(t_2) &= E(e^{t_2(Z_2-Z_1)}) = E(e^{t_2(Z_2)}e^{t_2(-Z_1)}) = E(e^{t_2(Z_2)})E(e^{t_2(-Z_1)}) \\ &= \exp\frac{1}{2}t_2^2 \cdot \exp\frac{1}{2}t_2^2 = \exp t_2^2.\end{aligned}$$

따라서 결합적률모함수를 구하여 보면

$$\begin{aligned}M_{Z_1+Z_2,\, Z_2-Z_1}(t_1, t_2) &= E(e^{t_1(Z_1+Z_2)+t_2(Z_2-Z_1)}) \\ &= E(e^{(t_1-t_2)Z_1}e^{(t_1+t_2)Z_2}) = E(e^{(t_1-t_2)Z_1})E(e^{(t_1+t_2)Z_2}) \\ &= \exp\frac{1}{2}(t_1-t_2)^2 \cdot \exp\frac{1}{2}(t_1+t_2)^2 = \exp t_1^2 \exp t_2^2 \\ &= M_{Z_1+Z_2}(t_1) \cdot M_{Z_2-Z_1}(t_2)\end{aligned}$$

와 같이 각각의 주변적률함수의 곱으로 나타나 서로 독립임을 증명할 수 있다. 그러므로 $\overline{Z}$과 $\sum(Z_i - \overline{Z})^2$은 독립이다.

3) $\sum_{i=1}^{n}(Z_i - \overline{Z})^2$은 자유도 $n-1$인 카이제곱분포를 따르는 것을 증명하기 위해서 $\sum_{i=1}^{n} Z_i^2$를 다음과 같이 변화시키자.

$$\begin{aligned}\sum_{i=1}^{n} Z_i^2 &= \sum(Z_i - \overline{Z} + \overline{Z})^2 = \sum(Z_i - \overline{Z})^2 + 2\overline{Z}\sum(Z_i - \overline{Z}) + \sum \overline{Z}^2 \\ &= \sum(Z_i - \overline{Z})^2 + n\overline{Z}^2.\end{aligned}$$

$\sum_{i=1}^{n}(Z_i - \overline{Z})^2 = \sum Z_i^2 - n\overline{Z}^2$로 표현할 수 있으며 여기서 $\sum_{i=1}^{n}(Z_i - \overline{Z})^2$과 $n\overline{Z}^2$은 독립이다. 따라서 $\sum_{i=1}^{n}(Z_i - \overline{Z})^2$의 적률모함수를 다음과 같이 구할 수 있다.

$$M_{\sum Z_i^2}(t) = M_{\sum(Z_i - \overline{Z})^2}(t) M_{n\overline{Z}^2}(t).$$

이것을 다시 표현하면

$$M_{\sum(Z_i - \overline{Z})^2}(t) = \frac{M_{\sum Z_i^2}(t)}{M_{n\overline{Z}^2}(t)} = \frac{(1/(1-2t))^{n/2}}{(1/(1-2t))^{1/2}} = \left(\frac{1}{1-2t}\right)^{(n-1)/2}, \ t < \frac{1}{2}.$$

$\sqrt{n}\overline{Z} \sim N(0,1)$이며 $n\overline{Z}^2$는 자유도가 1인 카이제곱분포를 따른다는 것을 알고 있으므로 $\sum_{i=1}^{n}(Z_i - \overline{Z})^2$의 적률모함수는 자유도 $n-1$인 카이제곱분포의 적률모함수이다. ∎

위의 <정리 11>은 표준정규분포로부터 추출된 확률표본에 대한 결과이다. 만약 확률표본 $X_1, \dots, X_n$이 평균이 μ이고 분산이 σ^2인 정규분포에서 추출되었고 $X_1, \dots, X_n$을 표준화시켜 $Z_i = \frac{X_i - \mu}{\sigma}$라 하면 <정리 11>은 다음과 같이 변형될 수 있다.

1) $\overline{Z} = \frac{1}{n}\sum\left(\frac{X_i - \mu}{\sigma}\right) = \frac{\overline{X} - \mu}{\sigma} \sim N(0, \frac{1}{n}).$

2) $\overline{Z}=\dfrac{\overline{X}-\mu}{\sigma}$와 $\sum_{i=1}^{n}(Z_i-\overline{Z})^2=\sum_{i=1}^{n}\left[\dfrac{X_i-\mu}{\sigma}-\dfrac{\overline{X}-\mu}{\sigma}\right]^2=\sum_{i=1}^{n}\left(\dfrac{X_i-\overline{X}}{\sigma}\right)^2$은 서로 독립이다. 즉, $\overline{X}$와 $\sum(X_i-\overline{X})^2$은 서로 독립이다.

3) $\sum_{i=1}^{n}(Z_i-\overline{Z})^2=\sum\left(\dfrac{X_i-\overline{X}}{\sigma}\right)^2 \sim \chi^2_{(n-1)}$.

―― 보조정리 ――

모수가 μ와 σ^2인 정규분포로부터 추출된 확률표본의 표본분산은 다음과 같을 때

$$S^2=\frac{1}{n-1}\sum_{i=1}^{n}(X_i-\overline{X})^2.$$

이때 통계량

$$U=\frac{(n-1)S^2}{\sigma^2}$$

은 자유도 $n-1$인 카이제곱분포를 따른다.

(증 명)

<정리 11>의 3)번의 증명과 동일한 방법으로 구할 수 있다. ■

보조정리에서 표본분산 S^2은 통계량 U의 선형함수로 나타나면, 표본분산 S^2의 분포함수는 U의 분포함수로부터 다음과 같이 구할 수 있다.

$$f_{S^2}(y)=\left(\frac{n-1}{2\sigma^2}\right)^{\frac{(n-1)}{2}}\frac{1}{\Gamma[(n-1)/2]}y^{(n-3)/2}e^{-(n-1)y/2\sigma^2},\ y>0\ .$$

위의 정리들은 모두 정규분포에서 추출된 확률표본에서 증명하였다. 그러나 표본평균과 표본분산이 독립인 사실과 표본평균은 정규분포를 따른다는 것은 정규분포에서부터 추출된 확률표본을 가정하지 않더라도 증명될 수 있다.

■ 예 제 13 - 확률표본 $X_1,\ldots,X_n$이 평균이 μ, 분산이 σ^2인 정규분포에서 추출되었을 때,

$S_n^2 = S^2 = \dfrac{1}{n-1}\sum_{i=1}^{n}(X_i - \overline{X})^2$의 기대값과 분산을 구하라. 우선 $Y = (n-1)\dfrac{S^2}{\sigma^2}$라 하면 자유도가 $n-1$인 카이제곱분포를 따른다.

$$E(Y) = E[(n-1)S^2/\sigma^2] = n-1.$$

따라서

$$E(S^2) = \sigma^2.$$

Y의 분산 또한 카이제곱분포의 분산을 따르므로

$$\begin{aligned} var(Y) &= var((n-1)S^2/\sigma^2) \\ &= \frac{(n-1)^2}{\sigma^4} var(S^2) = 2(n-1) \end{aligned}$$

이를 $var(S^2)$에 대해 다시 표현하면

$$\begin{aligned} var(S^2) &= \frac{2(n-1)\sigma^4}{(n-1)^2} \\ &= \frac{2\sigma^4}{(n-1)}. \end{aligned}$$

■

3.3 F-분포

F-분포는 카이제곱분포를 따르는 두 확률변수들을 각각의 자유도로 나눈 후 두 확률변수들을 비율로 나타내는 통계량의 분포인데, 이는 제2권에서 공부할 통계적 추정 및 검정부분에서 매우 유용하게 사용된다.

정 의 10 : F-분포(F distribution)

확률변수 X가 다음의 분포를 갖으면 확률변수 X는 자유도 m과 n인 F-분포를 따른다고 한다.

$$f_X(x) = \frac{\Gamma((m+n)/2)}{\Gamma(m/2)\Gamma(n/2)}\left(\frac{m}{n}\right)^{m/2}\frac{x^{(m-2)/2}}{(1+(m/n)x)^{(m+n)/2}},\ x>0\ .$$

정 리 12

서로 독립인 확률변수들이 $U \sim \chi^2_{(m)}$, $V \sim \chi^2_{(n)}$일 때, 확률변수 $X = \frac{U/m}{V/n}$이면 X는 자유도 m, n인 F-분포를 따른다.

(증 명)

우선 독립인 두 확률변수 U와 V의 결합분포함수는 각각의 분포의 곱으로 구할 수 있다.

$$f_{U,V}(u,v) = \frac{1}{\Gamma(m/2)\Gamma(n/2)2^{(m+n)/2}}u^{m/2-1}v^{n/2-1}e^{-\frac{1}{2}(u+v)},\ u>0, v>0\ .$$

여기서 확률변수 $X = \frac{U/m}{V/n}$의 분포를 구하기 위해서 5장에서 토론한 변수변환법을 이용하자. 즉 $X = \frac{U/m}{V/n}$라 하고 $Y = V$라 하면, 자코비안 행렬식은 $(m/n)y$이며 X와 Y의 결합분포함수는 다음과 같이 구할 수 있다.

$$f_{X,Y}(x,y) = \frac{m}{n}y\frac{1}{\Gamma(m/2)\Gamma(n/2)2^{(m+n)/2}}\left(\frac{m}{n}xy\right)^{(m-2)/2}y^{(n-2)/2}e^{-\frac{1}{2}[(m/n)xy+y]}.$$

X의 주변분포함수를 구하기 위해서 Y의 구간에서 적분과정을 통해 다음의 식을 구할 수 있다.

$$f_X(x) = \int_0^\infty f_{X,Y}(x,y)\,dy$$

$$= \frac{1}{\Gamma(m/2)\Gamma(n/2)2^{(m+n)/2}}\left(\frac{m}{n}\right)^{m/2} x^{(m-2)/2}\int_0^{\infty} y^{(m+n-2)/2} e^{-\frac{1}{2}[(m/n)x+1]y} dy$$
$$= \frac{\Gamma((m+n)/2)}{\Gamma(m/2)\Gamma(n/2)}\left(\frac{m}{n}\right)^{m/2} \frac{x^{(m-2)/2}}{(1+(m/n)x)^{(m+n)/2}},\ x > 0\ .$$

이는 자유도가 m, n인 F-분포함수이다. ∎

F-분포에서 주의할 것은 F-분포는 자유도 m, n에 대해서 대칭적이지 않다는 것이다. 또한 F-분포는 m과 n인 두 개의 모수를 가지며 확률변수 X가 자유도 m과 n인 F-분포를 따른다는 것을 $X \sim F_{(m,n)}$으로 표기한다. 또 $P[X > x] = \alpha, (0 \le \alpha \le 1)$를 만족하는 x를 $F_{(\alpha, m, n)}$이라고 표기한다.

―― 정 리 13 ――

확률변수 X가 자유도 m, n인 F-분포를 따를 때, 평균과 분산은 다음과 같다.

$$E(X) = \frac{n}{n-2},\ n > 2.$$
$$var(X) = \frac{2n^2(m+n-2)}{m(n-2)^2(n-4)},\ n > 4.$$

(증 명)

우선 <정리 12>에서 $X = \frac{U/m}{V/n}$이라 하였을 때 평균은 X의 분모의 자유도에만 의존하며 두 확률변수 X, Y가 독립이라면 $E(X/Y) = E(X)E(1/Y)$인 성질을 이용해 평균은 다음과 같이 구할 수 있다.

$$E(X) = E\left(\frac{U/m}{V/n}\right) = \frac{n}{m} E(U)E\left(\frac{1}{V}\right).$$

U는 자유도 m인 카이제곱분포를 따르므로 $E(U) = m$이다. 또 $\frac{1}{V}$의 평균은 다음과 같다.

$$E\left(\frac{1}{V}\right) = \frac{1}{\Gamma(n/2)}\left(\frac{1}{2}\right)^{n/2}\int_0^{\infty}\frac{1}{v} v^{(n-2)/2} e^{-\frac{1}{2}v} dv$$

$$= \frac{1}{\Gamma(n/2)}\left(\frac{1}{2}\right)^{n/2}\int_0^\infty v^{(n-4)/2} e^{-\frac{1}{2}v} dv$$
$$= \frac{\Gamma((n-2)/2)}{\Gamma(n/2)}\left(\frac{1}{2}\right)^{n/2}\left(\frac{1}{2}\right)^{-(n-2)/2}$$
$$= \frac{1}{n-2}.$$

그러므로

$$E(X) = \left(\frac{n}{m}\right)E(U)E\left(\frac{1}{V}\right) = \frac{n}{m}\frac{m}{n-2} = \frac{n}{n-2}.$$

다음은 분산을 구하기 위해서 $E(X^2)$을 구하자.

$$E(X^2) = E\left[\left(\frac{U/m}{V/n}\right)^2\right] = \frac{n^2}{m^2}E(U^2)E\left(\frac{1}{V^2}\right)$$

이고 U는 자유도 m인 카이제곱분포를 따르기 때문에

$$E(U^2) = var(U) + [E(U)]^2 = 2m + m^2$$

을 얻을 수 있다. 또 $\frac{1}{V^2}$의 평균은 다음과 같다.

$$E\left(\frac{1}{V^2}\right) = \frac{1}{\Gamma(n/2)}\left(\frac{1}{2}\right)^{n/2}\int_0^\infty \frac{1}{v^2} v^{(n-2)/2} e^{-\frac{1}{2}v} dv$$
$$= \frac{1}{\Gamma(n/2)}\left(\frac{1}{2}\right)^{n/2}\int_0^\infty v^{\frac{(n-4)}{2}-1} e^{-\frac{1}{2}v} dv$$
$$= \frac{\Gamma((n-4)/2)}{\Gamma(n/2)}\left(\frac{1}{2}\right)^{n/2}\left(\frac{1}{2}\right)^{-(n-4)/2}$$
$$= \frac{1}{(\frac{n}{2}-1)(\frac{n}{2}-2)2^2} = \frac{1}{(n-2)(n-4)}.$$

따라서 X^2의 평균은 다음과 같다.

$$E(X^2) = \frac{n^2}{m^2}(2m + m^2) \times \frac{1}{(n-2)(n-4)},$$

여기서 X의 분산을 얻기 위해서 $var(X) = E(X^2) - [E(X)]^2$에 각 값을 대입하면 다음과 같은 식을 얻는다.

$$\begin{aligned} var(X) &= E(X^2) - [E(X)]^2 \\ &= \frac{n^2}{m^2}(2m + m^2)\frac{1}{(n-2)(n-4)} - \left(\frac{n}{n-2}\right)^2 \\ &= \frac{2n^2(m+n-2)}{m(n-2)^2(n-4)}. \end{aligned}$$

■

—— 보조정리 ——

$X_1, \ldots, X_{m+1}$가 평균이 μ_X이고 분산이 σ^2인 정규분포를 따르고, $X_{(1)}, \ldots, X_{(n+1)}$은 평균이 μ_Y이고 분산이 σ^2인 정규분포를 따르며 서로 독립이라면 $\frac{1}{\sigma^2}\sum_{i=1}^{m+1}(X_i - \overline{X})^2$이 자유도 m인 카이제곱분포를 따르며, $\frac{1}{\sigma^2}\sum_{i=1}^{n+1}(X_{(i)} - \overline{Y})^2$은 자유도 n인 카이제곱분포를 따른다. 여기서 $\overline{X} = \sum_{i=1}^{m+1} X_i$, $\overline{Y} = \sum_{i=1}^{n+1} X_{(i)}$이다. 이때 다음의 통계량은 자유도 m과 n인 F-분포를 따른다.

$$\frac{\sum(X_i - \overline{X})^2/m}{\sum(X_{(i)} - \overline{Y})^2/n}.$$

(증 명)

$\frac{1}{\sigma^2}\sum_{i=1}^{m+1}(X_i - \overline{X})^2$이 자유도 m인 카이제곱분포를 따르며, $\frac{1}{\sigma^2}\sum_{i=1}^{n+1}(X_{(i)} - \overline{Y})^2$이 자유도 n인 카이제곱분포를 따르므로 <정리 12>에 의해 자유도 m과 n인 F-분포를 따른다.

$$\frac{\frac{1}{\sigma^2}\sum(X_i - \overline{X})^2/m}{\frac{1}{\sigma^2}\sum(X_{(i)} - \overline{Y})^2/n} = \frac{\sum(X_i - \overline{X})^2/m}{\sum(X_{(i)} - \overline{Y})^2/n}.$$

■

— 보조정리 —

만약 X가 자유도 m, n인 F-분포를 따르면 $\frac{1}{X}$의 분포는 자유도 n, m인 F-분포를 따르며 다음이 성립한다.

$$F_{1-\alpha,n,m} = \frac{1}{F_{\alpha,m,n}}.$$

(증 명)

<정리 12>에 의해 $X = \frac{U/m}{V/n}$이라고 하면 X는 자유도 m, n인 F-분포를 따르며 $X \sim F_{(m,n)}$으로 표현한다. 그러므로 $\frac{1}{X} = \frac{V/n}{U/m}$이므로 자유도 n, m인 F-분포를 따르며 $\frac{1}{X} \sim F_{(n,m)}$으로 표현한다. 또 $P[X > x] = \alpha, (0 \le \alpha \le 1)$를 만족하는 x를 $F_{(\alpha,m,n)}$이라고 정의하였으므로 다음이 성립한다.

$$\begin{aligned}\alpha = P[X > F_{(\alpha,m,n)}] &= P\left[\frac{1}{X} < \frac{1}{F_{(\alpha,m,n)}}\right] \\ &= 1 - P\left[\frac{1}{X} > \frac{1}{F_{(\alpha,m,n)}}\right].\end{aligned}$$

이를 다시 정리하면 다음과 같이 표현된다.

$$P\left[\frac{1}{X} > \frac{1}{F_{(\alpha,m,n)}}\right] = 1 - \alpha.$$

그러므로 정의에 의해 다음이 성립된다.

$$F_{1-\alpha,n,m} = \frac{1}{F_{\alpha,m,n}}. \qquad ■$$

보조정리

만약 X가 자유도 m,n인 F-분포를 따르면 $W=\frac{mX/n}{1+mX/n}$의 분포는 모수가 $a=m/2$, $b=n/2$인 베타분포를 따른다.

3.4 t-분포

정 의 11 - 스튜던트 t-분포(student's t-distribution)

확률변수 X의 분포함수가 다음과 같다면

$$f_X(x)=\frac{\Gamma((k+1)/2)}{\Gamma(k/2)}\frac{1}{\sqrt{k\pi}}\frac{1}{(1+x^2/k)^{(k+1)/2}},$$

X는 자유도 k인 스튜던트 t-분포를 따른다고 한다. 이때 $X\sim t_{(k)}$로 표기한다.

정 리 14

만약 Z가 표준정규분포를 따르고, U가 자유도 k인 카이제곱분포를 따르며 서로 독립이라면, $\frac{Z}{\sqrt{U/k}}$의 분포는 자유도 k인 스튜던트 t-분포를 따른다.

(증 명)

우선 Z과 U이 독립이므로 Z, U의 결합분포함수를 구하면 다음과 같이 각각의 분포의 곱의 형태로 나타난다.

$$f_{Z,U}(z,u)=\frac{1}{\sqrt{2\pi}}\frac{1}{\Gamma(k/2)}\left(\frac{1}{2}\right)^{k/2}u^{(k/2)-1}e^{-\frac{1}{2}u}e^{-\frac{1}{2}z^2},\ (u>0).$$

$X=\frac{Z}{\sqrt{U/k}}$, $Y=U$로 치환하고 X의 분포를 구하기 위해 변수변환방법을 이용하자. 여기서 자코비안행렬식의 값은 $\sqrt{y/k}$로 계산되며 X, Y의 결합분포함수는 다음과 같다.

$$f_{X,Y}(x,y) = \sqrt{\frac{y}{k}} \frac{1}{\sqrt{2\pi}} \frac{1}{\Gamma(k/2)} \left(\frac{1}{2}\right)^{k/2} y^{(k/2)-1} e^{-\frac{1}{2}y} e^{-\frac{1}{2}x^2 y/k}, \quad (y > 0).$$

X의 분포를 구하기 위해 Y에 대해 적분과정을 거쳐 주변분포를 구하면 된다.

$$\begin{aligned} f_X(x) &= \int_{-\infty}^{\infty} f_{X,Y}(x,y)dy \\ &= \frac{1}{\sqrt{2k\pi}} \frac{1}{\Gamma(k/2)} \left(\frac{1}{2}\right)^{k/2} \int_0^{\infty} y^{k/2-1+1/2} e^{-\frac{1}{2}(1+x^2/k)y} dy \\ &= \frac{\Gamma((k+1)/2)}{\Gamma(k/2)} \frac{1}{\sqrt{k\pi}} \frac{1}{(1+x^2/k)^{(k+1)/2}}. \end{aligned}$$

위의 분포함수는 자유도 k인 스튜던트 t-분포이다. ■

—— 보조정리 ——

확률변수 X가 자유도 k인 스튜던트 t-분포를 따를 때 X의 평균과 분산은 다음과 같다.

$$E(X) = 0, \quad k > 1.$$
$$var(X) = \frac{k}{(k-2)}, \quad k > 2.$$

(증 명)

우선 위의 보조정리를 증명하기 위해서 확률변수를 $X = \frac{Z}{\sqrt{U/k}}$라 하고 <정리 14>의 정리를 가정하자. 즉 Z가 표준정규분포를 따르고, U가 자유도 k인 카이제곱분포를 따르며 서로 독립이다. 또 확률변수 X, Y가 서로 독립이라면 $E(X/Y) = E(X)E(1/Y)$인 성질을 이용하여 평균을 구하면 다음과 같다.

$$E(X) = E\left(\frac{Z}{\sqrt{U/k}}\right) = E(Z)E\left(\frac{1}{\sqrt{U/k}}\right) = 0 \times E\left(\frac{Z}{\sqrt{U/k}}\right) = 0.$$

또 분산은 $var(X) = E(X^2) - [E(X)]^2$를 이용하면

$$var(X) = E(X^2) - [E(X)]^2 = E(X^2)$$
$$= kE\left(\frac{Z^2}{U}\right) = kE(Z^2)E\left(\frac{1}{U}\right)$$

이 되며 여기서 확률변수 Z^2와 $\frac{1}{U}$의 평균은 다음과 같다.

$$E(Z^2) = var(Z) + [E(Z)]^2 = 1,$$
$$E\left(\frac{1}{U}\right) = \int_0^\infty \frac{1}{u} \frac{1}{\Gamma\left(\frac{k}{2}\right)} \left(\frac{1}{2}\right)^{\frac{k}{2}} u^{\frac{k}{2}-1} e^{-\frac{u}{2}} du$$
$$= \frac{\Gamma\left(\frac{k}{2}-1\right)}{2\Gamma\left(\frac{k}{2}\right)} = \frac{1}{k-2}, \ k > 2.$$

그러므로 이를 종합하면 분산을 구할 수 있다.

$$var(X) = \frac{k}{k-2}, \ k > 2.$$ ■

—— 보조정리 ——

확률표본 $X_1, \ldots, X_n$이 평균이 μ이고 분산이 σ^2인 정규분포에서 추출된 표본일 때, $Z = \frac{(\overline{X} - \mu)}{(\sigma/\sqrt{n})}$은 표준정규분포를 따르고 $U = \frac{1}{\sigma^2}\sum(X_i - \overline{X})^2$은 자유도 $n-1$인 카이제곱분포를 따르며, Z과 U가 서로 독립이면 이 분포는 자유도 $n-1$인 스튜던트 t-분포를 따른다.

$$\frac{(\overline{X} - \mu)/(\sigma/\sqrt{n})}{\sqrt{(1/\sigma^2)\sum(X_i - \overline{X})^2/(n-1)}} = \frac{(\overline{X} - \mu)\sqrt{n(n-1)}}{\sqrt{\sum(X_i - \overline{X})^2}}.$$

특히 자유도가 1일 때 스튜던트 t-분포는 코쉬분포(Cauchy distribution)가 되고, 자유도가 증가할수록 스튜던트 t-분포는 표준정규분포에 접근한다. 또한 자유도 k인 스튜던트 t-분포의 확률변수를 제곱하면 자유도1, k인 F-분포를 따른다.

4. 순서통계량

4.1 순서통계량의 분포

정 의 12 - 순서통계량(order statistic)

$X_1, X_2, \ldots, X_n$이 누적분포함수 $F(\cdot)$으로부터 추출한 n개의 확률표본일 때, X_i들을 순서대로 배열한 것을 $X_{(i)}(X_{(1)} \leq X_{(2)} \leq \cdots \leq X_{(n)})$라고 한다. 이러한 $X_{(i)}$를 확률표본$X_1, X_2, \ldots, X_n$에 대한 순서통계량이라 한다.

$X_{(i)}$는 통계량이며 확률표본 X_i의 순서에 대한 함수형태이다. 그러나 불행히도 순서통계량들은 $X_{(j)} \geq x$이면 $X_{(j+1)} \geq x$와 같이 서로 독립이 아니다. 여기서는 임의의 순서통계량 $X_{(\alpha)}$에 대한 주변누적분포함수를 살펴보자.

정 리 15

$X_{(1)} \leq \cdots \leq X_{(n)}$을 분포함수 $F(\cdot)$으로부터의 순서통계량이라 할 때, $X_{(\alpha)}$의 주변누적분포함수는 다음과 같다.

$$F_{X_{(\alpha)}}(x) = \sum_{j=\alpha}^{n} \binom{n}{j} [F(x)]^j [1-F(x)]^{n-j}, \quad \alpha = 1,2,3,\ldots,n.$$

(증 명)

만약 x가 주어졌을 때, $Z_i = I_{(-\infty, x]}(X_i)$이면 $\{\sum_{i=1}^{n} Z_i = X_i \leq x$의 개수$\}$이므로 $\sum_{i=1}^{n} Z_i$의 분포는 $B(n, F(x))$인 이항분포를 따른다. 그러므로 $X_{(\alpha)}$의 주변누적분포함수는 다음과 같이 얻을 수 있다.

$$F_{X_{(\alpha)}}(x) = P[X_{(\alpha)} \leq x] = P[\sum Z_i \geq \alpha] = \sum_{j=\alpha}^{n} \binom{n}{j} [F(x)]^j [1-F(x)]^{n-j},$$

여기서 $\{X_{(\alpha)} \leq x\} \sim \{\sum Z_i \geq \alpha\}$이고, 만약 $\{\alpha$ 번째 순서통계량$\leq x\}$이면 $\{[X_i \leq x$를 만족하는 개수$] \geq \alpha\}$ 이다. ■

정 리 16

$X_1, X_2, \ldots, X_n$이 누적분포함수 $F(\cdot)$의 확률밀도함수 $f(\cdot)$로부터 추출된 확률표본일 때, $X_{(1)} \le \cdots \le X_{(n)}$을 순서통계량이라 하면 다음과 같은 결합밀도함수를 갖는다.

$$f_{X_{(1)},\ldots,X_{(n)}}(x_{(1)},\ldots,x_{(n)}) = n! f(x_{(1)}) \cdots f(x_{(n)}),\ \ x_{(1)} < x_{(2)} < \cdots < x_{(n)}.$$

또 결합밀도함수 $f_{X_{(1)},\ldots,X_{(n)}}(x_{(1)},\ldots,x_{(n)})$로부터 주변밀도함수를 얻을 수 있다.

$$f_{X_{(\alpha)}}(x) = \frac{n!}{(\alpha-1)!(n-\alpha)!}[F(x)]^{\alpha-1}[1-F(x)]^{n-\alpha} f(x),$$

$$f_{X_{(\alpha)},X_{(\beta)}}(x,y) = \frac{n!}{(\alpha-1)!(\beta-\alpha-1)!(n-\beta)!} \times [F(x)]^{\alpha-1}[F(y)-F(x)]^{\beta-\alpha-1} \times [1-F(y)]^{n-\beta} f(x) f(y) I_{(x,\infty)}(y).$$

(증 명)

확률표본 $X_1, X_2, \ldots, X_n$이 분포함수 $f(\cdot)$으로부터 추출되었고, 확률변수 X_i들이 연속일 때 임의의 순서통계량 $X_{(\alpha)}$의 주변분포함수는 주변누적분포함수 $F_{X_{(\alpha)}}(x)$의 미분과정을 통해서 얻을 수 있다.

$$\begin{aligned}
&f_{X_{(\alpha)}}(x) \\
&= \lim_{\Delta x \to 0} \frac{F_{X_{(\alpha)}}(x+\Delta x) - F_{X_{(\alpha)}}(x)}{\Delta x} = \lim_{\Delta x \to 0} \frac{P[x < X_{(\alpha)} \le x + \Delta x]}{\Delta x} \\
&= \lim_{\Delta x \to 0} \frac{P[(\alpha-1)\, of\, the\, X_i \le x;\, one\, X_i\, in\, (x, x+\Delta x];\, (n-\alpha)\, of\, the\, X_i > x+\Delta x]}{\Delta x} \\
&= \lim_{\Delta x \to 0} \left(\frac{n!}{(\alpha-1)!1!(n-\alpha)!} \frac{[F(x)]^{\alpha-1}[F(x+\Delta x)-F(x)][1-F(x+\Delta x)]^{n-\alpha}}{\Delta x} \right) \\
&= \frac{n!}{(\alpha-1)!(n-\alpha)!}[F(x)]^{\alpha-1}[1-F(x)]^{n-\alpha} f(x).
\end{aligned}$$

위와 같이 다항분포를 이용하여 주변분포함수를 구할 수 있으며, 또 여기서 $X_{(\alpha)}$와 $X_{(\beta)}$ $(1 \le \alpha < \beta \le n)$의 결합밀도함수도 얻을 수 있다.

$$\begin{aligned}
&f_{X_{(\alpha)}, X_{(\beta)}}(x,y)\Delta x \Delta y \\
&\quad \approx P[x < X_{(\alpha)} \le x+\Delta x;\ y < X_{(\beta)} \le y+\Delta y] \\
&\quad \approx P[\{X_i \le x\}\text{의 사상이 } (\alpha-1)\text{개, } \{x < X_i \le x+\Delta x\}\text{의 사상이 한 개,} \\
&\qquad \{x+\Delta x < X_i \le y\}\text{의 사상이 } (\beta-\alpha-1)\text{개, } \{y \le X_i \le y+\Delta y\}\text{의 사상이 한 개,} \\
&\qquad \{X_i \ge y+\Delta y\}\text{의 사상이 } (n-\beta)\text{개}] \\
&\quad \approx \frac{n!}{(\alpha-1)!1!(\beta-\alpha-1)!1!(n-\beta)!} \\
&\qquad \times [F(x)]^{\alpha-1}[F(y)-F(x+\Delta x)]^{\beta-\alpha-1}[1-F(y+\Delta y)]^{n-\beta} f(x)\Delta x f(y)\Delta y\ .
\end{aligned}$$

따라서 위의 식은 다음과 같이 된다.

$$f_{X_{(\alpha)}, X_{(\beta)}}(x,y) = \begin{cases} \dfrac{n![F(x)]^{\alpha-1}[F(y)-F(x)]^{\beta-\alpha-1}[1-F(y)]^{n-\beta}}{(\alpha-1)!(\beta-\alpha-1)!(n-\beta)!} f(x)f(y), & x < y, \\ 0, & x \ge y. \end{cases}$$

이를 일반적으로 확장하여 순서통계량 $X_{(1)}, X_{(2)}, \ldots, X_{(n)}$의 결합분포함수를 살펴보면 다음과 같이 얻을 수 있다.

$$\begin{aligned}
&f_{X_{(1)},\ldots,X_{(n)}}(x_{(1)},\ldots,x_{(n)}) \\
&\quad = \lim_{\Delta x_{(i)} \to 0} \frac{1}{\prod_{i=1}^{n} \Delta x_{(i)}} P[x_{(1)} < X_{(1)} \le x_{(1)} + \Delta x_{(1)};\ldots;x_{(n)} < X_{(n)} \le x_{(n)} + \Delta x_{(n)}] \\
&\quad = \lim_{\Delta x_{(i)} \to 0} \frac{1}{\prod_{i=1}^{n} \Delta x_{(i)}} P[\{x_{(1)} < X_i \le x_{(1)} + \Delta x_{(1)}\}\text{의 사상이 한 개, } \ldots, \\
&\qquad\qquad \{x_{(n)} < X_i \le x_{(n)} + \Delta x_{(n)}\}\text{의 사상이 한 개}] \\
&\quad = \lim_{\Delta x_{(i)} \to 0} \frac{n!}{\prod_{i=1}^{n} \Delta x_{(i)}} [F(x_{(1)} + \Delta x_{(1)}) - F(x_{(1)})] \cdots [F(x_{(n)} + \Delta x_{(n)}) - F(x_{(n)})] \\
&\quad = n! f(x_{(1)}) \cdots f(x_{(n)}),\ \ x_{(1)} < \cdots < x_{(n)}.
\end{aligned}$$

그러므로 $X_{(1)}, X_{(2)}, \ldots, X_{(n)}$의 결합분포함수를 이용하여 주변분포를 구할 수 있다. 만약 순서통계량 $X_{(1)}, X_{(2)}, \ldots, X_{(n)}$의 결합분포함수가 주어져 있다면 임의의 순서통계량 $X_{(k)}$의 주변분포함수는 $X_{(1)}, X_{(2)}, \ldots, X_{(n)}$의 결합밀도함수의 적분과정을 통해서 얻을 수 있다.

$$\begin{aligned} f_{X_{(k)}}(x_{(k)}) &= \int_{-\infty}^{x_{(k)}} \cdots \int_{-\infty}^{x_{(2)}} \int_{x_{(k)}}^{\infty} \cdots \int_{x_{(n)-1}}^{\infty} n! f(x_{(1)}) f(x_{(2)}) \cdots f(x_{(n)}) \\ &\qquad \times dx_{(n)} \cdots dx_{(k+1)} dx_{(1)} \cdots dx_{(k-1)} \\ &= \frac{n!}{(k-1)!(n-k)!} [F(x_{(k)})]^{k-1} [1-F(x_{(k)})]^{n-k} f(x_{(k)}). \end{aligned}$$

또 $X_{(i)} < X_{(j)}$의 관계를 갖는 두 순서통계량의 결합밀도함수는 다음과 같은 적분과정을 통하여 구할 수 있다.

$$\begin{aligned} f_{X_{(i)}, X_{(j)}}(x_{(i)}, x_{(j)}) &= \int_{-\infty}^{x_{(i)}} \cdots \int_{-\infty}^{x_{(2)}} \int_{x_{(i)}}^{x_{(i+2)}} \cdots \int_{x_{(j-2)}}^{x_{(j)}} \int_{x_{(j)}}^{\infty} \cdots \int_{x_{(n-1)}}^{\infty} n! f(x_{(1)}) f(x_{(2)}) \cdots f(x_{(n)}) \\ &\qquad \times dx_{(n)} \cdots dx_{(j+1)} dx_{(j-1)} \cdots dx_{(i+1)} dx_{(1)} \cdots dx_{(i-1)} \end{aligned}$$

여기서 $\gamma > 0$에 대해서

$$\begin{aligned} \int_{x}^{y} [F(y)-F(w)]^{\gamma-1} f(w) dw &= - \left. \frac{[F(y)-F(w)]^{\gamma}}{\gamma} \right|_{x}^{y} \\ &= \frac{[F(y)-F(x)]^{\gamma}}{\gamma} \end{aligned}$$

이기 때문에 이를 이용하여 적분을 전개하여 풀면 다음과 같은 주변결합분포를 얻을 수 있다.

$$\begin{aligned} & f_{X_{(i)}, X_{(j)}}(x_{(i)}, x_{(j)}) \\ &= \frac{n! [F(x_{(i)})]^{i-1} [F(x_{(j)}) - F(x_{(i)})]^{j-i-1} [1-F(x_{(j)})]^{n-j}}{(i-1)!(j-i-1)!(n-j)!} \\ &\qquad \times f(x_{(i)}) f(x_{(j)}),\ x_{(i)} < x_{(j)}. \end{aligned}$$

■

—— 보조정리 ——

확률표본의 최소값 $X_{(1)}$와 최대값 $X_{(n)}$의 주변누적밀도함수는 다음과 같으며

$$F_{X_{(n)}}(x_{(n)}) = \sum_{j=n}^{n} \binom{n}{j} [F(x_{(n)})]^j [1-F(x_{(n)})]^{n-j} = [F(x_{(n)})]^n,$$
$$F_{X_{(1)}}(x_{(n)}) = \sum_{j=1}^{n} \binom{n}{j} [F(x_{(n)})]^j [1-F(x_{(n)})]^{n-j} = 1-[1-F(x_{(n)})]^n.$$

주변밀도함수는 다음과 같다.

$$f_{X_{(n)}}(x_{(n)}) = n[F(x_{(n)})]^{n-1} f(x_{(n)}),$$
$$f_{X_{(1)}}(x_{(1)}) = n[1-F(x_{(1)})]^{n-1} f(x_{(1)}).$$

(증 명)

확률표본의 최소값 $X_{(1)}$과 최대값 $X_{(n)}$의 주변누적밀도함수는 5장의 누적분포함수를 이용한 방법으로 구하면 되는데 5장의 <정리 5>의 증명을 참조하면 된다. 여기서는 순서통계량 $X_{(1)}, X_{(2)}, \dots, X_{(n)}$의 결합밀도함수의 적분과정을 통하여 최소값과 최대값의 밀도함수를 계산해보자.

우선 확률표본 $X_1, X_2, \dots, X_n$이 분포함수 $f(\cdot)$으로부터 추출되었고, 확률변수 X_i들이 연속일 때 순서통계량 $X_{(1)}, \dots, X_{(n)}$의 결합밀도함수는 다음과 같이 얻었다.

$$f_{X_{(1)},\dots,X_{(n)}}(x_{(1)},\dots,x_{(n)}) = n! f(x_{(1)}) \cdots f(x_{(n)}) \ , \ x_{(1)} < x_{(2)} < \cdots < x_{(n)},$$

여기서 최소값 $X_{(1)}$와 최대값 $X_{(n)}$의 밀도함수는 순서통계량 $X_{(1)}, X_{(2)}, \dots, X_{(n)}$ 결합밀도함수를 적분하여 얻을 수 있는데, 우선 최대값의 밀도함수는 다음의 과정으로 얻을 수 있다.

$$\begin{aligned} f_{X_{(n)}}(x_{(n)}) &= \int_{-\infty}^{x_{(n)}} \cdots \int_{-\infty}^{x_{(4)}} \int_{-\infty}^{x_{(3)}} \int_{-\infty}^{x_{(2)}} n! f(x_{(1)}) f(x_{(2)}) \cdots f(x_{(n)}) dx_{(1)} dx_{(2)} \cdots dx_{(n-1)} \\ &= \int_{-\infty}^{x_{(n)}} \cdots \int_{-\infty}^{x_{(4)}} \int_{-\infty}^{x_{(3)}} n! \left[\int_{-\infty}^{x_{(2)}} f(x_{(1)}) dx_{(1)} \right] f(x_{(2)}) \cdots f(x_{(n)}) dx_{(2)} \cdots dx_{(n-1)} \\ &= \int_{-\infty}^{x_{(n)}} \cdots \int_{-\infty}^{x_{(4)}} \int_{-\infty}^{x_{(3)}} n! F(x_{(2)}) f(x_{(2)}) \cdots f(x_{(n)}) dx_{(2)} \cdots dx_{(n-1)}, \end{aligned}$$

여기서 $F(x)=\int_{-\infty}^{x} f(w)\,dw$이고 $F(-\infty)=0$이므로

$$\int_{\infty}^{x_{(3)}} F(x_{(2)})\, f(x_{(2)})\, dx_{(2)} = \frac{[F(x_{(2)})]^2}{2}\Bigg|_{-\infty}^{x_{(3)}} = \frac{[F(x_{(3)})]^2}{2},$$

에 의해서 밀도함수의 식은 다음과 같이 표현된다.

$$f_{X_{(n)}}(x_{(n)}) = \int_{-\infty}^{x_{(n)}} \cdots \int_{-\infty}^{x_{(4)}} n!\frac{[F(x_{(3)})]^2}{2} f(x_{(3)}) \cdots f(x_{(n)})\; dx_{(3)} \cdots dx_{(n-1)}.$$

또 위의 식에서

$$\int_{\infty}^{x_{(4)}} \frac{[F(x_{(3)})]^2}{2} f(x_{(3)}) dx_{(3)} = \frac{[F(x_{(3)})]^3}{2\cdot 3}\Bigg|_{-\infty}^{x_{(4)}} = \frac{[F(x_{(4)})]^3}{2\cdot 3}$$

에 의해서 최대값의 밀도함수의 식은 다시 표현된다.

$$f_n(x_{(n)}) = \int_{-\infty}^{x_{(n)}} \cdots \int_{-\infty}^{x_{(5)}} n!\,\frac{[F(x_{(4)})]^3}{3!} f(x_{(4)}) \cdots f(x_{(n)}) dx_{(4)} \cdots dx_{(n-1)}.$$

위와 같은 과정을 반복하면 다음 식을 얻을 수 있다.

$$\begin{aligned} f_{X_{(n)}}(x_{(n)}) &= n!\frac{[F(x_{(n)})]^{n-1}}{(n-1)!} f(x_{(n)}) \\ &= n[F(x_{(n)})]^{n-1} f(x_{(n)}). \end{aligned}$$

최소값 $X_{(1)}$의 밀도함수도 동일한 방법으로 얻을 수 있는데 다음과 같다.

$$\begin{aligned} f_{X_{(1)}}(x_{(1)}) &= \int_{x_{(1)}}^{\infty} \cdots \int_{x_{(n-3)}}^{\infty} \int_{x_{(n-2)}}^{\infty} \int_{x_{(n-1)}}^{\infty} n! f(x_{(1)}) f(x_{(2)}) \cdots f(x_{(n)}) dx_{(n)} dx_{(n-1)} \cdots dx_{(2)} \\ &= \int_{x_{(1)}}^{\infty} \cdots \int_{x_{(n-3)}}^{\infty} \int_{x_{(n-2)}}^{\infty} n! f(x_{(1)}) f(x_{(2)}) \cdots f(x_{(n-1)}) \end{aligned}$$

$$\times \left[\int_{x_{(n-1)}}^{\infty} f(x_{(n)}) dx_{(n)} \right] dx_{(n-1)} \cdots dx_{(2)}$$

$$= \int_{x_{(1)}}^{\infty} \cdots \int_{x_{(n-3)}}^{\infty} \int_{x_{(n-2)}}^{\infty} n! f(x_{(1)}) f(x_{(2)}) \cdots f(x_{(n-1)}) \times [1 - F(x_{(n-1)})] dx_{(n-1)} \cdots dx_{(2)},$$

여기서

$$\int_{x_{(n-2)}}^{\infty} [1 - F(x_{(n-1)})] f(x_{(n-1)}) dx_{(n-1)} = - \left. \frac{[1 - F(x_{(n-1)})]^2}{2} \right|_{x_{(n-2)}}^{\infty} = \frac{[1 - F(x_{(n-2)})]^2}{2}$$

이므로 최소값의 밀도함수는 다음과 같이 표현된다.

$$f_{X_{(1)}}(x_{(1)}) = \int_{x_{(1)}}^{\infty} \cdots \int_{x_{(n-3)}}^{\infty} n! f(x_{(1)}) f(x_{(2)}) \cdots f(x_{(n-2)}) \frac{[1 - F(x_{(n-2)})]^2}{2} dx_{(n-2)} \cdots dx_{(2)}$$

$$= \int_{x_{(1)}}^{\infty} \cdots \int_{x_{(n-4)}}^{\infty} n! f(x_{(1)}) f(x_{(2)}) \cdots f(x_{(n-3)}) \times \left(\int_{x_{(n-3)}}^{\infty} f(x_{(n-2)}) \frac{[1 - F(x_{(n-2)})]^2}{2} dx_{(n-2)} \right) dx_{(n-3)} \cdots dx_{(2)}$$

$$= \int_{x_{(1)}}^{\infty} \cdots \int_{x_{(n-4)}}^{\infty} n! f(x_{(1)}) f(x_{(2)}) \cdots f(x_{(n-3)}) \frac{[1 - F(x_{(n-3)})]^3}{3!} dx_{(n-3)} \cdots dx_{(2)}.$$

위와 같은 과정을 계속해서 반복하면 최소값의 밀도함수는 다음과 같이 표현된다.

$$f_{X_{(1)}}(x_{(1)}) = n[1 - F(x_{(1)})]^{n-1} f(x_{(1)}).$$ ■

4.2 순서통계량의 함수의 분포

앞절에서는 순서통계량의 결합분포와 주변분포를 구하였다. 이 절에서는 순서통계량의 함수의 분포에 대해서 살펴볼 것이다. 우선 순서통계량의 산술평균을 살펴보면, 확률표본의 표본평균과 동일한 값을 갖는다.

$$\frac{1}{n}\sum_{j=1}^{n} X_{(j)} = \frac{1}{n}\sum_{i=1}^{n} X_{i}.$$

그러면 순서통계량의 함수의 분포들에 대해서 살펴보자.

정 의 13 - 순서통계량의 표본중앙값(sample median),
표본범위(sample range), 표본중앙범위 (sample midrange)

$X_{(1)} \leq \cdots \leq X_{(n)}$ 이 확률밀도함수 $f(\cdot)$로부터의 확률표본이 $X_1, X_2, \ldots, X_n$ 의 순서통계량이라 할 때, 통계량들을 다음과 같이 정의할 수 있다.

표본중앙값 : $\begin{cases} X_{(k+1)}, & n = 2k+1, \\ \dfrac{(X_{(k)} + X_{(k+1)})}{2}, & n = 2k. \end{cases}$

표본범위 : $X_{(n)} - X_{(1)}$.

표본중앙값범위 : $\dfrac{X_{(n)} + X_{(1)}}{2}$.

정 리 17

확률밀도함수로부터의 표본범위를 R이라 하고 표본중앙범위를 T라고 하면, 결합분포는

$$f_{R,T}(r,t) = n(n-1)[F(t+\frac{r}{2}) - F(t-\frac{r}{2})]^{n-2} f(t-\frac{r}{2}) f(t+\frac{r}{2}), \quad r>0$$

이고, 여기서 표본범위와 표본중앙범위의 주변분포는 다음과 같다.

$$f_R(r) = \int_{-\infty}^{\infty} f_{R,T}(r,t)\,dt, \qquad f_T(t) = \int_{0}^{\infty} f_{R,T}(r,t)\,dr.$$

(증 명)

표본범위와 표본중앙범위의 결합분포를 얻을 수 있다면, 적분과정을 통해 주변분포도 구할 수 있다. 우선 최소값과 최대값의 결합분포를 구해보면 다음과 같다.

$$f_{X_{(1)},X_{(n)}}(x,y)=n(n-1)[F(y)-F(x)]^{n-2}f(x)f(y),\ x<y.$$

여기서 표본범위와 표본중앙범위를 $R=X_{(n)}-X_{(1)}$, $T=\dfrac{(X_{(1)}+X_{(n)})}{2}$ 라 하면, 다시 계산의 편이를 위해 $r=y-x$, $t=\dfrac{(x+y)}{2}$ 라고 하고, x와 y에 의해 다시 표현하면 $x=t-\dfrac{r}{2}$, $y=t+\dfrac{r}{2}$ 이므로 자코비안행렬식의 값은 다음과 같이 얻을 수 있다.

$$J=\begin{vmatrix}\dfrac{\partial x}{\partial r} & \dfrac{\partial x}{\partial t}\\ \dfrac{\partial y}{\partial r} & \dfrac{\partial y}{\partial t}\end{vmatrix}=\begin{vmatrix}-\dfrac{1}{2} & 1\\ \dfrac{1}{2} & 1\end{vmatrix}=-1.$$

이를 5장에서 공부한 변수변환을 이용한 방법에 의해 결합분포함수를 구하면

$$f_{R,T}(r,t)=n(n-1)[F(t+\frac{r}{2})-F(t-\frac{r}{2})]^{n-2}f(t-\frac{r}{2})f(t+\frac{r}{2}),\ r>0$$

을 얻을 수 있다. 여기서 적분과정을 통해 R과 T의 주변분포도 구할 수 있다. ■

■ 예 제 14 - $X_1, X_2, \ldots, X_n$이 $(\mu-\sqrt{3}\sigma, \mu+\sqrt{3}\sigma)$인 구간에서 균일분포인 분포로부터 추출된 확률표본이고, 모집단의 평균이 μ, 모집단의 분산이 σ^2일 때 표본분포와 표본범위와 표본중앙범위의 분포를 구하여 보자. 우선 확률표본 $X_1, X_2, \ldots, X_n$이 구간 $(\mu-\sqrt{3}\sigma, \mu+\sqrt{3}\sigma)$에서 균일분포를 따른다 하였기에 균일분포의 정의에 의해 다음과 같이 분포함수를 구할 수 있다.

$$f(x)=\frac{1}{2\sqrt{3}\sigma}I_{(\mu-\sqrt{3}\sigma,\mu+\sqrt{3}\sigma)}(x).$$

또 누적분포함수는 적분과정을 통해 다음과 같이 구할 수 있다.

$$F(x)=\left(\frac{1}{2\sqrt{3}\sigma}x-\frac{\mu-\sqrt{3}\sigma}{2\sqrt{3}\sigma}\right)I_{(\mu-\sqrt{3}\sigma,\mu+\sqrt{3}\sigma]}(x)+I_{(\mu+\sqrt{3}\sigma,\infty)}(x).$$

표본범위와 표본중앙범위의 결합분포는 위의 정리에 의해 다음과 같이 얻을 수 있다.

$$f_{R,T}(r,t) = \frac{n(n-1)}{(2\sqrt{3}\sigma)^n} r^{n-2} I_{(\mu-\sqrt{3}\sigma+\frac{r}{2},\, \mu+\sqrt{3}\sigma-\frac{r}{2})}(t)\, I_{(0,2\sqrt{3}\sigma)}(r),$$

여기서 결합분포를 표본중앙범위로 적분하여 표본범위의 주변분포를 구할 수 있다.

$$f_R(r) = \int f_{R,T}(r,t)\,dt = \frac{n(n-1)}{(2\sqrt{3}\sigma)^n} r^{n-2}(2\sqrt{3}\sigma - r) I_{(0,2\sqrt{3}\sigma)}(r).$$

이때 $f_R(r)$이 모수 μ에 대하여 독립임을 알 수 있다. 그러므로 표본중앙범위의 분포는 다음과 같이 구할 수 있으며

$$\begin{aligned} f_T(t) &= \int f_{R,T}(r,t)\,dr \\ &= \frac{n(n-1)}{(2\sqrt{3}\sigma)^n} \int_0^{\min[2t-2(\mu-\sqrt{3}\sigma),\, 2(\mu+\sqrt{3}\sigma)-2t]} r^{n-2}\,dr \cdot I_{(\mu-\sqrt{3}\sigma,\, \mu+\sqrt{3}\sigma)}(t) \end{aligned}$$

이를 정리하면 다음과 같다.

$$\begin{aligned} f_T(t) = &\frac{n}{2\sqrt{3}\sigma}\left(\frac{t-\mu}{\sqrt{3}\sigma}+1\right)^{n-1} I_{(-1,0)}\left(\frac{t-\mu}{\sqrt{3}\sigma}\right) \\ &+ \frac{n}{2\sqrt{3}\sigma}\left(1-\frac{t-\mu}{\sqrt{3}\sigma}\right)^{n-1} I_{[0,1)}\left(\frac{t-\mu}{\sqrt{3}\sigma}\right). \end{aligned}$$

만약 표본범위의 평균을 구한다면, $f_R(r)$을 이용하여 $E[R] = 2\sqrt{3}\sigma\frac{n-1}{n+1}$ 을 구할 수 있다. ■

연습문제

1. 다음 경우의 예를 들어라.
   (a) 목표 모집단과 표본추출된 모집단이 동일한 경우
   (b) 목표 모집단과 표본추출 모집단이 다를 경우

2. 확률표본 $X_1, X_2, \ldots, X_n$의 4차까지의 적률은 다음과 같다.

$$\mu = E[X_1],\ \sigma^2 = var[X_1],\ \mu_3 = E[(X_1-\mu)^3],\ \mu_4 = E[(X_1-\mu)^4],$$

$$\overline{X} = (1/n)\sum_{i=1}^{n} X_i,\ \text{그리고}\ S^2 = [1/(n-1)]\sum_{i=1}^{n}(X_i - \overline{X})^2.$$

   이때 $cov[\overline{X}, S^2]$을 구하라. (단, $\mu_3 = 0$ 일 때 $cov[\overline{X}, S^2] = 0$).

3. X_1, X_2, X_3가 각각의 $U(0,1)$로부터 얻어진 독립적인 확률변수라고 할 때, $\frac{(X_1+X_2)}{2}$와 $\frac{(X_1+X_2+X_3)}{3}$의 분포를 유도하라.

4. $X_1, X_2, \ldots, X_n \sim N(\mu, \sigma^2)$일 때, $S = \sqrt{\sum_{i=1}^{n}(X_i - \overline{X})^2 \Big/ (n-1)}$의 평균과 분산을 구하여라.

5. $X_1,\ X_2 \sim N(0, 1)$일 때,
   (a) $(X_2 - X_1)/\sqrt{2}$의 분포를 구하여라.
   (b) $(X_1 + X_2)^2/(X_2 - X_1)^2$의 분포를 구하여라.
   (c) $(X_2 + X_1)/\sqrt{(X_1 - X_2)^2}$의 분포를 구하여라.
   (d) $Z = X_1^{\ 2}/X_2^{\ 2}$이라고 할 때, $1/Z$의 분포를 구하여라.

6. $X_1, \ldots, X_n$이 표준정규분포로부터의 확률표본이고 주어진 통계량이 다음과 같다.

$$\overline{X}_k = \frac{1}{k}\sum_{1}^{k} X_i,\quad \overline{X}_{n-k} = \frac{1}{n-k}\sum_{k+1}^{n} X_i.$$

   (a) $\frac{1}{2}(\overline{X}_k + \overline{X}_{n-k})$의 분포를 구하라.
   (b) $k\overline{X}_k^2 + (n-k)\overline{X}_{n-k}^2$의 분포를 구하라.
   (c) X_1^2/X_2^2의 분포를 구하라.
   (d) X_1/X_n의 분포를 구하라.

7. $\{X_i\}$는 $E(X_i)=\mu_i, V(X_i)=\sigma_i^2,\ i=1,2,\ldots$을 가진 서로 독립인 확률변수라 하자. 만일 $n\to\infty$일 때 $\sum_{i=1}^{n}\sigma_i^2\to\infty$라면 대수의 법칙을 가짐을 보여라.

8. $\{X_k\}$가 $P(X_k=K^{\alpha})=P(X_k=-K^{\alpha})=\frac{1}{2}$의 확률을 가지고 서로 독립인 확률변수라 하자. 대수의 법칙을 만족하기 위한 α의 값을 구하라.

9. $X_i \overset{iid}{\sim} F(x)$라 할 때, $S_n=\sum_{i=1}^{n} I(X_i\le x)$이고 $F_n(x)=\frac{1}{n}S_n=\frac{1}{n}\sum_{i+1}^{n} I(X_i=x)$라 하자.
   (a) S_n의 분포를 구하라(힌트: $P(S_n=y)=?$).
   (b) $n\to\infty$일 때$P(\mid F_n(x)F(x)\mid>\epsilon)\to 0$임을 보여라.
   (c) 모든 $x<y$에 대하여 $cov(F_n(x),F_n(y))=\frac{1}{n}F(x)[1-F(y)]$임을 보여라.

10. t에 대한 절대편차의 합을 보여라. 즉, t가 표본중앙값일 때, $d=\sum_{i=1}^{n}\mid X_i-t\mid$가 최소화된다(힌트: 먼저 $X_{(r)}<t\le X_{(r+1)}$일 때, $d=\sum_{i=r+1}^{n}X_{(i)}-\sum_{i=1}^{n}X_{(i)}+(2r-n)t$임을 보여라).

11. 구간 $(0,1)$에서 균일분포를 따르는 분포로부터 크기 2인 확률표본을 U_1, U_2라 하자. $X_{(1)}, X_{(2)}$는 위 확률표본의 순서통계량이라고 할 때 다음을 구하라.
   (a) $0<x_{(2)}<1$의 구간에서 조건부분포 $f_{X_{(1)}|X_{(2)}=x_{(2)}}(x_{(1)}|x_{(2)})$를 구하라.
   (b) $X_{(2)}-X_{(1)}$의 분포를 구하라.

12. $X_1, X_2,\ldots, X_n$이 확률밀도함수

$$f(x;\alpha,\beta)=\frac{1}{2\beta}exp[-|(x-\alpha)/\beta|]\ ,\ -\infty<\alpha<\infty$$

에서의 확률표본이라고 할 때, 표본평균과 표본중앙값의 점근적인 분포을 비교하고, 점근적인 분산을 비교하여라.

13. 확률변수 Z_n이 모수 $\mu=n$인 포아송분포를 따른다. 이때 $X_{(n)}=(Z_n-n)/\sqrt{n}$의 극한분포가 표준정규분포임을 보여라.

14. $\overline{X}_n$은 모수가 $\mu=1$인 포아송분포로부터 추출된 크기 n의 확률표본의 평균이다.

(a) $X_{(n)} = \sqrt{n}(\overline{X}_n - \mu)/\sigma = \sqrt{n}(\overline{X}_n - 1)$의 적률모함수가 $\exp[-t\sqrt{n} + n(e^{t/\sqrt{n}} - 1)]$ 임을 보여라.

(b) n이 무한히 커질 때 $X_{(n)}$의 극한분포를 구하라(힌트: 맥크로린급수(Maclaurin series)에 의해서 적률모함수에 나타나는 $e^{t/\sqrt{n}}$을 다시 표현하라).

15. $\overline{X}_n$가 밀도함수 $f(x) = e^{-x}$, $0 < x < \infty$로부터 추출된 크기 n의 확률표본의 평균이다.

(a) $X_{(n)} = \sqrt{n}(\overline{X}_n - 1)$의 적률모함수가 $[\exp(t\sqrt{n} - (t/\sqrt{n})e^{t/\sqrt{n}})]^{-n}$임을 보여라.

(b) n이 무한히 커질 때 $X_{(n)}$의 극한분포를 구하라.

16. 만약 X가 자유도 m, n인 F-분포를 따르면 $W = \dfrac{mX/n}{1 + mX/n}$의 분포는 모수가 $a = m/2$, $b = n/2$인 베다분포를 따름을 보여라(3절의 보조정리).

연습문제 풀이

제1장 확률

1. (a) $\lim_{n\to\infty} A_n = \{x\,|\,0 < x < 3\}$.

   (b) $\lim_{n\to\infty} A_n = \{2\}$.

   (c) $\lim_{n\to\infty} A_n = \phi$.

   (d) $\lim_{n\to\infty} A_n = \{(x, y)\,|\,0 < x^2 + y^2 < 4\}$.

   (e) $\lim_{n\to\infty} A_n = \{(x, y)\,|\,x^2 + y^2 = 0\} = \{(0, 0)\}$.

2. $Q(A_1) = \sum_{x=0}^{3}\left(\frac{3}{4}\right)\left(\frac{1}{4}\right)^x = 1 - \left(\frac{1}{4}\right)^4 = \frac{255}{256}$. $\quad Q(A_2) = \sum_{x=0}^{\infty}\left(\frac{3}{4}\right)\left(\frac{1}{4}\right)^x = \frac{3}{4}\times\frac{1}{1-\frac{1}{4}} = 1$.

3. $Q(A_1) = \int_{\frac{1}{4}}^{\frac{3}{4}} 6x(1-x)dx = 6\left[\frac{1}{2}x^2 - \frac{1}{3}x^3\right]_{\frac{1}{4}}^{\frac{3}{4}} = \frac{11}{16}$. $\quad Q(A_2) = \int_{\frac{1}{2}}^{\frac{1}{2}} 6x(1-x)dx = 0$.

4. $Q(A_1) = \int_0^1\int_0^y dxdy = \left[\frac{1}{2}y^2\right]_0^1 = \frac{1}{2}$. $\quad Q(A_2) = \int\int_{A_2} dxdy = 0$.

$$Q(A_3) = 1 - \int_0^1\int_0^{\frac{2}{3}y} dxdy - \int_0^{\frac{1}{2}}\int_{2y}^1 dxdy = 1 - \int_0^1 \frac{2}{3}ydy - \int_0^{\frac{1}{2}}(1-2y)dy$$
$$= 1 - \left[\frac{2}{6}y^2\right]_0^1 - [y - y^2]_0^{\frac{1}{2}} = 1 - \frac{2}{6} - \frac{1}{2} + \frac{1}{4} = \frac{5}{12}.$$

5. (a) Ω={(검은공, 하얀공), (검은공, 황색공), (황색공, 하얀공), (황색공, 황색공)}.

   (b) $\mathscr{A}$ ={ϕ, Ω, Ω의 부분집합들}.

   (c) 사건 A를 같은 색의 공이 나온다고 하면, 표본공간에서 (황색공, 황색공)인 경우이므로,

   $P(A) = \frac{N(A)}{N(\Omega)} = \frac{1}{4}$.

6. (a) (i) Ω={(빨간공, 빨간공), (빨간공, 하얀공), (빨간공, 검은공), (하얀공, 빨간공), (하얀공, 하얀공), (하얀공, 검은공), (검은공, 빨간공), (검은공, 하얀공), (검은공, 검은공)}.

(ii) $P(2\text{개의 공이 같은 색}) = \dfrac{6+4+3}{42} = \dfrac{13}{42}$.

(iii) $P(2\text{개의 공이 하얀색}) = \dfrac{4}{42}$, $P(2\text{개의 공이 빨간색}) = \dfrac{6}{42}$, 따라서 $\dfrac{4}{42} < \dfrac{6}{42}$.

(b) $P(3\text{가지 공의 색이 나옴, 복원추출}) = \dfrac{5}{13} \times \dfrac{4}{13} \times \dfrac{4}{13} = \dfrac{80}{2197}$.

$P(3\text{가지 공의 색이 나옴, 비복원추출}) = \dfrac{5}{13} \times \dfrac{4}{12} \times \dfrac{4}{11} = \dfrac{80}{1716}$.

7. $P(A_1) = \dfrac{13}{52} = \dfrac{1}{4}$. $P(A_2) = \dfrac{4}{52} = \dfrac{1}{13}$. $P(A_1 \cap A_2) = \dfrac{1}{52}$.

$P(A_1 \cup A_2) = P(A_1) + P(A_2) - P(A_1 \cap A_2) = \dfrac{1}{4} + \dfrac{1}{13} - \dfrac{1}{52} = \dfrac{16}{52} = \dfrac{4}{13}$.

8. (a) $\dfrac{\binom{13}{2} \times \binom{13}{2} \times \binom{13}{1}}{\binom{52}{5}} = \dfrac{507}{16660}$. (b) $\dfrac{\binom{4}{1} \times \binom{13}{5}}{\binom{52}{5}} = \dfrac{33}{16660}$.

9. (a) $\dfrac{\binom{6}{4}}{\binom{16}{4}} = \dfrac{3}{364}$. (b) $\dfrac{\binom{10}{4}}{\binom{16}{4}} = \dfrac{3}{26}$. (c) $\dfrac{\binom{6}{2}\binom{7}{1}\binom{3}{1} + \binom{6}{1}\binom{7}{2}\binom{3}{1} + \binom{6}{1}\binom{7}{1}\binom{3}{2}}{\binom{16}{4}} = \dfrac{9}{20}$.

10. $P(\text{같은 번호}) = \dfrac{3}{\binom{8}{2}} = \dfrac{3}{28}$, $P(\text{같은 색}) = \dfrac{\binom{5}{2} + \binom{3}{2}}{\binom{8}{2}} = \dfrac{13}{28}$.

$\therefore\ P(\text{같은 번호 or 같은 색}) = \dfrac{3}{28} + \dfrac{13}{28} = \dfrac{16}{28} = \dfrac{4}{7}$.

11. (a) $\dfrac{3}{8} \times \dfrac{5}{7} \times \dfrac{2}{6} \times \dfrac{4}{5} + \dfrac{5}{8} \times \dfrac{3}{7} \times \dfrac{4}{6} \times \dfrac{2}{5} = \dfrac{1}{7}$.

(b) $\dfrac{3}{8} \times \dfrac{2}{7} \times \dfrac{5}{6} \times \dfrac{1}{5} + \dfrac{3}{8} \times \dfrac{2}{7} \times \dfrac{5}{6} \times \dfrac{4}{5} = \dfrac{5}{56}$.

12. A: 첫 번째 주머니, B: 두 번째 주머니를 택하는 사건이라 하면,

(a) $\dfrac{1}{2} \times \dfrac{3}{10} + \dfrac{1}{2} \times \dfrac{6}{10} = \dfrac{9}{20}$. $\left(\because\ P(A) = P(B) = \dfrac{1}{2}\right)$

(b) $P(B \mid \text{빨간공}) = \dfrac{\dfrac{1}{2} \times \dfrac{6}{10}}{\dfrac{1}{2} \times \dfrac{3}{10} + \dfrac{1}{2} \times \dfrac{6}{10}} = \dfrac{2}{3}$.

13. $P(25\text{명의 생일이 모두 다름}) = \dfrac{365}{365} \times \dfrac{364}{365} \times \cdots \times \dfrac{341}{365} = \dfrac{{}_{365}P_{25}}{365^{25}}$.

14. (i) $P(A_1 \cap A_2) \le P(A_1)$.

pf) $P(A_1) = P(A_1 A_2) + P(A_1 \overline{A_2}) \ge P(A_1 A_2)$. $(\because P(A_1 \overline{A_2}) \ge 0)$

(ii) $P(A_1) \le P(A_1 \cup A_2)$.

pf) $P(A_1 \cup A_2) = P(A_1) + P(A_2) - P(A_1 A_2)$
$= P(A_1) + P(\overline{A_1} A_2) \ge P(A_1)$. $(\because P(\overline{A_1} A_2) \ge 0)$

(iii) $P(A_1 \cup A_2) \le P(A_1) + P(A_2)$.

pf) $P(A_1 \cup A_2) = P(A_1) + P(A_2) - P(A_1 A_2) \le P(A_1) + P(A_2)$. $\because P(A_1 A_2) \ge 0$

15. $A_1 \subset A_2$일 때, $A_2 = A_1 A_2 \cup \overline{A_1} A_2 = A_1 \cup \overline{A_1} A_2$, $A_1 \cap \overline{A_1} A_2 = \varnothing$이기 때문에

$$P(A_2) = P(A_1) + P(\overline{A_1} A_2). \Leftrightarrow \therefore P(A_2 - A_1) = P(\overline{A_1} A_2) = P(A_2) - P(A_1).$$

16. $$P(A|B) = \frac{P(AB)}{P(B)} = \frac{\sum_{i=1}^{n} P(AB_i)}{\sum_{i=1}^{n} P(B_i)} = \frac{\sum_{i=1}^{n} P(A|B_i)P(B_i)}{\sum_{i=1}^{n} P(B_i)} = \frac{p\sum_{i=1}^{n} P(B_i)}{\sum_{i=1}^{n} P(B_i)} = p.$$

17. $$P(A_1|A) = \frac{P(A_1 A)}{P(A)} = \frac{P(A|A_1)P(A_1)}{P(A|A_1)P(A_1) + P(A|A_2)P(A_2)} = \frac{\frac{3}{10} \times \frac{3}{4}}{\frac{3}{10} \times \frac{3}{4} + \frac{8}{10} \times \frac{1}{4}} = \frac{9}{17}.$$

$$P(A_2|A) = \frac{P(A_2 A)}{P(A)} = \frac{P(A|A_2)P(A_2)}{P(A|A_1)P(A_1) + P(A|A_2)P(A_2)} = \frac{\frac{8}{10} \times \frac{1}{4}}{\frac{3}{10} \times \frac{3}{4} + \frac{8}{10} \times \frac{1}{4}} = \frac{8}{17}.$$

18. $P(AB) = P(A) + P(B) - P(A \cup B) = 2 - P(A \cup B) + P(A) + P(B) - 2$
$= 1 - (1 - P(A)) - (1 - P(B)) + 1 - P(A \cup B)$
$= 1 - P(\overline{A}) - P(\overline{B}) + 1 - P(A \cup B) \ge 1 - \alpha - \beta$. $(\because P(A \cup B) \le 1)$

19. (a) False

ex) A, B 모두 동전을 한 번 던져 앞면이 나올 사상

$P(A) = P(B) = P(AB) = p = \frac{1}{2} > p^2 = \frac{1}{4}$.

(b) False

ex) A: 주사위를 던져 소수가 나올 경우 B: 주사위를 던져 짝수가 나올 경우

$P(A) = P(\overline{B}) = \frac{1}{2}$, 그러나 $\overline{A} = \{1,4,6\} \ne B = \{2,4,6\}$.

(c) False

ex) 대우명제($A = \varnothing$이면 $P(A) \ne 0$)가 거짓이기 때문에 본 명제 역시 거짓.

(d) True

pf) $P(A) = 0$이면 $A = \varnothing$이기 때문에 $P(AB) = P(\varnothing B) = P(\varnothing) = 0$.

(e) True

pf) $P(A|B) = \frac{P(AB)}{P(B)} > P(A)$이므로 $P(B|A) = \frac{P(AB)}{P(A)} > P(B)$.

(f) False

ex) A: 주사위를 던져 소수가 나올 경우 B: 주사위를 던져 2 이하가 나올 경우,

C : 주사위를 던져 4의 약수가 나올 경우

$P(A)=\frac{1}{2}>P(B)=\frac{1}{3}$ 이지만,

$P(A|C)=\frac{P(AC)}{P(C)}=\frac{1/6}{1/2}=\frac{1}{3}<P(B|C)=\frac{P(BC)}{P(C)}=\frac{1/3}{1/2}=\frac{2}{3}.$

(g) False

ex) A: 주사위를 던져 소수가 나올 경우 B: 주사위를 던져 5 이상이 나올 경우,

C: 주사위를 던져 6의 약수가 나올 경우

$P(A)P(B)=\frac{1}{2}\times\frac{1}{3}=\frac{1}{6}=P(AB)$ 이지만,

$$P(AB|C)=\frac{P(ABC)}{P(C)}=\frac{0}{2/3}=0$$
$$\neq P(A|C)P(B|C)=\frac{P(AC)}{P(C)}\frac{P(BC)}{P(C)}=\frac{1/3}{2/3}\times\frac{1/6}{2/3}=\frac{1}{8}.$$

(h) False

ex) 1부터 9까지 번호가 매겨진 아홉 개의 구슬 중에 하나를 뽑을 때,

A: 8 이상의 번호를 뽑는 경우 B: 3의 배수가 적힌 번호를 뽑는 경우

$P(A|B)=\frac{P(AB)}{P(B)}=\frac{1/9}{1/3}=\frac{1}{3}=P(B)$ 이지만,

$P(AB)=\frac{1}{9}\neq P(A)P(B)=\frac{2}{9}\times\frac{1}{3}=\frac{2}{27}.$

(i) True

pf) $P(A|B)=\frac{P(AB)}{P(B)}\geq P(A)$ 이므로 $P(B|A)=\frac{P(AB)}{P(A)}\geq P(B).$

(j) True

pf)
$$\frac{P(B\overline{A})}{P(\overline{A})}=\frac{P(BA)}{P(A)} \Leftrightarrow P(B\overline{A})P(A)=P(BA)P(\overline{A})$$
$$\Leftrightarrow \{P(B)-P(AB)\}P(A)=P(BA)\{1-P(A)\}$$
$$\Leftrightarrow P(A)P(B)-P(A)P(AB)=P(AB)-P(A)P(AB)$$
$$\Leftrightarrow P(A)P(B)=P(AB).$$

(k) False

ex) A:주사위를 던져 3 이상이 나올 경우 B:주사위를 던져 3 이하가 나올 경우

$$P(AB)=\frac{1}{6}<\frac{a+b-1}{b}=\frac{P(A)+P(B)-1}{P(B)}=\frac{\frac{4}{6}+\frac{3}{6}-1}{\frac{3}{6}}=\frac{1}{3}.$$

(l) True

pf) $P(A|B)=P(B|A) \Leftrightarrow \dfrac{P(AB)}{P(B)}=\dfrac{P(AB)}{P(A)} \Leftrightarrow P(A)P(AB)=P(B)P(AB)$.

(m) False

ex) A: 주사위를 던져 5 이상이 나올 경우 B:주사위를 던져 3 이하가 나올 경우

$P(A|B)=P(B|A)=0$ ($\because P(AB)=0$) 이지만, $P(A)=\dfrac{1}{3}\neq P(B)=\dfrac{1}{2}$.

(n) False

ex) 1부터 8까지 번호가 매겨진 여덟 개의 구슬 중에 하나를 뽑을 때,

A : 홀수가 나오는 경우, B : 3 이하의 숫자가 나오는 경우

$P(A)=\dfrac{1}{2}$, $P(B|A)=\dfrac{P(AB)}{(A)}=\dfrac{1/4}{1/2}=\dfrac{1}{2}$ 이지만,

$P(A)P(B)=\dfrac{1}{2}\times\dfrac{3}{8}=\dfrac{3}{16}\neq P(AB)=\dfrac{1}{4}$.

20. (a) $P(A\cup B)=P(A)+P(B)$, $\dfrac{3}{5}=\dfrac{1}{2}+P(B)$, $\therefore P(B)=\dfrac{1}{10}$.

(b) $P(A\cup B)=P(A)+P(B)-P(A\cap B)=P(A)+P(B)-P(A)P(B)$,
$\dfrac{3}{5}=\dfrac{1}{2}+P(B)-\dfrac{1}{2}P(B)$, $\therefore P(B)-\dfrac{1}{5}$.

(c) $P(A|B)=\dfrac{P(AB)}{P(B)}=0.4$, 즉, $P(AB)=0.4P(B)$이기 때문에

$P(A\cup B)=P(A)+P(B)-P(A\cap B)=P(A)+P(B)-0.4P(B)$,
$\dfrac{3}{5}=\dfrac{1}{2}+\dfrac{3}{5}P(B)$, $\therefore P(B)=\dfrac{1}{6}$.

21. $$\begin{aligned}P(A\overline{B}\cup\overline{A}B)&=P(A\overline{B})+P(\overline{A}B)=P(A)-P(AB)+P(B)-P(AB)\\&=P(A)+P(B)-2P(AB)=P(A)+P(B)-2P(A)P(B)\\&=\frac{1}{2}+\frac{1}{2}-2\times\frac{1}{2}\times\frac{1}{2}=\frac{1}{2}.\end{aligned}$$

22. $P(B|A)=\dfrac{P(AB)}{P(A)}=P(B)=\dfrac{1}{2}$이고 $P(A)=P(B)=\dfrac{1}{2}$, $P(AB)=\dfrac{1}{4}$이므로

$$P(A\cup B)=P(A)+P(B)-P(AB)=\frac{1}{2}+\frac{1}{2}-\frac{1}{4}=\frac{3}{4}.$$

23. $P(ABC)=\dfrac{P(ABC)}{P(AB)}\times\dfrac{P(AB)}{P(B)}\times P(B)=P(C|AB)P(A|B)P(B)=\dfrac{1}{2}\times\dfrac{1}{2}\times\dfrac{1}{2}=\dfrac{1}{8}$.

24. $$\begin{aligned}P(A)&=P(AB_1\cup AB_2\cup AB_3)=P(AB_1)+P(AB_2)+P(AB_3)\\&=P(A|B_1)P(B_1)+P(A|B_2)P(B_2)+P(A|B_3)P(B_3)\\&=\frac{1}{6}\times\frac{1}{3}+\frac{2}{6}\times\frac{1}{3}+\frac{3}{6}\times\frac{1}{3}=\frac{1}{3}.\end{aligned}$$

25. (a) $$\begin{aligned}P(B|A)&=\frac{P(AB)}{P(A)}=\frac{P(AB)}{P(AB)+P(A\overline{B})}=\frac{P(A|B)P(B)}{P(A|B)P(B)+P(A|\overline{B})P(\overline{B})}\\&=\frac{0.95\times 0.05}{0.95\times 0.05+0.05\times 0.95}=\frac{1}{2}.\end{aligned}$$

(b) $P(B|A)=\dfrac{P(AB)}{P(A)}=\dfrac{P(AB)}{P(AB)+P(A\overline{B})}=\dfrac{P(A|B)P(B)}{P(A|B)P(B)+P(A|\overline{B})P(\overline{B})}$ 이므로

$$=\frac{p\times 0.05}{p\times 0.05+(1-p)\times 0.95}=0.9$$

$$\therefore\ p=\frac{171}{172}.$$

제2장 확률변수, 분포함수, 기대값

1.

$$F_X(x)=\begin{cases}0, & x<0\\ \dfrac{x}{8}, & 0\le x<2\\ \dfrac{x^2}{16}, & 2\le x<4\\ 1, & x\ge 4\end{cases},\qquad f_X(x)=\begin{cases}0, & x<0\\ \dfrac{1}{8}, & 0\le x<2\\ \dfrac{1}{8}x, & 2\le x<4\\ 0, & x\ge 4\end{cases}.$$

$$E(X)=\int_0^2\frac{1}{8}x\,dx+\int_2^4\frac{1}{8}x^2\,dx=\left[\frac{1}{16}x^2\right]_0^2+\left[\frac{1}{24}x^3\right]_2^4=\frac{1}{4}+\frac{64}{24}-\frac{8}{24}=\frac{31}{12}.$$

$$E(X^2)=\int_0^2\frac{1}{8}x^2\,dx+\int_2^4\frac{1}{8}x^3\,dx=\left[\frac{1}{24}x^3\right]_0^2+\left[\frac{1}{32}x^4\right]_2^4=\frac{8}{24}+\frac{256}{32}-\frac{16}{32}=\frac{47}{6}.$$

$$\therefore\ Var(X)=E(X^2)-E(X)^2=\frac{47}{6}-\left(\frac{31}{12}\right)^2=\frac{167}{144}.$$

2.

(i) $\begin{cases}0<x<\infty\text{이므로 } 0<f_1(x)=e^{-x}<1\\ \displaystyle\int_0^\infty f_1(x)\,dx=\int_0^\infty e^{-x}dx=\left[-e^{-x}\right]_0^\infty=1\end{cases}.$

(ii) $\begin{cases}0<x<\infty\text{이므로 } 0<f_2(x)=2e^{-2x}<2\\ \displaystyle\int_0^\infty f_2(x)\,dx=\int_0^\infty 2e^{-2x}dx=\left[-e^{-2x}\right]_0^\infty=1\end{cases}.$

(iii) $f_3(x)=(p+1)e^{-x}I_{(0,\infty)}(x)-2pe^{-2x}I_{(0,\infty)}(x)$이므로
$=(pe^{-x}+e^{-x}-2pe^{-2x})I_{(0,\infty)}(x)$

$$\begin{cases}0<x<\infty,\ 0<e^{-x}<1,\ p<1\text{이므로 } f_3(x)=e^{-x}(p+1-2pe^{-x})>0\\ \displaystyle\int_0^\infty f_3(x)\,dx=\int_0^\infty\{(p+1)e^{-x}-2pe^{-2x}\}dx=\left[-(p+1)e^{-x}+pe^{-2x}\right]_0^\infty=(p+1)-p=1.\end{cases}$$

3.

(a) $$F_X(x)=\begin{cases}x\le 0, & 0\\ 0<x<1, & \displaystyle\int_0^x\frac{1}{2}p\,dx=\left[\frac{1}{2}px\right]_0^x=\frac{1}{2}px\\ 1\le x\le 2, & \displaystyle\int_0^1\frac{1}{2}p\,dx+\int_1^x\frac{1}{2}\,dx=\frac{1}{2}p+\frac{1}{2}x-\frac{1}{2}\\ 2<x<3, & \displaystyle\int_0^1\frac{1}{2}p\,dx+\int_1^2\frac{1}{2}\,dx+\int_2^x\frac{1-p}{2}\,dx=\frac{3}{2}p-\frac{1}{2}+\frac{(1-p)x}{2}\\ x\ge 3, & \displaystyle\int_0^1\frac{1}{2}p\,dx+\int_1^2\frac{1}{2}\,dx+\int_2^3\frac{1-p}{2}\,dx=1\end{cases}.$$

(b) $E(X) = \frac{1}{2}\left\{\int_0^1 px\,dx + \int_1^2 x\,dx + \int_2^3 (1-p)x\,dx\right\}$

$= \frac{1}{2}\left\{\left[\frac{1}{2}px^2\right]_0^1 + \left[\frac{1}{2}x^2\right]_1^2 + \left[\frac{1}{2}(1-p)x^2\right]_2^3\right\}$

$= \frac{1}{2}\left\{\frac{1}{2}p + \left(2-\frac{1}{2}\right) + \frac{5}{2}(1-p)\right\} = 2-p.$

$E(X^2) = \frac{1}{2}\left\{\int_0^1 px^2\,dx + \int_1^2 x^2\,dx + \int_2^3 (1-p)x^2\,dx\right\}$

$= \frac{1}{2}\left\{\left[\frac{1}{3}px^3\right]_0^1 + \left[\frac{1}{3}x^3\right]_1^2 + \left[\frac{1}{3}(1-p)x^3\right]_2^3\right\}$

$= \frac{1}{2}\left\{\frac{1}{3}p + \left(\frac{8}{3}-\frac{1}{3}\right) + \frac{19}{3}(1-p)\right\} = \frac{13}{3} - 3p.$

$\therefore\ Var(X) = E(X^2) - E(X)^2 = \left(\frac{13}{3}-3p\right) - (2-p)^2 = \frac{1}{3} + p - p^2.$

$$med(X) = \begin{cases} \text{if } 0 < m < 1, & \int_0^m \frac{1}{2}p\,dx = \frac{1}{2}pm \ge \frac{1}{2} \quad \therefore m \ge \frac{1}{p} > 1\,(\text{모순}) \\ \text{if } 1 \le m \le 2, & \begin{array}{l} \frac{1}{2}p + \int_1^m \frac{1}{2}\,dx = \frac{1}{2}p + \frac{1}{2}(m-1) \ge \frac{1}{2} \quad \therefore m \ge 2-p \\ \int_m^2 \frac{1}{2}\,dx + \frac{1}{2}(1-p) = 1 - \frac{m}{2} + \frac{1}{2}(1-p) \ge \frac{1}{2} \quad \therefore m \le 2-p \end{array} \\ \text{if } 2 < m < 3, & \int_m^3 \frac{1}{2}(1-p)\,dx = \frac{1}{2}(1-p)(3-m) \ge \frac{1}{2} \\ & \therefore m \le \frac{2-3p}{1-p} = 2 - \frac{p}{1-p} < 2\,(\text{모순}) \end{cases}$$

$\therefore\ med(X) = 2-p.$

4. (a) $f_X(x) = \begin{cases} 0 \le x \le 1, & \left\{p + \frac{1}{2}(1-p)\right\} = \frac{1}{2}(1+p) \\ 1 < x \le 2, & \frac{1}{2}(1-p) \end{cases}.$

(b) $P(X \le \frac{1}{2} | X \le 1) = \frac{P(X \le \frac{1}{2})}{P(X \le 1)} = \frac{F_X\left(\frac{1}{2}\right)}{F_X(1)} = \frac{\frac{1}{2}p + \frac{1}{4}(1-p)}{p + \frac{1}{2}(1-p)} = \frac{1}{2}.$

5. (a) $F_X(x) = (x^2+0.2)I_{[0,0.5)}(x) + xI_{[0.5,1)}(x) + I_{[1,\infty)}(x) = 0.25F_X^d(x) + 0.75F_X^{ac}(x).$

$F_X^d(x) = 4\{0.2I_{[0,\infty)}(x) + 0.05I_{[0.5,\infty)}(x)\}.$

$F_X^{ac}(x) = \frac{4}{3}\{x^2 I_{[0,0.5)}(x) + (x-0.25)I_{[0.5,1)}(x) + 0.75I_{[1,\infty)}(x)\}.$

(b) $P(0.25 < X < 0.75) = P(X < 0.75) - P(X \le 0.25) = 0.75 - (0.25^2 + 0.2) = 0.4875.$

(c) $P(0.25 < X < 0.5) = P(X < 0.5) - P(X \le 0.25) = (0.5^2 + 0.2) - (0.25^2 + 0.2) = 0.1875.$

6. (a) $\int_{-\infty}^{\infty} f_X(x)\,dx = \int_0^{\infty} K(e^{-ax} - e^{-2ax})\,dx = K\left[-\frac{e^{-ax}}{a} + \frac{e^{-2ax}}{2a}\right]_0^{\infty} = K\left(\frac{1}{a} - \frac{1}{2a}\right) = \frac{K}{2a} = 1.$

$\therefore\ K = 2a.$

(b) $F_X(x) = \int_0^x 2a(e^{-ax} - e^{-2ax})\,dx = 2a\left[-\frac{e^{-ax}}{a} + \frac{e^{-2ax}}{2a}\right]_0^x = 2a\left(\frac{1-e^{-ax}}{a} - \frac{1-e^{-2ax}}{2a}\right)$

$= 2 - 2e^{-ax} - 1 + e^{-2ax} = 1 - 2e^{-ax} + e^{-2ax}.$

(c) $P(X>1) = 1 - P(X \le 1) = 1 - F_X(1) = 1 - (1 - 2e^{-a} + e^{-2a}) = 2e^{-a} - e^{-2a}.$

7. $E(X-b)^2 = Var(X-b) + [E(X-b)]^2 = Var(X-b) + [E(X) - b]^2$이므로

$b = E(X) = \mu$일 때, $E(X-b)^2 = Var(X) = \sigma^2$ 최소값을 갖는다.

8. $E|X-b| = \int_{-\infty}^{\infty} |x-b| f(x)dx = \int_{-\infty}^{b} (b-x)f(x)dx + \int_b^{\infty} (x-b)f(x)dx$

$= \int_{-\infty}^{m} (b-x)f(x)dx + \int_m^b (b-x)f(x)dx + \int_b^m (x-b)f(x)dx + \int_m^{\infty} (x-b)f(x)dx$

$= \int_{-\infty}^{m} (b-m+m-x)f(x)dx + \int_m^{\infty} (x-m+m-b)f(x)dx + 2\int_b^m (x-b)f(x)dx$

$= \int_{-\infty}^{m} (m-x)f(x)dx + \int_m^{\infty} (x-m)f(x)dx + \int_{-\infty}^{m} (b-m)f(x)dx$

$+ \int_m^{\infty} (m-b)f(x)dx + 2\int_b^m (x-b)f(x)dx$

$= E|X-m| + 2\int_b^m (x-b)f(x)dx.\quad (\because m = median)$

따라서 $b = m$일 때, $\int_b^m (x-b)f(x)dx = 0$이므로 최소값 $E|X-m|$을 갖는다.

9. $P[g(X) \ge k] \le \frac{E[g(X)]}{k}$이므로

$P[X \le \mu t] = 1 - P[X > \mu t] \le 1 - \frac{E(X)}{\mu t} = 1 - \frac{1}{t}.\ (\because\ E(X) = \mu)$

10. $E[h(X)] = \int_{-\infty}^{\infty} h(x)f(x)\,dx = \int_{-\infty}^{\infty} \left\{h(0) + \int_0^x h'(u)du\right\} f(x)\,dx$

$= h(0)\int_{-\infty}^{\infty} f(x)\,dx + \int_{-\infty}^{\infty}\int_0^x h'(u)du\, f(x)\,dx = h(0) + \int_0^{\infty}\int_u^{\infty} f(x)\,dx\, h'(u)du$

$= h(0) + \int_0^{\infty} h'(u)[1-F(u)]du = h(0) + \int_0^{\infty} h'(x)[1-F(x)]dx.$

11. (i) $\frac{d\ln M_X(t)}{dt} = \frac{dM_X(t)}{dt} \times \frac{1}{M_X(t)} \xrightarrow{t=0} M_X'(0) = E(X).$

(ii) $\frac{d^2\ln M_X(t)}{dt^2} = \frac{d}{dt}\left[\frac{dM_X(t)}{dt} \times \frac{1}{M_X(t)}\right] = \frac{d^2 M_X(t)}{dt^2} \times \frac{1}{M_X(t)} - \left(\frac{dM_X(t)}{dt}\right)^2 \times \frac{1}{(M_X(t))^2}$

$\xrightarrow{t=0} M_X''(0) - (M_X'(0))^2 = E(X^2) - (E(X))^2 = Var(X).$

$$(iii)\ \frac{d^3\ln M_X(t)}{dt^3}=\frac{d}{dt}\left[\frac{d^2M_X(t)}{dt^2}\times\frac{1}{M_X(t)}-\left(\frac{dM_X(t)}{dt}\right)^2\times\frac{1}{(M_X(t))^2}\right]$$

$$=\frac{d^3M_X(t)}{dt^3}\frac{1}{M_X(t)}-3\left(\frac{d^2M_X(t)}{dt^2}\right)\left(\frac{dM_X(t)}{dt}\right)\frac{1}{(M_X(t))^2}+2\left(\frac{dM_X(t)}{dt}\right)^3\frac{1}{(M_X(t))^3}$$

$$\xrightarrow{t=0}\ M_X'''(0)-3M_X''(0)M_X'(0)+2(M_X'(0))^3=E(X^3)-3E(X^2)E(X)+2(E(X))^3.$$

$$(iv)\ \frac{d^4\ln M_X(t)}{dt^4}=\frac{d}{dt}\left[\frac{d^3M_X(t)}{dt^3}\frac{1}{M_X(t)}-3\left(\frac{d^2M_X(t)}{dt^2}\right)\left(\frac{dM_X(t)}{dt}\right)\frac{1}{(M_X(t))^2}+2\left(\frac{dM_X(t)}{dt}\right)^3\frac{1}{(M_X(t))^3}\right]$$

$$=\frac{d^4M_X(t)}{dt^4}\frac{1}{M_X(t)}-4\left(\frac{d^3M_X(t)}{dt^3}\right)\left(\frac{dM_X(t)}{dt}\right)\frac{1}{(M_X(t))^2}-3\left(\frac{d^2M_X(t)}{dt^2}\right)^2\frac{1}{(M_X(t))^2}$$

$$+12\left(\frac{d^2M_X(t)}{dt^2}\right)\left(\frac{dM_X(t)}{dt}\right)^2\frac{1}{(M_X(t))^3}-6\left(\frac{dM_X(t)}{dt}\right)^4\frac{1}{(M_X(t))^4}$$

$$\xrightarrow{t=0}\ M_X''''(0)-4M_X'''(0)M_X'(0)-3(M_X''(0))^2+12M_X''(0)(M_X'(0))^2-6(M_X'(0))^4$$

$$=E(X^4)-4E(X^3)E(X)-3(E(X^2))^2+12E(X^2)(E(X))^2-6(E(X))^4.$$

12. (a) $P(X\ge a)=P(tX\ge ta),\ (\because t>0)$

$$=P(e^{tX}\ge e^{ta})\le\frac{E(e^{tX})}{e^{at}}=e^{-at}M(t).$$

(b) $P(X\le a)=P(tX\ge ta),\ (\because t<0)$

$$=P(e^{tX}\ge e^{ta})\le\frac{E(e^{tX})}{e^{at}}=e^{-at}M(t).$$

13. (a) $e^{\frac{t^2}{2}}=1+\frac{t^2}{2}+\frac{1}{2!}\left(\frac{t^2}{2}\right)^2+\frac{1}{3!}\left(\frac{t^2}{2}\right)^3+\cdots=1+\frac{t^2}{2}+\frac{t^4}{2!2^2}+\frac{t^6}{3!2^3}+\cdots=\sum_{k=0}^{\infty}\frac{t^{2k}}{k!2^k}.$

(b) $M_X(t)=E(e^{tX})=E\left[1+tX+\frac{(tX)^2}{2!}+\frac{(tX)^3}{3!}+\cdots\right]$

$$=1+tE(X)+\frac{t^2}{2!}E(X^2)+\frac{t^3}{2!}E(X^3)+\cdots+\frac{t^m}{m!}E(X^m)+\cdots$$

$$=\sum_{k=0}^{\infty}\frac{t^{2k}}{k!2^k}.$$

$$\therefore\ \frac{t^{2k}}{k!2^k}=\frac{t^m}{m!}E(X^m)=\frac{t^{2k}}{(2k)!}E(X^{2k}),\ \text{if } m=2k\quad\Rightarrow\quad E(X^{2k})=\frac{(2k)!}{t^{2k}}\times\frac{t^{2k}}{k!2^k}=\frac{(2k)!}{k!2^k}.$$

14. $\sum_{i=1}^{\infty}P(X\ge i)=P(X\ge 1)+P(X\ge 2)+P(X\ge 3)+\cdots$

$$\begin{aligned}=P(X=1)+P(X=2)+P(X=3)+\cdots\\ P(X=2)+P(X=3)+\cdots\\ P(X=3)+\cdots\end{aligned}$$

$$=\sum_{i=1}^{\infty}iP(X=i)=E(X).$$

15. $E[t^X]=\sum_{j=0}^{\infty}t^x\left(\frac{1}{2}\right)^{x+1}=\frac{1}{2}+t\left(\frac{1}{2}\right)^2+t^2\left(\frac{1}{2}\right)^3+t^3\left(\frac{1}{2}\right)^4+\cdots=\frac{\frac{1}{2}}{1-\frac{t}{2}}=\frac{1}{2-t},\quad t<2.$

16. $P(\overline{X}\geq a)=P(\overline{X}t\geq at)=P(e^{\overline{X}t}\geq e^{at})$

$$=P(e^{\sum X_i t}\geq e^{nat})\leq\frac{E\left(e^{\sum X_i t}\right)}{e^{nat}}=\frac{\prod_{i=1}^{n}E(e^{X_i t})}{e^{nat}}$$

$$=\frac{[E(x^{Xt})]^n}{e^{nat}}=\frac{[M_X(t)]^n}{e^{nat}}=\left[e^{-at}M_X(t)\right]^n.$$

17. $\Lambda_n=\{n\leq|X|\leq n+1\}$라 하자.

$E|X|=\int_{-\infty}^{\infty}|x|f(x)\,dx=\int_{\sum_{n=0}^{\infty}\Lambda_n}|x|f(x)\,dx$이고,

$$\sum_{n=0}^{\infty}nP(\Lambda_n)\leq E|X|<\sum_{n=0}^{\infty}(n+1)P(\Lambda_n)=1+\sum_{n=0}^{\infty}nP(\Lambda_n).$$

여기서 $\sum_{n=0}^{\infty}nP(\Lambda_n)=\sum_{n-1}^{\infty}nP(n\leq|X|<n+1)$

$$=P(1\leq|X|<2)+2P(2\leq|X|<3)+3P(3\leq|X|<4)+\cdots$$

$$=P(|X|\geq 1)+P(|X|\geq 2)+P(|X|\geq 3)+\cdots$$

$=\sum_{n=1}^{\infty}P(|X|\geq n)$이기 때문에

$$\therefore\ \sum_{n=1}^{\infty}P(|X|\geq n)\leq E|X|<1+\sum_{n=1}^{\infty}P(|X|\geq n).$$

18. $\int_{-\infty}^{\infty}\int_{x}^{x+a}f(t)dt\ dx=\int_{-\infty}^{\infty}\int_{t-a}^{t}dx\ f(t)dt\ =\int_{-\infty}^{\infty}af(t)dt\ =a.\quad\because\ t-a<x<t<x+a$

19. $E(X)=\int_{-\infty}^{\infty}xf(x)dx\ <\infty\ =\int_{-\infty}^{0}xf(x)dx+\int_{0}^{\infty}xf(x)dx\ <\infty$

$$E|X|=\int_{-\infty}^{\infty}|x|f(x)dx<\ \infty\ \ =\int_{-\infty}^{0}-xf(x)dx+\int_{0}^{\infty}xf(x)dx$$

$$=-\int_{-\infty}^{0}xf(x)dx+\int_{0}^{\infty}xf(x)dx\ <\infty$$

20. $E(X)=a$이고 $Var(X)=0$인 분포, 즉 모든 자료가 동일하게 a을 갖는 분포.

$\because E(X-a)^2=E(X^2)-2aE(X)+a^2=E(X^2)-2E(X)^2+E(X)^2=E(X^2)-E(X)^2=Var(X)=0.$

21. 확률변수 X에 대한 j차 적률 $E(|X|^j)<\infty$ 가 존재한다고 하자.

$0\leqq i<j$ 에 대하여, $|X|>1$ 이면 $|X|^i\leqq|X|^j$ 이다. 따라서 $E[|X|^i,|X|>1]\leqq E[|X|^j,|X|>1]$.

$\therefore E|X|^i=E[|X|^i,|X|>1]+E[|X|^i,|X|\leqq 1]\quad\leqq E[|X|^j,|X|>1]+\int_{|X|\leqq 1}|X|^if(x)dx$

$$\le E[|X|^p, |X|>1] + \int_{|X|\le 1} f(x)dx = E[|X|^p, |X|>1] + P(|X|\le 1)$$

$$\le E[|X|^p] + 1 < \infty.$$

22. (a) $\sum_{x=1}^{\infty} c\left(\frac{2}{3}\right)^x = c \times \frac{\frac{2}{3}}{1-\frac{2}{3}} = 2c = 1. \qquad \therefore c = \frac{1}{2}$.

(b) $\sum_{x=1}^{6} cx = c\frac{6\times 7}{2} = 21c = 1. \ \therefore \ c = \frac{1}{21}.$

23. (a) $f(1) = \frac{1}{6},\ f(2) = \frac{5}{6}\cdot\frac{1}{6},\ f(3) = \left(\frac{5}{6}\right)^2\cdot\frac{1}{6}$ 등등

$\therefore f(X) = \frac{1}{6}\cdot\left(\frac{5}{6}\right)^{x-1}, \qquad x = 1,2,3,\ldots$

(b) $\sum_{1}^{\infty} \frac{1}{6}\left(\frac{5}{6}\right)^{x-1} = \frac{\frac{1}{6}}{1-\frac{5}{6}} = 1.$

(c) $X=2k-1$이므로, $f(2k-1) = \frac{1}{6}\cdot\left(\frac{5}{6}\right)^{(2k-1)-1} = \frac{1}{6}\left(\frac{5}{6}\right)^{2k-2}.$

$\therefore \Pr(X=1,3,5,7,\ldots) = \frac{\frac{1}{6}}{1-\left(\frac{5}{6}\right)^2} = \frac{6}{36-25} = \frac{6}{11}.$

(d) $F(x) = \Pr(X\le x) = \sum_{k=1}^{x}\frac{1}{6}\left(\frac{5}{6}\right)^{k-1} = \frac{\frac{1}{6}\left\{1-\left(\frac{5}{6}\right)^x\right\}}{1-\frac{5}{6}} = 1-\left(\frac{5}{6}\right)^x.$

24. $(i)\ \psi'(t) = \frac{d\ln M_X(t)}{dt} = \frac{dM_X(t)}{dt}\times\frac{1}{M_X(t)} \ \rightarrow\ \psi'(0) = \frac{M_X'(0)}{M_X(0)} = E(X) = \mu.$

$$(ii)\ \psi''(t) = \frac{d^2\ln M_X(t)}{dt^2} = \frac{d}{dt}\left[\frac{dM_X(t)}{dt}\times\frac{1}{M_X(t)}\right]$$
$$= \frac{d^2M_X(t)}{dt^2}\times\frac{1}{M_X(t)} - \left(\frac{dM_X(t)}{dt}\right)^2\times\frac{1}{(M_X(t))^2}$$

$$\rightarrow\ \psi''(0) = \frac{M_X''(0)}{M_X(0)} - \frac{(M_X'(0))^2}{(M_X(0))^2} = E(X^2)-(E(X))^2 = Var(X) = \sigma^2.$$

25. (a) $E(X) = \int_0^2\left(1-\frac{1}{6}x\right)dx + \int_2^3\left(1-\frac{4}{15}x\right)dx = \left[x-\frac{1}{12}x^2\right]_0^2 + \left[x-\frac{2}{15}x^2\right]_2^3 = 2.$

$Var(X) = \int_0^2 2x\left(1-\frac{1}{6}x\right)dx + \int_2^3 2x\left(1-\frac{4}{15}x\right)dx - E(X)^2$

$$= \left[x^2 - \frac{1}{9}x^3\right]_0^2 + \left[x^2 - \frac{8}{45}x^3\right]_2^3 - 4$$

$$= \frac{28}{9} + 5 - \frac{152}{45} - 4 = \frac{140+45-152}{45} = \frac{33}{45} = \frac{11}{15}.$$

(b) $E(X) = \int_0^1 \left(1 - \frac{x+1}{3}\right)dx = \int_0^1 \left(\frac{2}{3} - \frac{1}{3}x\right)dx = \left[\frac{2}{3}x - \frac{1}{6}x^2\right]_0^1 = \frac{1}{2}.$

$Var(X) = \int_0^1 2x\left(\frac{2}{3} - \frac{1}{3}x\right)dx - E(X)^2 = \left[\frac{2}{3}x^2 - \frac{2}{9}x^3\right]_0^1 - \frac{1}{4} = \frac{7}{36}.$

26. (i) $\Pr(X=1$ 또는 $4) = \Pr(X=1) + \Pr(X=4) = \frac{1}{15} + \frac{4}{15} = \frac{1}{3}.$

(ii) $\Pr(1 \le X \le 4) = 1 - \Pr(X=5) = 1 - \frac{5}{15} = \frac{2}{3}.$

27. (a) $\Pr(X \le 5) = \sum_{x=1}^{5} \frac{x}{55} = \frac{15}{55} = \frac{3}{11}.$

(b) $F(x) = \frac{[x]([x]+1)}{110},\ 1 \le x \le 10.$ $k \le x < k+1$일 때, $[X] = k$이기 때문에

$$F(x) = f(1) + f(2) + \cdots + f(k) = \sum_1^k \frac{1}{55}x = \frac{k(k+1)}{110} = \frac{[X]([X]+1)}{110}.$$

28. (a) $\Pr(-\frac{1}{2} < X \le \frac{1}{2}) = F\left(\frac{1}{2}\right) - F\left(-\frac{1}{2}\right) = \frac{\frac{1}{2}+2}{4} - \frac{-\frac{1}{2}+2}{4} = \frac{1}{4}.$

(b) $\Pr(-1 \le X < 1) = P(X < 1) - P(X < -1) = \frac{3}{4}.$

(c) $\Pr(X=1) = P(X \le 1) - P(X < 1) = 1 - \frac{3}{4} = \frac{1}{4}.$

29. $E[X] = \int_{-\infty}^{\infty} xf(x)dx = \int_0^1 3x^3 dx = \left[\frac{3}{4}x^4\right]_0^1 = \frac{3}{4}$

$E[(1-X)] = 1 - E(X) = \frac{1}{4}.$

$E[X(1-X)] = E(X) - E(X^2) = \frac{3}{4} - \int_0^1 3x^4 dx = \frac{3}{4} - \left[\frac{3}{5}x^5\right]_0^1 = \frac{3}{20}.$

30. (a) $E(X) = \sum_0^3 \frac{3!}{x!(3-x)!}(\frac{1}{2})^3 \cdot x = 0 + \frac{3!}{2!}\left(\frac{1}{2}\right)^3 + \frac{3!}{2!}\left(\frac{1}{2}\right)^3 \cdot 2 + \left(\frac{1}{2}\right)^3 \cdot 3 = \frac{3+6+3}{8} = \frac{3}{2}$

$Var(X) = E(X^2) - E(X)^2 = \sum_0^3 \frac{3!}{x!(3-x)!}\left(\frac{1}{2}\right)^3 x^2 - \frac{9}{4} = \left(3 \cdot \frac{1}{8} + 3 \cdot \frac{4}{8} + \frac{9}{8}\right) - \frac{9}{4} = \frac{3}{4}.$

(b) $E(X) = \int_{-\infty}^{\infty} xf(x)dx = \int_0^1 (6x^2 - 6x^3)dx = 6\left[\frac{1}{3}x^3 - \frac{1}{4}x^4\right]_0^1 = \frac{1}{2}.$

$Var(X) = E(X^2) - E(X)^2 = 6\int_0^1 (x^3 - x^4)dx - \frac{1}{4} = 6\left(\frac{1}{4} - \frac{1}{5}\right) - \frac{1}{4} = \frac{6}{20} - \frac{1}{4} = \frac{1}{20}$

31. $M(t)=\sum_{0}^{\infty}e^{tx}\frac{1}{3}\left(\frac{2}{3}\right)^{x}=\frac{1}{3}\sum_{0}^{\infty}\left(\frac{2}{3}e^{t}\right)^{x}=\frac{1}{3}+\frac{1}{3}\cdot\ \frac{2}{3}e^{t}+\frac{1}{3}\left(\frac{2}{3}e^{t}\right)^{2}\cdots=\frac{\frac{1}{3}}{1-\frac{2}{3}e^{t}}=\frac{1}{3-2e^{t}}$ 이고,

$M'(t)=\{(3-2e^{t})^{-1}\}'=-(3-2e^{t})^{-2}(-2e^{t})=2(3-2e^{t})^{-2}e^{t}$ 이므로

$\therefore E(X)=M'(0)=2.$

$$M''(t)=\{2e^{t}(3-2e^{t})^{-2}\}'$$
$$=2e^{t}(3-2e^{t})^{-2}+2e^{t}(-2)(3-2e^{t})^{-3}(-2e^{t})$$
$$=2e^{t}(3-2e^{t})^{-2}+8e^{2t}(3-2e^{t})^{-3}. \qquad M''(0)=10.$$

$\therefore Var(X)=M''(0)-M'(0)^{2}=10-4=6.$

32. (a) $F(x)=(1-p)I_{[0,\infty)}(x)+p(1-e^{-\lambda x})I_{[0,\infty)}(x)$

(b) $E(X)=\int_{-\infty}^{\infty}xf(x)dx$

$$=\int_{-\infty}^{0}xf(x)dx+\int_{0}^{\infty}xf(x)dx=-\int_{-\infty}^{0}\int_{x}^{0}f(x)dudx+\int_{0}^{\infty}\int_{u}^{x}f(x)dudx$$
$$=-\int_{-\infty}^{0}\int_{-\infty}^{u}f(x)dudx+\int_{0}^{\infty}\int_{u}^{\infty}f(x)dxdu$$
$$=-\int_{-\infty}^{0}\{F(u)-F(-\infty)\}du+\int_{0}^{\infty}\{F(\infty)-F(u)\}du$$
$$=\int_{0}^{\infty}\{1-F(x)\}dx-\int_{-\infty}^{0}F(x)dx.$$

$$\therefore E(X)=\int_{0}^{\infty}[1-F(x)]dx=\int_{0}^{\infty}(1-1+pe^{-\lambda x})dx=\int_{0}^{\infty}pe^{-\lambda x}dx=\left[-\frac{1}{\lambda}pe^{-\lambda x}\right]_{0}^{\infty}=\frac{p}{\lambda}.$$

(c) $E[X^{2}]=\int_{-\infty}^{\infty}x^{2}f(x)dx\ =\int_{0}^{\infty}x^{2}f(x)dx+\int_{-\infty}^{0}x^{2}f(x)dx$

$$=\int_{0}^{\infty}\int_{0}^{x}2u\ f(x)dudx-\int_{-\infty}^{0}\int_{x}^{0}2u\ f(x)dudx$$
$$=\int_{0}^{\infty}2u\int_{u}^{\infty}f(x)dxdu-\int_{-\infty}^{0}2u\int_{-\infty}^{u}f(x)dxdu$$
$$=\int_{o}^{\infty}2u[1-F(u)]du-\int_{-\infty}^{0}2uF(u)du$$
$$=\int_{0}^{\infty}2x[1-F(x)]dx-\int_{-\infty}^{0}2xF(x)dx.$$

$$\therefore E(X^{2})=\int_{0}^{\infty}2xpe^{-\lambda x}dx=2p\int_{0}^{\infty}xe^{-\lambda x}dx$$
$$=2p\left\{\left[-\frac{x}{\lambda}e^{-\lambda x}\right]_{0}^{\infty}+\frac{1}{\lambda}\int_{0}^{\infty}e^{-\lambda x}dx\right\}$$

$$= \frac{2p}{\lambda}\int_0^{\infty} e^{-\lambda x}dx = \frac{2p}{\lambda}\left[-\frac{1}{\lambda}e^{-\lambda x}\right]_0^{\infty} = \frac{2p}{\lambda}\cdot \frac{1}{\lambda} = \frac{2p}{\lambda^2}.$$

$$\therefore\ Var(X) = \frac{2p}{\lambda^2} - \frac{p^2}{\lambda^2} = \frac{p(2-p)}{\lambda^2}.$$

33. $F(x) = pH(x) + (1-p)G(x),\ 0 < p < 1$.

여기서 $H(x) = xI_{(0,1]}(x) + I_{(1,\infty)}(x),\ G(x) = \frac{1}{2}xI_{(0,2]}(x) + I_{(2,\infty)}(x).$

(a) $$F(x) = \frac{1}{2}\{H(x)+G(x)\} = \begin{cases} 0, & x \leqq 0 \\ \frac{1}{2}\left(x+\frac{1}{2}x\right) = \frac{3}{4}x, & 0 < x \leqq 1 \\ \frac{1}{2}\left(1+\frac{1}{2}x\right) = \frac{1}{4}(x+2), & 1 < x \leqq 2 \\ 1, & x > 2 \end{cases}$$

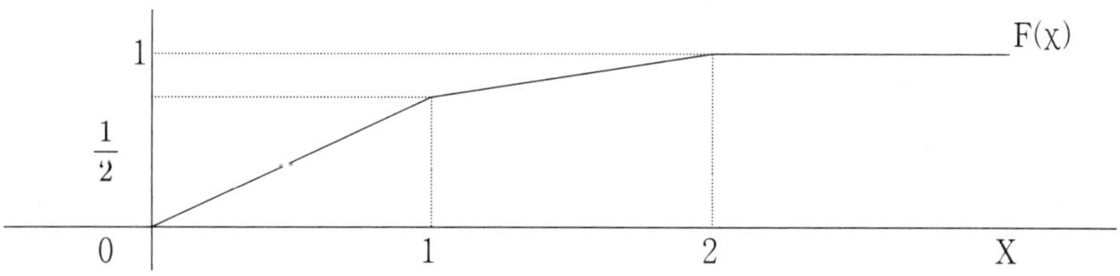

(b) $f(x) = pI_{(0,1]}(x) + (1-p)\frac{1}{2}I_{(0,2]}(x).$

(c) $$P[X \leqq 0.5 \mid X \leqq 1] = \frac{p(x \leqq 0.5)}{p(x \leqq 1)} = \frac{F(0.5)}{F(1)} = \frac{\frac{1}{2}p + \frac{1}{4}(1-p)}{p+(1-p)\frac{1}{2}} = \frac{1}{2}.$$

제3장 확률분포

1. $P(x \geq 8) = \sum_{x=8}^{10} \binom{10}{x} 0.9^x 0.1^{10-x}$

$$= \binom{10}{8} 0.9^8 0.1^2 + \binom{10}{9} 0.9^9 0.1^1 + \binom{10}{10} 0.9^{10} 0.1^0 \qquad = 0.9298.$$

2. $X \sim B(25, 0.2)$이므로

$$\mu_x = E(X) = 25 \times 0.2 = 5,\ \ \sigma_x^2 = Var(X) = 25 \times 0.2 \times 0.8 = 4.$$

$$P(X < \mu_x - 2\sigma_x) = P(X < 5 - 4 = 1) = P(X = 0) = \binom{25}{0} 0.2^0 0.8^{25} = 0.0038.$$

3. (a) $\sum_{k=0}^{\infty} \frac{\binom{4+k}{k}}{2^k} = \sum_{k=0}^{\infty} \binom{5+k-1}{k} \left(\frac{1}{2}\right)^k = \left(1 - \frac{1}{2}\right)^{-5} = 32.$

$$\left(\because (1-a)^{-r} = \sum \binom{-r}{x} (-a)^x = \sum \binom{r+x-1}{x} a^x\right)$$

(b) $\sum_{k=0}^{4} k \frac{\binom{4}{k}\binom{8}{6-k}}{\binom{12}{6}} = 6 \times \frac{4}{12} = 2 \quad \left(\because \sum_{k=0}^{n} k \frac{\binom{k}{x}\binom{M-k}{n-x}}{\binom{M}{n}} = n \cdot \frac{k}{M}\right)$ 이기 때문에

$$\sum_{k=0}^{6} k \binom{4}{k} \binom{8}{6-k} = 2 \binom{12}{6} = 1848.$$

4. $X \sim Bin(n, p) \qquad Y \sim N.bin(r, p)$

$$F_X(r-1) = 1 - F_Y(n-r) = \sum_{y=n-r+1}^{\infty} \binom{r+y-1}{y} p^r (1-p)^y.$$

$$\boxed{\begin{array}{c} 1 - F_X(r-1) = F_Y(n-r) \\ \sum_{x=r}^{n} \binom{n}{x} p^x (1-p)^{n-x} = \sum_{y=0}^{n-r} \binom{r+y-1}{y} p^r (1-p)^y \end{array}}$$

를 보여서 위 식을 증명한다. $(q = 1 - p)$

$$\begin{aligned}
&\binom{n}{r}p^r q^{n-r} = \binom{n-1}{r}p^r q^{n-r} + \binom{n-1}{r-1}p^r q^{n-r} \\
&\binom{n}{r+1}p^{r+1}q^{n-r-1} = \binom{n-1}{r+1}p^{r+1}q^{n-r-1} + \binom{n-1}{r}p^{r+1}q^{n-r-1} \\
&\binom{n}{r+2}p^{r+2}q^{n-r-2} = \binom{n-1}{r+2}p^{r+2}q^{n-r-2} + \binom{n-1}{r+1}p^{r+2}q^{n-r-2} \\
&\qquad\vdots \\
&\binom{n}{n-1}p^{n-1}q^1 = \binom{n-1}{n-1}p^{n-1}q^1 + \binom{n-1}{n-2}p^{n-1}q^1 \\
&\binom{n}{n}p^n q^0
\end{aligned}$$

$$\sum_{x=r}^{n}\binom{n}{x}p^x q^{n-x} = \binom{n-1}{r-1}p^r q^{n-r} +$$

$$\begin{aligned}
&\binom{n-1}{r}p^r q^{n-r-1}(q+p) + \binom{n-1}{r+1}p^{r+1}q^{n-r-2}(q+p) + \cdots + \binom{n-1}{n-1}p^{n-1}(q+p) \\
&\quad = \binom{n-1}{r-1}p^r q^{n-r} + \\
&\qquad \left\{\binom{n-1}{r}p^r q^{n-r-1} + \binom{n-1}{r+1}p^{r+1}q^{n-r-2} + \cdots + \binom{n-1}{n-1}p^{n-1}\right\}
\end{aligned}$$

위 상자처럼 다시 한 번 반복하면,

$$\begin{aligned}
&= \binom{n-1}{r-1}p^r q^{n-r} + \binom{n-2}{r-1}p^r q^{n-r-1} + \\
&\qquad \left\{\binom{n-2}{r}p^r q^{n-r-2} + \binom{n-2}{r+1}p^{r+1}q^{n-r-3} + \cdots + \binom{n-2}{n-2}p^{n-2}\right\}
\end{aligned}$$

이를 계속적으로 반복하면,

$$= \binom{n-1}{r-1}p^r q^{n-r} + \binom{n-2}{r-1}p^r q^{n-r-1} + \cdots + \binom{r}{r-1}p^r q + \binom{r-1}{r-1}p^r q^0$$

이를 반대방향으로 정리하고 combination을 다시 정리하면,

$$= \binom{r-1}{0}p^r q^0 + \binom{r}{1}p^r q^1 + \cdots + \binom{n-2}{n-r-1}p^r q^{n-r+1} + \binom{n-1}{n-r}p^r q^{n-r}$$

$$= \sum_{y=o}^{n-r}\binom{r+y-1}{y}p^r q^y.$$

5. $Y = n - X, \quad X = n - Y$

$$f_X(x) = \binom{n}{x}p^x(1-p)^{n-x}$$

$$f_Y(y) = f_X(n-y) = \binom{n}{n-y} p^{n-y}(1-p)^y$$
$$= \frac{n!}{(n-y)!y!} p^{n-y}(1-p)^y = \binom{n}{y}(1-p)^y p^{n-y}.$$
$$\therefore Y \sim B(n, 1-p)$$

6. $X \sim B(n,p)$ r : 최빈값 => $(n+1)p-1 < r < (n+1)p$

(i) $f(r) > f(r+1)$ => $\dfrac{f(r)}{f(r+1)} > 1$

$$=> \frac{\binom{n}{r} p^r (1-p)^{n-r}}{\binom{n}{r+1} p^{r+1}(1-p)^{n-r-1}} = \frac{(r+1)}{(n-r)} \cdot \frac{1-p}{p} > 1$$

$(r+1)(1-p) > (n-r)p$

$r > (n+1)p - 1$

(ii) $f(r) > f(r-1)$ => $\dfrac{f(r-1)}{f(r)} < 1$

$$=> \frac{\binom{n}{r-1} p^{r-1}(1-p)^{n-r+1}}{\binom{n}{r} p^r (1-p)^{n-r}} = \frac{r}{(n-r+1)} \cdot \frac{1-p}{p} < 1$$

$n(1-p) < (n-r+1)p$

$r < (n+1)p$

$\therefore$ $(n+1)p-1 < r < (n+1)p$.

7. $M(t) = (pe^t + q)^n, \quad (q = 1-p)$

$$M'(t) = n(pe^t+q)^{n-1}pe^t,$$

$$M''(t) = npe^t(pe^t+q)^{n-1} + npe^t(n-1))pe^t+q)^{n-2}pe^t,$$
$$= npe^t(pe^t+q)^{n-1} + np^2e^{2t}(n-1)(pe^t+q)^{n-2}$$

$$M'''(t) = npe^t(pe^t+q)^{n-1} + n(n-1)p^2e^{2t}(pe^t+q)^{n-2} +$$
$$+2n(n-1)p^2e^{2t}(pe^t+q)^{n-2} + n(n-1)(n-2)p^3e^{3t}(pe^t+q)^{n-3},$$

$$M^{(4)}(t) = npe^t(pe^t+q)^{n-1} + n(n-1)p^2e^{2t}(pe^t+q)^{n-2}$$
$$+2n(n-1)p^2e^{2t}(pe^t+q)^{n-2} + n(n-1)(n-2)p^3e^{3t}(pe^t+q)^{n-3}$$
$$+4n(n-1)p^2e^{2t}(pe^t+q)^{n-2} + 2n(n-1)p^3e^{3t}(n-2)(pe^t+q)^{n-3}$$
$$+3n(n-1)(n-2)p^3e^{3t}(pe^t+q)^{n-3} + n(n-1)(n-2)(n-3)p^4e^{4t}(pe^t+q)^{n-4}$$

$$= npe^t(pe^t+q)^{n-1} + 7n(n-1)p^2e^{2t}(pe^t+q)^{n-2}$$
$$+6n(n-1)(n-2)p^3e^{3t}(pe^t+q)^{n-3} + n(n-1)(n-2)(n-3)p^4e^{4t}(pe^t+q)^{n-4}.$$

$$E(X) = M'(0) = np = \mu.$$

$$E(X^2) = M''(0) = np(p+q)^{n-1} + np^2(n-1)(p+q)^{n-2}$$
$$= np + n^2p^2 - np^2.$$

$$Var(X) = \sigma^2 = np + n^2p^2 - np^2 - n^2p^2 = np(1-p) = npq.$$

$$E(X^3) = M''(0) = np + n(n-1)p^2 + 2n(n-1)p^2 + n(n-1)(n-2)p^3$$
$$= np + 3n(n-1)p^2 + n(n-1)(n-2)p^3.$$

$$E(X^4) = M^{(4)} = np + 7n(n-1)p^2 + 6n(n-1)(n-2)p^3 + n(n-1)(n-2)(n-3)p^4.$$

① 왜도 : $\dfrac{E[(X-\mu)^3]}{\sigma^3} = \dfrac{(1-2p)}{\sqrt{npq}}$.

$$E[(X-\mu)^3] = E[X^3 - 3x^2\mu + 3x\mu^2 - \mu^3]$$
$$= E(X^3) - 3\mu E(X^2) + 2\mu^3$$
$$= npq(1-2p).$$

② 첨도 : $\dfrac{E[(X-\mu)^4]}{\sigma^4} = \dfrac{1-6pq}{npq} + 3$.

$$E[(X-\mu)^4] = E[X^4 + 6\mu^2X^2 - 4X^3\mu - 4X\mu^3 + \mu^4]$$
$$= E(X^4) + 6\mu^2E(X^2) - 4\mu E(X^3) - 3\mu^4$$
$$= npq(1-6pq) + 3n^2p^2q^2.$$

8. 조건 : $P[X=0] = P[X=1]$. $X \sim Poisson(\lambda)$, $\quad f(x) = \dfrac{e^{-\lambda}\lambda^x}{x!}$

$P(X=0) = e^{-\lambda} \qquad P(X=1) = e^{-\lambda}\lambda$

$e^{-\lambda} = e^{-\lambda}\lambda \rightarrow \lambda = 1.$

$\therefore E(X) = \lambda = 1.$

9. $f(x) = \dfrac{e^{-\lambda}\lambda^x}{x!}$ $\qquad x$: 0.5분당 기다리는 고객

$E(X) = 2 = \lambda,$

$P(X \geqq 1) = 1 - P(X<1) = 1 - P(X=0) = 1 - e^{-2}2^0 = 1 - e^{-2} = 0.8647.$

10. $P(X=1) = P(X=2)$. $f(x) = \dfrac{e^{-\lambda}\lambda^x}{x!}$

$P(X=1) = e^{-\lambda}\cdot\lambda \qquad P(X=2) = (e^{-\lambda}\cdot\lambda^2)\times\dfrac{1}{2}$

$e^{-\lambda}\lambda = e^{-\lambda}\lambda^2\dfrac{1}{2} \rightarrow \lambda = 2.$

$\therefore P(X=4) = \dfrac{(e^{-2}2^4)}{4!} = 0.0902.$

11. $M_X(t) = E(e^{tX}) = \sum e^{tx}\dfrac{e^{-\lambda}\lambda^x}{x!} = e^{-\lambda}\sum\dfrac{(\lambda e^t)^x}{x!} = e^{-\lambda}e^{\lambda e^t} = e^{\lambda(e^t-1)}.$

$(\because e^{\lambda} = 1 + \lambda + \dfrac{\lambda^2}{2} + \dfrac{\lambda^3}{3!} + \cdots = \sum\dfrac{\lambda^x}{x!})$

$M_X'(t) = \lambda e^t e^{\lambda(e^t-1)}. \qquad (t\to 0) \Rightarrow \quad \lambda = E(X)$

$M_X''(t) = \lambda e^t e^{\lambda(e^t-1)} + \lambda^2 e^{2t} e^{\lambda(e^t-1)}. \qquad (t\to 0) \Rightarrow \quad \lambda + \lambda^2 = E(X^2)$

$$M_X'''(t) = \lambda e^t e^{\lambda(e^t-1)} + 3\lambda^2 e^{2t} e^{\lambda(e^t-1)} + \lambda^3 e^{3t} e^{\lambda(e^t-1)}.$$

$$(t \to 0) \;=>\quad \lambda + 3\lambda^2 + \lambda^3 = E(X^3)$$

$$M_X^{(4)}(t) = \lambda e^t e^{\lambda(e^t-1)} + 7\lambda^2 e^{2t} e^{\lambda(e^t-1)} + 7\lambda^3 e^{3t} e^{\lambda(e^t-1)} + \lambda^4 e^{4t} e^{\lambda(e^t-1)}.$$

$$(t \to 0) \;=>\quad \lambda + 7\lambda^2 + 7\lambda^3 + \lambda^4 = E(X^4)$$

왜도 : $\dfrac{E((X-\mu)^3)}{\sigma^3} = \dfrac{E(X^3) - 3E(X^2)E(X) + 2(E(X))^2}{\{E(X^2) - (E(X))^2\}^{3/2}} = \dfrac{\lambda + 3\lambda^2 + \lambda^3 - 3\lambda(\lambda+\lambda^2) + 2\lambda^2}{(\lambda+\lambda^2-\lambda^2)^{3/2}}$

$$= \frac{-2\lambda^3 + 2\lambda^2 + \lambda}{\lambda^{3/2}} = -2\lambda^{\frac{3}{2}} + 2\lambda^{\frac{1}{2}} + \lambda^{-\frac{1}{2}}.$$

첨도 : $\dfrac{E((X-\mu)^4)}{\sigma^4} = \dfrac{E(X^4) - 4E(X^3)E(X) + 6E(X^2)(E(X))^2 - 3(E(X))^4}{\{E(X^2) - (E(X))^2\}^2}$

$$= \frac{\lambda + 7\lambda^2 + 7\lambda^3 + \lambda^4 - 4\lambda(\lambda + 3\lambda^2 + \lambda^3) + 6\lambda^2(\lambda+\lambda^2) - 3\lambda^4}{(\lambda+\lambda^2-\lambda^2)^2}$$

$$= \frac{\lambda^3 + 3\lambda^2 + \lambda}{\lambda^2} = \lambda + \lambda^{-1} + 3.$$

12. $\displaystyle\sum_{k=0}^{\infty} \frac{(k^2-k)3^k}{k!} = \sum_{k=0}^{\infty} \frac{k(k-1)3^k}{k!} = \sum_{k=2}^{\infty} \frac{3^k}{(k-2)!}$, $\quad y = k-2$로 치환

$$= \frac{3^2}{e^{-3}} \sum_{y=0}^{\infty} \frac{e^{-3}3^y}{y!} = \frac{3^2}{e^{-3}}.$$

13. $p = 0.005$

① $P(X \le 1) = P(X=0) + P(X=1) = \binom{50}{0} 0.005^0\, 0.995^{50} + \binom{50}{1} 0.005^1\, 0.995^{49} = 0.9738.$

② $P(X=0) = \binom{5000}{0} 0.005^0\, 0.995^{5000} = 0.0000.$

14. $X \sim U(1,2)$ $f(x) = \dfrac{1}{b-a} = 1.$ $\qquad E(X) = \displaystyle\int_a^b x\,dx = [\frac{1}{2}x^2]_a^b = \frac{b^2-a^2}{2} = \frac{3}{2}.$

$P(X > z+\mu) = 1 - P(X \le z+\mu)$

$P(X > Z + \frac{3}{2}) = 1 - P(X \le Z + \frac{3}{2}) = 1 - \displaystyle\int_1^{z+\frac{3}{2}} 1\,dx = 1 - (z + \frac{3}{2}) = 2 - z - \frac{3}{2} = \frac{1}{2} - z = \frac{1}{4}.$

$\therefore\; z = \dfrac{1}{4}.$

15. $X \sim N(2,1)$

$$P(|X-2| < 1) = P(1 < X < 3) = P(-1 < Z < 1)$$
$$= \Phi(1) - \Phi(-1) = \Phi(1) - (1 - \Phi(1)) = 2\Phi(1) - 1 = 0.6827.$$

16. $\quad f_X(x) = \dfrac{\lambda^r}{\Gamma(r)} x^{r-1} e^{-\lambda x}. \qquad F_X(x) = 1 - \displaystyle\sum_{j=0}^{r-1} \frac{e^{-\lambda x}(\lambda x)^j}{j!}.$

=〉 확률변수 X는 r번째 사건이 발생할 때까지의 시간: $P(X \le x) = 1 - P(X > x)$

$P(X>x)$에서 $\{X>x\}$는 r번째 사건이 x시간 이후에 발생할 사상을 말하는데 이는 x시간까지는 사건이 한 번도 발생하지 않을 수도 있고 나아가 모두 $r-1$번째 사건이 발생할 수도 있음을 의미한다. 확률변수 J를 x시간 동안 발생한 사건의 수라고 하면, 확률변수 J는 모수가 λ인 포아송분포를 따르며,

$$P(X>x) = \sum_{j=0}^{r-1} P(J=j) = \sum_{j=0}^{r-1} \frac{(\lambda x)^j e^{-\lambda x}}{j!}.$$

17. (a) $$\int_0^1 x^{a-1}(1-x)^{b-1}dx = B(a,b)\int_0^1 \frac{1}{B(a,b)} x^{a-1}(1-x)^{b-1}dx$$
$$= \frac{\Gamma(a)\Gamma(b)}{\Gamma(a+b)} = \frac{(a-1)!(b-1)!}{(a+b-1)!}.$$
$$\because \int_0^1 \frac{1}{B(a,b)} x^{a-1}(1-x)^{b-1}dx = 1$$

또는 $$= \left[\frac{1}{a}x^a(1-x)^{b-1}\right]_0^1 + \int_0^1 \frac{1}{a}x^a(b-1)(1-x)^{b-2}dx = \frac{b-1}{a}\int_0^1 x^a(1-x)^{b-2}dx$$
$$= \frac{(b-1)(b-2)}{a(a+1)}\int_0^1 x^{a+1}(1-x)^{b-3}dx = \cdots$$
$$= \frac{(b-1)(b-2)\cdots 1}{a(a+1)\cdots(a+b-1)} = \frac{(a-1)!(b-1)!}{(a+b-1)!}.$$

(b) $$\sum_{j=k}^{n}\binom{n}{j}p^j(1-p)^{n-j} = \frac{n!}{(k-1)!(n-k)!}\int_0^p u^{k-1}(1-u)^{n-k}du \quad .$$

$$\frac{n!}{(k-1)!(n-k)!}\int_0^p u^{k-1}(1-u)^{n-k}du \quad = \quad F(p)$$

여기서 $\int_0^p u^{k-1}(1-u)^{n-k}du = A$ 라고하자.

$$A = \int_0^p u^{k-1}(1-u)^{n-k}du$$
$$= [(1-u)^{n-k}\frac{1}{k}u^k]_o^p + \int_0^p (n-k)(1-u)^{n-k-1}\frac{1}{k}u^k du$$
$$= \frac{1}{k}[(1-u)^{n-k}u^k]_0^p + \frac{(n-k)}{k}\int_0^p (1-u)^{n-k-1}u^k du$$
$$= \frac{1}{k}[(1-u)^{n-k}u^k]_0^p$$
$$+ \frac{(n-k)}{k}\left\{[(1-u)^{n-k-1}\frac{1}{k+1}u^{k+1}]_0^p + \int_0^p (n-k-1)(1-u)^{n-k-2}\frac{1}{k+1}u^{k+1}du\right\}$$
$$(\because \int_0^p (1-u)^{n-k-1}u^k du$$
$$= [(1-u)^{n-k-1}\frac{1}{k+1}u^{k+1}]_0^p + \int_0^p (n-k-1)(1-u)^{n-k-2}\frac{1}{k+1}u^{k+1}du)$$

$$=\frac{1}{k}[(1-u)^{n-k}u^k]_0^p+\frac{(n-k)}{k(k+1)}[(1-u)^{n-k-1}u^{k+1}]_0^p$$
$$+\frac{(n-k)(n-k-1)}{k(k+1)(k+2)}[(1-u)^{n-k-2}u^{k+2}]_0^p$$
$$+\cdots+\frac{(n-k)(n-k-1)\cdots 1}{k(k+1)\cdots n}[(1-u)_0u^n]_0^p$$

$q=1-p$로 치환

$$=\frac{1}{k}(p^kq^{n-k})+\frac{(n-k)}{k(k+1)}(p^{k+1}q^{n-k-1})+\frac{(n-k)(n-k-1)}{k(k+1)(k+2)}(p^{k+2}q^{n-k-1})+\cdots+\frac{(n-k)!}{k(k+1)\cdots n}p^nq^0$$

$$\begin{aligned}F(p) &= \frac{n!}{(k-1)!(n-k)!}\cdot A\\ &= \frac{n!}{k(n-k)!}p^kq^{n-k}+\frac{n!}{(k+1)!(n-k-1)!}p^{k+1}q^{n-k-1}+\cdots+\frac{n!}{n!}p^nq^0\\ &= \binom{n}{k}p^kq^{n-k}+\binom{n}{k+1}p^{k+1}q^{n-k-1}+\cdots+\binom{n}{n}p^nq^0\\ &= \sum_{j=k}^{n}\binom{n}{j}p^jq^{n-j}.\end{aligned}$$

(c) $\Gamma(\frac{1}{2})=\int_0^\infty x^{-\frac{1}{2}}e^{-x}dx$ $\quad$ ($x=\frac{1}{2}y^2,\ dx=y\ dy$이라고 하면)

$$=\int_0^\infty(\frac{1}{2}y^2)^{-\frac{1}{2}}e^{-\frac{1}{2}y^2}y\ dy \qquad =\int_0^\infty\sqrt{2}\,y\frac{1}{y}e^{-\frac{1}{2}y^2}dy$$

$$=\sqrt{2}\int_0^\infty e^{-\frac{1}{2}y^2}dy \qquad \left(\int_0^\infty\frac{1}{\sqrt{2\pi}}e^{-\frac{1}{2}y^2}dy=\frac{1}{2}\text{이므로}\right)$$

$$=\frac{\sqrt{2}\sqrt{2\pi}}{2} \qquad =\sqrt{\pi}.$$

18. $f(x)=\dfrac{e^{-(x-\mu)^2/2}}{\int_{-\infty}^{x_0}e^{-(x-\mu)^2/2}dx}$, 여기서 $x\le x_0$이다. 위의 확률분포를 절산된 정규분포라 한다.

(i) $$f(x)=\frac{\frac{1}{\sqrt{2\pi}\,\sigma}e^{-(x-\mu)^2/2}}{\int_{-\infty}^{x_0}\frac{1}{\sqrt{2\pi}\,\sigma}e^{-(x-\mu)^2/2}dx}=\frac{g(x)}{\int_{-\infty}^{x_0}g(x)dx}=\frac{g(x)}{G(x_0)-G(-\infty)}\ge 0.\ (\because g(x)\ge 0)$$

(ii) $$\int_{-\infty}^{x_0}f(x)\,dx=\int_{-\infty}^{x_0}\frac{g(x)}{\int_{-\infty}^{x_0}g(x)dx}dx=\int_{-\infty}^{x_0}\frac{g(x)}{G(x_0)-G(-\infty)}dx=\frac{G(x_0)-G(-\infty)}{G(x_0)-G(-\infty)}=1.$$

19. $E(X)=\int_0^\infty\frac{1}{\beta^2}x^2e^{-\frac{1}{2}(\frac{x}{\beta})^2}dx,\qquad t=\frac{x^2}{2\beta^2}$, $2x\,dx=2\beta^2dt$로 치환

$$= \int_0^{\infty} \frac{x^2}{\beta^2} e^{-t} \frac{2\beta^2}{2x} dt = \int_0^{\infty} \sqrt{2\beta^2 t}\, e^{-t} dt = \beta\sqrt{2} \int_0^{\infty} t^{\frac{1}{2}} e^{-t} dt$$

$$= \beta\sqrt{2} \times \Gamma(\frac{3}{2}) = \beta\frac{\sqrt{2}}{2} \times \Gamma(\frac{1}{2}) = \frac{\sqrt{2\pi}}{2}\beta.$$

$$E(X^2) = \int_0^{\infty} \frac{1}{\beta^2} x^3 e^{-\frac{1}{2}(\frac{x}{\beta})^2} dx, \qquad t = \frac{x^2}{2\beta^2},\ 2x\,dx = 2\beta^2 dt\text{로 치환}$$

$$= \int_0^{\infty} \frac{x^3}{\beta^2} e^{-t} \frac{2\beta^2}{2x} dt = \int_0^{\infty} 2\beta^2 t e^{-t} dt = 2\beta^2 \int_0^{\infty} t e^{-t} dt$$

$$= 2\beta^2 \times \Gamma(2) = 2\beta^2.$$

$$\therefore Var(X) = E(X^2) - (E(X))^2 = 2\beta^2 - \frac{\pi}{2}\beta^2 = \frac{4-\pi}{2}\beta^2.$$

20. $E(X) = \int_0^{\infty} \frac{4}{\sqrt{\pi}} x^3 e^{-(\frac{x}{\beta})^2} dx, \qquad t = \frac{x^2}{\beta^2},\quad 2x\,dx = \beta^2 dt$로 치환

$$= \frac{4}{\sqrt{\pi}} \int_0^{\infty} \frac{x^3}{\beta^3} e^{-t} \frac{\beta^2}{2x} dt = \frac{2}{\beta\sqrt{\pi}} \int \beta^2 t e^{-t} dt = \frac{2}{\sqrt{\pi}} \beta \times \Gamma(2) = \frac{2}{\sqrt{\pi}}\beta.$$

$$E(X^2) = \int_0^{\infty} \frac{4}{\sqrt{\pi}} x^4 e^{-(\frac{x}{\beta})^2} dx, \qquad t = \frac{x^2}{\beta^2},\quad 2x\,dx = \beta^2 dt\text{로 치환}$$

$$= \frac{4}{\sqrt{\pi}} \int_0^{\infty} \frac{x^4}{\beta^3} e^{-t} \frac{\beta^2}{2x} dt = \frac{2}{\beta\sqrt{\pi}} \int \beta^3 t^{\frac{3}{2}} e^{-t} dt = \frac{2}{\sqrt{\pi}} \beta^2 \times \Gamma(\frac{5}{2})$$

$$= \frac{2}{\sqrt{\pi}} \beta^2 \times \frac{3}{2} \times \frac{1}{2} \times \Gamma(\frac{1}{2}) = \frac{3}{2}\beta^2.$$

$$Var(X) = E(X^2) - (E(X))^2 = \frac{3}{2}\beta^2 - \frac{4}{\pi}\beta^2 = \left(\frac{3}{2} - \frac{4}{\pi}\right)\beta^2.$$

21. $Y = aX + b, \qquad X = \frac{Y-b}{a}$

$$P(Y \le y) = P(aX + b \le y) = P(X \le \frac{y-b}{a})$$

$$= \int_{-\infty}^{\frac{y-b}{a}} \frac{1}{\sqrt{2\pi}\,\sigma} e^{-\frac{(x-\mu)^2}{2\sigma^2}} dx \ \left(z = \frac{x-\mu}{\sigma} = \frac{\frac{y-b}{a} - \mu}{\sigma} = \frac{y-b-a\mu}{a\sigma}\text{로 치환}\right)$$

$$= \int_{-\infty}^{\frac{y-(b+a\mu)}{a\sigma}} \frac{1}{\sqrt{2\pi}} e^{\frac{-1}{2}z^2} dz$$

$$f(y) = F'(y) = \frac{1}{\sqrt{2\pi}} e^{-\frac{1}{2}(\frac{y-(b+a\mu)}{a\sigma})^2} \frac{1}{a\sigma} = \frac{1}{\sqrt{2\pi}\,a\sigma} e^{-\frac{1}{2}(\frac{y-(b+a\mu)}{a\sigma})^2}.$$

$$\therefore\ Y \sim N(b + a\mu,\ a^2\sigma^2)$$

22. $f_X(x) = \frac{e^{-\lambda}\lambda^x}{x!}, \qquad M_X(t) = E(e^{tX}) = e^{-\lambda} e^{\lambda e^t} = e^{\lambda(e^t - 1)},$

$M_X(t) = e^{4(e^t-1)}, \qquad \lambda = 4,\ \sigma^2 = 4.$

$$P(\mu-2\sigma < X < \mu+2\sigma) = P(4-4 < X < 4+4)$$
$$= P(0 < X < 8) = P(X \le 7) - P(X=0)$$
$$= 0.9489 - 0.0183 = 0.9306.$$

23. $$M_X(t) = E(e^{tX}) = 1 + M'(0)t + \frac{M''(0)}{2}t^2 + \cdots + \frac{M^{(k)}(0)}{k!}t^k + \cdots$$
$$= 1 + E(X)t + \frac{E(X^2)}{2}t^2 + \cdots + \frac{E(X^k)}{k!}t^k + \cdots$$
$$= 1 + 2!2t + \frac{3!2^2}{2!}t^2 + \cdots + \frac{(t+1)!2^k}{k!}t^k + \cdots$$
$$\begin{array}{rl} M_X(t) = & 1 + 2\cdot 2t + 3\cdot(2t)^2 + \cdots + (k+1)(2t)^k + \cdots \\ -2tM_X(t) = & -(2t + 2\cdot(2t)^2 + \cdots + k(2t)^k + \cdots) \\ \hline (1-2t)M_X(t) = & 1 + 2t + (2t)^2 + \cdots + (2t)^k + \cdots \end{array}$$
$$= \frac{1}{1-2t}$$

$$M_X(t) = \frac{1}{(1-2t)^2} = \left(\frac{\frac{1}{2}}{\frac{1}{2}-t}\right)^2, \qquad X \sim Gamma\left(r=2,\ \lambda=\frac{1}{2}\right)$$

$$\therefore f_X(x) = \frac{(\frac{1}{2})^2}{\Gamma(2)}xe^{-\frac{1}{2}x} = \frac{1}{4}xe^{-\frac{1}{2}x}.$$

24. $$M_X(t) = E(e^{tX}) = 1 + M'\frac{(0)}{1}t + \frac{M''(0)}{2!}t^2 + \frac{M'''(0)}{3!}t^3 + \cdots$$
$$= 1 + E(X)t + \frac{E(X^2)}{2!}t^2 + E(X^3)\frac{1}{3!}t^3 + \cdots$$
$$= 1 + \frac{E(X^2)}{2!}t^2 + \frac{E(X^4)}{4!}t^4 + \cdots$$
$$= 1 + \frac{2!}{2\cdot 1!2!}t^2 + \frac{4!}{2^2 2!4!}t^4 + \cdots$$
$$= 1 + \frac{t^2}{1!2} + \frac{t^4}{2!2^2} + \cdots = 1 + \frac{(\frac{t^2}{2})}{1!} + \frac{(\frac{t^2}{2})^2}{2!} + \cdots$$
$$= \sum_{x=0}^{\infty}\frac{(\frac{t^2}{2})^x}{x!} = e^{\frac{1}{2}t^2}.$$
$$\therefore X \sim N(0,1)$$

25. $$E(Y) = \int_a^b yg(y)dy = \int_a^b y\frac{\phi(y)}{[\Phi(b)-\Phi(a)]}dy = \frac{1}{[\Phi(b)-\Phi(a)]}\int_a^b y\phi(y)dy$$

$\int_a^b y\phi(y)dy = A$라 놓으면,

$$A=\int_a^b y\frac{1}{\sqrt{2\pi}}e^{-\frac{1}{2}y^2}dy=\frac{1}{\sqrt{2\pi}}\int_a^b ye^{-\frac{1}{2}y^2}dy \qquad (\frac{1}{2}y^2=t\text{로 치환})$$

$$=\frac{1}{\sqrt{2\pi}}\int_{a^2/2}^{b^2/2}e^{-t}dt=\frac{1}{\sqrt{2\pi}}[-e^{-t}]_{a^2/2}^{b^2/2}=\frac{1}{\sqrt{2\pi}}e^{-\frac{a^2}{2}}-\frac{1}{\sqrt{2\pi}}e^{-\frac{b^2}{2}}$$

$$=\phi(a)-\phi(b).$$

$$\therefore\ E(y)=\frac{\phi(a)-\phi(b)}{\Phi(b)-\Phi(a)}.$$

제4장 결합확률분포와 조건부분포

1. (i) $f_X(x)=\int_x^1 15x^2ydy=\left[\frac{15}{2}x^2y^2\right]_x^1=\frac{15}{2}(x^2-x^4)=\frac{15}{2}x^2(1-x^2),\ 0<x<1.$

$f_Y(y)=\int_0^y 15x^2ydx=[5x^3y]_0^y=5y^4,\ 0<y<1.$

(ii) $P[X+Y\le 1]=\int_0^{\frac{1}{2}}\int_x^{1-x}15x^2y\ dydx=\int_0^{\frac{1}{2}}\left[\frac{15}{2}x^2y^2\right]_x^{1-x}dx$

$=\int_0^{\frac{1}{2}}\frac{15}{2}(x^2-2x^3)dx=\frac{15}{2}\left[\frac{1}{3}x^3-\frac{1}{2}x^4\right]_0^{\frac{1}{2}}$

$=\frac{15}{2}\left\{\frac{1}{3}\times\frac{1}{8}-\frac{1}{2}\times\frac{1}{16}\right\}=\frac{5}{64}.$

2. (a) $f_{X|Y}(x|y)=\frac{f_{X,Y}(x,y)}{f_Y(y)}=\frac{21x^2y^3}{\int_0^y 21x^2y^3dx}=\frac{21x^2y^3}{\left[\frac{21}{3}x^3y^3\right]_0^y}=\frac{3x^2}{y^3},\qquad 0<x<y.$

$E[X|Y=y]=\int_0^y x\cdot\ f_{X|Y}(x|y)dx=\int_0^y x\cdot\ \frac{3x^2}{y^3}dx=\frac{3}{y^3}\left[\frac{1}{4}x^4\right]_0^y=\frac{3}{4}y,\qquad 0<y<1.$

$E[X^2|Y=y]=\int_0^y x^2\cdot\ \frac{3x^2}{y^3}dx=\frac{3}{y^3}\left[\frac{1}{5}x^5\right]_0^y=\frac{3}{5}y^2,\qquad 0<y<1.$

$Var[X|Y=y]=E[X^2|Y=y]-E[X|Y=y]^2=\frac{3}{5}y^2-\left(\frac{3}{4}y\right)^2=\frac{3}{80}y^2.$

(b) $U=E(X|Y)=\frac{3}{4}Y,\qquad 0<y<1.$

$F_U(u)=P[U\le u]=P[\frac{3}{4}Y\le u]=P[Y\le\frac{4}{3}u]=\int_0^{\frac{4}{3}u}(7y^6)dy=[y^7]_0^{\frac{4}{3}u}=\left(\frac{4}{3}u\right)^7.$

$f_U(u)=7\times\frac{4}{3}\left(\frac{4}{3}u\right)^6=7\left(\frac{4}{3}\right)^7u^6,\qquad 0<u<\frac{3}{4}.$

3. (a) $f(x|X>x_0)=\frac{f_X(x)}{[1-F_X(x_0)]}$에서 $1-F_X(x_0)>0$이고

$f_X(x)$는 X의 확률밀도함수이므로 $f_X(x)\ge 0$이다. 따라서 $f(x|X>x_0)\ge 0$ 이다.

또한 $\int_{x_0}^\infty f(x|X>x_0)dx=\int_{x_0}^\infty\frac{f_X(x)}{[1-F_X(x_0)]}dx=\frac{\int_{x_0}^\infty f_X(x)dx}{1-F_X(x_0)}$

$=\frac{1}{1-F_X(x_0)}(1-F_X(x_0))=1.$

$\therefore f(x|X>x_0)$: $p.d.f.$

(b) $f_X(x)=e^{-x}(0<x<\infty)$,

$$P[X>2|X>1]=\frac{P[X>2]}{P[X>1]}=\frac{\int_2^\infty e^{-x}dx}{\int_1^\infty e^{-x}dx}=\frac{[-e^{-x}]_2^\infty}{[-e^{-x}]_1^\infty}=\frac{e^{-2}}{e^{-1}}=\frac{1}{e}.$$

4. $\psi(t_1,t_2)=\ln M_{X,Y}(t_1,t_2)$, $\frac{\partial\psi(0,0)}{\partial t_i}$, $\frac{\partial^2\psi(0,0)}{\partial t_i^2}$, $\frac{\partial^2\psi(0,0)}{\partial t_1,\partial t_2}$를 이용하여

$$\frac{\partial\psi(t_1,t_2)}{\partial t_i}=\frac{\partial\ln M_{X,Y}(t_1,t_2)}{\partial t_i}=\frac{1}{M_{X,Y}(t_1,t_2)}\times\frac{\partial M_{X,Y}(t_1,t_2)}{\partial t_i}$$

$$\therefore\frac{\partial\psi(0,0)}{\partial t_i}=\frac{1}{M_{X,Y}(0,0)}\times\frac{\partial M_{X,Y}(0,0)}{\partial t_i}=\frac{\partial M_{X,Y}(0,0)}{\partial t_i}=\mu_i,\qquad(i=1,2).$$

평균 : $\mu_i=\frac{\partial\psi(0,0)}{\partial t_i}$, $\quad(i=1,2)$.

$$\frac{\partial^2\psi(t_1,t_2)}{\partial t_i^2}=\frac{-1}{(M_{X,Y}(t_1,t_2))^2}\times\left\{\frac{\partial M_{X,Y}(t_1,t_2)}{\partial t_i}\right\}^2+\frac{1}{M_{X,Y}(t_1,t_2)}\times\frac{\partial^2 M_{X,Y}(t_1,t_2)}{\partial t_i^2}$$

$$\therefore\frac{\partial^2\psi(0,0)}{\partial t_i^2}=\frac{-1}{(M_{X,Y}(0,0))^2}\times t(\mu_i)^2+\frac{1}{M_{X,Y}(0,0)}\times\frac{\partial^2 M_{X,Y}(0,0)}{\partial t_i^2}$$

$$=\frac{\partial^2 M_{X,Y}(0,0)}{\partial t_i^2}-(\mu_i)^2=\sigma_i^2,\qquad(i=1,2).$$

분산 : $\sigma_i^2=\frac{\partial^2\psi(0,0)}{\partial t_i^2}$.

$$\frac{\partial^2\psi(t_1,t_2)}{\partial t_1\partial t_2}=\frac{\partial}{\partial t_2}\left(\frac{1}{M_{X,Y}(t_1,t_2)}\times\frac{\partial M_{X,Y}(t_1,t_2)}{\partial t_1}\right)$$

$$=\frac{-1}{M_{X,Y}(t_1,t_2)^2}\cdot\frac{\partial M_{X,Y}(t_1,t_2)}{\partial t_2}\cdot\frac{\partial M_{X,Y}(t_1,t_2)}{\partial t_1}+\frac{1}{M_{X,Y}(t_1,t_2)}\cdot\frac{\partial^2 M_{X,Y}(t_1,t_2)}{\partial t_1\partial t_2}\cdot\frac{\partial^2\psi(0,0)}{\partial t_1\partial t_2}$$

$$=-\frac{\partial M_{X,Y}(0,0)}{\partial t_1}\times\frac{\partial M_{X,Y}(0,0)}{\partial t_2}+\frac{\partial^2 M_{X,Y}(0,0)}{\partial t_1\partial t_2}$$

$$=E(XY)-\mu_X\mu_Y\qquad=Cov(X,Y).$$

공분산 : $Cov(X,Y)=\frac{\partial^2\psi(0,0)}{\partial t_1\partial t_2}$.

5. $f(x,y)=12xy(1-y)$,독립 $\qquad(0<x<1,\ 0<y<1)$.

$$f_X(x)=\int_0^1 12xy(1-y)dy=12x\int_0^1(y-y^2)dy=12x\left[\frac{1}{2}y^2-\frac{1}{3}y^3\right]_0^1$$

$$= 12x\left[\frac{1}{2}-\frac{1}{3}\right] = 2x, \qquad 0<x<1.$$

$$f_Y(y) = \int_0^1 12xy(1-y)dx = 12y(1-y)\int_0^1 x\ dx = 12y(1-y)\left[\frac{1}{2}x^2\right]_0^1$$

$$= 6y(1-y), \qquad 0<y<1.$$

$\therefore f(x,y) = f_X(x)f_Y(y) = 2x\times 6y(1-y) = 12xy(1-y)$ 이므로, X와 Y는 서로 독립이다.

6. $f_{X,Y}(x,y) = 2e^{-x-y}, \qquad (0<x<y<\infty).$

$$f_X(x) = \int_x^\infty 2e^{-x-y}dy = 2\left[-e^{-x-y}\right]_x^\infty = 2e^{-2x}, \qquad 0<x<\infty.$$

$$f_Y(y) = \int_0^y 2e^{-x-y}dx = 2\left[-e^{-x-y}\right]_0^y = 2(-e^{-2y}+e^{-y}) = 2e^{-y}(1-e^{-y}), \qquad 0<y<\infty.$$

$\therefore f_X(x)f_Y(y) = 4e^{-2x-y}(1-e^{-y}) \neq 2e^{-x-y} = f_{X,Y}(x,y)$ 이므로 X와 Y는 서로 독립이 아니다.

7. $f_{X,Y}(x,y) = \frac{1}{16}, \qquad x=\{1,2,3,4\},\ y=\{1,2,3,4\}.$

$$f_X(x) = \sum_{y=1}^4 \frac{1}{16} = \frac{1}{4}, \quad f_Y(y) = \sum_{x=1}^4 \frac{1}{16} = \frac{1}{4}.$$

$\therefore f_X(x)f_Y(y) = \frac{1}{4}\times\frac{1}{4} = \frac{1}{16} = f_{X,Y}(x,y)$ 이므로 X와 Y는 서로 독립이다.

8. (i) $f_X(x) = \int_0^\infty e^{-x-y}dy = \left[-e^{-x-y}\right]_0^\infty = e^{-x},$

$$f_Y(y) = \int_0^\infty e^{-x-y}dx = \left[-e^{-x-y}\right]_0^\infty = e^{-y}.$$

$\therefore f_{X,Y}(x,y) = f_X(x)f_Y(y) = e^{-x-y}$ 이므로 X와 Y는 서로 독립이다.

(ii) $M_{X,Y}(t_1,t_2) = E[\exp(t_1X+t_2Y)] = \int_0^\infty\int_0^\infty e^{t_1x+t_2y}e^{-x-y}dxdy$

$$= \int_0^\infty\int_0^\infty e^{(t_1-1)x}e^{(t_2-1)y}dxdy = \frac{1}{(t_1-1)}\left[e^{(t_1-1)x}\right]_0^\infty \frac{1}{(t_2-1)}\left[e^{(t_2-1)y}\right]_0^\infty$$

$$= \frac{1}{1-t_1}\times\frac{1}{1-t_2}, \qquad t_1<1,\ t_2<1.$$

(iii) $E\left[e^{t(X+Y)}\right] = \int_0^\infty\int_0^\infty e^{tx+ty}e^{-x-y}dxdy = \frac{1}{(1-t)^2}, \quad t<1.$

(iv) $E(Z) = M_Z'(0) = \left[-2(1-t)^{-3}(-1)\right]_{t=0} = 2.$

$E(Z^2) = M_Z''(0) = \left[-6(1-t)^{-4}(-1)\right]_{t=0} = 6.$

$Var(Z) = E(Z^2) - (E(Z))^2 = 6 - 2^2 = 2.$

9. (a) $P(X<Y<Z) = \int_0^\infty\int_0^z\int_0^y e^{-x-y-z}dxdydz = \int_0^\infty\int_0^z e^{-y-z}\left[-e^{-x}\right]_0^y dydz$

$$= \int_0^\infty \int_0^z (1-e^{-y})e^{-y-z}dydz = \int_0^\infty e^{-z}\left[-e^{-y}+\frac{1}{2}e^{-2y}\right]_0^z dydz$$

$$= \int_0^\infty e^{-z}\left(-e^{-z}+\frac{1}{2}e^{-2z}+1-\frac{1}{2}\right)dz = \int_0^\infty\left(\frac{1}{2}e^{-3z}-e^{-2z}+\frac{1}{2}e^{-z}\right)dz$$

$$= \left[-\frac{1}{6}e^{-3z}+\frac{1}{2}e^{-2z}-\frac{1}{2}e^{-z}\right]_0^\infty = \frac{1}{6}-\frac{1}{2}+\frac{1}{2}=\frac{1}{6}.$$

$$P(X=Y<Z) = \int_0^\infty \int_x^x \int_0^z e^{-(x+y+z)}dxdydz = \int_0^\infty \int_x^x e^{-y-z}\left[-e^{-x}\right]_0^z dydz$$

$$= \int_0^\infty \int_x^x e^{-y-z}(1-e^{-z})dydz = \int_0^\infty e^{-z}(1-e^{-z})\left[-e^{-y}\right]_x^x dz$$

$$= \int_0^\infty 0 \ dz \ = 0.$$

(b) $M_{X,Y,Z}(t_1,t_2,t_3) = E\left(e^{t_1X+t_2Y+t_3Z}\right)$

$$= \int_0^\infty \int_0^\infty \int_0^\infty e^{t_1x+t_2y+t_3z}\cdot\ e^{-(x+y+z)}dxdydz$$

$$= \int_0^\infty \int_0^\infty \int_0^\infty e^{(t_1-1)x}e^{(t_2-1)y}e^{(t_3-1)z}dxdydz$$

$$= \frac{1}{(t_1-1)}\left[e^{(t_1-1)x}\right]_0^\infty\cdot\ \frac{1}{(t_2-1)}\left[e^{(t_2-1)x}\right]_0^\infty\cdot\ \frac{1}{(t_3-1)}\left[e^{(t_3-1)x}\right]_0^\infty$$

$$= \frac{1}{(1-t_1)(1-t_2)(1-t_3)},\qquad t_1<1,\ t_2<1,\ t_3<1.$$

$M_X(t_1) = M_{X,Y,Z}(t_1,0,0) = \dfrac{1}{1-t_1}$, $M_X(t_2) = M_{X,Y,Z}(0,t_2,0) = \dfrac{1}{1-t_2}$,

$M_X(t_3) = M_{X,Y,Z}(0,0,t_3) = \dfrac{1}{1-t_3}$ 이므로, $M_{X,Y,Z}(t_1,t_2,t_3) = M_X(t_1)M_Y(t_2)M_Z(t_3)$.

$\therefore X$, Y와 Z는 서로 독립이다.

※ 다른 풀이

$f_X(x) = \int_0^\infty \int_0^\infty e^{-(x+y+z)}dydz = e^{-x}$, $f_Y(y) = e^{-y}$, $f_Z(z) = e^{-z}$이고,

$f_X(x)f_Y(y)f_Z(z) \ = e^{-x}\cdot\ e^{-y}\cdot\ e^{-z} = e^{-(x+y+z)} = f_{X,Y,Z}(x,y,z)$ 이므로,

$\therefore X$, Y와 Z는 서로 독립이다.

10. (a) $f_X(x) = \int_0^1 \int_0^1 \frac{2}{3}(x+y+z)\ dydz = \int_0^1 \frac{2}{3}\left[xy+\frac{1}{2}y^2+zy\right]_0^1 dz$

$$= \frac{2}{3}\int_0^1 (x+z+\frac{1}{2})dz = \frac{2}{3}\left[xz+\frac{1}{2}z^2+\frac{1}{2}z\right]_0^1 = \frac{2}{3}(x+1),\qquad 0<x<1,$$

$$f_Y(y)=\frac{2}{3}(y+1),\qquad 0<y<1$$
$$f_Z(z)=\frac{2}{3}(z+1),\qquad 0<z<1.$$

(b) $f_{X,Y,Z}(x,y,z)\neq f_X(x)f_Y(y)f_Z(z)=\frac{8}{27}(x+1)(y+1)(z+1).$

$\therefore X$, Y와 Z는 서로 독립이 아니다.

(c) $F_{X,Y,Z}(x,y,z)=\int_0^z\int_0^y\int_0^x\frac{2}{3}(u+v+w)\ dudvdw$

$$=\frac{2}{3}\int_0^z\int_0^y\left[\frac{1}{2}u^2+vu+wu\right]_0^x dvdw=\frac{2}{3}\int_0^z\int_0^y\left(\frac{1}{2}x^2+xv+xw\right)dvdw$$
$$=\frac{2}{3}\int_0^z\left[\frac{1}{2}x^2v+\frac{1}{2}xv^2+xwv\right]_0^y dw=\frac{1}{3}\int_0^z(x^2y+xy^2+2xyw)\,dw$$
$$=\frac{1}{3}\left[x^2yw+xy^2w+xyw^2\right]_0^z=\frac{1}{3}(x^2yz+xy^2z+xyz^2)$$
$$=\frac{1}{3}xyz(x+y+z),\qquad 0<x<1,\ 0<y<1,\ 0<z<1.$$

$$F_X(x)=\int_0^x\frac{2}{3}(u+1)\ du=\left[\frac{2}{3}(\frac{1}{2}u^2+u)\right]_0^x=\left(\frac{1}{3}x^2+\frac{2}{3}x\right)=\frac{1}{3}x(x+2),\quad 0<x<1.$$
$$F_Y(y)=\int_0^y\frac{2}{3}(v+1)\ dv=\left[\frac{2}{3}(\frac{1}{2}v^2+v)\right]_0^y=\left(\frac{1}{3}y^2+\frac{2}{3}y\right)=\frac{1}{3}y(y+2),\quad 0<y<1.$$
$$F_Z(z)=\int_0^z\frac{2}{3}(w+1)\ dw=\left[\frac{2}{3}(\frac{1}{2}w^2+w)\right]_0^z=\left(\frac{1}{3}z^2+\frac{2}{3}z\right)=\frac{1}{3}z(z+2),\quad 0<z<1.$$

(d) $f(x,y|z)=\dfrac{f(x,y,z)}{f(z)}=\dfrac{\frac{2}{3}(x+y+z)}{\frac{2}{3}(z+1)}=\dfrac{x+y+z}{z+1}.$

$$F(X,Y|Z=x)=\int_0^y\int_0^x\frac{1}{z+1}(u+v+z)\ dudv=\int_0^y\frac{1}{z+1}\left[\frac{1}{2}u^2+vu+zu\right]_0^x dv$$
$$=\int_0^y\frac{1}{z+1}\left[\frac{1}{2}x^2+vx+zx\right]dv=\frac{1}{z+1}\left[\frac{1}{2}x^2v+\frac{1}{2}v^2x+zxv\right]_0^y$$
$$=\frac{1}{z+1}\left(\frac{1}{2}x^2y+\frac{1}{2}y^2x+zxy\right)=\frac{xy}{2(z+1)}(x+y+2z),\quad 0<x<1,\ 0<y<1.$$

(e) $f(x|Y=y,Z=z)=\dfrac{f(x,y,z)}{f(y,z)}=\dfrac{\frac{2}{3}(x+y+z)}{\frac{2}{3}\int_0^1(x+y+z)dx}=\dfrac{\frac{2}{3}(x+y+z)}{\frac{2}{3}\left[\frac{1}{2}x^2+xy+xz\right]_0^1}=\dfrac{x+y+z}{y+z+\frac{1}{2}}.$

$$F(x|Y=y,Z=z) = \int_0^x \frac{1}{y+z+\frac{1}{2}}(u+y+z)\,du = \frac{1}{y+z+\frac{1}{2}}\left[\frac{1}{2}u^2+yu+zu\right]_0^x$$
$$= \frac{x}{y+z+\frac{1}{2}}\left(\frac{1}{2}x+y+z\right), \qquad 0<x<1.$$

11. (a) ※ Note: $P(X+Y>Z) = 1-P(X+Y\le Z) = 1-\int_0^\infty\int_0^z\int_0^{z-x} f(x,y,z)dydxdz$

$$1-P(X+Y\le Z) = 1-\int_0^\infty\int_0^z\int_0^{z-x}\lambda^3 e^{-\lambda(x+y+z)}dydxdz$$
$$=1-\int_0^\infty\int_0^z \lambda^3 e^{-\lambda(x+z)}\int_0^{z-x} e^{-\lambda y}dydxdz$$
$$=1-\int_0^\infty\int_0^z \lambda^2(e^{-\lambda(x+z)}-e^{-2\lambda z})dxdz$$
$$=1-\int_0^\infty \{e^{-\lambda z}(-\lambda e^{-\lambda z}+\lambda)-\lambda^2 z e^{-2\lambda z}\}dz$$
$$=1-\left\{\int_0^\infty(-\lambda e^{-2\lambda z})dz+\int_0^\infty \lambda e^{-\lambda z}dz-\int_0^\infty \lambda^2 z e^{-2\lambda z}dz\right\}$$
$$=1-\left(-\frac{1}{2}+1-\frac{1}{4}\right)=\frac{3}{4}$$

※ 다른 풀이

Note: 확률변수 $X_1, X_2, \ldots, X_n$이 같은 동일한 모수 λ를 가지고 서로 독립인 지수분포일 때, 확률분포 $Y=X_1, X_2, \ldots, X_n$의 분포는 $\Gamma(n,\ \lambda)$ 분포이다. 그러므로 $W=X+Y$라고 한다면, $W\sim \Gamma(2,\ \lambda)$를 따른다. 즉, $f_W(w)=\lambda^2 w e^{-\lambda w} \qquad 0<w<\infty$

$$\therefore P(X+Y>Z) = P(W>Z) = \int_0^\infty\int_0^w(\lambda^2 w e^{-\lambda w}\bullet \lambda e^{-\lambda z})dzdw = \frac{3}{4}$$

(b) 위와 같은 방식으로 적용하면,

$$1-P(X+Y\le Z) = 1-\int_0^\infty\int_0^z\int_0^{z-x}1dydxdz = 1-\int_0^\infty\int_0^z(z-x)dxdz$$
$$=1-\int_0^\infty\left(z^2-\frac{1}{2}z^2\right)dz = \frac{5}{6}$$

(c) ※ Note: 확률변수 $X_1, X_2, \ldots, X_n$이 서로 독립인 정규분포이면, 위 확률변수들의 선형결합 또한 정규분포이다.

$P(X+Y>Z) = P(X+Y-Z>0)$

여기서 $W=X+Y-Z$라고 한다면, X, Y, Z가 표준정규분포를 따르기 때문에, W는 평균이 0이고, 분산이 3인 정규분포를 따른다. 즉,

$$P(X+Y-Z>0)=P(W>0)=\frac{1}{2}$$

12. (a) $P(X<Y)=E[I(X<Y)]$

$$=\int\int_{\{x<y\}} f(x,y)\ dxdy=\int\int_{\{x<y\}} f(x)\cdot\ g(y)\,dxdy \qquad (\because X\text{와 } Y\text{는 독립})$$

$$=\int_{-\infty}^{\infty}\left(\int_{x}^{\infty} g(y)\ dy\right) f(x)\ dx$$

$$=\int_{-\infty}^{\infty}(1-G_Y(x))f(x)\ dx=\int[1-G_Y(x)]dF_X(x). \qquad (\because \frac{dF(x)}{dx}=f(x))$$

(b) $P(X<Y<Z)=E[I(X<Y<Z)]$

$$=\int\int\int f(x,y,z)\ dxdydz\ =\int\int\int f(x)\cdot\ g(y)\cdot\ h(z)\ dxdydz$$

$$=\int_{-\infty}^{\infty}\int_{-\infty}^{y}\left(\int_{y}^{\infty} h(z)\ dz\right)f(x)dx\,g(y)dy=\int_{-\infty}^{\infty}\left\{\int_{-\infty}^{y}[1-H_Z(y)]\,f(x)dx\right\}g(y)dy$$

$$=\int_{-\infty}^{\infty}[1-H_Z(y)]\left\{\int_{-\infty}^{y} f(x)dx\right\}g(y)dy$$

$$=\int_{-\infty}^{\infty}F_X(y)\,[1-H_Z(y)]\,dG_Y(y)\ .$$

(c) $P(X<Y<Z<W)=E[I(X<Y<Z<W)]$

$$=\int\int\int f(x,y,z,w)\ dxdydzdw=\int\int\int f(x)\cdot\ g(y)\cdot\ h(z)\cdot\ \psi(w)\ dxdydzdw$$

$$=\int_{-\infty}^{\infty}\left\{\int_{-\infty}^{y} f(x)\ \left\{\int_{y}^{\infty} h(z)\left\{\int_{z}^{\infty}\psi(w)\ dw\right\}dz\right\}dx\right\}g(y)dy$$

$$=\int_{-\infty}^{\infty}\int_{-\infty}^{y} f(x)\left\{\int_{y}^{\infty} h(z)\,[1-\Psi_W(z)]\,dz\right\}dx\ g(y)dy$$

$$=\int_{-\infty}^{\infty}\left\{\int_{-\infty}^{y} f(x)\ \ [1-\Psi_W(y)\ \ ][1-H_Z(y)]dx\right\}g(y)dy$$

$$=\int_{-\infty}^{\infty}F_X(y)\,[1-H_Z(y)]\,[1-\Psi_W(y)\ \ ]\,dG_Y(y).$$

13. $a\le E|X|=\int_{|X|\ge\lambda a}|x|f(x)dx+\int_{|X|<\lambda a}|x|f(x)dx$

$$\le\int_{|X|\ge\lambda a}|x|f(x)dx+\lambda a\int f(x)dx=\int_{|X|\ge\lambda a}|x|f(x)dx+\lambda a$$

$$a(1-\lambda)\le\int_{|X|\ge\lambda a}|x|f(x)dx\ =\int|x|I(|x|\ge\lambda a)f(x)dx\ \ =E(|X|\,I(|X|\ge\lambda a))$$

$=\sqrt{E|X|^2\cdot\ E(I(|X|\ge\lambda a)^2)}$. Cauchy-Schwarz 부등식에 의해서

그런데 $E|X|^2=E(X^2)=1$이고 $I(|X|\ge\lambda a)=I(|X|\ge\lambda a)^2$이므로

$$a(1-\lambda)\le\ \sqrt{E(I(|X|\ge\lambda a))}=\sqrt{P(|X|\ge\lambda a)}$$

$\therefore a^2(1-\lambda)^2 \le P[|X| \ge \lambda a]$.

14. (a) $P(X>Y)=1$이면 $E(X)>E(Y)$. (참)

$P(X>Y)=1$ 이면 모든 X, Y에 대하여 항상 $X>Y$이다.

그리고 결합확률밀도함수 $f_{X,Y}(x,y) \ge 0$이다.

$$
\begin{aligned}
E(X)-E(Y) &= \int_{-\infty}^{\infty} x\ f_X(x)\ dx - \int_{-\infty}^{\infty} y\ f_Y(y)dy \\
&= \int_{-\infty}^{\infty} x \int_{-\infty}^{\infty} f_{X,Y}(x,y)\ dydx - \int_{-\infty}^{\infty} y \int_{-\infty}^{\infty} f_{X,Y}(x,y)\ dxdy \\
&= \int_{-\infty}^{\infty}\int_{-\infty}^{\infty} x\ f_{X,Y}(x,y)\ dxdy - \int_{-\infty}^{\infty}\int_{-\infty}^{\infty} y\ f_{X,Y}(x,y)\ dxdy \\
&= \int_{-\infty}^{\infty}\int_{-\infty}^{\infty} (x-y)\ f_{X,Y}(x,y)\ dxdy > 0. \qquad (\because (x-y)\ f_{X,Y}(x,y) > 0)
\end{aligned}
$$

(b) $E(X)>E(Y)$이면 $P(X>Y)=1$이다. (거짓)

(반례) $X \sim U\left(\frac{1}{2}, \frac{3}{2}\right)$, $\quad Y \sim U(0,1)$일 때,

$$E(X) = \int_{\frac{1}{2}}^{\frac{3}{2}} x\ dx = \left[\frac{1}{2}x^2\right]_{\frac{1}{2}}^{\frac{3}{2}} = 1, \qquad E(Y) = \int_0^1 y\ dy = \left[\frac{1}{2}y^2\right]_0^1 = \frac{1}{2}\text{로}$$

$E(X)>E(Y)$이지만, $P[X>Y] = \frac{3}{8} \ne 1$.

(c) $E(X)>E(Y)$이면 $P(X>Y)>0$이다. (참)

대우명제를 이용하여 $P(X>Y) \le 0$이면 $E(X) \le E(Y)$임을 보여도 충분하다.

$P(X>Y) \le 0$은 확률의 성질에 의하여 $P(X>Y)=0$이다.

만약 $P(X>Y)=0$이라는 것은 모든 x, y에 대하여, $x \le y$임을 의미한다.

따라서 $x-y \le 0$이고 $(x-y)f_{X,Y}(x,y) \le 0$이다.

$$
\begin{aligned}
E(X)-E(Y) &= \int x f_X(x)dx - \int y\ f_Y(y)dy \\
&= \int x \int f_{X,Y}(x,y)dydx - \int y \int f_{X,Y}(x,y)dxdy \\
&= \int\int (x-y)f_{X,Y}(x,y)dxdy \le 0
\end{aligned}
$$

따라서 대우명제가 참이므로 주어진 명제도 참이다.

15. (a) 모든 z에 대하여 $F_X(z) > F_Y(z)$이면 $E(Y)>E(X)$이다. (참)

$$
\begin{aligned}
E(Y)-E(X) &= \int_0^{\infty}[1-F_Y(z)]dz - \int_{-\infty}^0 F_Y(z)dz - \int_0^{\infty}[1-F_X(z)]dz + \int_{-\infty}^0 F_X(z)dz \\
&= \int_0^{\infty}\left[F_X(z)-F_Y(z)\right]dz + \int_{-\infty}^0 \left[F_X(z)-F_Y(z)\right]dz
\end{aligned}
$$

$$= \int_{-\infty}^{\infty} [F_X(z) - F_Y(z)]\,dz.$$

따라서 모든 z에 대하여 $F_X(z) - F_Y(z) > 0$이므로 $E(Y) > E(X)$.

(b) $E(Y) > E(X)$이면 모든 z에 대하여 $F_X(z) > F_Y(z)$이다. (거짓)

(반례) $X \sim f_X(x) = 1 \quad (x=1)$, $Y \sim f_Y(y) = \frac{1}{2} \quad (y=1,2)$라 하면,

$E(X) = \sum x f_X(x) = 1, E(Y) = \sum_{y=1}^{2} y f_Y(y) = 1 \times \frac{1}{2} + 2 \times \frac{1}{2} = \frac{3}{2}$로 $E(X) < E(Y)$이지만,

$z=2$일 때, $F_X(2) = 1$, $F_Y(2) = 1$로 모든 z에 대하여 항상 $F_X(z) > F_Y(z)$은 아니다.

(c) $E(Y) > E(X)$이면 어떤 z에 대하여 $F_X(z) > F_Y(z)$이다. (참)

$$E(Y) - E(X) = \int_{-\infty}^{\infty} [F_X(z) - F_Y(z)]\,dz > 0.$$

$F_X(z) - F_Y(z) \le 0$을 만족하는 모든 z에 대하여 $\int_{-\infty}^{\infty} [F_X(z) - F_Y(z)]\,dz \le 0$이므로

모순이다. 따라서 $F_X(z) - F_Y(z) > 0$을 만족하는 어떤 z가 존재한다.

16\. (a) $f_X(x) = \int_x^1 f_{X,Y}(x,y)\,dy = \int_x^1 2\,dy = [2x]_x^1 = 2(1-x), \qquad 0 < x < 1,$

$f_Y(y) = \int_0^y f_{X,Y}(x,y)\,dx = \int_0^y 2\,dx = [2x]_0^y = 2y, \qquad 0 < y < 1,$

$E(X) = \int_0^1 x f_X(x)\,dx = \int_0^1 2x(1-x)\,dx = 2\left[\frac{1}{2}x^2 - \frac{1}{3}x^3\right]_0^1 = \frac{1}{3},$

$E(Y) = \int_0^1 y f_Y(y)\,dy = \int_0^1 2y^2\,dy = \left[\frac{2}{3}y^3\right]_0^1 = \frac{2}{3}.$

그리고 $E(XY) = \int_0^1 \int_0^y xy f_{X,Y}(x,y)\,dx\,dy = \int_0^1 \int_0^y 2xy\ dx\,dy = \frac{1}{4}$이므로,

$\therefore Cov(X,Y) = E(XY) - E(X)E(Y) = \frac{1}{4} - \frac{1}{3} \times \frac{2}{3} = \frac{1}{4} - \frac{2}{9} = \frac{1}{36}.$

(b) $f_{Y|X}(y|x) = \frac{f_{X,Y}(x,y)}{f_X(x)} = \frac{2}{2(1-x)} = \frac{1}{1-x}, \qquad x < y < 1.$

$F_{Y|X}(y|X=x) = \int_{-\infty}^{y} f_{Y|X}(z|x)\,dz = \int_x^y \frac{1}{1-x}\,dz = \left[\frac{1}{1-x}z\right]_x^y = \frac{y-x}{1-x}, \quad x < y < 1.$

17\. (a) $f_X(x) = \int_0^x \frac{1}{2}xy\ dy = \left[\frac{1}{4}xy^2\right]_0^x = \frac{1}{4}x^3, \qquad 0 < x < 2.$

$\therefore F_X(x) = \int_0^x \frac{1}{4}u^3\,du = \frac{x^4}{16}.$

$$f_Y(y) = \int_y^2 \frac{1}{2}xy\ dx = \left[\frac{1}{4}x^2 y\right]_y^2 = y - \frac{1}{4}y^3, \qquad 0 < y < 2.$$

$$\therefore F_Y(y) = \int_0^y (v - \frac{1}{4}v^3)dv = \frac{1}{2}y^2 - \frac{1}{16}y^4.$$

(b) $f_X(x)f_Y(y) = \frac{1}{4}x^3(y - \frac{1}{4}y^3) \neq f_{X,Y}(x,y)$이므로 X와 Y는 서로 독립이 아니다.

18. X와 Y가 동일한 기하분포를 따르므로,

$f_X(x) = p(1-p)^x$, $f_Y(y) = p(1-p)^y$, $(x,y = 0,1,...)$.

또한 서로 독립이므로, $f_{X,Y}(x,y) = f_X(x)f_Y(y)$이다.

$$\begin{aligned}
P(X=Y) &= f_{X,Y}(0,0) + f_{X,Y}(1,1) + f_{X,Y}(2,2) + \cdots \\
&= f_X(0)f_Y(0) + f_X(1)f_Y(1) + f_X(2)f_Y(2) + \cdots \\
&= \{f_X(0)\}^2 + \{f_X(1)\}^2 + \{f_X(2)\}^2 + \cdots \\
&= \{p(1-p)^0\}^2 + \{p(1-p)^1\}^2 + \{p(1-p)^2\}^2 + \cdots \\
&= p^2 + [1 + (1-p)^2 + (1-p)^4 + \cdots], \\
&= p^2 \times \frac{1}{1-(1-p)^2} = \frac{p^2}{p(2-p)} \\
&= \frac{p}{2-p}, \qquad 0 < p < 1.
\end{aligned}$$

19. $F_X(x) + F_Y(y) - 1 \le F_{X,Y}(x,y) \le \sqrt{F_X(x)F_Y(y)}$

C.D.F의 성질에 의하여 $0 \le P[x < X \le 0,\ y < Y \le \infty]$

$$\begin{aligned}
&= F_{X,Y}(\infty,\infty) - F_{X,Y}(x,\infty) - F_{X,Y}(y,\infty) + F_{X,Y}(x,y) \\
&= 1 - F_X(x) - F_Y(y) + F_{X,Y}(x,y).
\end{aligned}$$

$\therefore\ F_X(x) + F_Y(y) - 1 \leqq F_{X,Y}(x,y)$ ………………… ①

그리고 $F_X(x) = F_{X,Y}(x,\infty) = P[X \le x,\ Y \le \infty]$

$$\begin{aligned}
&= P[X \le x,\ Y \le y] + P[X \le x,\ y < Y \le \infty] \\
&\ge P[X \le x,\ y < Y \le y] = F_{X,Y}(x,y) > 0,
\end{aligned}$$

마찬가지로 $F_Y(y) \ge F_{X,Y}(x,y) > 0$이므로 $F_X(x)F_Y(y) \ge \{F_{X,Y}(x,y)\}^2$

$\therefore F_{X,Y}(x,y) \le \sqrt{F_X(x)F_Y(y)}$ ………………… ②

식 ①과 ②에 의하여, $F_X(x) + F_Y(y) - 1 \le F_{X,Y}(x,y) \le \sqrt{F_X(x)F_Y(y)}$.

20. (a) $E(Y) = E(\alpha + \beta X) = \alpha + \beta E(X) = \alpha + \beta\mu = 0$ …………… ①

$Var(Y) = Var(\alpha + \beta X) = \beta^2 Var(X) = \beta^2\sigma^2 = 1$ …………… ②

식 ②에서, $\beta = \frac{1}{\sigma}(\sigma > 0)$이고, 이를 식 ①에 대입하면, $\alpha = -\beta\mu = -\frac{\mu}{\sigma}$.

(b) $E(XY) = E(X(\alpha + \beta X)) = E(\alpha X + \beta X^2) = \alpha E(X) + \beta E(X^2)$

$$= \alpha E(X) + \beta(Var(X) + E(X)^2)$$
$$= \alpha\mu + \beta(\sigma^2 + \mu^2) = \alpha\mu + \beta\sigma^2 + \beta\mu^2.$$

$$\therefore Cov(X,Y) = E(XY) - E(X)E(Y) = (\alpha\mu + \beta\sigma^2 + \beta\mu^2) - \mu(\alpha + \beta\mu) = \beta\sigma^2.$$

$$\rho(X,Y) = \frac{Cov(X,Y)}{\sqrt{Var(X)}\sqrt{Var(Y)}} = \frac{\beta\sigma^2}{\sqrt{\sigma^2}\sqrt{\beta^2\sigma^2}} = \frac{\beta\sigma^2}{\sigma\beta\sigma} = 1.$$

21. (a) $E(X_2) - E(X_1) = \int_0^{\infty}[1-F_2(z)]dz - \int_{-\infty}^{0} F_2(z)dz - \int_0^{\infty}[1-F_1(z)]dz + \int_{-\infty}^{0} F_1(z)dz$

$$= \int_0^{\infty}[F_1(z) - F_2(z)]dz + \int_{-\infty}^{0}[F_1(z) - F_2(z)]dz = \int_{-\infty}^{\infty}[F_1(z) - F_2(z)]dz.$$

(b) $E[h(X_2)] - E[h(X_1)] = \int_{-\infty}^{\infty} h(z)f_2(z)dz - \int_{-\infty}^{\infty} h(z)f_1(z)dz$

$$= [h(z)F_2(z)]_{-\infty}^{\infty} - \int_{-\infty}^{\infty} h'(z)F_2(z)dz - [h(z)F_1(z)]_{-\infty}^{\infty} + \int_{-\infty}^{\infty} h'(z)F_1(z)dz$$

$$= \int_{-\infty}^{\infty} h'(z)[F_1(z) - F_2(z)]dz.$$

22. (a) $E(Y) = \sum_{y=0}^{n} y f_Y(y) = \sum_{y=0}^{n} y\int_0^1 f_{X,Y}(x,y)dx = \sum_{y=0}^{n} y\int_0^1 f_{X|Y}(x|y)f_X(x)dx$

$$= \int_0^1 \sum_{y=0}^{n} y f_{X|Y}(x|y)f_X(x)dx = \int_0^1 \left\{\sum_{y=0}^{n} y\binom{n}{y}x^y(1-x)^{n-y} \times 1\right\}dx$$

$$= \int_0^1 \left\{\sum_{y=0}^{n} \frac{n!}{(y-1)!(n-y)!}x^y(1-x)^{n-y}\, y\right\}dx$$

$$= \int_0^1 \left\{\sum_{y=0}^{n} \frac{(n-1)!}{(y-1)!(n-y)!}x^{y-1}(1-x)^{n-y}\, y\right\}nx\ dx$$

$$= \int_0^1 [x + (1-x)]^{n-1} nx\ dx = \int_0^1 nx\ dx = \frac{n}{2}.$$

(b) $f_Y(y) = \int_0^1 f_{X,Y}(x,y)dx = \int_0^1 \binom{n}{y}x^y(1-x)^{n-y}dx = \binom{n}{y}\cdot \int_0^1 x^y(1-x)^{n-y}dx$

$$= \frac{n!}{y!(n-y)!} \times B[y+1, n-y+1] = \frac{n!}{y!(n-y)!} \times \frac{\Gamma(y+1)\Gamma(n-y+1)}{\Gamma(n+2)}$$

$$= \frac{n!}{y!(n-y)!} \times \frac{y!(n-y)!}{(n-1)!} = \frac{1}{n+1}, \qquad y = 0,1,\ldots,n.$$

$\therefore$ 따라서 Y는 이산형 균일분포($U(0,n)$)를 따른다.

23. (a) (i) $0 < x < y < \infty$에서 $0 < e^{-y} < 1$, $1 - e^{-x} > 0$이므로 $e^{-y}(1-e^{-x}) > 0$,

$0 < y < x < \infty$에서 $0 < e^{-x} < 1$, $1 - e^{-y} > 0$이므로 $e^{-x}(1-e^{-y}) > 0$.

그러므로 $f_{X,Y}(x,y) \geq 0$.

(ii) $\int_0^{\infty}\int_0^{y} e^{-y}(1-e^{-x})dxdy + \int_0^{\infty}\int_0^{x} e^{-x}(1-e^{-y})dydx$

$$= \int_0^\infty e^{-y}[x+e^{-x}]_0^y \, dy + \int_0^\infty e^{-x}[y+e^{-y}]_0^x \, dx$$

$$= \int_0^\infty (ye^{-y}+e^{-2y}-e^{-y})dy + \int_0^\infty (xe^{-x}+e^{-2x}-e^{-x})dx$$

$$= \left[-ye^{-y}-e^{-y}-\frac{1}{2}e^{-2y}+e^{-y}\right]_0^\infty + \left[-xe^{-x}-e^{-x}-\frac{1}{2}e^{-2x}+e^{-x}\right]_0^\infty$$

$$= \frac{1}{2}+\frac{1}{2}=1.$$

$\therefore$ (i)과 (ii)에 의하여, $f_{X,Y}(x,y)$는 확률밀도함수이다.

(b) $f_X(x) = \int_x^\infty e^{-y}(1-e^{-x})dy + \int_0^x e^{-x}(1-e^{-y})dy = (1-e^{-x})[-e^{-y}]_x^\infty + e^{-x}[y+e^{-y}]_0^x$

$$= (1-e^{-x})e^{-x} + e^{-x}(x+e^{-x}-1) \quad = xe^{-x}, \qquad 0<x<\infty.$$

$f_Y(y) = \int_0^y e^{-y}(1-e^{-x})dx + \int_y^\infty e^{-x}(1-e^{-y})dx = e^{-y}[x+e^{-x}]_0^y + (1-e^{-y})[-e^{-x}]_y^\infty$

$$= e^{-y}(y+e^{-y}-1) + (1-e^{-y})e^{-y} \quad = ye^{-y}, \qquad 0<y<\infty.$$

(c) $x>0$에 대하여

$$f_{Y|X}(y|x) = \frac{f_{X,Y}(x,y)}{f_X(x)} = \frac{e^{-y}(1-e^{-x})}{xe^{-x}} I_{(0,y)}(x) I_{(0,x)}(y) + \frac{e^{-y}(1-e^{-x})}{xe^{-x}} I_{(0,x)}(y) I_{(0,y)}(x)$$

$$\therefore E(Y|X=x) = \int_0^\infty y f_{Y|X}(y|x)dy$$

$$= \int_x^\infty \frac{e^{-y}(1-e^{-x})}{xe^{-x}} ydy + \int_0^x \frac{1-e^{-y}}{x} ydy$$

$$= \frac{(1-e^{-x})}{xe^{-x}} e^{-x}(x+1) + \frac{1}{x}\left(\frac{1}{2}x^2 + xe^{-x} + e^{-x} - 1\right) = \frac{x}{2}+1, \qquad 0<x<\infty.$$

(d) $P(X \le 2, \ Y \le 2)$

$$= \int_0^2 \int_0^y e^{-y}(1-e^{-x})dxdy + \int_0^2 \int_0^x e^{-x}(1-e^{-y})dydx$$

$$= \int_0^2 e^{-y}(y+e^{-y}-1)dy + \int_0^2 e^{-x}(x+e^{-x}-1)dx$$

$$= \left[-(y+1)e^{-y} - \frac{1}{2}e^{-2y} + e^{-y}\right]_0^2 + \left[-(x+1)e^{-x} - \frac{1}{2}e^{-2x} + e^{-x}\right]_0^2$$

$$= 1-4e^{-2}-e^{-4}.$$

(e) $\rho(X,Y)$를 구하기 위하여 X, Y의 평균과 분산, 공분산을 구하면

$$E(X) = \int_0^\infty x f_{X(x)} dx = \int_0^\infty x^2 e^{-x} dx = [-(x^2+x+2)e^{-x}]_0^\infty = 2,$$

$$E(Y)=\int_0^\infty yf_{Y(y)}dy=\int_0^\infty y^2e^{-y}dy=2,$$

$$Var(X)=\int_0^\infty x^2f_X(x)dx-[E(X)]^2=\int_0^\infty x^3e^{-x}dx-2^2=6-4=2,$$

$$Var(Y)=\int_0^\infty y^2f_Y(y)dy-[E(Y)]^2=\int_0^\infty y^3e^{-y}dy-2^2=6-4=2,$$

$$E(XY)=\int_0^\infty\int_0^\infty xyf_{X,Y(x,y)}dxdy$$

$$=\int_0^\infty\int_0^y xye^{-y}(1-e^{-x})dxdy+\int_0^\infty\int_0^x xye^{-x}(1-e^{-y})dydx$$

$$=\int_0^\infty ye^{-y}\left\{\int_0^y x(1-e^{-x})dx\right\}dy+\int_0^\infty xe^{-x}\left\{\int_0^x y(1-e^{-y})dy\right\}dx$$

$$=2\int_0^\infty\left\{\frac{1}{2}y^3e^{-y}+(y^2+y)e^{-2y}-ye^{-y}\right\}dy\quad=5.$$

$$\rho(X,Y)=\frac{Cov(X,Y)}{\sqrt{Var(X)}\sqrt{Var(Y)}}=\frac{E(XY)-E(X)E(Y)}{\sqrt{Var(X)}\sqrt{Var(Y)}}=\frac{5-2\times 2}{\sqrt{2}\sqrt{2}}=\frac{1}{2}.$$

24. (a) $f_X(x)=\int_0^{1-x}3(x+y)dy=3\left[xy+\frac{1}{2}y^2\right]_0^{1-x}$

$$=3\left\{x(1-x)+\frac{1}{2}(1-x)^2\right\}=\frac{3}{2}(1-x^2),\qquad 0<x<1.$$

(b) $f_{Y|X}(y|x)=\dfrac{f_{X,Y}(x,y)}{f_X(x)}=\dfrac{3(x+y)}{\frac{3}{2}(1-x^2)}=\dfrac{2(x+y)}{1-x^2},\qquad 0<y<1-x.$

$$E(Y|X=x)=\int_0^{1-x}yf_{Y|X}(y|x)dy=\int_0^{1-x}\frac{2}{1-x^2}(xy+y^2)dy$$

$$=\frac{2}{1-x^2}\left[\frac{1}{2}xy+y^2+\frac{1}{3}y^3\right]_0^{1-x}=\frac{2}{1-x^2}\left\{\frac{1}{2}x(1-x)^2+\frac{1}{3}(1-x)^3\right\}$$

$$=\frac{1}{3(1-x^2)}\{(1-x)^2(1+2x)\}=\frac{(1-x)(x+2)}{3(1+x)},\qquad 0<x<1$$

(c) $E(X)=\int_0^1\frac{3}{2}x(1-x^2)dx=\frac{3}{2}\int_0^1(x-x^3)dx=\frac{3}{2}\left[\frac{1}{2}x^2-\frac{1}{4}x^4\right]_0^1=\frac{3}{8}.$

$$E(Y)=\int_0^1\frac{3}{2}y(1-y^2)dy=\frac{3}{8}.\qquad\left(\because f_Y(y)=\int_0^{1-y}3(x+y)dx=\frac{3}{2}(1-y^2)\right)$$

$$E(XY)=\int_0^1\int_0^{1-y}3xy(x+y)dxdy=\int_0^1 3y\left[\frac{1}{3}x^3+\frac{1}{2}x^2y\right]_0^{1-y}dy$$

$$=\int_0^1\frac{1}{2}y(1-y)^2(2+y)dy=\frac{1}{10}.$$

$\therefore Cov(X, Y) = E(XY) - E(X)E(Y) = \frac{1}{10} - \frac{9}{64} = -\frac{13}{320}.$

25. (a) $E(Y|X=x) = \int_x^1 y \cdot \frac{f_{X,Y}(x,y)}{f_X(x)} dy = \int_x^1 y \cdot \frac{8xy}{4x(1-x^2)} dy.$

$$= \left[\frac{8xy^3}{12x(1-x^2)} \right]_x^1 = \frac{2(x^2+x+1)}{3(1+x)} \qquad \left(\because f_X(x) = \int_x^1 8xy\ dy = 4x - 4x^3. \right)$$

(b) $Var(Y|X=x) = E(Y^2|X=x) - \{E(Y|X=x)\}^2$인데

$$E(Y^2|X=x) = \int_x^1 y^2 \cdot \frac{2y}{1-x^2} dy = \left[\frac{2y^4}{4(1-x^2)} \right]_x^1 = \frac{1-x^4}{2(1-x^2)} = \frac{1+x^2}{2}$$ 이므로

$$\therefore Var(Y|X=x) = \frac{1+x^2}{2} - \left\{ \frac{2(1+x+x^2)}{3(1+x)} \right\}^2 = \frac{1+x^2}{2} - \frac{4(1+x+x^2)^2}{9(1+x)^2}$$

$$= \frac{9(1+x^2)(1+x)^2 - 8(1+x+x^2)^2}{18(1+x)^2} = \frac{x^4+2x^3-6x^2-16x+1}{18(1+x)^2}.$$

26. (a) $f_X(x) = \int_2^4 \frac{1}{8}(6-x-y)dy = \frac{1}{8}\left[6y - xy - \frac{1}{2}y^2\right]_2^4 = \frac{1}{4}(3-x)$이므로

$$E(Y|X=x) = \int_2^4 y \cdot \frac{6-x-y}{2(3-x)} dy = \left[\frac{3y^2 - \frac{1}{2}xy^2 - \frac{1}{3}y^3}{2(3-x)} \right]_2^4 = \frac{26-9x}{3(3-x)}, \qquad 0 < x < 2.$$

(b) $E(Y^2|X=x) = \int_2^4 y^2 \cdot \frac{6-x-y}{2(3-x)} dy = \frac{1}{2(3-x)} \left[2y^3 - \frac{x}{3}y^3 - \frac{1}{4}y^4 \right]_2^4$

$$= \frac{1}{2(3-x)} \times \frac{156-56x}{3} = \frac{156-56x}{6(3-x)} = \frac{78-28x}{3(3-x)}, \qquad 0 < x < 2.$$

(c) $Var(Y|X=x) = \frac{78-28x}{3(3-x)} - \left\{ \frac{26-9x}{3(3-x)} \right\}^2 = \frac{3(3-x)(78-28x) - (26-9x)^2}{9(3-x)^2}$

$$= \frac{26-18x+3x^2}{9(3-x)^2}, \qquad 0 < x < 2.$$

(d) $E(Y) = \int_2^4 y \cdot \frac{1}{4}(5-y)dy = \frac{1}{4}\left[\frac{5}{2}y^2 - \frac{1}{3}y^3\right]_2^4 = \frac{17}{6}.$

$$E(E(Y|X=x)) = E\left\{ \frac{26-9x}{3(3-x)} \right\} = \int_0^2 \frac{26-9x}{3(3-x)} \times \frac{3-x}{4} dx = \frac{17}{6}.$$

따라서 $E(Y) = E(E(Y|X))$.

(e) $E(XY|X=x) = x \cdot E(Y|X=x) = x \times \frac{26-9x}{3(3-x)} = \frac{26x-9x^2}{3(3-x)}.$

27. (a) $f_Y(y) = \sum_{x=0}^{n-y} \frac{n!}{x!y!(n-x-y)!} p^x q^y (1-p-q)^{n-x-y}$

$$= \frac{n!}{y!} \cdot q^y \cdot \sum_{x=0}^{n-y} \frac{1}{x!(n-x-y)!} p^x (1-p-q)^{n-x-y}$$

$$= \frac{n!}{y!(n-y)!} \cdot q^y \cdot \sum_{x=0}^{n-y} \frac{(n-y)!}{x!(n-x-y)!} p^x (1-p-q)^{n-x-y}$$

$$= \frac{n!}{y!(n-y)!} \cdot q^y (1-q)^{n-y}, \qquad y = 0, 1, \ldots, n.$$

$\therefore\ Y \sim B(n, q).$

(b) $f_{X|Y}(x|Y=y) = \dfrac{f_{X,Y}(x,y)}{f_Y(y)}$

$$= \frac{n!}{x!y!(n-x-y)!} p^x q^y (1-p-q)^{n-x-y} \times \frac{y!(n-y)!}{n!} q^{-y} (1-q)^{-n+y}$$

$$= \frac{(n-y)!}{x!(n-x-y)!} \left(\frac{p}{1-q}\right)^x \left(1 - \frac{p}{1-q}\right)^{n-x-y}, \qquad x = 0, 1, \ldots, n.$$

$\therefore X|Y=y \sim B\left(n-y,\ \dfrac{p}{1-q}\right).$

$E[X|Y=y] = (n-y)\dfrac{p}{(1-q)}$ (∵ 이항분포)

(c) $\rho(X,Y) = \dfrac{Cov(X,Y)}{\sqrt{Var(X)\,Var(y)}}$ 이므로

$X \sim B(n,p)$, $Var(X) = np(1-p)$, $E(X) = np$,

$Y \sim B(n,q)$, $Var(Y) = nq(1-q)$, $E(Y) = nq$,

$$E(XY) = \sum_{y=0}^{n}\sum_{x=0}^{n-y} xy \cdot \frac{n!}{x!y!(n-x-y)!} p^x q^y (1-p-q)^{n-x-y}$$

$$= \sum_{y=0}^{n}\sum_{x=0}^{n-y} \frac{n!}{(x-1)!(y-1)!(n-x-y)!} p^x q^y (1-p-q)^{n-x-y}$$

$$= \sum_{y=0}^{n} \frac{n!}{(y-1)!(n-x-y)!} q^y p \cdot \sum_{x=0}^{n-y} \frac{(n-y-1)!}{(x-1)!(n-x-y)!} p^{x-1} (1-p-q)^{n-x-y}$$

$$= \sum_{y=0}^{n} \frac{n!}{(y-1)!(n-x-y)!} q^y p (1-q)^{n-y-1}$$

$$= \left\{\sum_{y=0}^{n} \frac{(n-2)!}{(y-1)!(n-y-1)!} q^{y-1} (1-q)^{n-y-1}\right\} n(n-1)pq \quad = n(n-1)pq.$$

$$\therefore \rho(X,Y) = \frac{n(n-1)pq - n^2pq}{\sqrt{np(1-p)}\sqrt{nq(1-q)}}$$

$$= \frac{-npq}{n\sqrt{pq(1-p)(1-q)}} = \frac{-pq}{\sqrt{pq(1-p)(1-q)}} = -\sqrt{\frac{pq}{(1-p)(1-q)}}.$$

28. $E(u(X)v(Y)|X=x) = u(x)E(v(Y)|X=x)$을 보이기 위하여

(i) 확률변수 X와 Y가 이산형인 경우,

$$E(u(X)v(Y)|X=x)=\sum_y u(x)v(y)\cdot\ P[Y=y|X=x]=u(x)\sum_y v(y)\cdot\ P[Y=y|X=x]$$
$$=u(x)\cdot\ E(v(Y)|X=x). \qquad (\because u(x)\text{는 상수})$$

(ii) 확률변수 X와 Y가 연속형인 경우,

$$E(u(X)v(Y)|X=x)=\int_y u(x)v(y)\cdot\ f(y|X=x)dy=u(x)\int_y v(y)\cdot\ f(y|X=x)\,dy$$
$$=u(x)\cdot\ E(v(Y)|X=x). \qquad (\because u(x)\text{는 상수})$$

29. $E(Y|X=x)=\mu \quad\rightarrow\quad Var(Y)=E(Var(Y|X)).$

$$E(Var(Y|X))=E[E(Y^2|X)-\{E(Y|X)\}^2]=E[E(Y^2|X)]-E[\{E(Y|X)\}^2]$$
$$=E(Y^2)-\{E(Y)\}^2-E[\{E(Y|X)\}^2]+\{E(Y)\}^2$$
$$=Var(Y)-E[\{E(Y|X)\}^2]+\{E(E(Y|X))\}^2$$
$$=Var(Y)-E(\mu^2)+\{E(\mu)\}^2=Var(Y)-\mu^2+\mu^2\ =Var(Y).$$

30. (a) $f(x_1,...,x_n)=1, \qquad 0<x_i<1$

$$f_{X_1}(x_1)=\int_0^1\cdots\int_0^1 f(x_1,...,x_n)dx_2\cdots dx_n=1,$$
$$\vdots$$
$$f_{X_n}(x_n)=\int_0^1\cdots\int_0^1 f(x_1,...,x_n)dx_1\cdots dx_{n-1}=1,$$

$\therefore f(x_1,...,x_n)\ =\ f_{X_1}(x_1)\ \cdots\ f_{X_n}(x_n)=1$이므로, 확률변수 X_i들은 서로 독립이다.

(b) $f(x_1,...,x_n)=n!, \quad x_i>0,\ x_1+\cdots+x_n\le 1,\ f(x_1)=n(1-x_2)^{n-1}.$

$$f_{X_i}(x_i)=\int\cdots\int_{\{x_i\le 1-x_1,...,x_n\}} n!\ dx_1\cdots dx_{i-1}dx_{i+1}\ \ldots\ dx_n,$$
$$f_{X_j}(x_j)=\int\cdots\int_{\{x_j\le 1-x_1,...,x_n\}} n!\ dx_1\cdots dx_{j-1}dx_{j+1}\ \ldots\ dx_n.$$

$\therefore\ f_{X_i}(x_i)$는 변수 X_i 이외의 다른 변수들의 결합형태로 표현되기 때문에

X_i들은 서로 독립이 아니다.

31. $F(x,y)=\begin{cases}1-e^{-x-y}, & x>0\text{이고 } y>0,\\ 0\quad\ , & \text{그외}.\end{cases}$

$$f(x,y)=\frac{\partial^2F(x,y)}{\partial x\partial y}=\frac{\partial}{\partial y}\left(\frac{\partial}{\partial x}F(x,y)\right)=\frac{\partial}{\partial y}(e^{-x-y})=-e^{-x-y}, \qquad x>0\ \text{그리고}\ y>0.$$

밀도함수의 성질에 의하여,

$$\int_0^\infty\int_0^\infty f(x,y)\ dxdy=\int_0^\infty\int_0^\infty -e^{-x-y}dxdy\ =\int_0^\infty\left[e^{-x-y}\right]_0^\infty dy$$
$$=\int_0^\infty(-e^{-y})dy=[e^{-y}]_0^\infty$$
$$=-1.$$

$\therefore F(x,y)$는 분포함수가 아니다.

32. (a) $F(x,y)=F_1(x)F_2(y)$이 이변량 분포함수이다.

(i) $F(-\infty,y)=F_1(-\infty)F_2(y)=0\cdot\ F_2(y)=0,$

$F(x,-\infty)=F_1(-x)F_2(-\infty)=F_2(y)\cdot\ 0=0,$

$F(\infty,\infty)=F_1(\infty)F_2(\infty)=1\cdot\ 1=1.$

(ii) 만약 $x_1<x_2$이고 $y_1<y_2$이면,

$$\begin{aligned}P[x_1<X\le x_2,\ y_1<Y\le y_2]&=F(x_2,y_2)-F(x_1,y_2)-F(x_2,y_1)+F(x_1,y_1)\\&=F_1(x_2)F_2(y_2)-F_1(x_1)F_2(y_2)-F_1(x_2)F_2(y_1)+F_1(x_1)F_2(y_1)\\&=[F_1(x_2)-F_1(x_1)][F_2(y_2)-F_2(y_1)]>0.\end{aligned}$$

(iii) $\lim\limits_{h\to0^+}F(x+h,y)=\lim\limits_{h\to0^+}F_1(x+h)\cdot\ F_2(y)=F_1(x)F_2(y)=F(x,y),$

$\lim\limits_{h\to0^+}F(x,y+h)=\lim\limits_{h\to0^+}F_1(x)\cdot\ F_2(y+h)=F_1(x)F_2(y)=F(x,y).$

(i),(ii),(iii)에 의하여, $F(x,y)=F_1(x)F_2(y)$는 이변량 분포함수이다.

(b) $f(x,y)=f_1(x)f_2(y)$이 이변량 밀도함수이다.

$f_1(x)$와 $f_2(y)$가 밀도함수이므로,

$\int_{-\infty}^{\infty}f_1(x)dx=1$이고 $f_1(x)\ge 0$이고 $\int_{-\infty}^{\infty}f_2(y)dy=1$이고 $f_2(y)\ge 0$이다.

그러므로 $f(x,y)=f_1(x)f_2(y)\ge 0,$

$$\begin{aligned}\int_{-\infty}^{\infty}\int_{-\infty}^{\infty}f(x,y)dxdy&=\int_{-\infty}^{\infty}\int_{-\infty}^{\infty}f_1(x)f_2(y)dxdy\\&=\int_{-\infty}^{\infty}f_2(y)dy=1.\end{aligned}$$

$\therefore f(x,y)=f_1(x)f_2(y)$는 이변량 밀도함수이다.

33. $f(x,y)=6(1-x-y),\qquad 0<y<1-x,\ x>0.$

$$\begin{aligned}f_X(x)&=\int_0^{1-x}6(1-x-y)dy=6[y-xy-\frac{1}{2}y^2]_0^{1-x}\\&=6\left((1-x)^2-\frac{1}{2}(1-x)^2\right)=3(1-x)^2,\qquad 0<x<1\text{이고}\end{aligned}$$

$$f_Y(y)=\int_0^{1-y}6(1-x-y)dx=3(1-y)^2,\qquad 0<y<1\text{이므로,}$$

$$f_{X|Y}(x|y)=\frac{f_{X,Y}(x,y)}{f_Y(y)}=\frac{6(1-x-y)}{3(1-y)^2}=\frac{2(1-x-y)}{(1-y)^2},\qquad 0<x<1-y.$$

$$f_{Y|X}(y|x)=\frac{f_{X,Y}(x,y)}{f_X(x)}=\frac{6(1-x-y)}{3(1-x)^2}=\frac{2(1-x-y)}{(1-x)^2},\qquad 0<y<1-x.$$

$$\therefore F_{X|Y}(X|Y=y)=\int_0^x f_{X|Y}(z|y)dz\ =\int_0^x\frac{2(1-z-y)}{(1-y)^2}dz=\frac{2}{(1-y)^2}\left[z-\frac{1}{2}z^2-yz\right]_0^x$$

$$= \frac{2}{(1-y)^2}\left(x-\frac{1}{2}x^2-xy\right) = \frac{x(2-x-y)}{(1-y)^2}, \quad 0<x<1-y.$$

$$\therefore F_{Y|X}(Y|X=x) = \int_0^x \frac{2(1-x-u)}{(1-x)^2}du = \frac{2}{(1-x)^2}\left[u-\frac{1}{2}u^2-xu\right]_0^y$$

$$= \frac{y(2-x-y)}{(1-x)^2}, \quad 0<y<1-x.$$

34. $f(x,y) = (4xy)^{-\frac{1}{2}}, \qquad 0<y<x<1.$

$$f_X(x) = \int_0^x (4xy)^{-\frac{1}{2}}dy = (4x)^{-\frac{1}{2}} \cdot \int_0^x y^{-\frac{1}{2}}dy = (4x)^{-\frac{1}{2}} \cdot \left[2y^{\frac{1}{2}}\right]_0^x$$

$$= \frac{1}{2\sqrt{x}} \cdot 2\sqrt{x} = 1, \quad 0<x<1$$

$$f_Y(y) = \int_y^1 (4xy)^{-\frac{1}{2}}dx = (4y)^{-\frac{1}{2}} \cdot \int_y^1 x^{-\frac{1}{2}}dy = (4y)^{-\frac{1}{2}} \cdot \left[2x^{\frac{1}{2}}\right]_y^1$$

$$= \frac{1}{2\sqrt{y}} \cdot (2-2\sqrt{y}) = \frac{1}{\sqrt{y}}-1$$

$$=> f_{Y|X}(y|x) = \frac{f_{X,Y}(x,y)}{f_X(x)} = \frac{1}{\sqrt{4xy}} = \frac{1}{2\sqrt{xy}}$$

$$E(Y|X=x) = \int_0^x y \cdot f_{Y|X}(y|x)dy = \int_0^x y \cdot \frac{1}{\sqrt{4xy}}dy$$

$$= \frac{1}{2\sqrt{x}}\int_0^x \sqrt{y}\,dy = \frac{1}{2\sqrt{x}}\left[\frac{2}{3}y^{\frac{3}{2}}\right]_0^x = \frac{x}{3}, \qquad 0<x<1$$

$$E(E(Y|X)) = E\left(\frac{X}{3}\right) = \int_0^1 \frac{x}{3}f_X(x)dx = \left[\frac{1}{6}x^2\right]_0^1 = \frac{1}{6}$$

$$E(Y) = \int_0^1 y \cdot \left(\frac{1}{\sqrt{y}}-1\right)dy = \int_0^1 (\sqrt{y}-y)dy = \left[\frac{2}{3}y^{\frac{3}{2}}-\frac{1}{2}y^2\right]_0^1 = \frac{2}{3}-\frac{1}{2} = \frac{1}{6}$$

$$\therefore E(E(Y|X)) = E(Y)$$

35. $f(x,y) = 6(1-x-y), \qquad 0<y<1-x<1$

$$E(XY) = \int_0^1\int_0^{1-x} xy\ f(x,y)\,dydx$$

$$= \int_0^1\int_0^{1-x} 6xy\ (1-x-y)\ dydx = \int_0^1 6x\left[\frac{1}{2}(1-x)y-\frac{2}{3}y^2\right]_0^{1-x}dx$$

$$= \int_0^1 [3x(1-x)^2-4x(1-x)^2]dx = \int_0^1 x(1-x)^2dx$$

$$= \left[\frac{1}{4}x^4-\frac{2}{3}x^3+\frac{1}{2}x^2\right]_0^1 = \frac{1}{12}.$$

36. $E(Var(Y|X)) = Var(Y) \iff E(Y|X=x)$와 x가 독립이다.

$(\rightarrow)$ $E(Var(Y|X)) = E(E(Y^2|X)) - E(E(Y|X)^2)$

$Var(Y) = E(Y^2) - \{E(Y)\}^2$

위 두 식이 일치하기 위하여는 $E(Y^2|X) = Y^2$, 그리고 $E(Y|X) = Y$를 만족해야 한다.

그러므로 $E(Y|X)$는 $X=x$에 관계없다. 따라서 $E(Y|X=x)$와 $X=x$는 서로 독립이다.

$(\leftarrow)$ $E(Y|X=x)$는 독립이므로 $E(Y|X=x) = E(Y)$이다.

$E(Var(Y|X)) = E(E(Y^2|X)) - E(E(Y|X)^2) = E(Y^2) - \{E(Y)\}^2 = Var(Y)$.

37. $f(x,y) = 2, \qquad x+y \leq 1,\ x \geq 0,\ y \geq 0$

$$f_X(x) = \int_0^{1-x} 2dy = 2(1-x), \qquad 0 \leq x \leq 1$$

$$f_Y(y) = \int_0^{1-y} 2dx = 2(1-y), \qquad 0 \leq y \leq 1$$

$$E(X) = \int_0^1 2(1-x)x\ dx = 2\left[\frac{1}{2}x^2 - \frac{1}{3}x^3\right]_0^1 = \frac{1}{3}$$

$$E(Y) = \int_0^1 2(1-y)y\ dy = 2\left[\frac{1}{2}y^2 - \frac{1}{3}y^3\right]_0^1 = 2\left(\frac{1}{2} - \frac{1}{3}\right) = \frac{1}{3}$$

$$E(XY) = \int_0^1\int_0^{1-y} 2xy\ dxdy = \int_0^1 2y\ \left[\frac{1}{2}x^2\right]_0^{1-y}$$

$$= \int_0^1 y(1-y)^2 dy = \left[\frac{1}{4}x^4 - \frac{2}{3}x^3 + \frac{1}{2}x^2\right]_0^1 = \frac{1}{12}$$

$$\therefore Cov(X,Y) = \frac{1}{12} - \frac{1}{9} = -\frac{1}{36}$$

$$Var(X) = \int_0^1 2x^2(1-x)dx - \left(\frac{1}{3}\right)^2 = \frac{1}{18} \qquad Var(Y) = \int_0^1 2y^2(1-y)dy - \left(\frac{1}{3}\right)^2 = \frac{1}{18}$$

$$\rho(X,Y) = \frac{Cov(X,Y)}{\sqrt{Var(X)}\sqrt{Var(Y)}} = \frac{-\frac{1}{36}}{\sqrt{\frac{1}{18}}\sqrt{\frac{1}{18}}} = -\frac{1}{2}.$$

제5장 확률변수들의 함수의 분포

1. (a) $\rho = \dfrac{Cov(X_1+X_2, X_2+X_3)}{\sqrt{Var(X_1+X_2)}\sqrt{Var(X_2+X_3)}}$

$$= \frac{E((X_1+X_2)(X_2+X_3)) - E(X_1+X_2)E(X_2+X_3)}{\sqrt{(2\sigma^2 \cdot 2\sigma^2)}}$$

$$= \frac{E(X_1X_2)+E(X_1X_3)+E(X_2^2)+E(X_2X_3)-(E(X_1)+E(X_2))(E(X_2)+E(X_3))}{2\sigma^2}$$

$$= \frac{E(X_1X_2)+E(X_1X_3)+E(X_2X_3)+E(X_2^2)-E(X_1)E(X_2)-E(X_1)E(X_3)-E(X_2)^2-E(X_2)E(X_3)}{2\sigma^2}$$

$$= \frac{E(X_2^2)-E(X_2)^2}{2\sigma^2} = \frac{1}{2} \quad (\because X_1\text{과 } X_2\text{가 독립} \Leftrightarrow E(X_1X_2)=E(X_1)E(X_2))$$

(b) $\rho = \dfrac{Cov(X_1+X_2, X_2-X_1)}{\sqrt{Var(X_1+X_2)}\sqrt{Var(X_2-X_1)}}$

$$= \frac{E((X_1+X_2)(X_2-X_1)) - E(X_1+X_2)E(X_2-X_1)}{\sqrt{(\sigma_1^2+\sigma_2^2)(\sigma_2^2-\sigma_1^2)}}$$

$$= \frac{E(X_2^2-X_1^2)-E(X_1)E(X_2)+E(X_1)^2-E(X_2)^2+E(X_1)E(X_2)}{\sqrt{(\sigma_1^2+\sigma_2^2)(\sigma_2^2-\sigma_1^2)}}$$

$$= \frac{E(X_2^2-X_1^2)+E(X_1)^2-E(X_2)^2}{\sqrt{(\sigma_1^2+\sigma_2^2)(\sigma_2^2-\sigma_1^2)}}$$

$$= \frac{\sigma_2^2-\sigma_1^2}{\sqrt{(\sigma_1^2+\sigma_2^2)(\sigma_2^2-\sigma_1^2)}} = \sqrt{\frac{(\sigma_2^2-\sigma_1^2)(\sigma_2^2-\sigma_1^2)}{(\sigma_1^2+\sigma_2^2)(\sigma_2^2-\sigma_1^2)}} = \sqrt{\frac{\sigma_2^2-\sigma_1^2}{\sigma_1^2+\sigma_2^2}}$$

(c) $\rho = \dfrac{Cov(X_2-X_1, X_3-X_1)}{\sqrt{Var(X_2+X_1)}\sqrt{Var(X_3-X_1)}}$

$$= \frac{E((X_2-X_1)(X_3-X_1)) - E(X_2-X_1)E(X_3-X_1)}{2\sigma^2} \quad (\because Var(X_2+X_1)=2\sigma^2)$$

$$= \frac{E(X_2X_3)-E(X_1X_2)-E(X_1X_3)+E(X_2^2)-E(X_2X_3)-E(X_2)E(X_1)+E(X_1)E(X_2)-E(X_1^2)}{2\sigma^2}$$

$$= \frac{E(X_1^2)-E(X_1)^2}{2\sigma^2} = \frac{1}{2}$$

2. (a) $E(X_1) = \int_1^\infty x_1 \cdot x_1^{-2}dx_1 = \int_1^\infty x_1^{-1}dx_1 = [\ln x_1]_1^\infty = \infty \quad \therefore$ 존재하지않는다.

(b) $f_X(x) = x^{-2} I_{(1,\infty)}(x)$, $Y = \min[X_1, \ldots, X_n]$

$$F_Y(y) = P(y \le Y) = P(\min[X_1, \ldots, X_n] \le y)$$

$$= 1 - P(\min[X_1, \ldots, X_n] \ge y) = 1 - P(all\ x_i \ge y) = 1 - \prod_{i=1}^{n} P(x_i \ge y)$$

$$= 1 - \prod_{i=1}^{n}(1 - P(x_i \le y)) = 1 - \prod_{i=1}^{n}(1 - F_X(y)) = 1 - (1 - F_X(y))^n$$

$$f_y(Y) = n(1 - F_X(y))^{n-1} \cdot f_X(Y)$$

$$F_X(x) = \int_1^x x^{-2} dx = [-x^{-1}]_1^x = 1 - x^{-1}$$

$$f_Y(y) = n(1 - 1 + y^{-1})^{n-1} \cdot y^{-2} = ny^{1-n} y^{-2} = ny^{-n-1}$$

$$E(Y) = \int_1^\infty y \cdot n \cdot y^{-n-1} dy = \int ny^{-n} dy = n\left[-\frac{1}{1-n} y^{-n+1}\right]_1^\infty = \frac{n}{1-n}(0-1) = \frac{n}{n-1}$$

3. (a) If $\max(X, Y) \ge X$ then $E(\max(X, Y)) \ge E(X)$. ········· ①

If $\max(X, Y) \ge Y$ then $E(\max(X, Y)) \ge E(Y)$. ········· ②

식 ①과 ②에 의해서

$\therefore E(\max(X, Y)) \ge \max(E(X), E(Y))$

(b) If $\max(X, Y) = X$ then $\min(X, Y) = Y$. ········· ①

If $\max(X, Y) = Y$ then $\min(X, Y) = X$. ········· ②

식 ①과 ②에 의해서

$\therefore E(\max(X, Y) + \min(X, Y)) = E(X) + E(Y)$

4. (a) $f_X(x) = P_1(1 - P_1)^x I_{\{0,1,\cdots\}}(x)$, $f_Y(y) = P_2(1 - P_2)^y I_{\{0,1,\cdots\}}(y)$

$$Z = \frac{X}{X+Y} \quad (X+Y=0 \text{ 이면, } \frac{X}{X+Y} = 0 \text{ 정의})$$

i) 만약 $Z = 0$, $(x + y) = \{(0,0), (0,1), (0,2), \ldots\}$

$$P(Z=0) = P_1P_2 + P_1P_2(1 - P_2) + P_1P_2(1 - P_2)^2 + \cdots = \frac{P_1P_2}{1 - (1 - P_2)} = P_1$$

ii) 만약 $Z \ne 0$, $X + Y = \frac{X}{Z}$, $Y = \frac{X}{Z} - X$

$$(x, y) = \left\{(1, \frac{1}{z} - 1), (2, \frac{2}{z} - 2), (3, \frac{3}{z} - 3), \ldots\right\}$$

$$= \left\{(1, \frac{1}{z} - 1), (2, 2(\frac{1}{z} - 1)), (3, 3(\frac{1}{z} - 1)), \ldots\right\}$$

$$P(Z = z) = P_1P_2(1 - P_1)(1 - P_2)^{\frac{1}{z} - 1} + P_1P_2(1 - P_1)^2(1 - P_2)^{2(\frac{1}{z} - 1)} + \cdots$$

$$= \frac{P_1 P_2 (1-P_1)(1-P_2)^{\frac{1}{z}-1}}{1-(1-P_1)(1-P_2)^{\frac{1}{z}-1}}$$

$$\therefore f_Z(z) = P_1 I_{\{0\}}(Z) + \frac{P_1 P_2 (1-P_1)(1-P_2)^{\frac{1}{z}-1}}{1-(1-P_1)(1-P_2)^{\frac{1}{z}-1}} I_{(0,1]}(Z)$$

(b) $M_X(t) = E(e^{tX}) \ = \sum_{x=0}^{\infty} e^{tx} P_1 (1-P_1)^x \ = P_1 \sum_{x=0}^{\infty} e^{tx}(1-P_1)^x \ = \frac{P_1}{1-e^t(1-P_1)}$

$M_Y(t) = E(e^{tY}) \quad = \frac{P_2}{1-e^t(1-P_2)}$

$$\therefore M_{X,X+Y}(t_1,t_2) = E(e^{t_1 X + (X+Y)t_2}) \quad = E(e^{(t_1+t_2)X + Y t_2}) = E(e^{(t_1+t_2)X}) E(e^{t_2 Y})$$

$$= \frac{P_1}{1-e^{t_1+t_2}(1-P_1)} \cdot \ \frac{P_2}{1-e^{t_2}(1-P_2)}$$

5. (a) $X_1, X_2 \sim \ N(0,1)$

$$M_{Y_1 Y_2}(t_1,t_2) = E(e^{t_1 Y_1 + t_2 Y_2}) \quad = E(e^{X_1 t_1 + X_2 t_1 + X_1^2 t_2 + X_2^2 t_2})$$

$$= \int\int e^{t_1 x_1 + t_1 x_2 + t_2 x_1^2 + t_2 x_2^2} \cdot \ \frac{1}{2\pi} e^{-\frac{1}{2}(x_1^2 + x_2^2)} dx_1 dx_2$$

$$= \int\int \frac{1}{2\pi} \exp\left[-\frac{(1-2t_2)\,x_1^2 - (1-2t_2)\,x_2^2 - 2t_1 x_1 - 2t_1 x_2}{2}\right] dx_1 dx_2$$

$$= \int \frac{1}{\sqrt{2\pi}} \exp\left[-\frac{(1-2t_2)x_2^2 - 2t_1 x_2}{2}\right]\left\{\int \frac{1}{\sqrt{2\pi}} exp\left[-\frac{(1-2t_2)x_1^2 - 2t_1 x_1}{2}\right] dx_1\right\} dx_2$$

$$= \int \frac{1}{\sqrt{2\pi}} \exp\left[-\frac{(1-2t_2)x_2^2 - 2t_1 x_2}{2}\right]\left\{\exp\left[\frac{t_1^2}{2(1-2t_2)}\right]\int \frac{1}{\sqrt{2\pi}} \exp\left[-\frac{(1-2t_2)(x_1 - \frac{t_1}{1-2t_2})^2}{2}\right] dx_1\right\} dx_2$$

Put $\sqrt{1-2t_2}\,(x_1 - \frac{t_1}{1-2t_2}) = V$, then $dx_1 = \frac{1}{\sqrt{1-2t_2}}$

$$= \frac{1}{\sqrt{1-2t_2}} \exp\left[\frac{t_1^2}{2(1-2t_2)}\right] \int \frac{1}{\sqrt{2\pi}} \exp\left[-\frac{(1-2t_2)x_2^2 - 2t_1 x_2}{2}\right]\left\{\int \frac{1}{\sqrt{2\pi}} \exp(-\frac{V^2}{2}) dv\right\} dx_2$$

$$= \frac{1}{\sqrt{1-2t_2}} \exp\left[\frac{t_1^2}{2(1-2t_2)}\right] \int \frac{1}{\sqrt{2\pi}} \exp\left[-\frac{(1-2t_2)x_2^2 - 2t_1 x_2}{2}\right] dx_2$$

$$\left(\because \left\{\int \frac{1}{\sqrt{2\pi}} \exp(-\frac{V^2}{2}) dv\right\} dx_2 = 1\right)$$

$$= \frac{1}{\sqrt{1-2t_2}}\exp\left[\frac{t_1^2}{2(1-2t_2)}\right]\exp\left[\frac{t_1^2}{2(1-2t_2)}\right]\int \frac{1}{\sqrt{2\pi}}\exp\left[-\frac{(1-2t_2)\left(x_2-\frac{t_1}{1-2t_2}\right)^2}{2}\right]dx_2$$

Put $\sqrt{1-2t_2}\left(x_2-\frac{t_1}{1-2t_2}\right)=w$, *then* $dx_2 = \frac{1}{\sqrt{1-2t_2}}dw$

$$= \frac{1}{\sqrt{1-2t_2}}\exp\left[\frac{t_1^2}{2(1-2t_2)}\right]\left[\frac{t_1^2}{2(1-2t_2)}\right]\int \frac{1}{\sqrt{2\pi}}\exp\left[-\frac{w^2}{2}\right]dw = \frac{\exp[t^2/(1-2t_2)]}{1-2t_2}$$

(b) $\rho_{Y_1,T_2} = \frac{E[Y_1Y_2]-E[Y_1]E[Y_2]}{\sqrt{Var[Y_1]}\sqrt{Var[Y_2]}}$

$M_{Y_1}(t_1) = M_{Y_1,Y_2}(t_1,0) = \exp(t_1^2) \qquad M_{Y_2}(t_2) = M_{Y_1,Y_2}(0,t_2) = \frac{1}{1-2t_2}$

$$M_{Y_1,Y_2}(t_1,t_2) = \frac{1}{1-2t_2}\exp\left(\frac{t_1^2}{1-2t_2}\right)$$

$$\frac{\partial M_{Y_1}(t_1)}{\partial t_1} = 2t_1e^{t_1^2}\Big|_{t_1=0} \qquad \therefore E(Y_1)=0$$

$$\frac{\partial^2 M_{Y_1}^2(t_1)}{\partial t_1^2} = 2e^{t_1^2}+(2t_1)^2e^{t_1^2}\Big|_{t_1=0} \qquad \therefore E(Y_1^2)=2 \qquad \therefore Var[Y_1]=2$$

$$\frac{\partial M_{Y_2}(t_2)}{\partial t_2} = \frac{2}{(1-2t_2)^2}\Big|_{t_2=0} \qquad \therefore E(Y_2)=2$$

$$\frac{\partial^2 M_{Y_2}(t_2)}{\partial t_2^2} = \frac{8}{(1-2t_2)^3}\Big|_{t_2=0} \qquad \therefore E(Y_2^2)=8 \qquad \therefore Var[Y_2]=4$$

$$\frac{\partial M_{Y_1,Y_2}(t_1,t_2)}{\partial t_1,\partial t_2} = \frac{\partial}{\partial t_2}\left(\frac{2t_1}{(1-2t_2)^2}\exp\left[\frac{t_1^2}{1-2t_2}\right]\right) = 2t_1e^{t_1^2}\cdot\ \frac{\partial}{\partial t_2}\left(\frac{1}{(1-2t_2)^2}exp\left[\frac{1}{1-2t_2}\right]\right)$$

$$= 2t_1e^{t_1^2}\cdot\ \frac{3-2t_2}{(1-2t_2)^4}\exp\left[\frac{1}{1-2t_2}\right]\Big|_{(t_1,t_2)=(0,0)} \qquad \therefore E[Y_1,Y_2]=0$$

$$\therefore \rho_{Y_1,Y_2} = \frac{0-0\cdot 2}{\sqrt{2}\sqrt{4}} = 0$$

6. $M_{XY}(t) = E(e^{tXY}) = \int_{-\infty}^{\infty}\int_{-\infty}^{\infty} e^{txy}\frac{1}{\sqrt{2\pi}}e^{-\frac{1}{2}x^2}\cdot\ \frac{!}{\sqrt{2\pi}}e^{-\frac{1}{2}y^2}dxdy$

$$= \int_{-\infty}^{\infty}\int_{-\infty}^{\infty}\frac{1}{2\pi}\exp\left[\frac{1}{2}x^2+txy-\frac{1}{2}y^2\right]dxdy$$

$$= \int_{-\infty}^{\infty}\int_{-\infty}^{\infty}\frac{1}{2\pi}\exp\left[-\frac{1}{2}(x-ty)^2\right]\cdot\ \exp\left[-\frac{1}{2}y^2(1-t^2)\right]dxdy$$

$$= \int_{-\infty}^{\infty} \frac{1}{\sqrt{2\pi}} \sqrt{1-t^2}\, e^{-\frac{1}{2}y^2(1-t)^2} \cdot \frac{1}{\sqrt{1-t^2}} dy = \frac{1}{\sqrt{1-t^2}}$$

7. (a) $U=(X_1+X_2)/\sqrt{2}$, $V=(X_2-X_1)/\sqrt{2}$ then $X_1 = \frac{1}{\sqrt{2}}(U-V)$, $X_2 = \frac{1}{\sqrt{2}}(U+V)$

$$J = \begin{vmatrix} \frac{1}{\sqrt{2}} & -\frac{1}{\sqrt{2}} \\ \frac{1}{\sqrt{2}} & \frac{1}{\sqrt{2}} \end{vmatrix} = 1$$

$$f_{UV}(u,v) = |J| \cdot f_{X_1,X_2}(x_1,x_2) = \frac{1}{2\pi}\exp\left[-\frac{1}{2}\left\{\left(\frac{u-v}{\sqrt{2}}\right)^2 + \left(\frac{u+v}{\sqrt{2}}\right)^2\right\}\right]$$

$$= \frac{1}{2\pi}\exp\left[-\frac{1}{2}(u^2+v^2)\right] I_{(-\infty,\infty)}(u) I_{(-\infty,\infty)}(v)$$

(b) $X_1, X_2 \sim N(0,1)$

$$M_{2X_1X_2}(t) = E(e^{2X_1X_2t}) = \int_{-\infty}^{\infty}\int_{-\infty}^{\infty} e^{2x_1x_2t} \frac{1}{2\pi} e^{-\frac{x_1^2+x_2^2}{2}} dx_1 dx_2$$

$$= \int_{-\infty}^{\infty}\int_{-\infty}^{\infty} \frac{1}{2\pi} e^{-\frac{1}{2}(x_1^2 - 4x_1x_2t + x_2^2)} dx_1 dx_2$$

$$= \int_{-\infty}^{\infty}\int_{-\infty}^{\infty} \frac{1}{2\pi} e^{-\frac{1}{2}(x_1-2x_2t)^2} e^{-\frac{1}{2}(1-4t^2)x_2^2} dx_1 dx_2$$

$$= \int_{-\infty}^{\infty}\int_{-\infty}^{\infty} \frac{1}{\sqrt{2\pi}} e^{-\frac{1}{2}(x_1-2x_2t)^2} \cdot \frac{1}{\sqrt{2\pi}} \sqrt{1-4t^2}\, e^{-\frac{1}{2}(1-4t^2)x_2^2} \frac{1}{\sqrt{1-4t^2}} dx_1 dx_2$$

$$= \frac{1}{\sqrt{1-4t^2}} \quad \left(-\frac{1}{2} < t < \frac{1}{2}\right)$$

$$M_{X_2^2-X_1^2}(t) = E[e^{(X_2^2-X_1^2)t}] = \int_{-\infty}^{\infty}\int_{-\infty}^{\infty} e^{(x_2^2-x_1^2)t} \frac{1}{2\pi} e^{-\frac{x_1^2+x_2^2}{2}} dx_1 dx_2$$

$$= \int_{-\infty}^{\infty}\int_{-\infty}^{\infty} \frac{1}{2\pi} e^{-\frac{1}{2}\{(1+2t)x_1^2 + (1-2t)x_2^2\}} dx_1 dx_2$$

$$= \int_{-\infty}^{\infty}\int_{-\infty}^{\infty} \frac{1}{\sqrt{1+2t}} \cdot \frac{1}{\sqrt{1-2t}} \left\{\frac{1}{\sqrt{2\pi}}\sqrt{1+2t} \cdot e^{-\frac{1}{2}\{(1+2t)x_1^2\}}\right\} \cdot \left\{\frac{1}{\sqrt{2\pi}}\sqrt{1-2t} \cdot e^{-\frac{1}{2}\{(1-2t)x_2^2\}}\right\} dx_1 dx_2$$

$$= \frac{1}{\sqrt{1+2t}\sqrt{1-2t}} = \frac{1}{\sqrt{1-4t^2}}, \quad \left(-\frac{1}{2} < t < \frac{1}{2}\right)$$

∴ $2X_1X_2$와 $X_2^2 - X_1^2$는 MGF가 같기 때문에 동일한 분포를 따른다.

8. (a) $X \sim \Gamma(r,\lambda)$ $\quad M_X(t) = E(e^{tX}) = \left(\frac{\lambda}{\lambda - t}\right)^r$

$$Y=\sum^{n} X_i \qquad M_Y(t)=E(e^{\sum X_i t})=\prod E(e^{xt})=\left(\frac{\lambda}{\lambda-t}\right)^{nr} \qquad Y \sim \Gamma(nr,\lambda)$$

(b) $X_i \sim \Gamma(r_i,\lambda) \quad M_{X_i}(t)=E(e^{tX_i})=\left(\frac{\lambda}{\lambda-t}\right)^{r_i}$

$$Y=\sum^{n} X_i \qquad M_Y(t)=E(e^{\sum_i X_i t})=\prod_i E(e^{x_i t})=\left(\frac{\lambda}{\lambda-t}\right)^{\sum_i r_i} \quad Y \sim \Gamma(\sum r_i,\lambda)$$

9. (a) $f_{X_i}(x_i)=pq^{x_i}I_{\{0,1,2,\ldots\}}(x_i) \quad with \ \text{MGF}=\frac{p}{1-qe^t}$

$$M_{X_i}(t)=E(e^{tX_i})=\sum_{x_i=0}^{\infty} e^{tx_i}\cdot pq^{x_i}=\sum_{x_i=0}^{\infty} p(e^t q)^{x_i}=\frac{p}{1-qe^t}$$

$Y=X_1+X_2+\cdots+X_n$ 라 하면,

$$M_Y(t)=E(e^{Yt})=E(e^{\sum X_i t})=\prod_{x_i=1}^{n} E[e^{x_i t}] \overset{iid}{=} \prod_{x_i=1}^{n}\left(\frac{p}{1-qe^t}\right)=\left(\frac{p}{1-qe^t}\right)^n$$

$$\therefore Y \sim NB(n,\ p) \qquad f_Y(y)=\binom{n+y-1}{y}p^n q^y I_{\{0,1,2,\ldots\}}(y)$$

(b) 위 문제와 같은 방법을 적용시키면,

$$\therefore Y \sim NB(n,\theta) \quad f_Y(y)=\binom{n+y-1}{y}\theta^n(1-\theta)^y I_{\{0,1,2,\ldots\}}(y)$$

(c) $X_i \sim NB(r,p) \quad \rightarrow f_{X_i}(x_i)=\binom{r+x_i-1}{x_i}p^r q^{x_i} I_{\{0,1,\ldots\}}(x_i)$

$$M_{X_i}(t)=E[e^{X_i t}]=\sum_{x_i=0}^{\infty}\binom{r+x_i-1}{x_i}p^r(qe^t)x_i=\left(\frac{p}{1-qe^t}\right)^r$$

$Y=X_1+X_2+\cdots+X_n$ 라 하면,

$$M_Y(t)=E[e^{Yt}]=E[e^{\sum X_i t}]=\prod_{i=1}^{n}\left(\frac{p}{1-qe^t}\right)^r=\left(\frac{p}{1-qe^t}\right)^{nr}$$

$$\therefore Y \sim NB(nr,p) \qquad f_Y(y)=\binom{nr+y-1}{y}p^{nr}q^y I_{\{0,1,\ldots\}}(y)$$

(d) $X_i \sim NB(r_i,p) \qquad M_{X_i}(t)=E[e^{X_i t}]=\left(\frac{p}{1-qe^t}\right)^{r_i}$

$Y=X_1+X_2+\cdots+X_n$ 라 하면,

$$M_Y(t)=E[e^{Yt}]=E[e^{\sum X_i t}]=\prod_{i=1}^{n}\left(\frac{p}{1-qe^t}\right)^{r_i}=\left(\frac{p}{1-qe^t}\right)^{\sum r_i}$$

$$\therefore Y \sim NB(\sum r_i,p) \qquad f_Y(y)=\binom{\sum r_i+y-1}{y}p^{\sum r_i}q^y I_{\{0,1,\ldots\}}(y)$$

10. $f(x)=\frac{e^{-\lambda}\lambda^x}{x!}I_{\{0,1,2,\ldots\}}(x_i) \quad M_{X_i}(t)=\exp[\lambda(e^t-1)]$

$$M_{\sum x_i}(t) = E(e^{\sum X_i t}) = \prod_{i=1}^{k} \exp[\lambda(e^t - 1)]$$

$$\therefore \sum X_i \sim \ Poi(\sum_1^k X_i)$$

$Y = X_1 + X_2 + \cdots + X_n$ 라 하면,

$$f_{X_1|y}(x_1|\sum_1^k X_i = y) = \frac{f_{X_1, Y}(x_1, y - x_1)}{f_Y(y)} \text{ 독립이므로}$$

$$= \frac{f_{X_1}(x_1) \cdot \ f_Y(y - x_1)}{f_Y(y)}$$

$$= \frac{e^{-\lambda}(\lambda)^{x_1}}{(x_1)!} \cdot \ \frac{e^{-\lambda(n-1)} \cdot \ (\lambda(n-1))^{y - x_1}}{(y - x_1)!} \cdot \ \frac{y!}{e^{-\lambda n} \cdot \ (\lambda n)^y}$$

$$= \frac{y!}{(x_1)!(y - x_1)!} \cdot \ \left(\frac{1}{n}\right)^{x_1} \cdot \ \left(\frac{n-1}{n}\right)^{y - x_1} \ \sim \ B\left(y, \frac{1}{n}\right)$$

11. ※Note: $\dfrac{d}{dx}(\tan^{-1}x) = \dfrac{1}{1+x^2}$

$$f_X(x) = \frac{1}{\pi} I_{\left\{-\frac{\pi}{2} < x \frac{\pi}{2}\right\}}(x)$$

$$f_Y(y) = \left|\frac{dx}{dy}\right| \cdot \ f_X(y) = \frac{1}{1+y^2} \cdot \ \frac{1}{\pi}, \quad (-\infty < y < \infty) \quad : \text{ 코쉬분포}$$

12. $f_Y(y) = \left|\dfrac{dx}{dy}\right| \cdot \ f_X(g^{-1}(y)) \quad = \dfrac{1}{y} \cdot \ \dfrac{1}{\sqrt{2\pi}\,\sigma} e^{-\frac{(\ln y - \mu)^2}{2\sigma^2}} \cdot \ I_{(0 < y < \infty)} \sim \ Lognormal(\mu, \sigma^2)$

13. $F_X(x) = \exp\left[-e^{-\frac{(x-\alpha)}{\beta}}\right], \quad (0 < x < \infty)$

$$Y = e^{-\frac{x-\alpha}{\beta}}, \quad \ln Y = -\frac{x-\alpha}{\beta}, \quad X = \alpha - \beta \ln Y, \quad (0 < y < \infty)$$

$$f_Y(y) = \left|\frac{\partial g^{-1}(y)}{dy}\right| f_X(g^{-1}(y))$$

$$f_X(x) = e^{-\frac{x-\alpha}{\beta}} \cdot \ \frac{1}{\beta} \cdot \ \exp\left[-e^{-\frac{(x-\alpha)}{\beta}}\right] = \frac{1}{\beta} y e^{-y} \quad \left(\because \ln Y = -\frac{x-\alpha}{\beta}\right)$$

$$f_Y(y) = \left|-\frac{\beta}{y}\right| \cdot \ \frac{1}{\beta} \cdot \ e^{-\frac{x-\alpha}{\beta}} \cdot \ e^{-y} \ = \frac{1}{y} \cdot \ e^{\ln y} \cdot \ e^{-y} \ = e^{-y} \cdot \ I_{(0,\infty)}(y), \quad \lambda = 1\text{인 지수분포}$$

14. (a) $f_X(x) = 2xe^{-x^2} I_{(0 < x < \infty)} \qquad Y = X^2, \quad X = \sqrt{Y}(0 < y < \infty)$

$$f_Y(y) = \frac{1}{2\sqrt{y}} 2\sqrt{y} \cdot \ e^{-y} \cdot \ I_{(0,\infty)}(y) = e^{-y} \cdot \ I_{(0,\infty)}(y) \ \sim \ Exp(1)$$

(b) $Y = \dfrac{X}{1+X}$ 라고 하면, $X = \dfrac{Y}{1-Y}$, $0 < y < 1$, $\dfrac{dx}{dy} = \dfrac{1}{(1-y)^2}$ 이다.

$$f_Y(y) = \frac{1}{(1-y)^2} f_x(\frac{y}{1-y}) I_{(0,1)}(y)$$
$$= \frac{1}{(1-y)^2} e^{-\frac{y}{1-y}} I_{(0,1)} = \frac{1}{(1-y)^2} e^{\frac{y}{y-1}} I_{(0,1)}(y)$$

15. (a) $Y = X^2, \quad f_X(x) = \frac{1}{\theta} I_{(0,\theta)}(x) \quad \theta > 0$라고 하자.

$$F_X(x) = P[X \le x] = \int_0^x \frac{1}{\theta} dx \;\; I_{(0,\theta)}(x) + \int_0^\theta \frac{1}{\theta} dt \;\; I_{(\theta,\infty)}(x) \; = \frac{x}{\theta} I_{(0,\theta)}(x) + I_{(\theta,\infty)}(x)$$

$$F_Y(y) = P[Y \le y] = P[X^2 \le y] = P[0 < X < \sqrt{y}]$$
$$= \int_0^{\sqrt{y}} \frac{1}{\theta} dx \;\; I_{(0,\theta^2)}(y) + \int_0^\theta \frac{1}{\theta} dx \;\; I_{(\theta^2,\infty)}(y) = \frac{\sqrt{y}}{\theta} \; I_{(0,\theta^2)}(y) + I_{(\theta^2,\infty)}(y)$$

$$\therefore f_Y(y) = \frac{1}{2\theta\sqrt{y}} I_{(0,\theta^2)}(y)$$

(b) $Y = X^2, \quad f(x) = (\frac{1}{2\theta}) I_{(-\theta,\theta)}(x)$

$$F_Y(y) = P[Y \le y] = P[X^2 \le y] = P[-\sqrt{y} \le X \le \sqrt{y}]$$
$$= \int_{-\sqrt{y}}^{\sqrt{y}} \frac{1}{2\theta} dt I_{(0,\theta^2)}(y) + \int_\theta^\theta \frac{1}{2\theta} dx I_{(\theta^2,\infty)} = \theta\sqrt{y}\, I_{(0,\theta^2)}(y) + I_{(\theta^2,\infty)}(y)$$

$$f_Y(y) = \frac{\theta}{\sqrt{y}}$$

16. (a) $\displaystyle\int_0^1 \int_0^{1-x} k(x+y) dy dx = \int k[xy + \frac{1}{y^2}]_0^{1-x} dx$

$$= \int_0^1 k(x(1-x) + \frac{1}{2}(1-x)^2) dx = \int k \frac{1-x^2}{2} dx = \frac{k}{2}[x - \frac{1}{3}x^3]_0^1 = 1$$

$$\therefore k = 3, \quad 0 < y < 1-x$$

$$\therefore f_X(x) = \int_0^{1-x} 3(x+y) dy = \frac{3}{2}(1-x^2) \quad (0 < x < 1)$$

(b) $u = x + y, \quad v = y - x, \quad x = \frac{u-v}{2}, \quad y = \frac{u+v}{2}$

$0 < u < 1, \quad u - 2 < v < u, \quad -u < v < 2 - u$ 라고 하자.

$$f(u,v) = f_{x,y}(\frac{u-v}{2,} \frac{u+v}{2}) |J|$$
$$= 3(u) \begin{vmatrix} \frac{1}{2} & -\frac{1}{2} \\ \frac{1}{2} & \frac{1}{2} \end{vmatrix} = \frac{3}{2} u$$

$$f(u) = \int_{-u}^{u} \frac{3}{2} u dv = [\frac{3}{2} uv]_{-u}^{u} = 3u^2 \quad I_{(0,1)}(u)$$

$$f(v)=\int_v^1 \frac{3}{2}u\ du\ \ I_{(0,1)}(v)+\int_{-v}^1 \frac{3}{2}u\ du\ \ I_{(-1,0)}(v)$$
$$=[\frac{3}{4}u^2]_{-v}^1 I_{(0,1)}(v)+[\frac{3}{4}u^2]_v^1 I_{(-1,0)}(v)=(\frac{3}{4}-\frac{3}{4}v^2)I_{(0,1)}(v)+(\frac{3}{4}-\frac{3}{4}v^2)I_{(-1,0)}(v)$$
$$=\frac{3}{4}(1-v^2)\ \ I_{(-1,1)}(v)$$

17. $f(x)=\dfrac{e^{-\lambda}\lambda^x}{x!},\qquad M_x(t)=e^{\lambda(e^t-1)}$

$$E(X_1|\sum X_i=y)=\frac{y}{n}\qquad E(\sum X_j|y)=?$$

$$M_{x_1|y}(t)=e^{\frac{y}{n}(e^t-1)}$$

$$M_{\sum X_j|y}(t)=E(e^{(\sum X_j|y)t})=\prod E(e^{(X_j|y)t})$$
$$=\prod e^{\frac{y}{n}(e^t-1)}=e^{\sum\frac{y}{n}(e^t-1)}=e^{\frac{m}{n}y(e^t-1)}$$

$$E(\sum X_j|y)=\frac{m}{n}y$$

※ 다른 풀이 (10번과 동일한 방법)

$$f(\sum_1^m X_j=x\,|\sum_1^n X_i=y)=\frac{f(\sum_1^m X_j=x,\sum_1^n X_i=y)}{f(\sum_1^n X_i=y)}$$

$$=\frac{f(\sum_1^m X_j=x,\ \sum_{i=m+1}^n X_i=y-x)}{f(\sum_1^n X_i=y)}$$

$$=\frac{e^{-\lambda m}(\lambda m)^x}{(x)!}\cdot\ \frac{e^{-\lambda(n-m)}\cdot\ (\lambda(n-m))^{y-x}}{(y-x)!}\cdot\ \frac{y!}{e^{-\lambda n}\cdot\ (\lambda n)^y}$$

$$=\frac{y!}{(x)!(y-x)!}\cdot\ \left(\frac{m}{n}\right)^x\cdot\ \left(1-\frac{m}{n}\right)^{y-x}\ \sim\ B\left(y,\frac{m}{n}\right)$$

$$\therefore\ E(\sum_{j=1}^m X_j=x\,|\sum_{i=1}^n X_i=y)=\frac{m}{n}y$$

18. $f(x_i)=\dfrac{e^{-\lambda_i}\lambda_i^x}{x!},\qquad M_X(t)=E(e^{X_it})=\exp(\lambda_i(e^t-1))$

$$M_{\sum X_i}(t)=E(e^{\sum X_it})=\Pi\exp(\lambda_i(e^t-1))=\exp[\sum_{i=1}^{k+1}\lambda_i(e^t-1)]\qquad \sim Poisson\ dist.$$

$X_1+X_2+\cdots+X_{k+1}=\sum_1^{k+1}X_i=n,\ \ \lambda=\lambda_1+\cdots+\lambda_{K+1}=\sum_1^{k+1}\lambda_i$라고 하면,

$$f_{X_1,\dots,X_n}(x_1,\dots,x_k|\sum X_i = n)$$

$$= \frac{f_{X_1,\dots,X_n}(x_1,\dots,x_k, n-\sum_1^k x_i = s)}{f_{\sum x_i}(\sum X_i)} = \frac{f_{X_1(x_1)}\cdot\ f_{X_2(x_2)}\cdot\ \cdots\ f_{X_k(x_k)}\cdot\ f_{X_{k+1}}(n-\sum_1^k x_i)}{f_n(n)}$$

$$= \frac{\dfrac{e^{\lambda_1}\lambda_1^{x_1}}{x_1!}\cdots\dfrac{e^{\lambda_k}\lambda_k^{x_k}}{x_k!}\cdot\ \dfrac{e^{\lambda_{k+1}}\lambda_{k+1}^{n-\sum^k x_i}}{x_{k+1}!}}{\dfrac{e^{-\sum\lambda_i}\sum\lambda_i^n}{n!}} = \frac{n!}{x_1!x_2!\cdots x_k!(n-\sum^k x)}\left(\frac{\lambda_1}{\lambda}\right)^{x_1}\cdots\left(\frac{\lambda_k}{\lambda}\right)^{x_k}\left(\frac{\lambda_{k+1}}{\lambda}\right)^{n-\sum_1^k x_i}$$

$\sim$다항분포$(n, \frac{\lambda_1}{\lambda}, \frac{\lambda_2}{\lambda}, \dots, \frac{\lambda_k}{\lambda})$

19. $f(x) = e^{-x}\cdot I_{(0<x<\infty)}$ $\qquad M_x(t) = \frac{1}{1-t}$

$$f(x_1,x_2) = e^{-x_1-x_2}$$

Let $y_1 = \frac{x_1}{x_2}$, $\quad y_2 = x_2$, => $\quad x_1 = y_1y_2$, $\quad x_2 = y_2$ $\qquad J=\begin{vmatrix} y_2 & y_1 \\ 0 & 1\end{vmatrix} = y_2$

$$f_{Y_1Y_2}(y_1,y_2) = y_2e^{-y_1y_2-y_2} = y_2e^{-y_2(y_2+1)}$$

$$f_{Y_1}(y_1) = \int_0^\infty y_2e^{-(y_1+1)y_2}dy_2 = \left[y_2\cdot\left(-\frac{1}{y_1+1}e^{-(y_1+1)y_2}\right)\right]_0^\infty + \int\frac{1}{y_1+1}e^{-(y_1+1)y_2}dx$$

$$= \left[-\frac{1}{(y_1+1)^2}e^{-(y_1+1)y_2}\right]_0^\infty = \frac{1}{(y_1+1)^2}$$

$\therefore f_{Y_1}(y_1)$는 각각 자유도가 2인 F-분포이다.

20. $X_1 = Y_1\cos Y_2\sin Y_3$, $X_2 = Y_1\sin Y_2\sin Y_3$, $X_3 = Y_1\cos Y_3$

$$|J| = \begin{vmatrix} \frac{\partial X_1}{\partial Y_1} & \frac{\partial X_1}{\partial Y_2} & \frac{\partial X_1}{\partial Y_3} \\ \frac{\partial X_2}{\partial Y_1} & \frac{\partial X_2}{\partial Y_2} & \frac{\partial X_2}{\partial Y_3} \\ \frac{\partial X_3}{\partial Y_1} & \frac{\partial X_3}{\partial Y_2} & \frac{\partial X_3}{\partial Y_3}\end{vmatrix} = |-y_1^2\sin y_3| = y_1^2\sin y_3$$

$$g(y_1,y_2,y_3) = \left(\frac{1}{\sqrt{2\pi}}\right)\exp[-\frac{1}{2}(y_1^2\cos^2y_2\sin^2y_3 + y_1^2\sin^2y_2\sin^2y_3 + y_1^2\cos^2y_3)|J|$$

$$= \left(\frac{1}{\sqrt{2\pi}}\right)^3 e^{-\frac{1}{2}y_1^2}y_1^2\sin y_3$$

$$g_1(y_1) = \int_0^{2\pi}\int_0^\pi\left(\frac{1}{\sqrt{2\pi}}\right)^3 e^{-\frac{1}{2}y_1^2}y_1^2\sin y_3\,dy_3dy_2 = \frac{2}{\sqrt{2\pi}}e^{-\frac{y_1^2}{2}}y_1^2$$

$$g_2(y_2) = \int_0^{\infty}\int_0^{\pi}\left(\frac{1}{\sqrt{2\pi}}\right)^3 e^{-\frac{1}{2}y_1^2} y_1^2 \sin y_3\, dy_3 dy_1 \;= \frac{1}{2\pi}$$

$$g_3(y_3) = \int_0^{2\pi}\int_0^{\pi}\left(\frac{1}{\sqrt{2\pi}}\right)^3 e^{-\frac{1}{2}y_1^2} y_1^2 \sin y_3\, dy_2 dy_1 \;= \frac{1}{2} sin y_3$$

$\Rightarrow g_1(y_1)g_2(y_2)g_3(y_3) = \left(\frac{1}{\sqrt{2\pi}}\right)^3 e^{-\frac{1}{2}y_1^2} y_1^2 \sin y_3 = g(y_1,y_2,y_3)$ 그러므로 $Y_{1,}\ Y_{2,}\ Y_3$ 는 독립이다.

21. $Y_1 = \dfrac{X_1}{X_1+X_2} \quad Y_2 = \dfrac{X_1+X_2}{X_1+X_2+X_3} \quad Y_3 = X_1+X_2+X_3$

=> $X_1 = Y_1Y_2Y_3,\quad X_2 = Y_2Y_3(1-Y_1),\quad X_3 = Y_3(1-Y_2)$

$$|J| = \begin{vmatrix} y_2y_3 & y_1y_2 & y_1y_2 \\ -y_2y_3 & (1-y_1)y_3 & y_2(1-y_1) \\ 0 & -y_3 & 1-y_2 \end{vmatrix} = y_2y_3^2$$

$$f_{Y_1,Y_2,Y_3}(y_1,y_2,y_3) = |J| f_{X_1,X_2,X_3}(g_1^{-1}(y_1,y_2,y_3), g_2^{-1}(y_1,y_2,y_3), g_3^{-1}(y_1,y_2,y_3),)$$

$$= y_2y_3^2 e^{[y_1y_2y_3+y_2y_3(1-y_1)+y_3(1-y_2)]} = y_2y_3^2e^{-y^3} \quad (0<y_1<1,\quad 0<y_2<1,\quad 0<y_3<\infty)$$

$$f_{Y_1}(y_1) = \int_0^1\int_0^{\infty} y_2y_3^2e^{-y_2}dy_3dy_2 = \int_0^1 y_2\int y_3^2e^{-y_3}dy_3dy_2$$

$$A = \int y_3^2e^{-y_3}dy_3 = \int_0^{\infty}(-y_3)(-y_3e^{-y_3})dy_3$$

$$= [-y_3^2e^{-y^3}]_0^{\infty} + \int 2y_3e^{-y3}dy_3 = [-2y_3e^{-y_3}]_0^{\infty} + \int 2e^{-y3}dy_3 = 2$$

$$= \int 2y_2dy_2 = [y_2^2]_0^1 = 1$$

$$f_{Y_2}(y_2) = \int_0^1\int_0^{\infty} y_3^2y_2e^{-y3}dy_3dy_1 = \int_0^1 2y_2dy_1 = [2y_2y_1]_0^1 = 2$$

$$f_{Y_3}(y_3) = \int_0^1\int_0^1 y_2y_3^2e^{-y_3}dy_1dy_2 = y_3^2e^{-y_3}\int y_2dy_2 = y_3^2e^{-y_3}[\frac{1}{2}y_2^2]_0^1 = \frac{1}{2}y_3^2e^{-y_3}$$

$\therefore\ Y_1,\ Y_2,\ Y_3$는 서로 독립이다.

22. $M_Y(t) = E(e^{tY}) = E[e^{t\sum k_iX_i}] = E[e^{k_1X_1t+k_2X_2t+\cdots+k_nX_nt}]$

$= E[e^{k_1X_1t}]\cdot\ E[e^{k_2X_2t}]\cdots E[e^{k_nX_nt}] = \prod E[e^{k_ix_it}] = \prod M_{X_i}(k_it)$

만약 $M_X(t) = e^{\lambda(e^t-1)}$ 이고 $k_i = 1,\quad X_i \sim Poi(\mu_i)$,

$M_{X_i}(t) = e^{\mu_i(e^t-1)}$ 이다.

따라서 $\prod M_i(k_it) = \prod e^{\mu_i(e^{kt}-1)} = \prod e^{\mu_i(e^t-1)} = e^{(\mu_1+\mu_2+\cdots+\mu_n)(e^t-1)}$

$Y \sim Poi(\mu_1,\ldots,\mu_n)$

23. $M_{\overline{X}}(t) = E[e^{\overline{X}t}] = E[e^{\frac{1}{n}\sum X_i t}]$

$= E[e^{\frac{t}{n}X_1}] \cdot E[e^{\frac{t}{n}X_2}] \cdots E[e^{\frac{t}{n}X_n}] = \prod E[e^{\frac{t}{n}X_i}] = \prod M_X(\frac{t}{n}) = \left[M_X\left(\frac{t}{n}\right)\right]^n$

24. (a) $E(e^X) = E(e^{\ln Y}) = E(Y)$, $\quad E(e^{2x}) = E(e^{2}\ln Y) = E(Y^2) = M_X(2)$

$M_x(t) = \exp(\mu t + \frac{1}{2}\sigma^2 t^2)$

$E(Y) = E(e^X) = M_X(1) = \exp(\mu + \frac{1}{2}\sigma^2)$

$Var(Y) = E(Y^2) - E(Y)^2 = e^{(2\mu + 2\sigma^2)} - (e^{\mu + \frac{1}{2}\sigma^2})^2$

$= e^{2\mu + 2\sigma^2} - e^{2\mu + \sigma^2} = e^{2\mu + \sigma^2}[e^{\sigma^2} - 1]$

(b) $f(x) = \frac{1}{\sqrt{2\pi}\,\sigma} e^{-\frac{(x-\mu)^2}{2\sigma^2}}$ $\quad X = \ln Y,\ \ dx = \frac{1}{y}dy$

$g(y) = \frac{1}{\sqrt{2\pi}\,\sigma} \frac{e^{(\ln Y - \mu)^2}}{2\sigma^2} \frac{1}{y} dy$

25. $f(x) = \frac{e^{-\lambda}\lambda^x}{x!}$ $\quad \lambda = 1$ ($\because$ 평균적으로 15초에 1번)

$P(X \geqq 3) = 1 - P(X=2) - P(X=1) - P(X=0)$

$= 1 - \frac{e^{-1}}{2} - \frac{e^{-1}}{1} - \frac{e^{-1}}{1}$

$= 1 - (\frac{5}{2}e^{-1})$

26. $f(x) = \frac{e^{-\lambda}\lambda^2}{x!}$ $\quad \lambda = 4$ ($\because$ 8×5=40, 평균적으로 4개의 흠집이 존재함)

$P(X=0) = \frac{e^{-4}4^0}{1} = e^{-4}$

27. $X_1,\ X_2 \sim N(0,1)$

$Y_1 = \frac{X_1 + X_2}{\sqrt{2}}$ $\quad Y_2 = \frac{X_2 - X_1}{\sqrt{2}}$ $\quad$ => $\quad X_1 = \frac{Y_1 - Y_2}{\sqrt{2},}$ $\quad X_2 = \frac{Y_1 + Y_2}{\sqrt{2}}$

$$|J| = \begin{vmatrix} \frac{1}{\sqrt{2}} & -\frac{1}{\sqrt{2}} \\ \frac{1}{\sqrt{2}} & \frac{1}{\sqrt{2}} \end{vmatrix} = 1$$

$f_{Y_1, Y_2}(y_1, y_2) = |J| f_{x_1, x_2}(g_1^{-1}(y_1, y_2), g_2^{-1}(y_1, y_2)) = \frac{1}{2\pi} e^{-\frac{1}{2}(y_1^2 + y_2^2)}$

$f_{Y_1}(g_1) = \frac{1}{\sqrt{2\pi}} e^{-\frac{1}{2}y_1^2}$ $\quad \sim N(0,1)$

$$M_2(t)=E(e^{2X_1X_2t})=\int\int e^{x_1x_2t}\frac{1}{2\pi}e^{-\frac{1}{2}(x_1^2+x_2^2)}dx_1dx_2$$

$$=\int\frac{1}{\sqrt{2\pi}}e^{-\frac{1}{2}x_2^2}\int\frac{1}{\sqrt{2\pi}}e^{-\frac{1}{2}(x_1^2-2x_1x_2t+4t^2x_2^2)}dx_1dx_2e^{-\frac{1}{2}t^2x_2^2}$$

$$=\int\frac{1}{\sqrt{2\pi}}e^{-\frac{1}{2}(1-4t^2)x_2^2}\int\frac{1}{\sqrt{2\pi}}e^{-\frac{1}{2}(x_1-2tx_2)^2}dx_1dx_2$$

$$=\frac{1}{\sqrt{1-t^2}}\int\frac{\sqrt{1-t^2}}{\sqrt{2\pi}}e^{-\frac{1}{(1-t^2)}x_2^2}dx_2=\left(\frac{1}{1-4t^2}\right)^{\frac{1}{2}}$$

28. $M_{Y_1}(t)=E[e^{Y_1t}]=E[e^{\frac{(X_1-X_2)^2}{2}t}]$

$$=\int\int e^{\frac{(x_1-x_2)^2}{2}t}e^{\frac{-x_1^2+x_2^2}{2}t}\frac{1}{2\pi}dx_1dx_2$$

$$=\int\int e^{\frac{1}{2}(tx_1^2-2tx_1x_2+tx_2^2)}e^{-\frac{1}{2}(x_1^2+x_2^2)}\frac{1}{2\pi}dx_1dx_2$$

$$=\int\frac{1}{\sqrt{2\pi}}e^{(tx_2^2-x_2^2)}\int\frac{1}{\sqrt{2\pi}}e^{\underline{-\frac{1}{2}[(1-t)x_z^2+2tx_2x_1]}}dx_1dx_2$$

여기서 밑줄 친 $-\frac{1}{2}[(1-t)x_z^2+2tx_2x_1]$만을 생각할 때,

$$-\frac{1}{2}[(1-t)x_z^2+2tx_2x_1]=-\frac{(1-t)}{2}[x_1^2+\frac{2tx_2}{(1-t)}x_1]$$

$$=-\frac{(1-t)}{2}[x_1^2+\frac{2t}{1-t}x_2x_1+(\frac{tx_2}{1-t})^2-(\frac{tx_2}{1-t})^2$$

$$\therefore\quad\int\frac{1}{\sqrt{2\pi}}e^{-\frac{1}{2}(1-t)x_2^2}\int\frac{1}{\sqrt{2\pi}}e^{-\frac{1-t}{2}(x_1+\frac{t}{1-t}x_2)^2+\frac{t^2x_2^2}{2(1-t)}}dx_1dx_2$$

$$=\int\frac{1}{\sqrt{2\pi}}e^{-\frac{1}{2}(1-t)x_2^2+\frac{t^2x_2^2}{2(1-t)}}\frac{1}{\sqrt{1-t}}\underline{\int\frac{\sqrt{1-t}}{\sqrt{2\pi}}e^{-\frac{1-t}{2}(x_1+\frac{t}{1-t}x_2)^2}dx_1}\,dx_2$$

$$=\int\frac{1}{\sqrt{1-t}}\frac{1}{\sqrt{2\pi}}e^{-\frac{1}{2}((1-t)x_2^2-\frac{t^2}{(1-t)}x_2^2)}dx_2\qquad(\because\text{밑줄 친 곳이 1이므로})$$

$$=\int\frac{1}{\sqrt{1-t}}\frac{1}{\sqrt{2\pi}}e^{-\frac{1}{2}[\frac{(1-t)^2-t^2}{1-t}]x_2^2}dx_2$$

$$=\int\frac{1}{\sqrt{1-t}}\frac{1}{\sqrt{2\pi}}e^{-\frac{1}{2}(\frac{1-2t}{1-t})x_2^2}\sqrt{\frac{1-2t}{1-t}}\,dx_2$$

$$=\frac{1}{\sqrt{1-t}}\cdot\frac{\sqrt{1-t}}{\sqrt{1-2t}}=\frac{1}{\sqrt{1-2t}}=(\frac{1}{1-2t})^{\frac{1}{2}}\qquad\lambda=\frac{1}{2}\qquad r=\frac{1}{2}$$

$\therefore Y_1\sim\ Gamma(\frac{1}{2},\frac{1}{2})\qquad Y_2=X_1^2+X_2^2$

$$M_{Y_2}(t)=E[e^{Y_2t}]=\int\int e^{(x_1^2+x_2^2)t}\frac{1}{2\pi}e^{-\frac{x_1^2+x_2^2}{2}}dx_1\,dx_2$$
$$=\int\frac{1}{\sqrt{2\pi}}e^{(tx_2^2-\frac{1}{2}x_2^2)}\int\frac{1}{\sqrt{2\pi}}e^{-\frac{1}{2}(1-2t)x_1^2}dx_1dx_2$$
$$=\int\frac{1}{\sqrt{2\pi}}e^{-\frac{1}{2}(1-2t)x_2^2}\int\frac{1}{\sqrt{2\pi}}\frac{\sqrt{1-2t}}{\sqrt{1-2t}}e^{-\frac{1}{2}(1-2t)x_1^2}dx_1dx_2$$
$$=\int\frac{1}{\sqrt{1-2t}}\frac{1}{\sqrt{2\pi}}e^{-1}$$
$$=\int\frac{1}{\sqrt{1-2t}}\frac{1}{\sqrt{2\pi}}e^{-\frac{1}{2}(1-2t)x_2^2}dx_2=\frac{1}{1-2t}\qquad\lambda=\frac{1}{2},\quad r=1$$
$$\left(\because\int\frac{1}{\sqrt{2\pi}}\sqrt{1-2t}\,e^{-\frac{1}{2}(1-2t)x_1^2}dx_1=1\right)$$

$\therefore\ Y_2\sim\ Gamma(1,\frac{1}{2})\qquad Y_2\sim\ Exp(\frac{1}{2})$

29. $E(X)=\int_{\{x|x<a\}\cup\{x|x\ge a\}}xf(x)dx=\int_{\{x|x<a\}}xf(x)dx+\int_{\{x|x\ge a\}}xf(x)dx$
$$=\int_{\{x|x\ge a\}}(2a-x)f(2a-x)dx+\int_{\{x|x\ge a\}}xf(x)dx=\int_{\{x|x\ge a\}}2af(x)dx=2a\cdot\frac{1}{2}=a$$

30. $P[\max|X_i|>k]=P\left[\max\frac{|X_i|}{k}>1\right]$

Let $Y=\frac{|X_i|}{k}$ then

$$P\left[\max\frac{|X_i|}{k}>1\right]=P[\max Y_i>1]=P[\max Y_i^2>1]=P[\text{ at least one } Y_i^2>1]$$
$$\le P[\sum Y_i^2>1]\qquad(\because\ \{\text{at least on } Y_i^2>1\}\subset\{\sum Y_i^2>1\})$$
$$=P[\sum X_i^2>k^2]\le\frac{E(\sum X_i^2)}{k^2}$$

$\therefore\ P[\max|X_i|>k]\le\frac{1}{k^2}\sum E(X_i^2)$

31. $0<k^2<\sigma^2\le E(X^2)=\int_{\{x||x|>k\}\cup\{x||x|\le k\}}x^2f(x)dx$
$$=\int_{\{x||x|>k\}}x^2f(x)dx+\int_{\{x||x|\le k\}}x^2f(x)dx\le\int_{\{x||x|>k\}}x^2f(x)dx+k^2\int_{\{x||x|\le k\}}f(x)dx$$
$$\le\int_{\{x||x|>k\}}x^2f(x)dx+k^2$$
$$\therefore\ 0<\int_{\{x||x|>k\}}x^2f(x)dx\qquad(k^2<\int_{\{x||x|>k\}}x^2f(x)dx+k^2)$$
$$\Rightarrow\ 0<\int_{\{x||x|>k\}}f(x)dx=P[|X|>k]$$

제6장 표본과 표본분포

2. ※ Note: $Cov(\overline{X}, S^2) = E(\overline{X}S^2) - E(\overline{X})E(S^2)$ 에서 $E(\overline{X}) = \mu$ 이고 $E(S^2) = \sigma^2$ 이다.

이제 $E(\overline{X}S^2)$을 구하자.

$$E(\overline{X}S^2) = E\left[\left(\frac{1}{n}\sum_{i=1}^{n}X_i\right)\left(\frac{1}{n-1}\sum_{i=1}^{n}(X_i-\overline{X})^2\right)\right]$$

$$= \frac{1}{n(n-1)}E\left\{\left[n\mu + \sum_{i=1}^{n}(X_i-\mu)\right]\left[\sum_{i=1}^{n}(X_i-\mu)^2 - \frac{1}{n}\left(\sum_{i=1}^{n}(X_i-\mu)\right)^2\right]\right\}$$

$$= \frac{1}{n(n-1)}E\left\{n\mu\sum_{i=1}^{n}(X_i-\mu)^2 + \left[\sum_{i=1}^{n}(X_i-\mu)\right]\left[\sum_{i=1}^{n}(X_i-\mu)^2\right] - \frac{1}{n}\left(\sum_{i=1}^{n}(X_i-\mu)\right)^3\right\}$$

$$= \frac{1}{n(n-1)}\left\{n\mu\sum_{i=1}^{n}(X_i-\mu)^2 - \mu\left[\sum_{i=1}^{n}E(X_i-\mu)^2 + \sum\sum_{i\neq j}E(X_i-\mu)(X_j-\mu)\right]\right.$$

$$+\left[\sum_{i=1}^{n}E(X_i-\mu)^3 + \sum\sum_{i\neq j}E((X_i-\mu)(X_j-\mu)^2)\right]$$

$$\left.-\frac{1}{n}\left[\sum_{i=1}^{n}E(X_i-\mu)^3 + \sum\sum_{i\neq j}E((X_i-\mu)(X_j-\mu)^2) + \sum_{i\neq}\sum_{j\neq}\sum_{k}E(X_i-\mu)(X_j-\mu)(X_k-\mu)\right]\right\}$$

$$= \frac{1}{n(n-1)}\left\{n\mu\left[\sum_{i=1}^{n}\sigma^2\right] - \mu\left[\sum_{i=1}^{n}\sigma^2\right] + \sum_{i=1}^{n}\mu_3 - \frac{1}{n}\left[\sum_{i=1}^{n}\mu_3\right]\right\}$$

$$= \frac{1}{n(n-1)}\left\{n\mu\cdot n\sigma^2 - \mu\cdot n\sigma^2 + n\mu_3 - \frac{1}{n}\cdot n\mu_3\right\}$$

$$= \frac{1}{n(n-1)}\left\{n(n-1)\mu\sigma^2 + (n-1)\mu_3\right\} = \mu\sigma^2 + \frac{\mu_3}{n}$$

$$\therefore\ Cov(\overline{X}, S^2) = (\mu\sigma^2 + \frac{\mu_3}{n}) - \mu\sigma^2 = \frac{\mu_3}{n}$$

3. i) $\frac{(X_1+X_2)}{2} = Y,\ X_1 = Z$라 하자.

$$|J| = \begin{vmatrix} 0 & 1 \\ 2 & -1 \end{vmatrix} = 2$$

$$f_{Y,Z}(y,z) = 1$$

$$f_{Y(y)} = \int |J| f_{Y,Z}(y,z)dz = \int_0^{2y} 2dz\ I_{(0,\frac{1}{2}]}(y) + \int_{2y-1}^{1} 2dz\ I_{(\frac{1}{2},1)}(y)$$

$$= 4y\ I_{(0,\frac{1}{2}]}(y) + 4(1-y)\ I_{(\frac{1}{2},1]}(y)$$

ii) $\frac{(X_1+X_2+X_3)}{3} = T,\ \frac{(X_1+X_2)}{2} = Y,\ X_1 = Z$라 하자.

$$|J| = \begin{vmatrix} 1 & 0 & 0 \\ -1 & 2 & 0 \\ 0 & -2 & 3 \end{vmatrix} = |6| = 6$$

$$f_{T,Y}(t,y) = \int f_{T,Y,Z}(t,y,z)dz \quad = \int_0^{2y} 6dz\, I_{(0,\frac{1}{2}]}(y) + \int_{2y-1}^{1} 6dz \;\; I_{(\frac{1}{2},1)}(y)$$

$$= 12y\, I_{(0,\frac{1}{2}]}(y) + 12(1-y) \;\; I_{(\frac{1}{2},1)}(y)$$

$$f_T(t) = \int f_{T,Y}(ty)dy \quad = \int_0^{\frac{3}{2}t} 12y\, dy \;\; I_{(0,\frac{1}{3}]}(t) + \int_{\frac{3t-1}{2}}^{\frac{1}{2}} 12y\, dy \;\; I_{(\frac{1}{3},\frac{1}{2}]}(t)$$

$$+ \int_{\frac{1}{2}}^{\frac{3}{2}t} 12(1-y)\, dy \;\; I_{(\frac{1}{2},\frac{2}{3}]}(t) + \int_{\frac{3t-1}{2}}^{1} 12(1-y) \text{ 요 } \; I_{(\frac{2}{3},1]}(t)$$

$$= \left[6y^2\right]_0^{\frac{3}{2}t} + \left[6y^2\right]_{\frac{3t-1}{2}}^{\frac{1}{2}} + \left[12y - 6y^2\right]_{\frac{1}{2}}^{\frac{3}{2}t} + \left[12y - 6y^2\right]_{\frac{3t-1}{2}}^{1}$$

$$= \frac{27}{2}t^2 \cdot I_{(0,\frac{1}{3}]}(t) + \frac{9}{2}t(2-3t) \cdot I_{(\frac{1}{3},\frac{1}{2}]}(t) - \frac{9}{2}(3t-1)(t-1) \cdot I_{(\frac{1}{2},\frac{2}{3}]}(t)$$

$$+ \frac{27}{2}(t-1)^2 \cdot I_{(\frac{2}{3},1)}(t)$$

4. $S = \sqrt{\dfrac{\sum_{i=1}^{n}(X_i - \overline{X})^2}{n-1}} = \sqrt{\dfrac{\sigma^2}{n-1}}\, T^{\frac{1}{2}}, \qquad T = \dfrac{\sum(X_i - \overline{X})^2}{\sigma^2} \sim X^2_{(n-1)} \Leftrightarrow \sum(X_i - \overline{X})^2 = T\sigma^2$

$$E(S) = \sqrt{\frac{\sigma^2}{n-1}} \int_0^\infty t^{\frac{1}{2}} \cdot \frac{1}{\Gamma(\frac{n-1}{2})}\left(\frac{1}{2}\right)^{\frac{n-1}{2}} t^{\frac{n-1}{2}-1} e^{-\frac{t}{2}} dt$$

$$= \sqrt{\frac{\sigma^2}{n-1}} \int_0^\infty \frac{1}{\Gamma(\frac{n-1}{2})}\left(\frac{1}{2}\right)^{\frac{n-1}{2}} t^{\frac{n}{2}-1} e^{-\frac{t}{2}} dt$$

$$= \sqrt{\frac{\sigma^2}{n-1}} \frac{\Gamma\left(\frac{n}{2}\right)\sqrt{2}}{\Gamma\left(\frac{n-1}{2}\right)} \int_0^\infty \frac{1}{\Gamma(\frac{n}{2})}\left(\frac{1}{2}\right)^{\frac{n}{2}} t^{\frac{n}{2}-1} e^{-\frac{t}{2}} dt \qquad = \sqrt{\frac{2\sigma^2}{n-1}} \frac{\Gamma\left(\frac{n}{2}\right)}{\Gamma\left(\frac{n-1}{2}\right)}$$

$$Var(S) = E(S^2) - E(S)^2 = E\left(\frac{\sigma^2}{n-1}T\right) - \left(\frac{2\sigma^2}{n-1}\right)\frac{\Gamma\left(\frac{n}{2}\right)^2}{\Gamma\left(\frac{n-1}{2}\right)^2} = \frac{\sigma^2}{n-1}E(T) - \left(\frac{2\sigma^2}{n-1}\right)\frac{\Gamma\left(\frac{n}{2}\right)^2}{\Gamma\left(\frac{n-1}{2}\right)^2}$$

$$= \sigma^2 - \left(\frac{2\sigma^2}{n-1}\right)\frac{\Gamma\left(\frac{n}{2}\right)^2}{\Gamma\left(\frac{n-1}{2}\right)^2}$$

5. (a) 확률변수 X_1과 X_2가 정규분포를 따른다면, X_1과 X_2의 선형결합도 정규분포를 따른다.

$$E\left(\frac{X_2-X_1}{\sqrt{2}}\right)=0 \qquad Var\left(\frac{X_2-X_1}{\sqrt{2}}\right)=\frac{1}{2}Var(X_2-X_1)=1$$

따라서 $(X_2-X_1)/\sqrt{2} \sim N(0,1)$.

(b) Note: 확률변수 X가 정규분포 $N(\mu,\ \sigma^2)$을 따른다면, $\left(\frac{X-\mu}{\sigma}\right)^2 \sim \chi^2_{(1)}$을 따른다.

$$X_1+X_2 \sim N(0,2), \qquad \frac{(X_1+X_2)^2}{2} \sim \chi^2(1) \qquad X_1-X_2 \sim N(0,2), \qquad \frac{(X_1-X_2)^2}{2} \sim \chi^2(1)$$

$$\therefore \frac{\frac{(X_1+X_2)^2}{2}/1}{\frac{(X_1-X_2)^2}{2}/1} \sim F(1,1)$$

(c) $(X_2+X_1)/\sqrt{2} \sim N(0,1) \qquad (X_1-X_2)^2/2 \sim \chi^2_{(1)}$

$$\therefore \frac{(X_2+X_1)/\sqrt{2}}{\sqrt{(X_1-X_2)^2/2}} \sim t(1)$$

(d) $$\frac{1}{Z}=\frac{X_2^2}{X_1^2}=\frac{\frac{(X_2-0)^2}{1}}{\frac{(X_1-0)^2}{1}} \sim F(1,1)$$

6. (a) $\overline{X_k} \sim N(0,\frac{1}{k}),\ \overline{X_{n-k}} \sim N(0,\frac{1}{n-k}) \qquad \overline{X_k}+\overline{X_{n-k}} \sim \left(0,\frac{n}{k(n-k)}\right)$

$$\therefore \frac{1}{2}(\overline{X_k}+\overline{X_{n-k}}) \sim \left(0,\frac{n}{4k(n-k)}\right)$$

(b) $$\frac{(\overline{X_k}-0)^2}{\frac{1}{k}} \sim \chi^2(1), \qquad \frac{(\overline{X}_{n-k}-0\ )^2}{\frac{1}{n-k}} \sim \chi^2(1)$$

$$k\overline{X}_k^2+(n-k)\overline{X}_{n-k}^2 \sim \chi^2_{(2)}$$

(c) $$\frac{(X_1-0)^2/\frac{1}{1}}{(X_2-0)^2/\frac{1}{1}} \sim F(1,1)$$

(d) $$\frac{X}{\sqrt{\frac{X_n^2}{1}/1}}=\frac{Z}{\sqrt{X^2/1}} \sim t(1)$$

7. Chebyshev 부등식 $P[g(X_i)<k] \geq 1-\frac{E(g(X_i))}{k}$에서 $g(X_i)=(\overline{X}-\mu)^2$로 설정하자.

$$P[(\overline{X}-\mu)^2 < \epsilon^2] \ge 1 - \frac{V(\overline{X})}{\epsilon^2}$$

$V(\overline{X}) = \dfrac{\sum \sigma_i^2}{n^2}$ 이므로 $\Rightarrow \lim\limits_{n\to\infty} \dfrac{\sum \sigma_i^2}{n^2\epsilon^2} = 0 \qquad \therefore \lim\limits_{n\to\infty} P[|\overline{X}-\mu| < \epsilon] = 1$

8. $E(X_k) = \frac{1}{2}K^{\alpha} - \frac{1}{2}K^{\alpha} = 0$

$$V(\overline{X}) = \frac{1}{n^2}\sum_{k=1}^{n} V(X_k) = \frac{1}{n^2}\sum_{k=1}^{n} E(X_k^2) = \frac{1}{n^2}\sum_{k=1}^{n} K^{2\alpha}$$

$P[(\overline{X}-\mu)^2 < \epsilon^2] \ge 1 - \dfrac{V(\overline{X})}{\epsilon^2}$ 이기 때문에 $V(\overline{X}) = 0$에 가까워야 한다.

즉 $\alpha = 0$이어야 한다.

9. (a) $I(X_i \le x)$의 분포는 확률이 $F(x)$인 베르누이 분포이기 때문에 그것의 합인 S_n의 분포는 $b(n,\ F(x))$인 이항분포이다.

(b) Chebyshev 부등식에 의하여

$P(|F_n(x) - F(x)| > \epsilon) \ \le \ \dfrac{E[(F_n(x) - F(x))^2]}{\epsilon^2} = \dfrac{V(F_n(x))}{\epsilon^2}$ 을 만족한다.

※ Note:

$$V(F_n(x)) = \frac{1}{n^2}\sum_{i=1}^{n} V[I(X_i \le x)] = \frac{1}{n}\left\{E(I(X_i \le x)^2) - [E(I(X_i \le x))]^2\right\}$$
$$= \frac{F(x)(1-F(x))}{n}$$

$P(|F_n(x) - F(x)| > \epsilon) \ \le \ \dfrac{F(x)(1-F(x))}{\epsilon^2 n} \qquad \therefore \lim\limits_{n\to\infty} P(|F_n(x) - F(x)| > \epsilon) \to 0$

(c) p286쪽의 증명 참고

10. $d = \sum |X_i - t| \ge 0 \qquad X_{(r)} < t \le X_{(r+1)}$이라고 한다면,

$$d = \sum_{i=1}^{r}(t - X_i) + \sum_{i=r+1}^{n}(X_i - t)$$
$$= rt - \sum_{i=1}^{r} X_i + \sum_{i=r+1}^{n} X_i - (n-r)t = (2r-n)t + \sum_{i=r+1}^{n} X_i - \sum_{i=1}^{r} X_i \ge 0$$

d가 최소가 되기 위해서는 $(2r-n)t = 0$이어야 하기 때문에, $n = 2r$이어야 한다.

그러므로 $X_{(n/2)} < t \le X_{(n/2+1)}$ 이므로 t는 표본중앙값이다.

11. (a) $f_{X_{(1)}|X_{(2)}} = \dfrac{f_{X_{(1)},X_{(2)}}(x_{(1)},x_{(2)})}{f_{X(2)}(x_{(2)})}, \qquad 0 < x_{(1)} < x_{(2)} < 1$

$$f_{X_{(1)},X_{(2)}}(x_{(1)},x_{(2)}) = 2I_{(0,x_{(2)})}(x_{(1)}) \cdot I_{(0,1)}(x_{(2)})$$

$$f_{X_{(2)}}(x_{(2)}) = \int_0^{x_{(2)}} 2I_{(0,x_{(2)})}(x_{(1)}) \cdot \ I_{(0,1)}(x_{(2)})dx_{(1)} \quad = 2x_{(2)}I_{(0,1)}(x_{(2)})$$

$$f_{X_{(1)}|X_{(2)}}(x_{(1)}|x_{(2)}) = \frac{2I_{(0,x_{(2)})}(x_{(1)}) \ I_{(0,1)}(x_{(2)})}{2x_{(2)}I_{(0,1)}(x_{(2)})} \quad = \frac{1}{x_{(2)}}I_{(0,x_{(2)})}(x_{(1)})$$

(b) $x_{(2)} - x_{(1)} = u$

$x_{(1)} = v, \quad x_{(2)} = u+v, \quad 0 < u < 1, \quad 0 < u+v < 1$

$$|J| = \begin{vmatrix} 1 & 1 \\ 0 & 1 \end{vmatrix} = 1$$

$$f_{U,V}(u,v) = 2 \qquad f_U(u) = \int_0^{1-u} 2dv \ = 2(1-u)I_{(0,1)}(u)$$

12. $\mu = \alpha \quad \sigma^2 = 2\beta^2$

$$\overline{X}_n \sim \ N\left(\alpha, \frac{2\beta^2}{n}\right) \qquad \text{표본중앙값} \sim \ N\left(\alpha, \frac{\beta^2}{n}\right) \qquad \because \ \frac{p(1-p)}{n[f(\alpha)]^2} = \frac{\frac{1}{2}\frac{1}{2}}{n\left(\frac{1}{2\beta}\right)^2} = \frac{\beta^2}{n}$$

표본평균의 점근적인 분산이 표본중앙값의 분산보다 크다. => 표본중앙값이 효율적

13. $M_{Zn}(t) = e^{n(e^t - 1)}$

$$M_{X_{(n)}}(t) = E\left[e^{t\frac{Z_n - n}{\sqrt{n}}}\right] \ = e^{-\sqrt{n}t}E\left[e^{t\frac{Z_n}{\sqrt{n}}}\right] = e^{-\sqrt{n}t}e^{n(e^{\frac{t}{\sqrt{n}}} - 1)} \ = e^{-\sqrt{n}t + e^{\frac{t}{\sqrt{n}}} - n}$$

$$= e^{-\sqrt{n}t - n + ne^{\frac{t}{\sqrt{n}}}} = e^{\frac{t^2}{2} + \frac{t^3}{6\sqrt{n}} + \cdots} \ = e^{\left[\frac{t^2}{2} + \frac{d(n)}{n}\right]}$$

※ Note: Maclaurin series

$$e^{\frac{t}{\sqrt{n}}} = 1 + \frac{t}{\sqrt{n}} + \frac{1}{2}\left(\frac{t}{\sqrt{n}}\right)^2 + \frac{1}{6}\left(\frac{t}{\sqrt{n}}\right)^3 + \cdots \ = 1 + \frac{t}{\sqrt{n}} + \frac{1}{2}\frac{t^2}{n} + \frac{1}{6}\frac{t^3}{n\sqrt{n}} + \cdots$$

$$ne^{\frac{t}{\sqrt{n}}} = n + \sqrt{n}t + \frac{t^2}{2} + \frac{t^3}{6\sqrt{n}} + \cdots$$

$$ne^{\frac{t}{\sqrt{n}}} - n - \sqrt{n}t += \frac{t^2}{2} + \frac{t^3}{6\sqrt{n}} + \cdots$$

$$\lim_{n\to\infty} M_{X_{(n)}}(t) = \lim_{n\to\infty} e^{\left[\frac{t^2}{2} + \frac{d(n)}{n}\right]} \ = e^{\frac{t^2}{2}}$$

$$\lim_{n\to\infty} X_{(n)} \sim \ N(0,1)$$

14. (a) $\overline{X}_n \sim \ Poi(1) \qquad M_X(t) = e^{(e^t - 1)}$

$$M_{\overline{X}_n}(t) = E\left[e^{t\frac{1}{n}\sum X_i}\right] \ = E\left[e^{\frac{t}{n}X}\right]^n \ = \left[e^{(e^{\frac{t}{n}} - 1)}\right]^n = e^{ne^{\frac{t}{n}} - n}$$

$$M_{X_{(n)}}(t)=E\left[e^{\sqrt{n}\,t(\overline{X}_n-1)}\right]=E\left[e^{\sqrt{n}\,\overline{X}_n t-\sqrt{n}\,t}\right]=e^{-\sqrt{n}\,t}E\left[e^{\sqrt{n}\,\overline{X}_n t}\right]=e^{-\sqrt{n}\,t}M_{\overline{X}}(\sqrt{n}\,t)$$

$$=e^{-\sqrt{n}\,t}e^{n\left(e^{\frac{t}{\sqrt{n}}}-1\right)}\quad=exp\left[-\sqrt{n}\,t+n\left(e^{\frac{t}{\sqrt{n}}}-1\right)\right]$$

(b) $$e^{\frac{t}{\sqrt{n}}}=1+\frac{t}{\sqrt{n}}+\frac{1}{2}\left(\frac{t^2}{n}\right)+\frac{1}{t}\left(\frac{t^3}{n\sqrt{n}}\right)+\cdots$$

$$M_{X_{(n)}}=exp\left[-\sqrt{n}\,t+n+\sqrt{n}\,t+\frac{t^2}{2}+\frac{1}{6}\frac{t^3}{\sqrt{n}}\cdots-n\ \right]=exp\left[\frac{t^2}{2}+\frac{d(n)}{n}\right]$$

$$\lim_{n\to\infty}M_{X_{(n)}}=\lim_{n\to\infty}e^{\left[\frac{t^2}{2}+\frac{d(n)}{n}\right]}\quad=e^{\frac{t^2}{2}}\sim\ N(0,1)$$

15. (a) $M_X(t)=\left(\frac{1}{1-t}\right)$

$$M_{\overline{X}_n}(t)=E\left(e^{\overline{X}t}\right)=E\left(e^{\sum X_i\frac{t}{n}}\right)\ =E\left(e^{\frac{t}{n}X}\right)^n=\left(\frac{1}{1-\frac{t}{n}}\right)^n=\left(\frac{\frac{1}{n}}{\frac{1}{n}-t}\right)^n\sim\ Gamma(n,\frac{1}{n})$$

$$M_{X_{(n)}}(t)=E\left(e^{t\sqrt{n}(\overline{X}_n-1)}\right)=E\left(e^{t\sqrt{n}\,\overline{X}_n-\sqrt{n}\,t}\right)=e^{-\sqrt{n}\,t}E\left[e^{\sqrt{n}\,\overline{X}_n t}\right]=e^{-\sqrt{n}\,t}\left(1-\frac{t}{n}\sqrt{n}\right)^{-n}$$

$$=e^{-\sqrt{n}\,t}\left(1-\frac{t}{\sqrt{n}}\right)^{-n}=\left[e^{\frac{t}{\sqrt{n}}}\left(1-\frac{t}{\sqrt{n}}\right)\right]^{-n}=\left[e^{\frac{t}{\sqrt{n}}}-\frac{t}{\sqrt{n}}e^{\frac{t}{\sqrt{n}}}\right]^{-n},\quad t<\sqrt{n}$$

(b) $$e^{\frac{t}{\sqrt{n}}}=1+\frac{t}{\sqrt{n}}+\frac{1}{2}\frac{t^2}{n}+\frac{1}{6}\frac{t^3}{n\sqrt{n}}+\cdots$$

$$\frac{t}{\sqrt{n}}e^{\frac{t}{\sqrt{n}}}=\frac{t}{\sqrt{n}}+\frac{t^2}{n}+\frac{1}{2}\frac{t^3}{n\sqrt{n}}+\frac{1}{6}\frac{t^4}{n^2}+\cdots$$

$$e^{\frac{t}{\sqrt{n}}}-\frac{t}{\sqrt{n}}e^{\frac{t}{\sqrt{n}}}=1-\frac{t^2}{2n}-\frac{1}{3}\frac{t^3}{n\sqrt{n}}+\cdots$$

$$\text{Let }-\frac{1}{3}\frac{t^3}{n\sqrt{n}}+\cdots=\frac{\Psi(n)}{n}$$

$$\lim_{n\to\infty}M_{X_{(n)}}(t)=\lim_{n\to\infty}\left[1-\frac{t^2}{2n}+\frac{\Psi(n)}{n}\right]^{-n}=\lim_{n\to\infty}\left[1-\frac{t^2}{2n}\right]^{-n\cdot\frac{2}{t^2}\cdot\frac{t^2}{2}}$$

$$=\lim_{n\to\infty}\left(\left[1+\left(-\frac{t^2}{2n}\right)\right]^{\frac{2n}{t^2}}\right)^{\frac{t^2}{2}}=e^{\frac{t^2}{2}}\sim\ N(0,1)$$

16. $$F=\frac{\Gamma\left(\frac{m+n}{2}\right)}{\Gamma\left(\frac{m}{2}\right)\Gamma\left(\frac{n}{2}\right)}\left(\frac{m}{n}\right)^{\frac{m}{2}}\cdot\ \frac{x^{\frac{m}{2}-1}}{\left(1+\frac{m}{n}x\right)^{\frac{m+n}{2}}}$$

Let $\dfrac{mx}{n}=\dfrac{w}{1-w}$. Then $x=\dfrac{n}{m}\left(\dfrac{w}{1-w}\right)$, $\dfrac{dx}{dw}=\dfrac{n}{m}\dfrac{1}{(1-w)^2}$.

$$f_W(w)=\frac{\Gamma\left(\frac{m+n}{2}\right)}{\Gamma\left(\frac{m}{2}\right)\Gamma\left(\frac{n}{2}\right)}\left(\frac{m}{n}\right)^{\frac{m}{2}}\frac{(n/m)^{\frac{m}{2}-1}(w/1-w)^{\frac{m}{2}-1}}{\left(1+\frac{w}{1-w}\right)^{\frac{m+n}{2}}}\cdot\ \frac{n}{m}\frac{1}{(1-w)^2}dw$$

$$=\frac{\Gamma\left(\frac{m+n}{2}\right)}{\Gamma\left(\frac{m}{2}\right)\Gamma\left(\frac{n}{2}\right)}\frac{(w/1-w)^{\frac{m}{2}-1}}{(1/1-w)^{\frac{m+n}{2}}}\cdot\ \frac{1}{(1-w)^2}dw$$

$$=\frac{\Gamma\left(\frac{m+n}{2}\right)}{\Gamma\left(\frac{m}{2}\right)\Gamma\left(\frac{n}{2}\right)}w^{\frac{m}{2}-1}(1-w)^{\frac{n}{2}-1}\sim\ B\left(\frac{m}{2},\frac{n}{2}\right)$$

부 록

Ⅰ. 참 고 문 헌

Ⅱ. 주요 확률분포표

Ⅲ. 찾 아 보 기

참고문헌

Ash, R. B. (1972), *Real Analysis and Probability*, Academic Press, Inc.

Barndorff-Nielsen, O. (1978), *Information and Exponential Families in Statistical Theory*, John Wiley & Sons, Inc.

Bass, R. F. (1995), *Probabilistic Techniques in Analysis*, Springer-Verlag New York, Inc.

Bhat, B. R. (1985), *Modern Probability Theory* : An Introductory Textbook (2nd ed.), John Wiley & Sons, Inc.

Bickel, P. J. and Doksum, K. (1976), *Mathematical Statistics*, John Wiley & Sons, Inc.

Billingsley, P. (1986), *Probability and Measure* (2nd ed.), John Wiley & Sons, Inc.

Cox, D. R. and Hinkley, D. V. (1974), *Theoretical Statistics*, Chapman and Hall Ltd.

Cramer, H. (1951), *Mathematical Methods of Statistics*, Princeton University Press.

David, H. A. (1981), *Order Statistics*, John Wiley & Sons, Inc.

Feller, W. (1968), *An Introduction to Probability Theory and Its Applications*, Volume 1 (3rd ed.), John Wiley & Sons, Inc.

Feller, W. (1971), *An Introduction to Probability Theory and Its Applications*, Volume 2 (2nd ed.), John Wiley & Sons, Inc.

Freund, J, E. and Walpole, R. E. (1987), *Mathematical Statistics* (4th ed.), Englewood Cliffs, NJ : Prentice-Hall.

Gumbel, E. J. (1960), "Bivariate Exponential Distributions", *Journal of the American Statistical Associatiòn*, Vol. 55, pp. 698-707.

Isaac, R. (1995), *The Pleasures of Probability*, Springer-Verlag New York, Inc.

Johnson, R. A., and Wichern, D. W. (1992), *Applied Multivariate Statistical Analysis*, Prentice Hall.

Kendall, M. G. and Stuart, A. (1969), *The Advanced Theory of Statistics*, Volume 1 : Distribution Theory (3rd ed), Hafner Publishing Co.

Kendall, M., and Stuart, A. (1979), *The Advanced Theory Of Statistics*, Volume 2 : Inference and Relationship (4th ed.), Hafner Publishing Co.

Koch, K. R. (1987), *Parameter Estimation and Hypothesis Testing in Linear Models*, Springer-Verlag New York, Inc.

Lehmann, E . L. (1983), *Theory of point estimation*, John Wiley & Sons, New York, Inc.

Lehmann, E . L. (1986), *Testing Statistical Hypotheses* (2nd ed.), John Wiley & Sons, New York, Inc.

Lindgren, B. W. (1993), *Statistical Theory* (4th ed.), Chapman & Hall.

Mood, A. M., Graybill, F. A. and Boes, D. C. (1974), *Introduction to the Theory of Statistics* (3rd ed.), McGraw-Hill.

Norman, L. Johnson, and Samuel Kotz (1970), Continuous Univariate Distribution, Boston, Houghton Miffilin.

Norman, L. Johnson, and Samuel Kotz (1970), Continuous Univariate Distribution-2, Boston, Houghton Miffilin.

Rohatgi, V. K. (1976), *An Introduction to Probability Theory and Mathematical Statistics*, John Wiley & Sons, Inc.

Roussas, G. G. (1973), *A First Course In Mathematical Statistics*, Addison-Wesley

Publishing Company, Inc.

Shaul K. B. (1994), A Derivation of conditional cumulants in Exponential Model, *The American statistician*, May, Vol. 48, No. 2, pp. 126-129.

Snedecor, G. W. and Cochran, W. G. (1980), *Statistical Methods* (7th ed.), Iowa State University Press.

Wilks, S. S. (1962), *Mathematical Statistics*, John Wiley & Sons, Inc.

Zacks, S. (1971), *The Theory of Statistical Inference*, John Wiley & Sons, Inc.

홍종선, 박철 (1996), "이변량 Laplace분포 연구", 성균관대학교 통계연구 4권, pp. 13-27.

홍종선, 임한승 (1998), "이변량 분포의 왜도와 첨도", 성균관대학교 한국경제, 25권, pp. 99-117.

홍종선, 임한승 (1998), "Conditional Skewness and Kurtosis in Natural Exponential Model", 한국통계학회 논문집, 5권, 3호, pp. 887-894.

홍종선, 최현집, 이종철 (1995), "UMVU Estimation with Support Depending on Two Parmeters", 통계학연구, 24권, 1호, pp.45-64.

주요 확률분포표

〈표 1〉 표준정규확률분포표

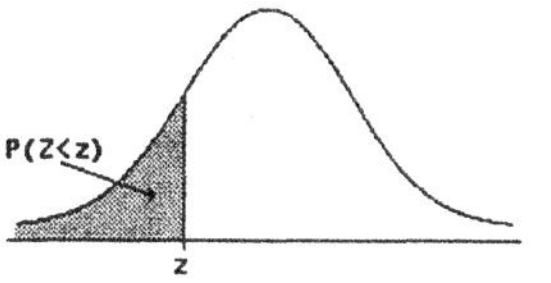

z	.00	.01	.02	.03	.04	.05	.06	.07	.08	.09
0	0.5000	0.5040	0.5080	0.5120	0.5160	0.5199	0.5239	0.5279	0.5319	0.5359
0.1	0.5398	0.5438	0.5478	0.5517	0.5557	0.5596	0.5636	0.5675	0.5714	0.5753
0.2	0.5793	0.5832	0.5871	0.5910	0.5948	0.5987	0.6026	0.6064	0.6103	0.6141
0.3	0.6179	0.6217	0.6255	0.6293	0.6331	0.6368	0.6406	0.6443	0.6480	0.6517
0.4	0.6554	0.6591	0.6628	0.6664	0.6700	0.6736	0.6772	0.6808	0.6844	0.6879
0.5	0.6915	0.6950	0.6985	0.7019	0.7054	0.7088	0.7123	0.7157	0.7190	0.7224
0.6	0.7257	0.7291	0.7324	0.7357	0.7389	0.7422	0.7454	0.7486	0.7517	0.7549
0.7	0.7580	0.7611	0.7642	0.7673	0.7704	0.7734	0.7764	0.7794	0.7823	0.7852
0.8	0.7881	0.7910	0.7939	0.7967	0.7995	0.8023	0.8051	0.8078	0.8106	0.8133
0.9	0.8159	0.8186	0.8212	0.8238	0.8264	0.8289	0.8315	0.8340	0.8365	0.8389
1	0.8413	0.8438	0.8461	0.8485	0.8508	0.8531	0.8554	0.8577	0.8599	0.8621
1.1	0.8643	0.8665	0.8686	0.8708	0.8729	0.8749	0.8770	0.8790	0.8810	0.8830
1.2	0.8849	0.8869	0.8888	0.8907	0.8925	0.8944	0.8962	0.8980	0.8997	0.9015
1.3	0.9032	0.9049	0.9066	0.9082	0.9099	0.9115	0.9131	0.9147	0.9162	0.9177
1.4	0.9192	0.9207	0.9222	0.9236	0.9251	0.9265	0.9279	0.9292	0.9306	0.9319
1.5	0.9332	0.9345	0.9357	0.9370	0.9382	0.9394	0.9406	0.9418	0.9429	0.9441
1.6	0.9452	0.9463	0.9474	0.9484	0.9495	0.9505	0.9515	0.9525	0.9535	0.9545
1.7	0.9554	0.9564	0.9573	0.9582	0.9591	0.9599	0.9608	0.9616	0.9625	0.9633
1.8	0.9641	0.9649	0.9656	0.9664	0.9671	0.9678	0.9686	0.9693	0.9699	0.9706
1.9	0.9713	0.9719	0.9726	0.9732	0.9738	0.9744	0.9750	0.9756	0.9761	0.9767
2	0.9772	0.9778	0.9783	0.9788	0.9793	0.9798	0.9803	0.9808	0.9812	0.9817
2.1	0.9821	0.9826	0.9830	0.9834	0.9838	0.9842	0.9846	0.9850	0.9854	0.9857
2.2	0.9861	0.9864	0.9868	0.9871	0.9875	0.9878	0.9881	0.9884	0.9887	0.9890
2.3	0.9893	0.9896	0.9898	0.9901	0.9904	0.9906	0.9909	0.9911	0.9913	0.9916
2.4	0.9918	0.9920	0.9922	0.9925	0.9927	0.9929	0.9931	0.9932	0.9934	0.9936
2.5	0.9938	0.9940	0.9941	0.9943	0.9945	0.9946	0.9948	0.9949	0.9951	0.9952
2.6	0.9953	0.9955	0.9956	0.9957	0.9959	0.9960	0.9961	0.9962	0.9963	0.9964
2.7	0.9965	0.9966	0.9967	0.9968	0.9969	0.9970	0.9971	0.9972	0.9973	0.9974
2.8	0.9974	0.9975	0.9976	0.9977	0.9977	0.9978	0.9979	0.9979	0.9980	0.9981
2.9	0.9981	0.9982	0.9982	0.9983	0.9984	0.9984	0.9985	0.9985	0.9986	0.9986
3	0.9987	0.9987	0.9987	0.9988	0.9988	0.9989	0.9989	0.9989	0.9990	0.9990
3.1	0.9990	0.9991	0.9991	0.9991	0.9992	0.9992	0.9992	0.9992	0.9993	0.9993
3.2	0.9993	0.9993	0.9994	0.9994	0.9994	0.9994	0.9994	0.9995	0.9995	0.9995
3.3	0.9995	0.9995	0.9995	0.9996	0.9996	0.9996	0.9996	0.9996	0.9996	0.9997
3.4	0.9997	0.9997	0.9997	0.9997	0.9997	0.9997	0.9997	0.9997	0.9997	0.9998

〈표 2〉 Student's t 분포표

d.f υ	0.001	0.005	0.01	0.025	0.05	0.1	0.25
1	318.309	63.657	31.821	12.706	6.314	3.078	1.000
2	22.327	9.925	6.965	4.303	2.920	1.886	0.816
3	10.215	5.841	4.541	3.182	2.353	1.638	0.765
4	7.173	4.604	3.747	2.776	2.132	1.533	0.741
5	5.893	4.032	3.365	2.571	2.015	1.476	0.727
6	5.208	3.707	3.143	2.447	1.943	1.440	0.718
7	4.785	3.499	2.998	2.365	1.895	1.415	0.711
8	4.501	3.355	2.896	2.306	1.860	1.397	0.706
9	4.297	3.250	2.821	2.262	1.833	1.383	0.703
10	4.144	3.169	2.764	2.228	1.812	1.372	0.700
11	4.025	3.106	2.718	2.201	1.796	1.363	0.697
12	3.930	3.055	2.681	2.179	1.782	1.356	0.695
13	3.852	3.012	2.650	2.160	1.771	1.350	0.694
14	3.787	2.977	2.624	2.145	1.761	1.345	0.692
15	3.733	2.947	2.602	2.131	1.753	1.341	0.691
16	3.686	2.921	2.583	2.120	1.746	1.337	0.690
17	3.646	2.898	2.567	2.110	1.740	1.333	0.689
18	3.610	2.878	2.552	2.101	1.734	1.330	0.688
19	3.579	2.861	2.539	2.093	1.729	1.328	0.688
20	3.552	2.845	2.528	2.086	1.725	1.325	0.687
21	3.527	2.831	2.518	2.080	1.721	1.323	0.686
22	3.505	2.819	2.508	2.074	1.717	1.321	0.686
23	3.485	2.807	2.500	2.069	1.714	1.319	0.685
24	3.467	2.797	2.492	2.064	1.711	1.318	0.685
25	3.450	2.787	2.485	2.060	1.708	1.316	0.684
26	3.435	2.779	2.479	2.056	1.706	1.315	0.684
27	3.421	2.771	2.473	2.052	1.703	1.314	0.684
28	3.408	2.763	2.467	2.048	1.701	1.313	0.683
29	3.396	2.756	2.462	2.045	1.699	1.311	0.683
30	3.385	2.750	2.457	2.042	1.697	1.310	0.683
40	3.307	2.704	2.423	2.021	1.684	1.303	0.681
60	3.232	2.660	2.390	2.000	1.671	1.296	0.679
120	3.160	2.617	2.358	1.980	1.658	1.289	0.677
∞	3.091	2.576	2.327	1.960	1.645	1.282	0.675

〈표 3〉 χ^2 분포표

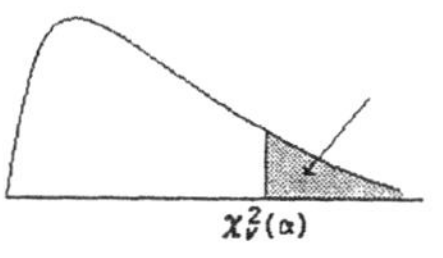

d.f ν	0.001	0.005	0.01	0.05	0.1	0.5	0.9	0.95	0.99
1	10.8276	7.8794	6.6349	3.8415	2.7055	0.4549	0.0158	0.0039	0.0002
2	13.8155	10.5966	9.2103	5.9915	4.6052	1.3863	0.2107	0.1026	0.0201
3	16.2662	12.8382	11.3449	7.8147	6.2514	2.3660	0.5844	0.3518	0.1148
4	18.4668	14.8603	13.2767	9.4877	7.7794	3.3567	1.0636	0.7107	0.2971
5	20.5150	16.7496	15.0863	11.0705	9.2364	4.3515	1.6103	1.1455	0.5543
6	22.4577	18.5476	16.8119	12.5916	10.6446	5.3481	2.2041	1.6354	0.8721
7	24.3219	20.2777	18.4753	14.0671	12.0170	6.3458	2.8331	2.1673	1.2390
8	26.1245	21.9550	20.0902	15.5073	13.3616	7.3441	3.4895	2.7326	1.6465
9	27.8772	23.5894	21.6660	16.9190	14.6837	8.3428	4.1682	3.3251	2.0879
10	29.5883	25.1882	23.2093	18.3070	15.9872	9.3418	4.8652	3.9403	2.5582
11	31.2641	26.7568	24.7250	19.6751	17.2750	10.3410	5.5778	4.5748	3.0535
12	32.0005	28.2005	26.2170	21.0261	18.5493	11.3403	6.3038	5.2260	3.5706
13	34.5282	29.8195	27.6882	22.3620	19.8119	12.3398	7.0415	5.8919	4.1069
14	36.1233	31.3193	29.1412	23.6848	21.0641	13.3393	7.7895	6.5706	4.6604
15	37.6973	32.8013	30.5779	24.9958	22.3071	14.3389	8.5468	7.2609	5.2293
16	39.2524	34.2672	31.9999	26.2962	23.5418	15.3385	9.3122	7.9616	5.8122
17	40.7902	35.7185	33.4087	27.5871	24.7690	16.3382	10.0852	8.6718	6.4078
18	42.3124	37.1565	34.8053	28.8693	25.9894	17.3379	10.8649	9.3905	7.0149
19	43.8202	38.5823	36.1909	30.1435	27.2036	18.3377	11.6509	10.1170	7.6327
20	45.3147	39.9968	37.5662	31.4104	28.4120	19.3374	12.4426	10.8508	8.2604
21	46.7970	41.4011	38.9322	32.6706	29.6151	20.3372	13.2396	11.5913	8.8972
22	48.2679	42.7957	40.2894	33.9244	30.8133	21.3370	14.0415	12.3380	9.5425
23	49.7282	44.1813	41.6384	35.1725	32.0069	22.3369	14.8480	13.0905	10.1957
24	51.1786	45.5585	42.9798	36.4150	33.1962	23.3367	15.6587	13.8484	10.8564
25	52.6197	46.9279	44.3141	37.6525	34.3816	24.3366	16.4734	14.6114	11.5240
26	54.0520	48.2899	45.6417	38.8851	35.5632	25.3365	17.2919	15.3792	12.1981
27	55.4760	49.6449	46.9629	40.1133	36.7412	26.3363	18.1139	16.1514	12.8785
28	56.8923	50.9934	48.2782	41.3371	37.9159	27.3362	18.9392	16.9279	13.5647
29	58.3012	52.3356	49.5879	42.5570	39.0875	28.3361	19.7677	17.7084	14.2565
30	59.7031	53.6720	50.8922	43.7730	40.2560	29.3360	20.5992	18.4927	14.9535
40	73.4020	66.7660	63.6907	55.7585	51.8051	39.3353	29.0505	26.5093	22.1643
50	86.6608	79.4900	76.1539	67.5048	63.1671	49.3349	37.6886	34.7643	29.7067
60	99.6072	91.9517	88.3794	79.0819	74.3970	59.3347	46.4589	43.1880	37.4849
70	112.3169	104.2149	100.4252	90.5312	85.5270	69.3345	55.3289	51.7393	45.4417
80	124.8392	116.3211	112.3288	101.8795	96.5782	79.3343	64.2778	60.3915	53.5401
90	137.2084	128.2989	124.1163	113.1453	107.5650	89.3342	73.2911	69.1260	61 7541
100	149.4493	140.1695	135.8067	124.3421	118.4980	99.3341	82.3581	77.9295	70.0649

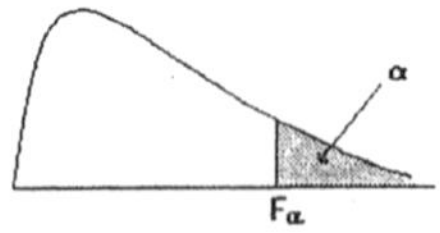

〈표 4〉 F 분포표 ($\alpha=0.10$)

ν_2 \ ν_1	1	2	3	4	5	6	7	8	9	10	12	15	20	25	30	40	60
1	39.86	49.50	53.59	55.83	57.24	58.20	58.91	59.44	59.86	60.19	60.71	61.22	61.74	62.05	62.26	62.53	62.79
2	8.53	9.00	9.16	9.24	9.29	9.33	9.35	9.37	9.38	9.39	9.41	9.42	9.44	9.45	9.46	9.47	9.47
3	5.54	5.46	5.39	5.34	5.31	5.28	5.27	5.25	5.24	5.23	5.22	5.20	5.18	5.17	5.17	5.16	5.15
4	4.54	4.32	4.19	4.11	4.05	4.01	3.98	3.95	3.94	3.92	3.90	3.87	3.84	3.83	3.82	3.80	3.79
5	4.06	3.78	3.62	3.52	3.45	3.40	3.37	3.34	3.32	3.30	3.27	3.24	3.21	3.19	3.17	3.16	3.14
6	3.78	3.46	3.29	3.18	3.11	3.05	3.01	2.98	2.96	2.94	2.90	2.87	2.84	2.81	2.80	2.78	2.76
7	3.59	3.26	3.07	2.96	2.88	2.83	2.78	2.75	2.72	2.70	2.67	2.63	2.59	2.57	2.56	2.54	2.51
8	3.46	3.11	2.92	2.81	2.73	2.67	2.62	2.59	2.56	2.54	2.50	2.46	2.42	2.40	2.38	2.36	2.34
9	3.36	3.01	2.81	2.69	2.61	2.55	2.51	2.47	2.44	2.42	2.38	2.34	2.30	2.27	2.25	2.23	2.21
10	3.29	2.92	2.73	2.61	2.52	2.46	2.41	2.38	2.35	2.32	2.28	2.24	2.20	2.17	2.16	2.13	2.11
11	3.23	2.86	2.66	2.54	2.45	2.39	2.34	2.30	2.27	2.25	2.21	2.17	2.12	2.10	2.08	2.05	2.03
12	3.18	2.81	2.61	2.48	2.39	2.33	2.28	2.24	2.21	2.19	2.15	2.10	2.06	2.03	2.01	1.99	1.96
13	3.14	2.76	2.56	2.43	2.35	2.28	2.23	2.20	2.16	2.14	2.10	2.05	2.01	1.98	1.96	1.93	1.90
14	3.10	2.73	2.52	2.39	2.31	2.24	2.19	2.15	2.12	2.10	2.05	2.01	1.96	1.93	1.91	1.89	1.86
15	3.07	2.70	2.49	2.36	2.27	2.21	2.16	2.12	2.09	2.06	2.02	1.97	1.92	1.89	1.87	1.85	1.82
16	3.05	2.67	2.46	2.33	2.24	2.18	2.13	2.09	2.06	2.03	1.99	1.94	1.89	1.86	1.84	1.81	1.78
17	3.03	2.64	2.44	2.31	2.22	2.15	2.10	2.06	2.03	2.00	1.96	1.91	1.86	1.83	1.81	1.78	1.75
18	3.01	2.62	2.42	2.29	2.20	2.13	2.08	2.04	2.00	1.98	1.93	1.89	1.84	1.80	1.78	1.75	1.72
19	2.99	2.61	2.40	2.27	2.18	2.11	2.06	2.02	1.98	1.96	1.91	1.86	1.81	1.78	1.76	1.73	1.70
20	2.97	2.59	2.38	2.25	2.16	2.09	2.04	2.00	1.96	1.94	1.89	1.84	1.79	1.76	1.74	1.71	1.68
21	2.96	2.57	2.36	2.23	2.14	2.08	2.02	1.98	1.95	1.92	1.87	1.83	1.78	1.74	1.72	1.69	1.66
22	2.95	2.56	2.35	2.22	2.13	2.06	2.01	1.97	1.93	1.90	1.86	1.81	1.76	1.73	1.70	1.67	1.64
23	2.94	2.55	2.34	2.21	2.11	2.05	1.99	1.95	1.92	1.89	1.84	1.80	1.74	1.71	1.69	1.66	1.62
24	2.93	2.54	2.33	2.19	2.10	2.04	1.98	1.94	1.91	1.88	1.83	1.78	1.73	1.70	1.67	1.64	1.61
25	2.92	2.53	2.32	2.18	2.09	2.02	1.97	1.93	1.89	1.87	1.82	1.77	1.72	1.68	1.66	1.63	1.59
26	2.91	2.52	2.31	2.17	2.08	2.01	1.96	1.92	1.88	1.86	1.81	1.76	1.71	1.67	1.65	1.61	1.58
27	2.90	2.51	2.30	2.17	2.07	2.00	1.95	1.91	1.87	1.85	1.80	1.75	1.70	1.66	1.64	1.60	1.57
28	2.89	2.50	2.29	2.16	2.06	2.00	1.94	1.90	1.87	1.84	1.79	1.74	1.69	1.65	1.63	1.59	1.56
29	2.89	2.50	2.28	2.15	2.06	1.99	1.93	1.89	1.86	1.83	1.78	1.73	1.68	1.64	1.62	1.58	1.55
30	2.88	2.49	2.28	2.14	2.05	1.98	1.93	1.88	1.85	1.82	1.77	1.72	1.67	1.63	1.61	1.57	1.54
40	2.84	2.44	2.23	2.09	2.00	1.93	1.87	1.83	1.79	1.76	1.71	1.66	1.61	1.57	1.54	1.51	1.47
60	2.79	2.39	2.18	2.04	1.95	1.87	1.82	1.77	1.74	1.71	1.66	1.60	1.54	1.50	1.48	1.44	1.40
120	2.75	2.35	2.13	1.99	1.90	1.82	1.77	1.72	1.68	1.65	1.60	1.55	1.48	1.44	1.41	1.37	1.32
∞	2.71	2.30	2.08	1.94	1.85	1.77	1.72	1.67	1.63	1.60	1.55	1.49	1.42	1.38	1.34	1.30	1.24

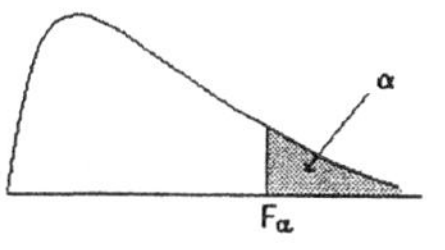

〈표 5〉 F 분포표 ($\alpha=0.05$)

ν_2 \ ν_1	1	2	3	4	5	6	7	8	9	10	12	15	20	25	30	40	60
1	161.45	199.50	215.71	224.58	230.16	233.99	236.77	238.88	240.54	241.88	243.91	245.95	248.01	249.26	250.10	251.14	252.20
2	18.51	19.00	19.16	19.25	19.30	19.33	19.35	19.37	19.38	19.40	19.41	19.43	19.45	19.46	19.46	19.47	19.48
3	10.13	9.55	9.28	9.12	9.01	8.94	8.89	8.85	8.81	8.79	8.74	8.70	8.66	8.63	8.62	8.59	8.57
4	7.71	6.94	6.59	6.39	6.26	6.16	6.09	6.04	6.00	5.96	5.91	5.86	5.80	5.77	5.75	5.72	5.69
5	6.61	5.79	5.41	5.19	5.05	4.95	4.88	4.82	4.77	4.74	4.68	4.62	4.56	4.52	4.50	4.46	4.43
6	5.99	5.14	4.76	4.53	4.39	4.28	4.21	4.15	4.10	4.06	4.00	3.94	3.87	3.83	3.81	3.77	3.74
7	5.59	4.74	4.35	4.12	3.97	3.87	3.79	3.73	3.68	3.64	3.57	3.51	3.44	3.40	3.38	3.34	3.30
8	5.32	4.46	4.07	3.84	3.69	3.58	3.50	3.44	3.39	3.35	3.28	3.22	3.15	3.11	3.08	3.04	3.01
9	5.12	4.26	3.86	3.63	3.48	3.37	3.29	3.23	3.18	3.14	3.07	3.01	2.94	2.89	2.86	2.83	2.79
10	4.96	4.10	3.71	3.48	3.33	3.22	3.14	3.07	3.02	2.98	2.91	2.85	2.77	2.73	2.70	2.66	2.62
11	4.84	3.98	3.59	3.36	3.20	3.09	3.01	2.95	2.90	2.85	2.79	2.72	2.65	2.60	2.57	2.53	2.49
12	4.75	3.89	3.49	3.26	3.11	3.00	2.91	2.85	2.80	2.75	2.69	2.62	2.54	2.50	2.47	2.43	2.38
13	4.67	3.81	3.41	3.18	3.03	2.92	2.83	2.77	2.71	2.67	2.60	2.53	2.46	2.41	2.38	2.34	2.30
14	4.60	3.74	3.34	3.11	2.96	2.85	2.76	2.70	2.65	2.60	2.53	2.46	2.39	2.34	2.31	2.27	2.22
15	4.54	3.68	3.29	3.06	2.90	2.79	2.71	2.64	2.59	2.54	2.48	2.40	2.33	2.28	2.25	2.20	2.16
16	4.49	3.63	3.24	3.01	2.85	2.74	2.66	2.59	2.54	2.49	2.42	2.35	2.28	2.23	2.19	2.15	2.11
17	4.45	3.59	3.20	2.96	2.81	2.70	2.61	2.55	2.49	2.45	2.38	2.31	2.23	2.18	2.15	2.10	2.06
18	4.41	3.55	3.16	2.93	2.77	2.66	2.58	2.51	2.46	2.41	2.34	2.27	2.19	2.14	2.11	2.06	2.02
19	4.38	3.52	3.13	2.90	2.74	2.63	2.54	2.48	2.42	2.38	2.31	2.23	2.16	2.11	2.07	2.03	1.98
20	4.35	3.49	3.10	2.87	2.71	2.60	2.51	2.45	2.39	2.35	2.28	2.20	2.12	2.07	2.04	1.99	1.95
21	4.32	3.47	3.07	2.84	2.68	2.57	2.49	2.42	2.37	2.32	2.25	2.18	2.10	2.05	2.01	1.96	1.92
22	4.30	3.44	3.05	2.82	2.66	2.55	2.46	2.40	2.34	2.30	2.23	2.15	2.07	2.02	1.98	1.94	1.89
23	4.28	3.42	3.03	2.80	2.64	2.53	2.44	2.37	2.32	2.27	2.20	2.13	2.05	2.00	1.96	1.91	1.86
24	4.26	3.40	3.01	2.78	2.62	2.51	2.42	2.36	2.30	2.25	2.18	2.11	2.03	1.97	1.94	1.89	1.84
25	4.24	3.39	2.99	2.76	2.60	2.49	2.40	2.34	2.28	2.24	2.16	2.09	2.01	1.96	1.92	1.87	1.82
26	4.23	3.37	2.98	2.74	2.59	2.47	2.39	2.32	2.27	2.22	2.15	2.07	1.99	1.94	1.90	1.85	1.80
27	4.21	3.35	2.96	2.73	2.57	2.46	2.37	2.31	2.25	2.20	2.13	2.06	1.97	1.92	1.88	1.84	1.79
28	4.20	3.34	2.95	2.71	2.56	2.45	2.36	2.29	2.24	2.19	2.12	2.04	1.96	1.91	1.87	1.82	1.77
29	4.18	3.33	2.93	2.70	2.55	2.43	2.35	2.28	2.22	2.18	2.10	2.03	1.94	1.89	1.85	1.81	1.75
30	4.17	3.32	2.92	2.69	2.53	2.42	2.33	2.27	2.21	2.16	2.09	2.01	1.93	1.88	1.84	1.79	1.74
40	4.08	3.23	2.84	2.61	2.45	2.34	2.25	2.18	2.12	2.08	2.00	1.92	1.84	1.78	1.74	1.69	1.64
60	4.00	3.15	2.76	2.53	2.37	2.25	2.17	2.10	2.04	1.99	1.92	1.84	1.75	1.69	1.65	1.59	1.53
120	3.92	3.07	2.68	2.45	2.29	2.18	2.09	2.02	1.96	1.91	1.83	1.75	1.66	1.60	1.55	1.50	1.43
∞	3.84	3.00	2.61	2.37	2.21	2.10	2.01	1.94	1.88	1.83	1.75	1.67	1.57	1.51	1.46	1.39	1.32

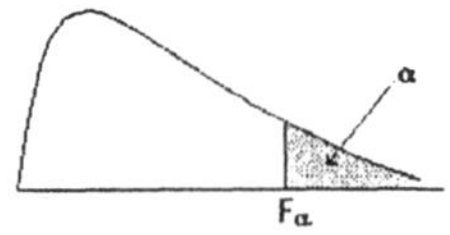

〈표 6〉 F 분포표 ($\alpha=0.01$)

ν_2 \ ν_1	1	2	3	4	5	6	7	8	9	10	12	15	20	25	30	40	60
1	4052.18	4999.50	5403.35	5624.58	5763.65	5858.99	5928.36	5981.07	6022.47	6055.85	6106.32	6157.28	6208.73	6239.83	6260.65	6286.78	6313.03
2	98.50	99.00	99.17	99.25	99.30	99.33	99.36	99.37	99.39	99.40	99.42	99.43	99.45	99.46	99.47	99.47	99.48
3	34.12	30.82	29.46	28.71	28.24	27.91	27.67	27.49	27.35	27.23	27.05	26.87	26.69	26.58	26.50	26.41	26.32
4	21.20	18.00	16.69	15.98	15.52	15.21	14.98	14.80	14.66	14.55	14.37	14.20	14.02	13.91	13.84	13.75	13.65
5	16.26	13.27	12.06	11.39	10.97	10.67	10.46	10.29	10.16	10.05	9.89	9.72	9.55	9.45	9.38	9.29	9.20
6	13.75	10.92	9.78	9.15	8.75	8.47	8.26	8.10	7.98	7.87	7.72	7.56	7.40	7.30	7.23	7.14	7.06
7	12.25	9.55	8.45	7.85	7.46	7.19	6.99	6.84	6.72	6.62	6.47	6.31	6.16	6.06	5.99	5.91	5.82
8	11.26	8.65	7.59	7.01	6.63	6.37	6.18	6.03	5.91	5.81	5.67	5.52	5.36	5.26	5.20	5.12	5.03
9	10.56	8.02	6.99	6.42	6.06	5.80	5.61	5.47	5.35	5.26	5.11	4.96	4.81	4.71	4.65	4.57	4.48
10	10.04	7.56	6.55	5.99	5.64	5.39	5.20	5.06	4.94	4.85	4.71	4.56	4.41	4.31	4.25	4.17	4.08
11	9.65	7.21	6.22	5.67	5.32	5.07	4.89	4.74	4.63	4.54	4.40	4.25	4.10	4.01	3.94	3.86	3.78
12	9.33	6.93	5.95	5.41	5.06	4.82	4.64	4.50	4.39	4.30	4.16	4.01	3.86	3.76	3.70	3.62	3.54
13	9.07	6.70	5.74	5.21	4.86	4.62	4.44	4.30	4.19	4.10	3.96	3.82	3.66	3.57	3.51	3.43	3.34
14	8.86	6.51	5.56	5.04	4.69	4.46	4.28	4.14	4.03	3.94	3.80	3.66	3.51	3.41	3.35	3.27	3.18
15	8.68	6.36	5.42	4.89	4.56	4.32	4.14	4.00	3.89	3.80	3.67	3.52	3.37	3.28	3.21	3.13	3.05
16	8.53	6.23	5.29	4.77	4.44	4.20	4.03	3.89	3.78	3.69	3.65	3.41	3.26	3.16	3.10	3.02	2.93
17	8.40	6.11	5.18	4.67	4.34	4.10	3.93	3.79	3.68	3.59	3.46	3.31	3.16	3.07	3.00	2.92	2.83
18	8.29	6.01	5.09	4.58	4.25	4.01	3.84	3.71	3.60	3.51	3.37	3.23	3.08	2.98	2.92	2.84	2.75
19	8.18	5.93	5.01	4.50	4.17	3.94	3.77	3.63	3.52	3.43	3.30	3.15	3.00	2.91	2.84	2.76	2.67
20	8.10	5.85	4.94	4.43	4.10	3.87	3.70	3.56	3.46	3.37	3.23	3.09	2.94	2.84	2.78	2.69	2.61
21	8.02	5.78	4.87	4.37	4.04	3.81	3.64	3.51	3.40	3.31	3.17	3.03	2.88	2.79	2.72	2.64	2.55
22	7.95	5.72	4.82	4.31	3.99	3.76	3.59	3.45	3.35	3.26	3.12	2.98	2.83	2.73	2.67	2.58	2.50
23	7.88	5.66	4.76	4.26	3.94	3.71	3.54	3.41	3.30	3.21	3.07	2.93	2.78	2.69	2.62	2.54	2.45
24	7.82	5.61	4.72	4.22	3.90	3.67	3.50	3.36	3.26	3.17	3.03	2.89	2.74	2.64	2.58	2.49	2.40
25	7.77	5.57	4.68	4.18	3.85	3.63	3.46	3.32	3.22	3.13	2.99	2.85	2.70	2.60	2.54	2.45	2.36
26	7.72	5.53	4.64	4.14	3.82	3.59	3.42	3.29	3.18	3.09	2.96	2.81	2.66	2.57	2.50	2.42	2.33
27	7.68	5.49	4.60	4.11	3.78	3.56	3.39	3.26	3.15	3.06	2.93	2.78	2.63	2.54	2.47	2.38	2.29
28	7.64	5.45	4.57	4.07	3.75	3.53	3.36	3.23	3.12	3.03	2.90	2.75	2.60	2.51	2.44	2.35	2.26
29	7.60	5.42	4.54	4.04	3.73	3.50	3.33	3.20	3.09	3.00	2.87	2.73	2.57	2.48	2.41	2.33	2.23
30	7.56	5.39	4.51	4.02	3.70	3.47	3.30	3.17	3.07	2.98	2.84	2.70	2.55	2.45	2.39	2.30	2.21
40	7.31	5.18	4.31	3.83	3.51	3.29	3.12	2.99	2.89	2.80	2.66	2.52	2.37	2.27	2.20	2.11	2.02
60	7.08	4.98	4.13	3.65	3.34	3.12	2.95	2.82	2.72	2.63	2.50	2.35	2.20	2.10	2.03	1.94	1.84
120	6.85	4.79	3.95	3.48	3.17	2.96	2.79	2.66	2.56	2.47	2.34	2.19	2.03	1.93	1.86	1.76	1.66
∞	6.63	4.61	3.78	3.32	3.02	2.80	2.64	2.51	2.41	2.32	2.18	2.04	1.88	1.78	1.70	1.59	1.47

찾아보기(국문)

찾아보기(영문)

| 저자 소개 |

평산 홍 종 선 (平散 洪 鍾 善)

성균관대학교 경상대학 통계학과 졸업
미국 Iowa State University 대학원 통계학과 (통계학 석사)
미국 Iowa State University 대학원 통계학과 (통계학 박사)
미국 USDA / NADC 연구원
캐나다 University of British Columbia 교환교수
현 : 성균관대학교 경제학부 통계학전공 교수

저 서 (30여 권의 저서 중 일부)

통계학 원론, 탐진(공저), 1991
생활과학과 통계, 자유아카데미(공저), 1998
통계적 확률분포, 자유아카데미, 2000
추정과 가설검정, 자유아카데미, 2000
조사방법과 엑셀을 이용한 자료분석(중판), 박영사(공저), 2005
생활 속의 통계, 자유아카데미(공저), 2005
신용도 이론, 자유아카데미(공저), 2006
설문조사자료의 통계분석, 자유아카데미(공저), 2007
최신보험통계학, 자유아카데미(공저), 2009
SAS/SPSS와 다변량 자료분석, 자유아카데미, 2012
보험계리모형론 - 신뢰도와 위험, 자유아카데미(공저), 2012
SAS를 활용한 범주형 자료분석, 자유아카데미, 2012
SAS와 통계자료분석, 제5판, 탐진, 2016

Homepage : http://stat.skku.ac.kr/~cshong
E-mail : cshong@skku.edu

통계적확률분포 – 수정보완판 –

| **저　　자** 홍종선
| **발 행 인** 김지영
| **발 행 처** 자유아카데미
| **주　　소** 경기도 파주시 회동길 37-42
파주출판도시
| **전　　화** 031-955-1321
| **팩　　스** 031-955-1322
| **홈페이지** www.freeaca.com
| **전자우편** main@freeaca.com(대표)
editor@freeaca.com(편집)
crm@freeaca.com(영업)
| **등　　록** 제406-2003-017호, 1980. 7. 12
| **보완판1쇄** 2016년 2월 29일 발행
| **보완판2쇄** 2022년 2월 5일 발행
| **정　　가** 25,000원

저자와의
협의하에
인지생략

ISBN 979-11-5808-081-5 93310